铸造污染控制与清洁生产技术

孙德勤　编著

U0245706

北京航空航天大学出版社

内 容 简 介

我国是铸造大国,铸造工业的污染防治也是当前行业可持续发展的重要举措。本书概述了铸造生产过程的工艺特点,分析了铸造生产过程中烟尘污染、水污染、固废污染、噪声污染等的形成原因,提出了铸造生产过程中污染控制技术方法,介绍了相应的除尘设施和系统,并给出了铸造企业通过污染控制实现清洁生产、实现可持续发展的工程实例。

本书可作为铸造企业管理人员、技术人员开展铸造清洁生产技术的研发与工程应用的参考书,也可作为清洁生产活动的培训资料,同时可供高等院校与环境治理相关专业的学生参阅。

图书在版编目(CIP)数据

铸造污染控制与清洁生产技术 / 孙德勤编著. -- 北京 : 北京航空航天大学出版社,2023.12
ISBN 978 - 7 - 5124 - 4275 - 7

Ⅰ. ①铸… Ⅱ. ①孙… Ⅲ. ①铸造工业－污染控制
Ⅳ. ①X756

中国国家版本馆 CIP 数据核字(2024)第 020340 号

版权所有,侵权必究。

铸造污染控制与清洁生产技术

孙德勤 编著

策划编辑 董宜斌 责任编辑 张冀青

*

北京航空航天大学出版社出版发行

北京市海淀区学院路 37 号(邮编 100191) http://www.buaapress.com.cn
发行部电话:(010)82317024 传真:(010)82328026
读者信箱:emsbook@buaacm.com.cn 邮购电话:(010)82316936
北京富资园科技发展有限公司印装 各地书店经销

*

开本:710×1 000 1/16 印张:21.25 字数:453 千字
2023 年 12 月第 1 版 2023 年 12 月第 1 次印刷
ISBN 978 - 7 - 5124 - 4275 - 7 定价:89.00 元

若本书有倒页、脱页、缺页等印装质量问题,请与本社发行部联系调换。联系电话:(010)82317024

序　言

铸造是金属成型的一种最主要方法,它也是机械制造领域的基础行业之一。铸造技术在人类历史上已经有数千年的历史,最早可以追溯到公元前 2000 年左右的中国商代。随着时间的推移和工艺的发展,铸造技术逐步发展成为独立的制造工艺,并且得到了广泛的应用。19 世纪以后是铸造技术快速发展的阶段,高科技的应用促使铸造工艺不断得到改进,使得铸造生产的技术水平、工作效率、产品质量等都得到了大幅提升,铸造技术已经成为现代制造工业中不可或缺的一种重要技术。在国内,铸造业已经成为汽车、石化、钢铁、电力、造船、纺织、装备制造等支柱产业的基础。

我们的祖先在 4 000 多年前就铸造出了三星堆古遗址出土的那些精美的青铜器,有的铜器内部铭文多达几百字,而且字迹清晰规整,其技术水平令人叹为观止。然而到了现代,作为全球铸件产量第一大国,除了少数骨干企业的技术实力和产品质量可以与欧美等发达国家抗衡外,国内整体的铸造技术水平却远远落后于发达国家。大部分的铸造企业由于建厂门槛较低、资金能力有限、专业人员匮乏、管理水平有限等原因,存在着生产规模小、技术落后、设备陈旧、能耗和原材料消耗高、环境污染严重以及工人作业环境恶劣等问题,这些已经成为影响我国铸造行业发展的严重制约因素。为此,国家提出了"实现可持续发展、建设资源节约型、环境友好型社会"的总体发展规划。作为污染较为严重的铸造行业,需要从能源的选用、工艺技术的提高、新型环保原材料的利用以及管理技术水平的提升等方面,大力推广清洁生产,这是实现铸造业可持续发展的重要组成部分。

作者从事铸造领域的工作已经有 30 余年,有铸造企业工作的实际经历,也有在高校从事金属铸造过程的工艺优化、环境保护、资源再生等方面的研究经验。总结多年来的工作阅历,基于铸造开展清洁生产的工程目标,以铸造工艺的基本原理、工艺过程实施及控制等方面的知识为基础,从铸造生产的污染源分析、污染的工艺特征、污染治理的原理与方法等方面着手,探讨了铸造烟尘、污水、固废利用、噪声控制等技术领域的污染治理技术方法,以"无污染、零排放、低能耗、再利用"为发展目标,走集约化清洁生产之路,促进铸造业的可持续发展。

本书写作过程中得到了许多专家、学者和同事的指导和帮助,常熟理工学院杨兰玉教授、钱斌教授、张福生教授等为本书提供了大量的技术资料,并在内容编排等方面提出了很多的建议;常熟理工学院关集俱老师为本书的写作提供了丰富的素材,并撰写了第1章的部分内容以及第5章、第6章等主要内容;另外,书中参考和引用了一些科研、设计、教学和生产工作同行撰写的著作、论文、手册、教材等,在此对所有参考文献的作者表示衷心感谢。

鉴于本书作者自身的知识水平、阅历与能力等有限,书中难免存在疏漏和不妥之处,希望读者朋友们不吝批评指正。

作　者

2023 年 10 月

目　　录

1

第 1 章

铸造行业现状
与清洁生产的发展理念

　　铸造是现代机械制造工业的基础工艺之一,它是将金属坯料加热至熔点并通过添加合金元素、净化与变质处理等工艺手段熔炼成符合要求的液态金属并浇进预制完备的铸型中,经冷却凝固、清整处理后得到有预定形状、尺寸和性能的铸件的工艺过程。基于铸造过程的工艺技术特征,其铸造能力的主要影响因素为熔炼的容量与质量、铸型的结构大小与复杂程度、金属材料的类型、操作过程的技艺水平以及生产设备条件等。

　　铸造成型是制造复杂零件的最灵活的方法,先进铸造技术的应用给制造工业带来了新的活力。铸造工艺的技术特点包括:

　　① 成型方便,适应性强。主要体现在:

　　a. 铸件的尺寸、形状不受限制,铸件的外形尺寸范围可以从 10 mm 到 20 m,厚度从 0.5 mm 到 500 mm,质量从几克到几百吨;

　　b. 材料的种类和零件形状不受限制。

　　② 铸造的生产成本较低,铸造过程比较简单,原材料来源广泛,生产设备的费用也比较低。

　　③ 铸造是零部件毛坯的成型过程,受温度变化大、组织转变不均匀等工艺因素的影响,其组织性能较差,主要体现在:

　　a. 晶粒粗大、不均匀;

　　b. 力学性能差;

　　c. 工序繁多、易产生铸造缺陷等。

　　④ 工作条件差、劳动强度大。

　　铸造作为一门古老又崭新的金属成型方法,迄今已经有约 6 000 年的历史,在推动社会的进步、孕育人类文明以及人类认识自然、改造自然的历史进程中发挥了基础性的作用。据考证,中国铸造技术起源于新石器时代晚期,早期的铸造产品大多是农业生产、宗教、生活等方面的工具或用具,艺术色彩浓厚。到商周时期,中国的铸造技术已经较为成熟,此时青铜铸件的生产已有一定规模。中国出土的文物中,商朝的重达 875 kg 的司母戊方鼎、战国时期的曾侯乙尊盘、西汉的透光镜等,都是古代铸造的代表。欧洲在公元 8 世纪前后也开始生产铸铁件。铸铁件的出现,扩大了铸件的应用范围。例如在 15—17 世纪,德、法等国先后敷设了不少向居民供饮用水的铸铁管道。18 世纪的工业革命以后,蒸汽机、纺织机和铁路等工业兴起,铸件进入为大工业服务的新时期,铸造技术开始有了大的发展。进入 20 世纪,铸造的发展速度很快,其重要原因一是产品技术的进步,要求铸件各种机械物理性能更好,同时仍具有良好的机械加工性能;二是机械工业本身和其他工业如化工、仪表等的发展,给铸造业创造了有利的物质条件。另外,检测手段的广泛应用,也保证了铸件质量的提高和稳定,并给铸造理论的发展提供了条件;电子显微镜等的发明,帮助人们深入到金属的微观世界,探查金属结晶的奥秘,研究金属凝固的理论,指导铸造生产。

1.1　铸造的发展历程

铸造产业素来享有"工业之母"的称号,在国民经济中占据着相当重要的位置。铸造产业是汽车、石化、钢铁、电力、造船、纺织、装备制造等支柱产业的基础,运输工具、机械制造甚至是高精尖的航天国防工业都离不开铸造业生产提供的相关零部件。

1.1.1　全球铸造行业的发展现状

铸造行业是制造业的重要基础产业,其发展状况与全球经济发展密切相关。21 世纪以来,全球铸造行业总产量整体保持平稳增长,2017 年全球铸件产量增至近 1.1 亿吨,与 2016 年相比增长约 550 万吨,增长 5.3%;2018 年仍呈现出增长的趋势,如图 1-1 所示。这是继连续两年增长率低于 0.5% 后,首次出现大幅增长。2019 年受世界经济增速放缓和中美贸易摩擦等因素的影响,全球铸件产量下降了 368 万吨,降幅 3.26%。2020 年后尽管受到疫情的影响,铸造行业并没有出现明显下降的趋势,2020 年的全球铸件产量为 1.06 亿吨,2021 年全球铸件产量为 1.09 亿吨,出现了反弹增长的势头。

从材质类别来看,虽然全球有色金属铸造发展较快,但黑色金属铸造仍然是铸造行业的主流。21 世纪以来,灰铸铁、球墨铸铁和铸钢件等黑色金属铸造件产量占全部总产量比重基本均超过 80%,其中灰铸铁件是黑色金属铸造的主流产品,2017 年占总产量比重仍达到 45% 以上,如图 1-2 所示。

目前,全球铸造业已形成了一定规模,有较完整的产业链和供应链,市场份额呈逐年扩大的趋势。随着新兴经济体的崛起,新兴市场铸件产量占比逐年提升。

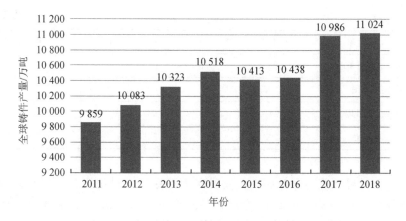

图 1 - 1　2011—2018 年全球铸件产量统计图

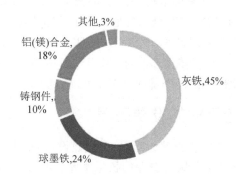

图 1 - 2　2017 年全球铸件产量结构图

2020 年全球铸件产量前十的国家分别为中国、印度、美国、俄罗斯、德国、日本、墨西哥、韩国、土耳其、巴西，上述十地铸件产量占比超 8 成，如表 1 - 1 所列。其中 2020 年中国以 5 195.00 万吨的产量保持全球第一大铸件生产国的地位，是 2020 年前十大铸件生产国中增幅最大的国家，约占全球铸件产量的 49.24％，较 2019 年提高了 6.56 个百分点。

表 1 - 1　2020 年全球铸件产量的地区分布

序　号	国　家	2020 年产量/万吨	2019 年产量/万吨	增长率/％
1	中国	5 195.00	4 875.00	6.56
2	印度	1 131.44	1 149.18	−1.54
3	美国	974.88	1 130.53	−13.77
4	俄罗斯	420.00	420.00	0
5	德国	348.29	495.10	−29.65
6	日本	344.69	527.57	−34.65

序　号	国　家	2020 年产量/万吨	2019 年产量/万吨	增长率/%
7	墨西哥	285.57	285.57	0
8	韩国	238.04	238.02	0.01
9	土耳其	217.08	231.42	-6.20
10	巴西	207.32	228.89	-9.42

注:资料来源于 Modern Casting。

铸造行业发展状况与全球制造业发展密切相关。21 世纪以来,全球铸造行业总产量整体保持增长态势,2012 年,全球铸件总产量首次突破 1 亿吨,随后均保持在 1 亿吨以上,2018 年前产量始终保持正增长或持平的状态,2019、2020 年连续两年下跌。2019 年中国、印度等许多国家铸件产量都呈下滑态势,致使全球铸件产量下滑 3.2%。2020 年受新冠疫情影响,全球各地出现了不同程度的停工停产,致使全球铸件产量进一步下滑,其中美国减少了 13.77%,印度减少了 1.54%。2021 年随着各地新冠疫情得到控制,全球经济逐步复苏,通用设备市场需求增长,带动上游机械制造业及铸造行业保持增长,铸件产量回升至 1.09 亿吨。

1.1.2　中国铸造行业的发展历程

1950 年后,随着 156 项重点建设项目、三线建设、西部大开发三个战略发展目标的提出与逐步实施,促进了我国铸造业的长足发展。那时我国工业基础薄弱,铸造行业大多仍为手工作坊,年铸件总产量仅几十万吨。

在第一个五年计划(1953—1957)期间,在接收并改造官僚资本的机械工业以及苏联的帮助下新组建了一批重点机械制造企业,奠定了中国机械工业的基础,组建了一些具有 20 世纪三四十年代国际水平的铸造分厂和铸造车间,如长春第一汽车制造厂铸造车间和洛阳第一拖拉机制造分厂等,初步建立了我国自己的铸造行业体系,铸造生产得以蓬勃发展,铸件的数量、品种和质量基本上满足了当时国民经济发展的需要。自 1956 年到 1958 年大炼钢铁,一直到 1976 年,这 20 年中国广大铸造工作者在极其艰难困苦的条件下,基本上保证了机械工业生产对铸件的需求,产量有了较大的提高,沿海和内地的布局得到了改善。20 世纪 60 年代初期和 1973 年前后的整顿治理也有不少项目取得了令世人瞩目的成就,如稀土镁球墨铸铁的研制、开发和应用。但"条块分割"和地方主义导致铸造厂点"大而全""小而全",在一定程度上影响了铸造业的发展,铸件"肥头大耳""傻大黑粗",质量意识和竞争意识淡薄。

改革开放后,我国第二产业进入发展快车道,带动了我国铸造行业的快速进步,中国铸造行业的面貌发生了很大的变化,铸造工艺、技术水平和铸件质量有了很大的提高,出现了一批工艺先进、机械化程度高、年产铸件达万吨、具有 20 世纪 80 年代国际水平的重点骨干企业。朝柴新铸工、一汽二铸、常柴、二重铸造等代表铸造厂陆续建成投产。20 世纪 90 年代以后,铸造行业的技术有了新的发展和提高,在合金钢和钢液净化、合金铸铁、轻合金与复合材料铸造、镁合金压铸、离心铸造大口径球铁管等方面取得了良好的进展。

21 世纪以来,在汽车、轨道交通、矿冶重机、工程机械等下游需求提升的刺激下,我国铸造行业整体保持持续增长趋势,多地的地方政府也结合本地的产业结构组建了具有一定规模的铸造工业园或产业基地,如针对机床行业的沈阳铸锻工业园、一重集团的世界一流铸锻一体化生产基地、潍柴动力股份有限公司的发动机铸造中心等;铸造企业中也涌现出了一批有代表性的专业化规模生产铸件的龙头铸造企业,如汽车铸造行业中的一汽、东风汽车、重汽铸造公司、上海汽车铸造总厂等,发动机行业中的潍柴铸造中心、玉柴铸造中心、华泰铸造公司、昆山丰田工业有限公司等。重型机械方面有一重、二重、中信重工、华锐特钢等铸造公司,机床行业如沈阳机床铸造、沈阳铸锻工业公司、宁夏长城经崎铸造公司等,工程机械行业如柳工、合力叉车铸造,铁路车辆行业如齐齐哈尔轨道交通装备公司铸造厂、天瑞集团铸造公司等。这些企业的铸件质量、工艺出品率、废品率、劳动生产率、能耗等指标,工艺装备水平、生产管理及质量管理水平,信息化技术应用均位居国内行业领先水平,接近或达到国际先进水平。

正是通过铸造业界的不断努力,2000 年我国首次超过美国成为世界最大的铸造件生产国,此后一直稳居世界首位。从 2010 年以来,我国铸件行业产量除 2015 年受宏观经济环境变化影响、2018—2019 年受汽车等行业景气度下降因素影响有所下滑以外,其余年份产量均保持正增长,2020 年的铸件产量达 5 195.00 万吨,2021 年增加到 5 405 万吨。我国铸件产量已经连续 21 年稳居世界第一,2016—2020 年平均增速为 2.6%,铸件产量整体保证了平稳发展,如图 1-3 所示。"十三五"中后期,下游行业对铸件需求增速放缓,铸造市场竞争加剧。随着可持续发展理念的深化,国家对工业污染防治不断强化,部分企业由于环保安全等因素被淘汰;而一部分企业坚持科技提升,大力实施智能化、绿色化改革创新,整体水平处于国际领先,成为国内铸造行业的领头军。截至 2020 年,铸造企业数量明显减少,而企业平均规模有较大提高,铸件产量 5 万吨以上的企业达 200 家,产业集中度明显提高。图 1-4 所示为 2021 年我国铸件下游应用结构。

我国铸件的主要材质为灰铸铁,占比约为 41.8%,球墨铸铁占比约为 28.7%,铝(镁)合金占比约为 14.5%,如表 1-2 所列。黑色金属铸造仍然是铸造行业主流,占总产量的比重超过 80%,其中灰铁铸件占比有明显下降,占比由 2014 年的 45.0%下降至 2020 年的 41.7%,但仍是全部铸造材料中使用最多的材质。2014—2020 年期间,占比提升最大的是球墨铸铁,2020 年占比为 29.5%,较 2014 年提升了 3.6 个百分点,产量由 1 240 万吨增加至 1 530 万吨,主要是因为球墨铸铁铸造性能好,成本相对较低,应用领域不断被拓展,可用于内燃机、农机、风电铸件和铸管及管件等领域。铝(镁)合金在新能源汽车产业强势发展、汽车轻量化发展趋势等因素影响下,2020 年

图 1-3 2014—2020 年我国铸件产量及增速

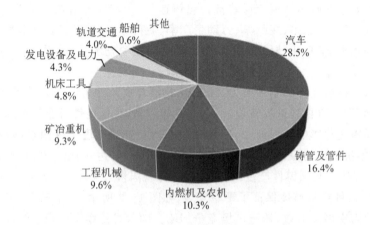

图 1-4 2021 年我国铸件下游应用结构

产量占比较 2014 年提升了 2.5%,产量为 680 万吨。

表 1-2 2014—2020 年不同材质铸件产量

万吨

年 份	钢铁铸件				有色金属			合 计
	灰铸铁	球墨铸铁	可锻铸铁	铸 钢	铝(镁)合金	铜合金	其 他	
2014	2 080	1 240	60	550	585	75	30	4 620
2015	2 020	1 260	60	510	610	75	25	4 560
2016	2 035	1 320	60	510	690	80	25	4 720
2017	2 115	1 375	60	555	730	80	25	4 940
2018	2 065	1 415	60	575	715	80	25	4 935

续表 1－2

年　份	钢铁铸件				有色金属			合　计
	灰铸铁	球墨铸铁	可锻铸铁	铸　钢	铝（镁）合金	铜合金	其　他	
2019	2 040	1 395	60	590	685	80	25	4 875
2020	2 175	1 530	63	635	680	87	25	5 195
年平均增速/%	0.7	3.6	0.8	2.4	2.5	2.5	—	1.9
占比变化	2014 年 85.1%；2020 年 84.8%				2014 年 14.9%；2020 年 15.2%			

注：资料来源于中国铸造协会。

铸造件产品广泛应用于汽车、内燃机、矿冶、工程机械、发电、轨道交通、船舶等各类制造行业，如表 1－3 所列。从图 1－4 和下游应用分布来看，汽车领域一直是我国铸件行业最大的下游应用领域，占比在 30% 上下浮动，2021 年占比 28.5%；其次为铸管及管件，占比 16.4%；内燃机及农机占比 10.3%。2014—2021 年期间，汽车领域铸件产量维持在 1 200 万吨以上。2018—2019 年我国汽车产业受宏观经济持续承压、购置税政策提前透支、出口规模缩小等因素影响，产销量不断下滑，铸件需求量也随之减少。2020 年，受国Ⅲ汽车淘汰、治超加严以及基建投资等因素的拉动，商用车全年产销呈现大幅增长，成为 2020 年车市恢复的重要动力；受商用车大幅增长的拉动，2020 年汽车铸件产量增长 5.6%。2021 年随着车市的回暖，汽车铸件产量增加至 1 540 万吨，而内燃机及农机、工程机械、矿冶重机、铸管及管件领域的铸件产量均超过 500 万吨。

表 1－3　2014—2021 年中国铸件下游应用分布

万吨

年　份	汽　车	内燃机及农机	工程机械	矿冶重机	铸管及管件	机床工具	轨道交通	发电设备及电力	船舶	其他
2014	1 260	640	360	530	630	285	240	240	50	385
2015	1 250	635	315	480	695	260	210	240	45	430
2016	1 410	615	330	440	760	250	175	250	40	450
2017	1 510	620	380	450	770	260	200	240	40	470
2018	1 480	545	425	450	825	250	218	215	37	490
2019	1 420	515	440	460	830	225	220	210	35	520
2020	1 500	540	490	470	853	227	220	250	35	610
2021	1 540	555	520	500	885	260	215	235	35	660

注：资料来源于中国铸造协会。

1.2　我国铸造行业的技术差距与发展机遇

我国铸造行业整体呈现大而不强的局面,虽然我国的铸件产量远超过其他国家,但单位企业的平均产量远不如发达国家,甚至不如印度等其他新兴经济体;数量较大的中小型铸造厂造成了行业集中度较低的局面,限制了我国铸造行业的合理产能结构的形成。另外,自改革开放以来,乡镇企业迅猛发展,成为我国铸造技术行业的一支重要力量。乡镇铸造厂点数量已超过国有铸造厂点,乡镇铸造厂点的铸件产量约占全国铸件总产量的一半。

1.2.1　铸造企业的技术水平参差不齐、差距明显

我国铸造企业现有 2.6 万多个,从业人员在 120 万人以上。铸造企业分布于全国各地,其中江苏、山东、河北、浙江、辽宁、河南、广东等省均有较强的铸造生产能力。诸多地区在政策及市场的引导下形成产业集聚,使得不同地区的铸件产品具备一定的特色,如河南林州、夏邑等地主要铸造汽车配件;安徽宁国是中国耐磨铸件之都;广东省是中国重要的压铸产业基地等。近年来,中国铸造行业的发展方向主要是产业结构调整,对小规模、技术水平低、污染严重的铸造类企业进行结构调整,提升了企业的生产能力;其中,高端领域在市场需求增长及政策激励下不断突破,中低端产品领域在日益激烈的市场竞争中逐步整合——落后企业逐步退出,具备一定规模及实力的企业逐渐成长。

首先,我国铸造企业数量众多,但随着国家对铸造行业产业结构调整的不断开展,数量呈逐年下降趋势,规模铸造企业产量集中度不断提高,其中排位靠前的 4 500 家企业铸件产量占总产量的 70% 以上;其次,随着我国铸造企业工艺技术、装备水平的提升,我国铸件产品质量稳步提高。特别是在汽车、内燃机、机床、发电设备及电力、轨道交通等工业领域,形成了一批质量水平较高的规模化、专业化铸造企业。关键铸件自主制造能力得到进一步提升,一些铸件的尺寸精度、表面质量以及内在品质等指标达到了国际先进水平,铸件出口档次也有了较大提高。因此,通过技术改造与产品升级等,大型铸造企业在规模、技术和工艺等方面具备优势,产品竞争力较强,而且产品结构也更加合理,应用方向一般在两到三种产业领域以上,细分应用领域更多。目前少数国内规模铸造企业的整体装备水平已与国外工业发达国家水平相当。这些企业凭借先进的工艺技术和装备,支撑着国内主机和重大技术装备关键铸件制造,成为汽车、能源(核电、风电、水电、火电)、轨道交通等领域关键铸件国产化自主制造的重要力量,并具备了国际市场竞争能力。

由于历史原因,我国铸造行业的整体技术水平较低,生产环境问题一直没有得到改善,铸件生产车间环境恶劣、员工防护措施不到位、粗放式生产的铸造企业比比皆是。特别是早期成立的中小型铸造企业,受限于资金、技术实力不足的现状,自主创

新能力不够,技术水平仍需提高,整体利润偏低,研发投入严重不足。同时,行业研发机构较少、科研成果转化率低、行业内技术服务支持严重不足等都严重影响铸造行业的发展。我国铸造业存在着生产技术落后、设备简陋、生产材料消耗过高、环境污染严重等诸多问题,具体表现在:

① 铸件的质量较低。改革开放后,我国铸件质量虽然大有提高,但是许多铸造企业铸件废品率很高。例如我国铸铁件的出品率仅为 60%,而国外的同类产品可以达到 75%;而且铸件质量较差、精度不高。

② 铸件生产中的能耗高,污染排放较严重,资源综合利用率低。我国铸件生产需要的能耗约是发达国家同类铸件的 2 倍,很多铸造企业的冲天炉炉气等在铸造过程中余热没有得到充分利用就排放到空气中。还有很多中小企业,其生产工艺方法依旧落后;原辅材料普及率不高,污染物的排放量很大;甚至没有配备有效的末端治理措施,大气和水中的污染物严重超标,生产污水不经过处理直接排入下水道。根据世界有关组织的统计,日本的铸件劳动生产率约为 250 吨/(人·年),而我国约为 100 吨/(人·年)。

③ 人才短缺。在我国铸造技术发展的过程中,最缺的不是技术,而是人才。造成人才流失的主要原因是国内铸造企业工资待遇低和工作环境差。例如:

a. 专业的管理人员数量稀缺,行业内比例失调。有些企业的管理层人员仅占总职工人数的 3%,而有的工厂却占到 35%,差距明显。

b. 高级技术人员数量少。主要的技术人员多为大中专学历,研究生学历很少。

c. 绝大多数工人是临时工,其文化程度偏低,上岗前后缺少必要的培训,技术水平有限且流动性大,他们对铸件生产、生产秩序、工艺手段等没有多少了解,导致生产质量和效率低下。目前行业内各领域不同层次从业人员短缺仍是行业发展的突出问题。

④ 大部分企业规模小,技术提升能力不足。我国铸造企业平均规模小,特别是中小型企业,其工艺水平相对落后,劳动生产率较低,产品质量也较低;仍有一批企业在工艺装备、产品质量及环保治理水平方面相对落后,平均劳动生产率与工业发达国家仍有一定差距。除此之外,企业数量偏多,在一些领域往往出现低价格、低质量的恶性竞争,不利于产业整体健康发展。

⑤ 行业自主创新能力不强,公共技术服务体系不健全。长期以来,装备制造业发展存在的"重主机轻零部件"和"重冷轻热"问题仍然比较突出,对铸造在制造业产业链的重要程度仍认识不足;多数主机行业长期采用低成本采购策略,高品质铸件在产业链上难以形成优质优价,铸造行业整体利润偏低,使得铸造企业的研发投入严重不足。行业创新需要铸造产业链中的基础材料、关键工艺和重大装备协同创新,但与铸造相关材料和设备企业的研发投入明显不足。目前行业研发机构较少,关键共性技术研究弱化,科研机构研究成果市场转化率低,产学研用相结合的协同技术创新体系作用不明显,行业内公共技术服务平台支撑严重不足。

⑥ 行业发展模式仍相对粗放。"十三五"期间,骨干企业具有了较高的精益化管理水平,在发展方式上也更加注重向质量和效益型转变,但我国企业数量众多、发展不平衡问题仍然突出。在激烈的市场竞争环境下,企业更多关注发展的规模和速度,偏重以低价获得更多的市场订单,在研发投入方面重视不够,行业整体信息化建设滞后,精益管理水平不高,产品综合废品率偏高,节能减排和污染治理仍有很大提升空间。铸造产业集群(园区)的发展更多侧重新项目引进和区域规模总量增加,在产业链协同、特色企业培育、产品差异化发展和公共平台建设等方面的规划和建设尚且不足。

⑦ 环保治理和安全生产仍相对薄弱。铸造企业需要牢固树立安全生产的发展理念,同时在国家相关政策的推动下,铸造企业也应该主动作为。随着近些年国家对污染治理的重视,铸造行业的环保治理水平普遍有了明显提升,但是,距离国家提倡的环保要求还有较大差距。在铸造过程中总会因发生多次化学反应产生固体废弃物污染和气体污染,造成对周围环境和空气的污染。很多私人铸造企业,其法律意识淡薄,对铸造过程中产生的固体废弃物不知道如何处理,有的就算知道,但是为了自身利益,也会对排放的污染物置之不理,长此以往对周围环境造成损害和污染。我国的铸造行业发展规模较大,日常排放的废弃物也较多,废弃物的处理需要专门的人员、专门的设备通过复杂的流程进行处理,因处理的流程复杂、难度较大,消耗的成本也较高。随着铸造工艺的不断发展,节能减排任务重、投入巨大,研究节能减排技术十分关键,不仅要降低污染物带来的污染,还要节约经济成本,实现可持续发展。作为铸造企业,无论规模大小,都应加大对环境保护方面的重视力度,尽量节省能耗、降低污染。

1.2.2 我国铸造行业的发展对策

铸造行业发展的指导思想是:以市场为导向,以产业结构调整为重点,以产业技术升级为目标,以先进技术应用为手段,加强技术创新和企业文化建设,提高铸件质量、经济效益以及市场整体竞争力。近年来,我国铸造技术水平已经有了很大提高,但是,与国外先进水平仍然存在差距。"十四五"期间,面对铸造技术的快速革新及进步,各铸造企业强化铸件研发、生产的同时提高了创新投入,以适应市场的激烈竞争,为铸造企业及其技术进步提供了发展机遇。目前我国铸造工艺发展面临的主要机遇有政策环境良好、市场前景广阔、发展技术先进等。我国颁布了《中国制造 2025》《铸造行业准入条件》等文件,为铸造工艺的发展营造了良好的政策环境。我国新兴产业的发展,为铸造工艺的发展提供了广阔的市场舞台。互联网技术和工业技术的发展,为铸造技术提供了发展的技术基础。

1. 加快现代化企业制度建设步伐,做好产业结构调整

① 坚持改革、改组、改造和加强管理的基本方针,加大对企业的改革力度,加快建设"产权清晰、权责明确、政企分开、管理科学"的现代化企业制度。要结合实际,积

极探索,完善产权、所有制结构调整。对整体素质不高、效益不好的铸造企业实行整改与关停,创造良好的企业发展环境。

②在建立现代化企业制度的同时,加强企业的文化建设和科学管理。以市场为导向,通过市场调研和分析,把握企业的市场定位与发展目标;建立科学有效的企业管理体系,正确制定企业的发展战略与实施方案;切实调整和优化产业结构,形成以产品专业化为重点的发展模式。特别是中小企业,以形成专业化或特色铸造为发展目标,走"专、精、特"的路子,通过合作和建立企业网络,携手合作,优势互补,提高生产社会化水平,形成自己的竞争优势。

2. 充分利用国家政策引导和国际市场行情导向,营造良好的发展环境

近年来,铸造行业的产业发展环境面临不少困境,在国家层面上、在政策与管理制度方面采取了很多措施,进一步优化了产业发展环境,理顺铸造行业发展的政策规定,强化在涉及铸造的环保、安全、能耗方面标准的科学制定,营造一个更有利于铸造基础产业发展的公平竞争环境。

①经过多年的快速发展,我国铸造原辅材料企业专业化程度越来越高,形成了一批铸造生铁、铸造焦炭、铸造原砂、粘结剂等原辅材料生产基地,为铸造企业生产技术的提高提供了保障;国产铸造设备和模具的制造水平有显著提升。

②适应国内铸造企业的发展需求,我国铸造装备制造水平有了快速发展。通过引进、合作、消化国外先进铸造装备以及加大自主研发投入,我国形成了一批具备自主研发能力的铸造装备制造企业,部分企业具备了国际先进水平。企业应根据工艺布局与产品质量要求,采用适合企业条件的先进、成熟、适用的工艺技术与装备,通过优化铸造生产技术结构,提升企业生产装备能力,不断提高铸件产品档次和质量。

③加强产品质量管理,强化质量意识,建立和完善质量保证体系,完善检测手段,及时修订企业产品质量标准,按国际认定的质量标准生产,增加企业产品的竞争力。

3. 加强技术进步,提高技术创新能力

提升铸造基础制造能力,需要重点开发一批高性能铸造合金及先进铸造原辅材料,开展关键共性铸造技术和先进铸造工艺研究,实现铸造领域重大技术装备的技术创新与自主化制造,促进铸造生产过程的高效与节能,并实现铸件的高质量制造。

①铸造材料是铸造组织生产与工艺实施的前提,研究与发掘各种新型高性能的铸造工艺原材料,保证铸造工艺过程顺利实施。

②增强企业技术创新能力是提高企业核心竞争力的关键,研究更加高端的铸造技术,实现对精密配件的精准铸造。

随着铸造工艺的不断发展,铸造的产品也会更加精致和高性能,需要开发新的工艺技术以满足市场的需求。比如:

① 铸件的轻量化、超微细化和超薄壁化技术。日本野口公司制作出如蚂蚁大小的铸件，用 0.7 μm 的铝氧粉、离心造型铸造，蚂蚁的蚁眼模样都可以再生出来；增压器的叶轮过去都用重力铸造法生产，在压铸法的基础上用可旋转的金属芯子的方法开发出中空的叶轮。这些技术的研究与开发会引起新的需求。

② 复杂形状部件的整体化技术，铸件最近已开始向复杂形状的零部件发展。

③ RP(快速原型技术)、半固态铸造等新型铸造成型工艺的研发，为制备精密、结构复杂的零部件奠定技术基础。

④ 复合材料、功能材料等的铸造成型技术，以及用陶瓷、纤维等增强的金属基复合材料、发泡金属零件等的铸造成型方法，丰富了铸造企业的产品体系，形成高精尖产品的生产能力。

表 1-4 列出了未来铸造生产的关键共性技术目标。

表 1-4 未来铸造生产的关键共性技术目标

序号	分类	内容
1	高性能铸件材料	铸铁：高强韧球墨铸铁、低温高强韧铁素体球墨铸铁、等温淬火球墨铸铁、高强高弹性模量低应力灰铸铁等。 铸钢：沉淀强化马氏体不锈钢、双相不锈钢、高合金耐热钢、超低温用铸钢、超级合金母料等。 有色合金：高强韧铝合金和镁合金、高强耐热镁合金、高强耐热韧钛合金。 铸造金属基复合材料：碳纤维、陶瓷纤维等铝基复合材料、超轻铸造镁锂合金，其他高性能镁基、铜基、钛基复合材料。 耐磨材料：低成本耐磨材料、高硬高韧耐磨材料、高耐磨蚀的合金材料、高性能贝氏体钢、铸造不锈钢丸等金属磨料
2	先进铸造原辅材料	铸造用生铁：铸造用高纯生铁、超高纯生铁。 金属熔炼辅料：特种铸铁球化剂、蠕化剂、孕育剂、铝合金环保精炼剂等。 砂型铸造材料：环保型有机粘结剂、无机粘结剂、水基涂料、低碳/无碳粘土型砂等少或无污染的绿色砂型铸造原辅材料、功能型铸造用树脂、铸造用高硅砂等。 熔模精密铸造材料：快干型硅溶胶、高品质锆英砂等耐火材料、特种涂料添加剂等。 铸造用增材制造材料：与快速铸造工艺相适应的造型材料(光固化成型、光敏树脂材料，选取激光烧结成型系列粉末材料、砂型喷墨打印专用铸造用砂等)，喷墨打印专用粘结剂/固化剂等
3	关键生产技术	超大断面(≥500 mm)球墨铸铁件生产技术；蠕化处理温度控制技术；铸态下高强韧球墨铸铁件生产技术，耐低温球墨铸铁件生产技术；百吨级以上大型合金铸钢件的纯净、致密、均匀化铸造技术；高温合金定向凝固、单晶叶片生产技术；铸造用高纯生铁、超高纯生铁生产控制技术；铸造合金时效、环保精炼和变质处理技术；大型复杂精密铝、镁、钛等合金铸件的铸造技术

序　号	分　类	内　容
4	先进铸造工艺	高真空压铸技术;挤压铸造技术;差压铸造技术;半固态浆料制备及半固态高压铸造技术;精密组芯造型技术;消失模铸造工艺生产铝镁合金铸件技术;采用垂直造型线生产的铝镁合金铸件技术;快速制造技术,如①熔模铸造的快速成型技术;②铸造砂型或壳型快速成型技术;③增材制造陶瓷型芯制造技术;④铸造＋快速成型复合铸造成型技术;⑤快速成型大批量产业化应用技术
5	质量检测技术	铸件参与应力、弹性模量、断裂韧性等关键性能指标的精确检测技术;铸件工业CT无损检测技术;铸件三维光学照相尺寸测量技术,铸件壁厚超声测量技术;砂型在线检测技术
6	铸件热处理工艺	大型铸钢件(尺寸大、壁厚不均匀)热处理技术;双金属复合铸件热处理技术;压铸结构件热处理技术;耐磨材料热处理技术
7	节能减排及资源再生循环利用	铸造生产粉尘、烟尘、有害气体净化处理技术;硅酸盐类无机粘结剂砂型(芯)废砂再生处理技术;高再生率碱酚醛树脂再生技术;铸造熔炼节能技术
8	智能制造	铸造工业软件:基于物联网技术的关键过程参数控制系统研究,柔性化制造执行系统研发,面向铸造生产智能单元管理与控制系统研发。 智能检测技术:铸件智能化无损检测技术、图像识别技术在铸造企业的应用研究。 工业互联网:面向铸造行业的工业互联网平台开发建设,标识解析体系在铸造企业的应用研究

4. 加强工业化和信息化深度融合

在工业化和信息化深度融合的大背景下,着力开发计算机辅助设计、辅助制造、辅助工艺管理、计算机集成制造系统、计算机模拟仿真技术、敏捷制造技术、快速响应制造技术、精密制造技术等高新技术以及新材料、新工艺铸造生产中的应用,加速推进信息化技术与传统铸造行业的深度融合,以及远程设计、复合工艺开发、新型材料应用、智能化铸造装备、3D打印等快速成型设备和机器人应用等,将会加速铸造业转型升级。在国家制造强国的战略引导下,进一步推进以企业为主体、市场为导向、产学研相结合的技术创新体系建设。为适应高端装备制造业发展的需要,将会形成一批以研发先进铸造技术及装备、攻克关键核心铸件制造技术为主体的创新型企业,铸造行业的整体技术研发能力也将会显著增强,特别是铸造企业的技术检测和工艺控制能力、技术标准的贯彻执行能力。近年来,我国规模铸造企业在新项目建设和技术改造过程中,普遍对铸造装备进行了较大的投入。很多企业都采用了高效、节能的熔炼设备,粘土砂自动化造型线、大型自硬树脂砂生产线、先进铝合金高/低压等铸造设备,为铸造行业的快速发展奠定了基础。

对于铸造行业,只有加大产业结构优化调整,才能实现我国铸造业的健康持续发展。一些铸造企业必须改变以往低品质、低效率、高能耗、高污染的生产方式,提高产品的附加值;同时,通过整合兼并重组,建立行业准入制度,提高企业平均生产规模,形成一批有特色的产业集群。当前,铸造企业健康持续发展的核心问题是如何控制污染,实施清洁生产,以符合国家绿色发展与循环经济的发展战略。在绿色发展的大环境下,一些企业家主动斥巨资进行清洁生产技术改造和开发"绿色"铸造产品,并推行国际化企业标准,足见提高铸件质量、推行绿色铸造是铸造行业的发展趋势。

1.3 发展绿色铸造技术,实施清洁生产

清洁生产的核心是"节能、降耗、减污、增效"。作为一种全新的发展战略,清洁生产改变了过去被动、滞后的污染控制手段,强调在污染发生之前就进行削减,是控制环境污染的有效手段。为了推动清洁生产工作,国家有关部门先后出台了《清洁生产促进法》《清洁生产审核暂行办法》等法律法规,使清洁生产由一个抽象的概念转变成一个量化的、可操作的、具体的工作。铸造行业是资源消耗大户,劳动条件恶劣,其粉尘、烟气、废渣、废砂、废水及噪声都给社会环境和人身健康造成较大的危害,因此发展绿色铸造技术、实施清洁生产是铸造企业生存和发展的必经之路。

当前,世界铸造行业正朝着专业化、规模化、智能化和绿色化的方向发展,铸造技术的发展则是以优质、高效、绿色低碳为核心,通过机械化、自动化、智能化、数字化及在线化的生产流程,获得高质量、高得率、高性能、高精度的铸件。"绿色铸造"是未来一段时间内行业发展、结构调整的主线。绿色制造强调科技含量高、资源消耗低、环境污染少,侧重降低消耗;智能制造强调互联互通、机器自学能力,其侧重提质增效。图1-5所示为已经应用的智能自动组芯机器臂。对铸造行业来说,应通过铸造自身推动铸造行业的绿色、智能制造,而且绿色铸造与智能铸造可以相互补充、相互促进,不可分割。通过智能化、绿色化改革,铸造企业可以提高效率、提升管理水平和转型升级发展。图1-6所示为利用3D打印技术实现铸造清洁生产的砂型智能工厂,将会为今后铸造企业的发展提供一个良好的发展目标。

图1-5 智能自动组芯机器臂　　　图1-6 3D打印砂型智能工厂

由于铸造过程会产生大量的废弃物污染,如何减少废弃物的产生以及已有废弃物的处理技术的研究与开发,已成为当今铸造行业共同奋斗的目标;国家出台了许多的政策与法规,目的是减少废弃物的排放,使铸造企业养成环境保护的意识,促进铸造企业的良性发展。为了加快工业领域的环保治理、节能减排,国家颁布了相关政策指导,例如《铸造工业大气污染物排放标准》《排污许可申请与核发展技术规划金属铸造工业》,加大了对铸造行业节能减排、安全生产工作的力度,"绿色铸造"这一理念得到了普遍推广,并取得了一定的成绩。但是,我国铸造行业的能耗污染水平仍然较高,一些高能耗、高污染以及存在重大安全隐患的生产方式仍然普遍存在。"十四五"期间,我国铸造行业在节能降耗、降低排放、再生利用、杜绝重大事故及防治职业危害等相关方面都加大了工作力度,努力实现"绿色铸造"这一发展战略。随着企业对环境保护意识的加强以及新技术的应用,废弃物的排放量会大大降低,逐渐会在全社会形成一种环境保护的意识,铸造行业的发展逐渐朝着绿色、环保、低碳的方向发展。

如何推进铸造行业绿色发展?在铸造行业开展以提高铸件质量、降低废品率、减少消耗为中心的节能减排。提升铸造企业环保治理水平,须严格贯彻落实《排污许可管理条例》等重要政策,实现铸造企业依法排放三废。同时以发展优质铸件,提高性能和质量、降低废品率、减少消耗为主攻方向,以发展先进成型技术、计算机技术应用、新材料技术,采用先进熔炼工艺与设备,造型工艺与设备,烟尘治理与废渣综合利用等技术集成和创新为主要手段,通过以上先进技术、先进设备及先进管理的集成与创新,有力推进综合节能减排工作,实现"绿色铸造"战略。其中,应大力推广以下节能减排新技术:旧砂在铸造厂内的再生利用;废弃物的资源化再利用;开发和利用环保型铸造用粘结剂;采用先进的熔炼设备及技术,如采用节能环保型冲天炉与中频炉保温双联熔炼工艺,采用中频感应电炉熔炼工艺;采用先进的除尘技术,如干法通风除尘、湿法除尘及组合除尘技术。推进铸造企业将"绿色铸造"理念贯穿于生产全过程,走低碳化、循环化的绿色发展道路,预计到2025年,按照《铸造行业绿色工程评价要求》,将培育200家以上绿色铸造工厂。

积极研发新材料,向绿色化发展。绿色经济是我国经济发展改革的重要内容,在近几年受到高度重视。传统铸造企业的污染性较大,生产效率低,已经不能满足当前行业发展要求,因此,铸造行业自动化技术走向绿色化发展是行业要求,也是必然趋势。走上绿色化发展的道路,一方面需要对铸造材料实现创新,积极研发新型的低碳环保材料;另一方面需要创新铸造生产的工艺流程,重视铸造烟尘治理、污水净化、废砂废渣利用,并开发出多种铸造环保设备,如震动落砂机除尘罩、移动式吸尘器、烟尘净化装置、污水净化循环回用系统、桂业铸件自动切割机、桂业自动打磨设备等。绿色制造不仅是企业自身发展的需要,同时也是进入国际市场的通行证;有许多国家,特别是发达国家,以此为由限制国际产品特别是发展中国家产品进入本国市场,即设置绿色贸易堡垒,因此实施绿色制造已经是大势所趋。

近年来,节能减排、健康、安全等"绿色铸造"的理念在铸造行业日益得到强化。

一些铸造企业,在清洁生产、节能降耗、达标排放、杜绝重大事故和减轻职业危害等方面取得了显著成效。随着我国国民经济的发展方式向调整优化结构、注重效益环保、提升产业层次政策的转变,铸造行业的转型跨越式发展也势在必行,基于循环经济模式的绿色、环保、节能型铸造企业将是今后的发展方向。

参考文献

[1] 董金华,陆辉仲. 铸造行业产业链发展模式探索与实践[J]. 铸造设备与工艺,2022(02):56-60.

[2] 王辉,王季叶,汪继革,等. 环保改造技术在铸造行业的应用[J]. 中国铸造装备与技术,2021,56(06):92-95.

[3] 程馨. 论3D打印的熔模铸造工艺设计[J]. 特种铸造及有色合金,2022,42(04):532-533.

[4] 许云萍. 铸造行业核心竞争力:对物业管理行业人力资源管理的思考与展望[J]. 特种铸造及有色合金,2021,41(03):408-409.

[5] 朱家辉,张寅,卢军,等. 我国铸造行业国家及行业标准现状及存在问题[J]. 铸造,2020,69(12):1370-1377.

[6] 牛锛,吴明海,夏玉海. 山东省铸造行业转型升级发展的探讨研究[J]. 现代制造技术与装备,2019,(12):211-220.

[7] 王甜甜. 清洁生产审核方法在铸造企业的应用研究[D]. 大连:大连交通大学,2019.

[8] 林凯强. 铸造行业智能制造标准化的现状和发展[J]. 铸造工程,2019,43(05):46-50.

[9] 王栓强,谢辉,丁旭,等. 现代铸造行业人才需求及培养策略的分析[J]. 教育现代化,2018,5(15):1-4.

[10] 温平. 关于加快推进我国铸造业转型升级的探讨[J]. 中国铸造装备与技术,2018,53(01):5-7,10.

第 2 章

铸造生产工艺原理与成型基础

　　铸造是指将金属原材料如铁锭、废钢、中间合金等熔炼成符合成分设计以及纯净度等要求的液体,在合理的浇注温度条件下注入预制好的铸型里,经冷却凝固、清整处理后得到有预定形状、尺寸和性能的金属零件或毛坯的成型方法,是现代装置制造工业的基础工艺之一。作为世界第一铸造大国,中国有 4 000 亿元左右的市场规模,2022 年铸件总产量达到 5 170 万吨,保持着稳健的增长;但同时也存在产能过剩、能耗高、污染大、大而不强不精,面临节能减排压力大、技术工人短缺、自主创新能力弱等问题。铸造企业欲实现良好的发展,必须加强自身的技术实力,持续加大技改创新和研发投入,提升核心竞争力。随着现今对铸造质量、铸造精度、铸造成本和铸造自动化等要求的提高,铸造技术向着精密化、大型化、高质量、自动化和清洁化的方向发展,例如我国在精密铸造技术、连续铸造技术、特种铸造技术、铸造自动化和铸造成型模拟技术等方面这几年发展迅速。

　　铸造技术的发展与进步,要求对铸造各工艺组成、不同的技术关键点进行科学研究与开发,以基础理论为指导,并辅以先进的方法和设备条件,不断提高生产技术水平和产品质量,实现以"高效、节能、环保"为目标的可持续发展。

2.1　铸造熔炼的工艺原理

　　获得良好铸件质量的关键环节包括铸造合金的配制、熔炼与凝固过程,它们也构成了铸造成型的理论基础。

2.1.1　金属的液态结构

　　金属的液态结构,即指在液态金属中原子或离子的排列或分布的状态,在金属熔化后,以及在熔点以上不高的温度范围内,液体状态的结构与固态金属有一定的相似之处,但其结构更为松散,由许多结构尺寸较小的原子集团组成,呈现短程有序的原子分布状态,如图2-1所示。其结构具有以下特征:

① 每个原子集团有十几个到几百个原子,在原子集团内原子间仍保持较强的结合能,并保持着固体的排列特征;而在原子集团之间的结合则受到很大破坏,且原子集团之间距离较大,比较松散,犹如存在"空穴"。

② 组成液态金属的原子集团是很不稳定的,时而长大,时而变小。原子集团内每个原子的能量各不相同,具有较大动能的原子,除了在集团内产生很强的热运动外,还能成组地脱离原有集团而加入别的原子集团,或组成新的原子集团。

③ 原子集团的平均尺寸和稳定性都与温度有关。温度越高,则原子集团的平均尺寸越小,稳定性越差。

④ 当金属中存在着其他元素时,由于不同元素的原子间结合力不同,结合力较强的原子容易聚集在一起,而较弱的原子被排斥到别处。因此,在原子集团之间还存在着成分不均匀性,即浓度起伏,有时甚至形成不稳定的或稳定的化合物。

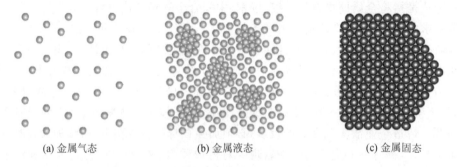

(a) 金属气态   (b) 金属液态   (c) 金属固态

图 2-1　金属气态、液态和固态的原子排列示意图

液态金属的结构特点决定了其基本特征,其物理特性包括:

① 具有固定的体积。

② 具有流动性,即液态金属在铸型内的流动能力。流动性的影响因素包括液态金属的成分、温度、杂质含量及物理性质,与外界因素无关。

③ 各种物理化学性质接近于固态,而远离气态。

④ 具有一定的粘度。粘度大小由液态金属结构决定,与温度、压力、杂质有关。

⑤ 由于金属液表面质点受周围质点对其作用力不平衡而产生表面张力,表面张力主要受流体性质、温度、压力、杂质的影响。

工艺特性方面,在高温状态下呈现松散原子排列特征,实际金属和合金的液体由大量的时聚时散、此起彼伏游动的原子团簇、空穴所组成,同时含有各种固态、液态或气态杂质或化合物,而且还表现出能量、结构及浓度三种起伏特征,其结构相当复杂。

① 能量起伏是指液态金属中处于热运动的原子能量有高有低,同一原子的能量随时间不停地变化,出现时高时低的现象。

② 结构起伏是指液态金属中大量"游动"的原子团簇不断地分化组合。由于"能

量起伏"，一部分金属原子(离子)从某个团簇中分化出去，同时又会有另一些原子组合到该团簇中，此起彼伏，不断发生着涨落，原子团簇本身像在"游动"一样，其尺寸及内部原子数量都随时间和空间发生变化。

③ 浓度起伏是指在多组元液态金属中，由于同种元素及不同元素的原子间结合力存在差别，结合力较强的原子容易聚集在一起，把别的原子排挤到别处，表现为"游动"的原子团簇之间存在成分差异。这种局域成分的不均匀性随原子热运动在不时地发生着变化。

结构内部存在的结构起伏、能量起伏及成分起伏的特性也为异种元素的进入创造了工艺条件，因此熔炼过程也就成为合金化处理的重要途径。

2.1.2　金属的熔炼与合金化原理

熔炼是铸造生产的第一个关键工序，其作用是将铸造原材料、中间合金等加热至一定温度条件下的均匀熔体，通过合金化获得符合化学成分设计的合金，并且通过添加熔剂等实现改善结晶条件的变质处理以及获得洁净金属熔体为目标的净化处理等，为凝固过程中获得比较理想的组织形态打下良好的基础。

1. 金属材料熔炼时的热效应

固态金属在高温的液态金属中转变为液态的过程，称为熔炼。在铸造生产中，熔炼过程不仅是固态金属原料转化为金属液的相变过程，同时要涉及固体金属在液态金属中的熔解，如铸造合金熔炼中的合金化、变质处理、孕育处理等。固态金属在液态金属中的熔解是一个非常复杂的现象，不同的固态金属在不同的液态金属中，其熔解特性不同；固态金属在液态金属中可能是熔化后与液态金属混合并融入液态金属中，也可能以扩散方式进入液态金属；同一种固态金属在同一种液态金属中，当液态金属的温度及流动状态不同时也会表现出不同的熔解特征。

熔化的过程是由于外界给固态金属提供了足够的能量，使得原子间距增大，原子间的引力减小，导致原子间的结合键被破坏而转化为液体。这种情况主要发生在固态金属的熔点低于液态金属温度时，如果固态金属在液态金属中是放热的，则也可能发生在固态金属的熔点高于液态金属温度时。熔化效率主要受传热控制，在铁液中加硅锰合金、在铜液中加铝等均属于这种情况。若固态金属的熔点高于液体温度，则大多为熔解机制。一般认为，固体在液体中的熔解包括两个过程：首先，固体晶格内的原子结合键被破坏，固体原子进入液相；然后，进入液相的固体原子由边界向溶体内扩散。也有人认为，当液态金属与固态金属接触时，液体的组分首先向固体表面扩散，当一定厚度的表面层内达到饱和的浓度后，固体表面层向液相中熔解。

研究表明，许多固态金属并不是直接在液态金属中熔解，而是先在界面反应形成金属间化合物，然后金属间化合物再向液态金属中熔解。这可以根据固态金属与液态金属的相图进行判断，如果相图中无高熔点金属间化合物相存在，则固态金属的熔解以直接熔解方式进行，如铜、硅在液态铝中的熔解，铝在锡中的熔解属于这种方式。

如果相图中有高熔点金属间化合物存在,则有可能在界面处生成金属间化合物,如铁在铝液中熔解时,界面处生成 Fe_2Al_3 和 $FeAl_3$,镍在液态镁中熔解时,界面生成 Mg_2Ni_6。一般情况下,所生成的化合物以层状形式存在于界面,但有些固态金属与液态金属反应生成的化合物是以分散的粒状形式存在。例如,在低温铝硅合金液中加变质剂锶,则首先生成分散粒状的 $SrAl_2Si_2$ 和 Al_4Sr,然后这些粒状的化合物再溶于液态金属中。

在合金熔炼中,也存在着将常温的固体添加物直接加入到高温金属液体中的情况,如中间合金、精炼剂、孕育剂等。这些室温的固态金属加在高温的液态金属中,由于室温的固态金属迅速吸收其周围液态金属的热量,导致液态金属在其上形成一层凝固外壳。根据固态金属熔点、液态金属熔点和液态金属温度的不同,以及固态金属与液态金属是否形成低熔点共晶体或低熔点固溶体,可能存在不同的熔解方式。如果固态金属的熔点低于液态金属的熔点,则固态金属可能在外壳重熔以前开始熔化,熔化的金属又使外壳熔解。例如,硅铁加入钢液中,硅铁表面很快形成一层钢壳,由于硅铁的熔点低于钢的熔点,在钢壳未完全重熔以前,硅铁开始熔化,钢壳内层又向硅铁中熔解,加上硅与铁混合熔解的放热作用,钢壳重熔被加快。如果固态金属的熔点高于液态金属的熔点,可能是外壳完全重熔以后固态金属开始熔解;如果固态金属与液态金属中可以形成低熔点共晶体或低熔点固溶体,当固态金属与外壳界面处的温度达到共晶体或固溶体的熔点后,由于固态扩散作用将产生低熔点液相,此后固态金属和凝固的外壳都向该低熔点液相中熔解。例如,钛加入液态钢中,钛的表面很快形成一层钢壳,尽管钛的熔点很高,但钛与铁能形成低熔点共晶体,当固态钛与钢壳界面处温度达到共晶体熔点时,有液相形成,此后钛和钢壳都向该液相中熔解,液相区扩展很快。

在微观上,固态金属在液体中的熔解包含固体晶格内原子结合键被破坏进入液相和固体原子从固-液边界向熔体内扩散两个过程,一般将固体晶格原子结合键破坏的过程称为界面反应。根据界面反应速度与固-液边界处原子扩散速度的不同,固态金属在液态金属中的熔解速度可能由界面反应速度控制,也可能由界面处原子扩散速度控制,还可能由界面反应速度与界面处原子扩散速度共同控制。

加热温度的高低影响着固态金属在液态金属中的熔解度,同样也影响到溶质的扩散系数,因此将会改变熔解机制。一般情况下,随着温度的升高,溶解度增高,扩散系数增大,当温度达到固态金属的熔点时,溶解机制将从溶解转变为熔化,因此,随着温度的升高,熔解速度加快,但当固态金属与液态金属发生反应形成高熔点化合物时,则会有例外情况发生,如锶(Sr)在铝液中熔解时,由于高温下形成的金属间化合物紧密包围固态锶,而低温下形成的金属间化合物呈分散的粒状,因此在低温铝液中锶的熔解速度快。

当熔解机制以熔化或界面原子扩散控制为主时,由于传热或传质是过程的限制环节,液态金属的对流对熔解速度的影响很大,采取一定的措施如搅拌等,增大液态金属的对流,将使熔解速度加快。另外,固态金属表面氧化膜或者其他高熔点物的存在,将阻碍固态金属与液态金属间的传热和传质,也会延缓固态金属的熔解。除了上述影响因素之外,液相的体积等因素也会影响熔解速度。

2. 金属熔炼中的化学反应

在熔炼过程中,因为高温,总是伴随着多个氧化及还原反应发生,这些都是铸造合金与炉气、炉渣、炉衬和燃料等相互作用的结果。

(1) 熔炼过程中的金属氧化

由于原材料中的许多元素(如 C、Fe、Si、Mn、Al、Mg 等)以及添加物中的一些非金属元素都会与氧发生反应形成氧化物,从而产生氧化烧损的现象以及某些非金属氧化物夹杂的形成。

金属氧化的趋势和程度主要取决于其氧的亲和力。对于气–固多相反应中的氧化反应,反应首先在固体的表面进行,O_2 分子吸附然后再分解为原子,从物理吸附过渡到化学吸附(一般在晶界或位错处形核)。高温下的金属氧化速度主要是由氧化膜的性质所决定的,与温度、面积、氧的浓度、金属的性质有关。

由于大部分的熔炼过程是在开放环境下开展的,空气中所含的氧与金属元素之间容易发生氧化。在大气条件下,金属的氧化是不可避免的,但各种金属对氧的亲和力不同,这反映了它们氧化倾向的强弱。

在熔炼过程中,金属中各元素均由于它们自身的氧化而减少,它们被氧化程度的多少,除了与本身对氧亲和力的大小有关之外,还与该元素在液体合金中的浓度(或活度)、生成氧化物的性质以及所处的温度等因素有关系。一般,对氧亲和力较大的元素氧化损失多些,如铝、镁、硼、钛和锆等对氧亲和力很强,碳、硅、锰、钒和铬等其次,铁、钴、镍、铜及铅等较弱。因此,在熔炼时合金中对氧亲和力较强的元素,通过熔炼后,合金化学成分中某元素因氧化损耗而使其含量增加或减少,应视该元素与基体金属元素的相对损耗而定。相对损耗多的元素其含量将降低,称为"烧损"。为了能正确控制熔体的化学成分,应在选配金属炉料时考虑熔炼后的变化而做相应数量上的补偿。

在实际的熔炼中,合金中元素的烧损程度,还受原材料品质、熔剂及炉渣、操作技术,特别是生成氧化物性质的影响。各种液体金属在氧化气氛下被氧化时,它们所生成的氧化物在性质上有很大差别,主要有以下几类:

① 气态氧化物。这种氧化物在高温下具有极大的挥发性,如钼的一种氧化物 MoO_3,其沸点只有 1 155 ℃,但在大气条件下将钼加热到高温,它将随时间呈直线氧化并立即挥发,能很快将钼氧化掉。钨也有这种性质,因此熔炼这些金属必须采用真空技术。

② 溶于液体的氧化物。它们或为液态或为固态,但均能溶解于它们的液体金属中,如铁、镍和铜的氧化物 FeO、NiO 和 Cu_2O 等即是如此。在一定的温度及气压条件下,这些氧化物均有确定的饱和溶解度。如在一般的熔炼条件下,铁液中 FeO 的

最大溶解量约为 1%;而铜液中的 Cu_2O 可达到 4%。当氧化过度以及后续的凝固过程中,则能从液体金属中析出该氧化物相,或形成一种渣相。

③ 不溶于液体的氧化物。这种氧化物常在金属表面构成氧化薄膜。这种薄膜的紧密度对金属能否进一步氧化关系极大。氧化膜的紧密度取决于氧化物体积 V_o 与原金属体积 V_m 之比值 a。常用金属氧化物的 a 值列于表 2-1 中。

表 2-1 金属氧化物的 a 值

元 素	氧化物	a	元 素	氧化物	a
钾	K_2O	0.41	锌	ZnO	1.57
钠	Na_2O	0.57	镍	NiO	1.61
锂	Li_2O	0.60	铜	Cu_2O	1.71
钙	CaO	0.64	铍	BeO	1.71
钡	BaO	0.74	钛	TiO_2	1.76
镁	MgO	0.79	铬	Cr_2O_3	2.03
铝	Al_2O_3	1.28	铁	Fe_2O_3	2.16

① $a<1$ 时,炉气中的氧可以穿过氧化膜的空隙直接与金属接触,继续氧化。这时,金属氧化产物的质量将与时间成直线关系增加,即 $W=kt$,式中 W 为氧化产生物质量;t 为氧化时间;k 为常数,依金属的性质和温度而定。

镁就属于这一类金属。在镁液表面发生氧化时,随着氧化膜的加厚,散热更加困难,金属氧化时产生的热量使其温度升高,氧化过程亦随之加速。如此循环,最终达到剧烈氧化——燃烧。熔炼镁合金时,防止其液面剧烈氧化十分重要,一般是在液面覆盖保护溶剂,或改变其表面氧化膜的性质,使之致密化。

② $a>1$ 时,金属表面氧化膜致密,炉气中的氧不能直接与金属接触,而是依靠扩散作用继续氧化。按扩散规律,扩散流量与表面氧化膜厚度成反比,随时间的延长,氧化膜逐渐加厚,但氧化速度减慢。

铝就属于这一类金属。虽然铝是对氧的亲和力很大、极易氧化的金属,但是当其表面氧化膜很快增厚到 0.2 μm 以后,氧化速度就减慢了。这层氧化膜对液体金属能起保护作用,防止内部金属继续氧化,所以一般情况下,铝合金可以在大气条件下进行熔炼,而不采取特殊防护措施。

在金属中加入某种元素,可以改变其表面氧化膜的性质。例如,向镁合金中加入 a 值大于 1 的铍,能使其表面氧化膜变得致密,从而起到一定程度的保护作用。又如,铝合金中含有较多镁时,在液体表面会有疏松的氧化镁膜,因而失去保护作用使合金发生继续氧化;熔炼含镁量较高的铝合金,就需要用熔剂保护。

这种不溶液体的氧化膜,利用得当,就能对液体起到保护作用;若遭破碎而混入液体金属中去,就变成有害的非金属夹杂物。

（2）熔炼过程中的吸气现象

金属表面能吸附各种类型的气体,而随着温度升高吸附量将减少。另外,在高温下,金属还能有选择地吸附与它有一定亲和力的气体,此即化学吸附。物理吸附是化学吸附的前提,能被化学吸附的气体有氮、氢、氧、二氧化碳及水蒸气等。化学吸附能力的强弱取决于气体与金属原子之间的亲和力,化学吸附是吸收气体的关键步骤。

化学吸附的实质是金属表面上的原子与所吸附气体发生表面化学反应。首先是气体分子离解成原子的过程,使液体金属表面的气体原子浓度逐渐增高,如下式：

$$N_2 \rightarrow 2[N]$$
$$H_2O \rightarrow 2[H] + [O]$$
$$CO_2 \rightarrow [C] + 2[O]$$

由于液体表面层的气体原子浓度较高,它将不断向金属液体内部扩散,如此即完成气体被金属吸收的过程。金属中不能溶解分子状态的气体,只能将它们离解为原子后再吸收。溶解于液体金属中的气体为原子态的,当它与其各合金元素并无较强亲和力时,它能较均匀地分布于液体中,氢即如此。而氮与许多元素都有较强的亲和力,它在金属中常以化合态存在。

在整个熔炼铸造过程中,气体有许多机会可以进入到液体金属中去。气体的来源可能是炉料、炉气、耐火材料、熔剂、精炼气体、操作工具等。除去该金属合金所必需的化学成分之外,其中常含有杂质元素、气体和非金属夹杂物。它们的存在不仅影响液体的性质,用以浇注成铸件后,还会形成气孔、夹渣等缺陷,使得铸件性能恶化,甚至造成报废。杂质元素影响合金的使用性能,在普通熔炼过程中,多从选配炉料以限制杂质方面进行控制。由于一般熔炼是在大气环境下进行的,因此熔炼金属将会与炉气发生作用,如金属溶解气体,金属氧化,以及形成非金属夹杂物等。它们会严重污染熔体,应该采取适当的熔炼工艺将它们排除干净,以获得纯净的熔体。

（3）熔炼过程中的吸杂性

在熔炼与铸造过程中,液体金属内总是包含许多非金属夹杂物,非金属夹杂物的组成、性质、状态、尺度和形态等是多种多样的,主要是因为金属熔体和炉衬、炉渣、炉气吸收、操作工具相互作用。一般来说,这些非金属夹杂物可以分为两类：外来夹杂物和内在夹杂物。

外来夹杂物主要是熔炼与铸造时液体金属与外界物质相互作用所形成的。例如,当使用带有夹渣、粘砂或锈蚀的金属炉料时,熔化后的熔体中将混入夹杂物;金属受到炉气作用,生成的不溶氧化物或氮化物会混入熔体中;金属与炉衬、浇包等耐火材料发生化学反应或侵蚀作用形成的夹杂物,也可能进入熔体。在精炼金属中,除气、脱氧或脱硫的反应产物未从液体金属中排除干净时,也是金属夹杂物。上述这些金属夹杂物,大多数是不溶解于液体金属的,它们多以悬浮状态存在,随着时间的延长,它们有可能聚集浮出熔体之外。若在浇注时仍未清除干净,它们将进入铸件或铸锭体内,形成非金属夹杂物缺陷。这类夹杂物的尺度一般较大,可称为宏观夹杂物。

内在夹杂物主要是由金属内部的合金元素与杂质元素或气体之间反应生成的。例如,原料不洁净或在熔炼中铜液受到氧化,形成许多氧化物或硅酸盐、铝酸盐之类;在熔炼末期用 Fe-Mn、Fe-Si 和铝等脱氧时,又产生一些熔点高的 SiO_2、Al_2O_3 等固态质点,它们在铜液中呈悬浮态。

应特别注意那些能溶解于金属液体中而在凝固时又逐渐析出的内在夹杂物。如果它们的熔点较低,且析出后因与金属相润湿而粘附在晶粒的表面,那么待铸件凝固后它们将会以薄膜形式处于枝晶空隙或晶粒界面上。如此一来,便破坏了金属组织的连续性,使铸件性质变脆,其危害很大。但若非金属夹杂物的熔点较高,或者并不与金属润湿,条件适当时它们可以作为外来的非自发晶核,使凝固后金属的晶粒变细,从而提高其机械性能。在铜液中添加合金元素如钒和钛以形成碳化物和氮化物的质点,在铝液中加入钛和硼以形成其铝化物质点等,均能起到细化晶粒的作用。

总的来说,非金属夹杂物在金属中是害多利少的。因此,应该在熔炼过程中采取措施排除夹杂物,如脱氧、脱硫及精炼工艺过程等;或者使残留的夹杂物转变成为危害较小的形态。在浇注过程中应尽量防止形成二次夹杂物,还可以在浇注系统中采取过滤措施,阻止夹杂物进入后续的金属液中,以保证金属液体的纯净度。

2.1.3 熔体的精炼净化

利用一定的物理化学原理和相应的工艺措施,去除液态金属和合金中的有害气体和夹杂物的过程,称为金属的精炼净化。精炼与净化的目标主要是金属液中不符合预设目标的合金元素含量、气体、非金属夹杂物等。

1. 合金元素含量的调整

受铸造原材料、熔炼装备以及操作水平等的影响,熔炼原材料的加入量往往与实际金属液体的化学成分指标不太一致,因此需要对化学成分进行调整。其基本原理有两类,一是加入熔剂的直接反应机理,二是通过造渣与熔体的炉渣平衡机制。

下面以铸钢的精炼净化过程为例。铸钢熔体中的生产是通过氧化反应与还原反应来实现其化学成分的调整。而在炼钢生产中,一般是通过向钢液中吹氧或加矿石进行脱碳反应的。

(1) 直接与熔剂反应

首先是钢液的氧化过程。钢液的脱碳有四种反应机理:

① 直接氧化,即金属中的碳被气态氧直接氧化。其反应式为 $O_2+2[C]=2CO$。

② 间接氧化,由两个步骤完成:a. 氧气先与金属接触将铁元素氧化生成氧化铁,再将氧传给金属;b. 进入金属中的氧(即[FeO])扩散到反应区使碳氧化。其反应式为 $[C]+[O]=\{CO\}$。

③ 综合氧化,是上述两种方式的综合,认为碳或其他杂质的氧化既有直接氧化也有间接氧化。即金属液中的一部分碳在反应区被气体中的氧氧化,一部分碳与溶解在金属液中的氧进行氧化反应。

④ 一部分碳与炉渣中(FeO)反应,生成 CO 气体。其反应式为(FeO)+[C]=Fe+{CO}。

钢液中硅的氧化。在任何一种炼钢方法中,硅的氧化反应都进行得很激烈,且氧化时放出大量的热量。氧化产物是只溶于炉渣的酸性氧化物 SiO_2,它的分解压力比碳、锰、磷的氧化物分解压力都低,从而使得生成的 SiO_2 很稳定。

① 当金属炉料未被炉渣覆盖,或氧流直接吹入金属熔池时,炉料中的硅被气态氧直接氧化。其反应式如下:

$$[Si]+\{O_2\}=(SiO_2)+740\ 645\ J$$

② 当炉渣形成后或金属液滴和气泡与渣接触时,硅的氧化主要在炉渣与金属界面上进行。其反应式如下:

$$2(FeO)+[Si]=(SiO_2)+2[Fe]+341\ 224\ J$$

金属液中[Si]和[O]的反应式如下:

$$[Si]+2[O]=(SiO_2)+817\ 448\ J$$

锰的氧化激烈程度不及硅,并且其氧化过程中所放出的热量较少。

直接氧化,反应式如下:

$$[Mn]+\frac{1}{2}\{O_2\}=(MnO)+385\ 186\ J$$

被钢液中的氧氧化,反应式如下:

$$[Mn]+[O]=(MnO)+361\ 623\ J$$

在炉渣-金属界面上锰氧化的主要反应式如下:

$$[Mn]+(FeO)=(MnO)+[Fe]+123\ 511\ J$$

钢中脱磷、脱硫也是钢液精炼的目标。

① 炼钢过程中脱磷反应是在金属液与炉渣界面上进行的。首先是[P]被氧化成(P_2O_5),然后与(CaO)结合形成稳定的磷酸钙,并放出大量的热。脱磷的基本反应式为

$$2[P]+5(FeO)+3(CaO)=(3CaO \cdot P_2O_5)+5[Fe]$$

或

$$2[P]+5(FeO)+4(CaO)=(4CaO \cdot P_2O_5)+5[Fe]$$

② 钢液的脱硫主要是通过两种途径来实现的,即炉渣脱硫和气化脱硫。在一般炼钢操作条件下,炉渣脱硫占主导;但在吹氧的情况下,气化脱硫也占有一定比例。

a. 炉渣脱硫的过程,首先硫由钢液向炉渣中扩散,然后在炉渣中的硫与碱性氧化物化合形成稳定的化合物,总反应式:$[FeS]+(CaO)=(CaS)+(FeO)$。

b. 气化脱硫也是通过炉渣进行的,脱硫产物 SO_2 直接进入气相。一般有两种情况:一是吹入的氧气与炉渣中的硫发生反应:$(CaS)+3/2\{O_2\}=\{SO_2\}+(CaO)$;二是通过炉渣进行反应:$(CaS)+3(Fe_2O_3)=\{SO_2\}+6(FeO)+(CaO)$。

实际冶炼中,主要通过炉渣来脱硫。

(2) 炉渣平衡机理

炉渣是熔炼过程中生成的浮在金属等液态物质表面的熔融流体,通过对炉渣组

分和性质的控制,可以使炉渣与熔融金属发生各种冶金反应,脱除金属中的有害杂质;吸收液态金属中的非金属夹杂物不直接受炉气污染,可以起到清除钢中的杂质和保护钢液的作用。在炼钢各阶段保持炉渣的状态良好,是生产优质钢的重要条件之一。

炼钢炉渣的作用:

① 去除铁水和钢水中的磷、硫等有害元素,同时能将铁和其他有用元素的损失降至最低;

② 保护钢液不过度氧化、不吸收有害气体,保温并减少有益元素烧损;

③ 防止热量散失,以保证钢的冶炼温度;

④ 吸收钢液中上浮的夹杂物及反应产物;

⑤ 侵蚀耐火材料,降低炉衬寿命,特别是低碱度炉渣对炉衬的侵蚀更为严重;

⑥ 炉渣中夹带小颗粒金属及未被还原的金属氧化物,降低了金属的回收率。

炉渣以金属氧化物为主并含有少量的硫化物和氟化物,例如,碱性氧化物,主要是 RO 型氧化物,如 CaO、MgO、MnO、FeO 等;酸性氧化物,主要是 SiO_2 和 P_2O_5,其他还有 TiO_2、V_2O_5 等;中性氧化物,R_2O_3 型氧化物,如 Al_2O_3、Fe_2O_3、Cr_2O_3 等,它们又称为两性氧化物。当渣中的碱性氧化物占优势,即 $(CaO)/(SiO_2)>1$ 时,称为碱性渣;当渣中酸性氧化物占优势,即 $(CaO)/(SiO_2)<1$ 时,称为酸性渣;当 $(CaO)/(SiO_2)=1$ 时,称为中性渣。

不同类型的炉渣具有不同的冶炼目的,一般碱性氧化渣具有脱磷、脱硫能力,而碱性还原渣则有很强的脱氧能力。炉渣碱度高,则渣中 (CaO) 的活度就大,能促使钢液中的硫、磷向炉渣中转移,达到脱硫、脱磷的效果。不过,碱度太高,炉渣粘度过大,又不利于脱硫、脱磷,因为脱硫、脱磷均需要扩散,低粘度的炉渣有利于脱硫。所以需适当调控炉渣碱度。

2. 金属熔体中气体的去除原理

金属熔炼的合金种类不同,其熔体中气体的去除原理也有所差异,但总体上有 3 种基本方式。

(1) 反应脱气法

反应脱气法是指向金属液体中添加能够与气体原子发生反应的熔剂,生成不溶于金属液体的化合物,进入浮渣中而被清理出去。

比较明显的例子是炼钢中的脱氧。钢液中的氧和碳反应会生成一氧化碳,可以产生气泡。另外,冷却时氧可以作为 FeO、MnO 以及其他氧化夹杂物从溶液中析出,从而削弱其热加工或冷加工性,以及延展性、韧性、疲劳强度和钢的机械加工性能。钢中脱除溶于钢液中氧的方法主要是加入脱氧元素,包括 Si、Mn、Al 等。

硅的脱氧能力较强,硅是镇静钢最常用的脱氧元素。硅通常是以硅铁的形式参与脱氧反应,硅的脱氧生成物为 SiO_2 或硅酸亚铁($FeO \cdot SiO_2$)。炉渣碱度越高,

SiO_2 的活度越小,残余氧量越低,硅的脱氧效果就越好。硅的脱氧反应也是较强的放热反应,硅的脱氧反应式为 $[Si]+2[O]=(SiO_2)$。实际生产中,一般使用各种牌号的 Fe - Si(硅铁)作为脱氧剂。

锰是弱脱氧剂,锰的脱氧反应是一个放热反应,其脱氧能力随温度的降低而提高。锰常用于沸腾钢脱氧,其脱氧产物并不是纯 MnO,而是 MnO 与 FeO 的熔体。锰的脱氧反应式为 $[Mn]+(FeO)=(MnO)+Fe$。

铝是强脱氧剂,常用于镇静钢的终脱氧。由于铝的脱氧能力很强,因此它不仅可以脱除钢液中溶解的氧,还有可能使渣中 MnO、Cr_2O_3 及 SiO_2 还原,从而使钢液成分波动。铝的脱氧反应式为 $2[Al]+3[O]=(Al_2O_3)$。

(2)吹气精炼法

吹气精炼法是指向金属液体中吹入惰性气体或反应性气体,通过浮游等形式将气体带出金属液体。

气体溶解于金属液是可逆过程,即在适当的条件下,气体能够进入金属液,也可以从金属液中离析出来。当因条件改变使得液体中的气体溶解度下降后,原来的气体浓度处于过饱和状态,这时气体就有析出的自发趋势。气体析出有两种情况:金属处于液体阶段时的析出和金属处于凝固阶段时的析出。在实际的铸造生产过程中,应尽可能促使气体在金属液中析出,即通过气体扩散,在负压作用下形成气泡上浮除去气体,或使气体形成某种化合物,以非金属夹杂的形式排除,从而获得优质金属液。若待金属液凝固后气体再析出,往往在金属中留下气孔,严重降低铸件的力学性能。

① 气体扩散析出。只有当温度和气压等因素变动较大,使得气体过饱和度很大时,才能以比较快的速率析出气体。例如,当液体金属处于真空状态,或液体金属的温度降低到凝固点附近,甚至流体中开始出现固体时,气体就能够从金属流体中析出。一般情况下,仅靠这种扩散方式排除溶于液体金属中的气体是不够的。

② 形成气泡并上浮。使液体中形成气泡并上浮,是排除其中气体的主要途径。当然,这个过程只能在液体金属中才能发生。当外界温度及气压等条件发生变化,液体中的气体浓度相对过饱和时,溶解的气体原子便能聚集结合成分子,产生新相,使溶解原子减少。分子是气态,则可能在液体中形成气泡核心,并逐渐长大,然后气泡上浮到液体表面,穿破液面而进入炉气中。该过程一旦发生,液体中溶解的气体就能迅速析出,很快达到新的平衡。

实际上,工业用的钢液或铝液等,都不是绝对纯净的,而是有许多悬浮的固体、液体或气体状态的要物。这些杂质、未熔失的小晶体,以及炉渣和炉衬等与液体金属所构成的分界面,都是形成气泡核心的良好发源地。在该处形成气核,其半径则不必从零开始,借助这些分界面,形成气泡核心的表面弯曲半径开始就比较大,如图 2 - 2 所示。

当液体金属的温度降低或外界气压降低达到一定程度时,过饱和溶解的气体就可能依附液体中的杂质或炉衬界面而生成气泡核心,并逐渐长大。当气泡增大,并且液体对气泡的浮力增大到一定程度时,它才可能脱离界面,或连同夹杂物一齐上浮。气泡能否上浮逸出,与许多因素有关,如液体金属的密度、表面张力以及界面的润湿角等,都会影响气泡脱离界面的能力,而液体的粘度及夹杂物的阻碍等也会影响气泡在液体中的滞留。

为了较快地排除液体金属中溶解的气体,常采取一些措施,如使液体中形成不溶性气泡。如果向液体中吹入惰性气体等形成不溶性气泡,则溶解于金属液中的气体([H]、[N]等)能就近向该气泡中扩散,并随气泡上浮逸出,从而降低液体中的气体含量,如图2-3所示。

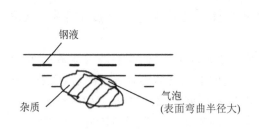

图2-2 气泡的形成

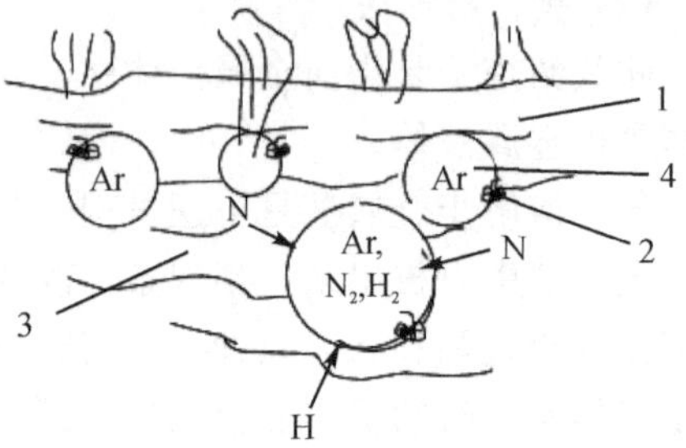

1—炉渣;2—夹杂物;3—钢液;4—氩气气泡

图2-3 惰性气体的除渣过程

向钢液中通入氩气和向铝液中通入氯气等正是基于以上原理,并且还能排除其中悬浮的夹杂物。从钢包底部将氩气吹入钢液中,可形成大量小气泡,对钢液中的有害气体(H_2、N_2)来说,这些气泡相当于一个个真空室。钢中的[H]、[N]进入气泡可使其在钢液中的含量降低,钢中的[O]也可以通过这种方式逸出钢液;同时,氩气气泡在钢液中上浮而引起钢液强烈搅拌,提供了气相成核和夹杂物颗粒碰撞的机会,有利于气体和夹杂物的排除,并使钢液的温度和成分均匀。

(3)非吸附净化

非吸附净化主要是通过物理驱动促使起泡上升而逸出金属液,主要包括真空处理、超声波处理等。

① 真空处理是将熔体置于有一定真空度的密闭保温炉内,利用氢在熔体和气氛中的分压差,使熔体中的氢不断生成气泡,并上浮逸出液面而被除去的方法。真空脱气的原理:因为气体的溶解度与金属液上该气体分压的平方根成正比,所以只要降低该气体的分压,则溶解在钢液中的气体含量随着降低。根据西韦茨定律①,气体分子在金属中的溶解度与其在气相中分压的平方根成正比,因此提高系统的真空度,便相

---

① $[C_i] = k_i \sqrt{P_i}$,式中$[C_i]$为气体原子在金属液中的饱和溶解度,k_i为只与温度有关的平衡系数,P_i为气体分子在气体环境中的分压。

当于降低气体的分压,亦即能降低气体在金属液中的溶解度,超过溶解度的部分气体杂质便从金属中逸出而脱除。真空处理是降低金属熔体氢含量最有效的方法,但这种处理需要真空密封设备,价格昂贵,而且熔体温度的损失较大,除杂能力也极为有限。

② 超声波处理是 20 世纪 90 年代发展起来的一项金属熔体净化方法。其原理是利用熔体中的微小气泡在声波作用下振动,当声压达到一定值时,因生长和崩溃使得液相受连续性破坏形成孔穴,让溶解在金属液中的气体聚集,超声波弹性振荡促使气泡的结晶核心形成,当气泡聚集到一定尺寸时气体析出。超声波处理在铝熔体的净化中有所应用,但该方法很难处理大批量的铝熔体,限制了其工业应用。

3. 不溶性非金属夹杂物的去除

在金属材料的熔炼过程中,由于原料中的各元素之间容易发生物理或化学反应而生成一定数量的非金属夹杂物,并且炉料、添加剂中也会侵入金属液中形成非金属夹杂物,这些不溶性夹杂物将会对后续的加工过程产生不利的作用。钢中常见的非金属夹杂物有氧化物(Al_2O_3、MnO_2、FeO、Fe_3O_4、Fe_2O_3 等)、硫化物(FeS、MnS 等)、硅酸盐(如硅酸亚铁 $2FeO \cdot SiO_2$、硅酸亚锰 $2MnO \cdot SiO_2$ 等)、氮化物(TIN、ZrN)等,铜及铜合金中的非金属夹杂常有 Cu_2O、CuO、Cu_2S、CuS 等,铝及铝合金中有 Al_2O_3、MgO、SiO_2、$Al_2O_3 \cdot MgO$(尖晶石),还有一些净化处理时产生的氯化物和氮化物等。不同形态的夹杂物混杂在金属内部,破坏了金属的连续性和完整性。而且夹杂物同金属之间因结合情况不同、弹性和塑性的不同以及热膨胀系数的差异,常使得金属材料的塑性、韧性、强度、疲劳极限和耐蚀性等受到显著影响,同时也常常影响加工零件的表面质量和加工工具的寿命。

(1)熔剂法

熔剂法是指在铝合金熔炼过程中,将熔剂加入熔体内部,通过一系列物理化学作用,达到除气除杂的目的。熔剂的除杂能力是由熔剂对熔体中氧化夹杂物的吸附作用和溶解作用,以及熔剂与熔体之间的化学作用所决定的。熔剂和夹杂物之间的界面张力越小,熔剂的吸附性越好,除杂作用越强。

如果在熔炼过程中加料、搅拌和扒渣等操作不合理,微小的夹杂物就会悬浮于铝液中。其中,界面能大的夹杂物将会与铝液分离,在铝液净化及扒渣过程中被去除;而界面能小的则溶于铝液中,最终残留在铸件内部,成为疲劳裂纹源甚至断裂源。传统熔剂加入法不能使熔剂和铝液充分接触,为了克服这一缺点,近年来出现了一些新的熔剂加入装置,如熔剂喷射和熔剂旋转喷射等。熔剂喷射法是以惰性气体为载体,把一定量的粉状熔剂通过喷吹管吹到铝液底部。熔剂一旦离开喷吹管就熔化成小液滴,能提供很大的比表面积,从而大大提高熔剂的效用。

(2)过滤法

过滤法是指让铝熔体通过中性或活性材料制造的过滤器,以分离悬浮在熔体中的固态夹杂物的净化方法。根据过滤方式的除渣原理,大致可分为机械除渣和物理化学除渣。机械除渣主要是靠过滤介质的阻挡作用、摩擦力或流体的压力使杂质沉降和分离,以达到净化熔体的目的。物理化学除渣主要依靠介质表面的吸附和范德华力的作用。一般情况下,过滤介质的空隙越小、厚度越大、金属熔体流速越低,过滤效果越好。

过滤方式有多种,效果最好的有刚玉陶瓷过滤管和泡沫陶瓷过滤板。

① 刚玉陶瓷过滤管是以氧化铝为主要成分的颗粒耐火材料作为骨架,用低硅玻璃作结合剂,经压制成型、低温烘干、高温烧结而制成的。铝溶液从过滤管的外表面向管内浸透流出,当熔体通过过滤管大小不等的曲折微细孔道时,熔体中的夹杂物被阻滞、沉降以及受介质表面的吸附和范德华力作用,将熔体中夹杂物颗粒滤除。刚玉陶瓷过滤管过滤效率高,它能把几 μm 大小的夹杂物过滤掉,但价格较昂贵、使用不方便。

② 泡沫陶瓷过滤板是近几年发展起来的新型陶瓷过滤材料,它是用氧化铝、氧化钙等制成的海绵状多孔板。用该工艺处理铝液的工艺过程是:在保温炉和铸造机之间的流槽上放入该装置,将该装置加热到一定温度后,开始放流铸造,以实现铝熔体的连续过滤。其特点是使用方便、过滤效果好、价格低,在全世界广泛使用,发达国家 50% 以上的铝合金熔体都采用泡沫陶瓷过滤板过滤。目前,一般采用箱式泡沫陶瓷过滤板技术的较多,它是一套带有气体预热盖系统的过滤箱。铝液从过滤板通过时,熔体中的夹杂物经过过滤器机械阻隔而达到排除分离的目的。这种方式过滤效果好,其过滤精度可为 $2\ \mu m$,过滤效率达 99%。

③ 玻璃纤维网过滤方法在国内外已广泛应用。国产玻璃纤维网的孔眼尺寸为 $1.2\ mm \times 1.5\ mm$,每平方厘米孔眼数为 30 个,过流量为 200 kg/min 左右。该方法的特点是适应性强、操作简便、成本低,但过滤效果不稳定,只能除去尺寸较大的夹杂物,对微小夹杂物效果较差,所以只适用于质量要求不太高的铸锭生产。

(3) 非吸附净化法

非吸附净化法主要有静置处理、电磁净化等。

① 静置处理是指将铝熔体在浇铸前静置一段时间,由于夹杂物的密度比金属熔体的大,所以夹杂物会自发下沉,从而达到从熔体中分离的目的,小颗粒的夹杂较难用该方法除去。

② 电磁净化是利用电磁力对金属液中的非导电物体(非金属夹杂)产生挤压作用,以除去金属液中的非金属夹杂,净化金属液的方法。该方法尤适用于铝合金。

总体来讲,金属液体的精炼与净化处理方法是多种多样的,其在实施方法、设备条件、精炼效果等方面各有优势,铸造企业可以结合具体的生产条件进行优化选择。图 2-4、图 2-5 给出了常用的钢铁铸造精炼方法和铝合金铸造的精炼工艺示意图。

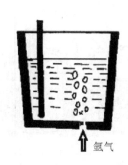

(a) GAZAL法：钢包底部吹氩气

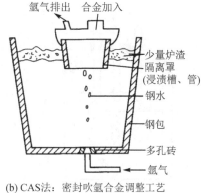

(b) CAS法：密封吹氩合金调整工艺

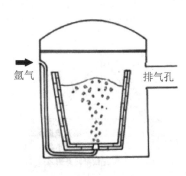

(c) Bochumer法：钢液真空脱气

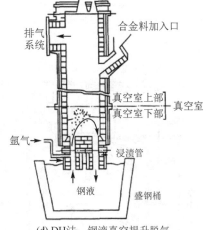

(d) DH法：钢液真空提升脱气

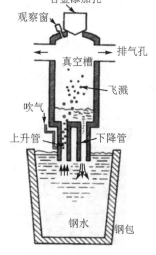

(e) RH法：钢液真空循环脱气

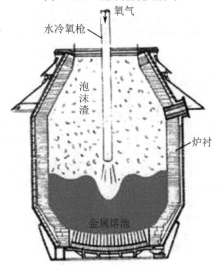

(f) LD法：氧气顶吹转炉炼钢法

图 2 - 4　常用的钢铁铸造炉外精炼方法示意图

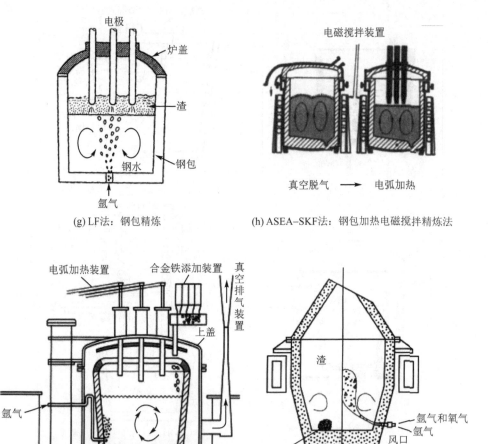

(g) LF法：钢包精炼

(h) ASEA-SKF法：钢包加热电磁搅拌精炼法

(i) VAD法：真空电弧加热脱气法

(j) AOD法：氩氧精炼法

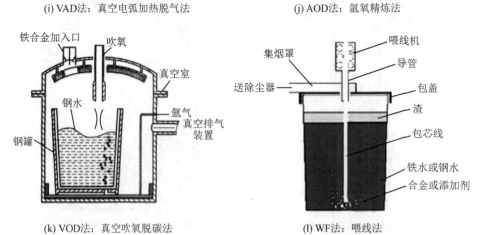

(k) VOD法：真空吹氧脱碳法

(l) WF法：喂线法

图 2-4　常用的钢铁铸造炉外精炼方法示意图(续)

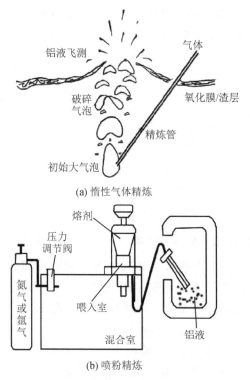

(a) 惰性气体精炼

(b) 喷粉精炼

图 2-5　常用铝合金铸造的精炼工艺示意图

2.2　液态金属的凝固理论基础

铸造成型的另一重要过程是凝固过程,包括液态向固态的转变(结晶过程)和冷却两个阶段。结晶过程决定凝固后的组织,并对随后冷却过程中的相变、过饱和相的析出及铸件的热处理过程产生极大的影响。

2.2.1　纯晶体凝固的热力学条件

热力学定律指出,在等压条件下,一切自发过程都是朝着系统自由能(即能够对外做功的那部分能量)降低的方向进行。同一物质的液体和晶体自由能随温度变化曲线如图 2-6 所示。可以看出,无论是液体还是晶体,其自由能均随温度升高而降低,并且液体自由能下降的速度更快。两条自由能曲线的交点温度 T_0 称为理论结晶温度,在该温度下,液体和晶体处于热力学平衡状态。在 T_0 以下,晶体的自由能较低,因而物质处于晶体状态稳定,而在 T_0 以上则液体稳定。可见,结晶只有在理论结晶温度以下才能发生,这种现象称为过冷。结晶的驱动力是实际结晶温度(T_1)下晶体与液体的自由能差 ΔG_V。而理论结晶温度(T_0)与实际结晶温度(T_1)的差值称为过冷度(ΔT),即 $\Delta T = T_0 - T_1$。

图 2-7 所示是通过实验测定的纯金属冷却时温度和时间的关系曲线,称为冷却曲线。由于结晶时放出结晶潜热,所以冷却曲线上出现了水平线段。

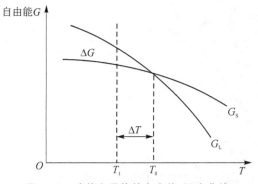

图 2-6　液体和晶体的自由能-温度曲线　　图 2-7　纯金属的冷却曲线

晶体的凝固通常在常温下进行,从相律可知,在纯金属凝固的过程中,液、固两相共存,自由度为零,故温度不变。按热力学第二定律,在等温等压条件下,过程自发进行的方向是体系自由能降低的方向。自由能 G 用下式表示:

$$G = H - TS$$

式中,H 是焓;T 是热力学温度;S 是熵。

在一定温度下,晶体从液相转化为固相的自由能变化为

$$\Delta G = \Delta H - T \Delta S$$

在熔点附近凝固时,焓与熵值随温度变化的数值可以不计,则有

$$\Delta G_m = \Delta H_m - T \Delta S_m$$

式中,ΔG_m 为金属熔化时的自由能变化;ΔH_m 为金属的熔化焓(凝固潜热);ΔS_m 为金属的熔化熵。

当 $T = T_m$ 时,$\Delta G_m = 0$,则

$$\Delta S_m = \frac{\Delta H_m}{T_m}$$

综上所述,则有

$$\Delta G_m = \Delta H_m \left(1 - \frac{T}{T_m}\right) = \frac{\Delta H_m \Delta T}{T_m}$$

式中,$\Delta T = T_m - T$,T_m 为熔点,T 为实际凝固温度。由上式可知,要使 $\Delta G_m < 0$,必须使 $\Delta T > 0$,即 $T < T_m$,故 ΔT 称为过冷度。晶体凝固的热力学条件表明,实际温度应低于熔点 T_m,即需要过冷度。

2.2.2　金属凝固过程中的传热

在凝固过程中,伴随着潜热的释放、液相与固相降温放出物理热,各种热流被及时导出,凝固才能维持。宏观上讲,凝固方式和进程主要是由热流控制的。金属凝固

过程的传热特点可以归纳为"一热、二迁、三传"。

"一热"即在凝固过程中金属液热量的向外传输,它是金属凝固过程能否进行的驱动力。凝固过程首先是从液体金属传出热量开始的,高温的液体金属浇入温度较低的铸型时,金属所含的热量通过液体金属、已凝固的固体金属、金属-铸型的界面和铸型的热阻而传出。凝固是一个有热源非稳态的传热过程。

"二迁"指在金属凝固时存在着两个界面,即固-液界面和金属-铸型间界面,这两个界面随着凝固进程而发生动态迁移,并使得界面上的传热现象变得极为复杂。图 2-8 所示为纯金属浇入铸型后发生的传热模型示意图,可以看出,在凝固过程中随着固-液界面向液相区域迁移,液态金属逐步变为固态,在凝固前沿释放出凝固潜热,并随着凝固进程而非线性地变化。在金属凝固过程中,由于金属的凝固收缩和铸型的膨胀,在金属和铸型间形成金属-铸型间界面,并且由于接触不完全,它们之间存在着界面热阻。接触情况不断地变化,在一定条件下会形成一个间隙(也称气隙),因此其传热过程不仅是一种动态的传导,同时还存在微观的对流和辐射传热。

"三传"即金属的凝固过程是一个同时包含动量传输、质量传输和热量传输的三维传热物理过程,在热量传输过程中也同时存在导热、对流和辐射换热三种传热方式。从宏观上看似一维传热的单向凝固的金属,由于凝固过程中的界面现象使得传热过程微观变得非常复杂。当固-液界面凹凸不平或者生长为枝晶状时,在这个凝固前沿上,热总是垂直于这些界面的不同方位从液相传入固相,因而发生微观的三维传热现象。

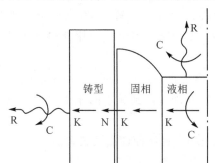

K—导热;C—对流;R—辐射;N—牛顿界面换热

图 2-8　纯金属在铸型中凝固时的传热模型

2.2.3　金属凝固过程中的传质

金属凝固时出现的固相成分常与液相成分不同,导致固相、液相内成分分布不均匀,于是在金属凝固时固相层增厚的同时出现了组分的迁移过程,即传质。凝固过程的溶质传输决定着凝固组织中的成分分布,并影响到凝固组织结构,同样传质过程的实施也会受到凝固形式的影响。因此传质问题的研究主要体现在三个方面:

① 金属凝固过程中整个凝固体系内溶质的变化;

② 金属以平界面方式凝固时凝固过程的溶质变化;

③ 金属以枝晶方式凝固时凝固过程的溶质变化。

平界面凝固过程中传质与溶质再分配是最基本的传质问题,许多复杂传质问题的研究就是在此基础上进行的。主要包括:

① 平衡凝固条件下的溶质再分配;

② 固相无扩散而液相均匀混合的溶质再分配;

③ 固相无扩散,液相中有扩散而无对流的溶质再分配;

④ 液相中部分混合(对流)的溶质再分配。

对于枝晶凝固过程中的溶质传输,除液相流动引起长程溶质再分配外,溶质的传输主要是在枝晶本身和枝晶间的液相内进行的。

常见的凝固并不是按平界面方式进行的,而是存在一个凝固区,即糊状区。在该区中存在着传热与传质的偶合问题,因此需要同时考虑传热和传质。

2.2.4 金属凝固时的晶体形成

金属凝固的驱动力,主要取决于过冷度。过冷度越大,驱动力越大。

结晶过程如下:

① 液相原子在结晶(相变)驱动力作用下,从高自由能的液态结构转变为低自由能的固态晶体结构过程中,必须克服一个能垒才能使结晶得以实现。

② 获得克服能垒的能量是通过液态内部的起伏来实现的。

③ 体系不可能同时进行大规模的转变,否则引起体系自由能的极大提高。因此,体系通过起伏作用在某些微观小区域内克服能垒而形成稳定的新相小质点——晶核。

④ 新相形成后,体系出现自由能较高的新、旧两相之间的过渡区。为使体系自由能尽可能地降低,过渡区必须减薄到最小的原子尺寸,这样就形成了新、旧两相的界面。

⑤ 依靠界面逐渐向液相内推移而使晶核长大。

纯金属的结晶过程如图 2-9 所示。

(a) 金属液体　　　(b) 形 核　　　(c) 晶核长大与增殖　(d) 晶核长大成晶粒　(e) 结晶过程完成

图 2-9 纯金属的结晶过程

从结晶过程来看,晶体的形成需要克服两种能垒:热力学能垒和动力学能垒。

① 热力学能垒是由被迫处于高自由能过渡状态下的界面原子所产生的,能直接影响体系自由能的大小。界面自由能属于这种情况。热力学能垒对生核影响较大。

② 动力学能垒是由金属原子穿越界面过程引起的,原则上与驱动力的大小无关而仅取决于界面的结构和性质。激活自由能属于这种情况。动力学能垒对晶体生长起更重要的作用。

1. 结晶核的形成

工程实际中,如果温度只略微低于理想的热力学凝固点(熔点),液体往往不凝固;液体凝固时,往往是一部分液体先凝固,随后凝固的部分逐渐长大,直至液体完全凝固(又称形核-长大过程)。晶体的形核分为均匀形核和非均匀形核两类。

(1) 均匀形核

新相晶核是在母相中均匀生成的,即晶核由液相中的一些原子团直接形成,不受杂质粒子或外表面影响。在一定的过冷度下,临界核心由相起伏提供,临界形核功由能量起伏提供。匀质生核需要很大的过冷度,约为金属熔点的 20%。

存在一定过冷度的前提下,固相的自由能低于液相的自由能。当过冷液中出现晶胚时,一方面,原子从液态变为固态系统自由能降低;另一方面,由于晶胚构成新的表面,从而使系统自由能升高。

凝固过程的自发发生是减少总自由能的过程。只有当晶胚的初始半径 r 大于某个半径时,自由能减少的方向才是晶胚自发长大的方向,否则晶胚将自发衰亡,如图 2-10 所示。此半径称为临界形核半径 r_k。只有大于临界半径的晶胚才可以作为晶核稳定存在。

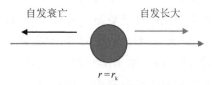

自发衰亡　　　　　自发长大

$$r = r_k$$

图 2-10　形核的自由能条件

凝固过程中晶核的形成,其自由能的变化主要是晶核形成相变过程的自由能降低与晶核形成表面自由能增加之间的矛盾。自由能的变化如下式:

$$\Delta G = \Delta G_V \cdot \frac{4}{3}\pi r^3 + \sigma \cdot 4\pi r^2$$

式中,ΔG_V 为单位体积自由能差;σ 为单位表面积自由能;ΔG 为形核功。

如果

$$r_k = -\frac{2\sigma}{\Delta G_V} \ \text{而}\ \Delta G_V = \frac{-L_m \Delta T}{T_m}$$

则

$$r_k = \frac{2\sigma T_m}{L_m} \frac{1}{\Delta T}$$

从以上公式可以得出以下结论:

① 临界晶核半径除了与表面能有关外,主要取决于过冷度 T;

② 过冷度越大,临界晶核半径越小,形核概率增大;

③ T 为熔点时,$r_k = \infty$,则无法形核。

因此,凝固过程必定是在一定的过冷度条件下才发生。

根据液体理论,当温度降低、过冷度升高时,液体中能自发形成的晶胚也就越大。因此,存在一个临界过冷度 ΔT^*,只有过冷度高于临界过冷度时,液体中自发形成的晶胚半径才会大于临界形核半径,液体才会开始凝固,如图 2-11 所示。

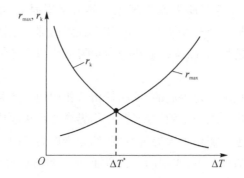

图 2-11 最大晶胚尺寸 r_{max} 和临界晶核半径随过冷度的变化关系

这里有一个形核率的概念,形核率表示晶核的形成速率,即单位体积、单位时间内液体中产生的晶核数量。形核率与过冷度之间呈现抛物线的关系,如图 2-12(a)所示,一方面,随着过冷度升高(温度降低),形核功降低,这有利于形核;但另一方面,随着过冷度升高,原子从液相到固相的短程扩散被抑制,这不利于形核。这对矛盾使形核率随着过冷度升高而先快后慢。图 2-12(a)中,N_1 是形核功因子;N_2 是扩散概率因子。

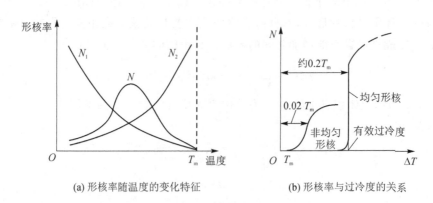

(a) 形核率随温度的变化特征   (b) 形核率与过冷度的关系

图 2-12 金属形核率与过冷度的关系

随着温度降低,过冷度增大,N_1 起主导作用,形核率增加;达到极值后,随着过冷度增加,形核率反而下降。形核率明显增大所对应的过冷度,对金属液体的均匀形核过程为 $\Delta T=0.2T_m$;但实际金属凝固发生的过冷度大致为 $\Delta T=0.02T_m$,这是金属结晶都为非均匀形核的缘故。

（2）非均匀形核

非均匀形核是指借助于界面、微粒、裂纹及各种催化位置而形成晶核的方式。因为异质形核是依附在现有固体表面形核（称为形核基底或衬底）上，所以新增的固-液界面面积小，界面能低，结晶阻力小，如图 2-13 所示。另外，实际液态金属中总是或多或少地存在着未熔固体杂质，而且在浇注时液态金属总是要与模壁接触，因此实际液态金属结晶时首先以异质形核方式形核。但是应该注意的是，并不是任何固体表面都能促进异质形核。只有当晶核与基底之间的界面能越小时，这样的基底才能促进异质形核。由图 2-12（b）可以发现，非均匀形核所需的临界过冷度（$\Delta T = 0.02 T_{\mathrm{m}}$，跟均匀形核比，一般是其 1/10）、临界形核功更小，因而往往是实际中主要的形核过程。

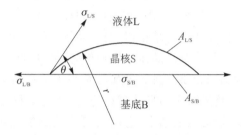

图 2-13　非均匀形核示意图

非均匀形核的临界形核功也是由过冷熔体的能量起伏提供的。这个能量起伏等于形成临界球冠晶核的相起伏所需的自由能增量。过冷度越大，临界晶核半径越小，晶胚尺寸越大，其曲率半径越大。在相同的过冷度条件下，润湿角小的晶胚，在折合成同体积的情况下，其曲率半径更大些。

非均匀形核条件下，晶核形成时体系总的能量变化为

$$\Delta G_{非} = -\Delta G_V V_{晶核} + \sigma S_{晶核}$$
$$= -\Delta G_V V_{晶核} + \sigma_{\mathrm{L/S}} A_{\mathrm{L/S}} + (\sigma_{\mathrm{S/B}} - \sigma_{\mathrm{L/B}}) A_{\mathrm{S/B}}$$

其中

$$A_{\mathrm{L/S}} = 2\pi r^2 (1 - \cos\theta), \quad A_{\mathrm{S/B}} = \pi r^2 \sin^2\theta$$
$$V = \pi r^2 \frac{2 - 3\sin\theta + \cos^3\theta}{3}$$

可以得到

$$\Delta G_{非} = \Delta G_{均} \frac{2 - 3\sin\theta + \cos^3\theta}{3}$$

由于 θ 在 0°～180°之间变化，因此 $\Delta G_{非} < \Delta G_{均}$，即非均匀形核较均匀形核所需要的形核功小，且随 θ 的减小而降低。润湿角与非均匀形核条件之间的关系如图 2-14 所示。

① 当润湿角为 0°时，不存在形核的问题，可以直接长大；

图 2 - 14　润湿角与非均匀形核

② 当润湿角为 0°～180°时，$f(\theta)<1$，非均匀形核功小于均匀形核功；

③ 当润湿角为 180°时，基底不起作用，完全不润湿，相当于均匀形核。

冠状晶核所含的原子数取决于其相对体积，即球冠体积与同曲率半径的球状晶核体积之比 $f(\theta)$。可见 $f(\theta)$ 越小，球冠的相对体积越小，所需的原子数就越少，它就越易于在较小的过冷度下形成，故非均匀形核的过冷度就越小。

两个相互接触的固体晶体结构越相似，两种晶体之间的表面能差越小，越有利于形核。液体中存在的这种与待结晶晶体结构相似的固体质点，能够促进形核，称为活性质点。符合这种条件的固相质点或其界面与结晶体具有晶体结构的点阵匹配性，称为点阵匹配原理，这种物质可称为形核剂（生产上也有的称之为变质剂）。其与晶核间的晶面结构越近似，润湿角会越小，它们之间的界面能就越小，更容易非均匀形核；另外，形核剂的表面粗糙度也会影响到形核率，相同的曲率半径，相同的润湿角，界面曲度不同，形核率也不同。一般情况下，凹面的形核效率更高，较小的晶胚就能达到临界形核半径。

2. 晶体长大

当金属液达到一定过冷度，超过临界尺寸的晶核成为稳定晶核后，由液相到晶体表面上的原子将吸附于晶体表面的原子，进入晶体生长阶段。固、液两相体积自由能差值构成生长的驱动力，其大小取决于界面温度及合金成分。影响晶核长大的主要因素是晶核表面接纳原子的能力。

（1）固-液界面的微观结构

经典理论认为，晶体长大的形态与液、固两相的界面结构有关。晶体的长大是通过液体中单个原子或若干原子同时依附到晶体的表面上，并按照晶面原子排列的要求与晶体表面原子结合起来。按原子尺度，把相界面结构分为粗糙界面和光滑界面两类，如图 2 - 15 所示。

粗糙界面：固-液界面上的原子排列比较混乱，仅在几个原子厚度的界面上，液、固两相原子应各占位置的一半。但宏观上界面比较平直，不出现曲折的小平面。

光滑界面：固-液界面上的原子排列比较有规则，界面处两相截然分开。微观上界面是光滑的，而宏观上界面往往由若干小平面组成。

（2）晶体长大机制

晶核形成以后就会立刻长大，晶核长大的实质就是液态金属原子向晶核表面堆

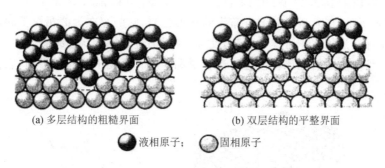

(a) 多层结构的粗糙界面　　　　(b) 双层结构的平整界面

● 液相原子；　○ 固相原子

图 2 - 15　固-液界面微观结构示意图

砌的过程,也是固-液界面向液体中迁移的过程。它也需要过冷度,一般很小。

经研究发现,晶体的生长方式主要与固-液界面的微观结构有关,而晶体的生长形态主要与固-液界面前沿的温度梯度有关。

1) 粗糙界面的长大机制——连续垂直长大机制

如图 2 - 16 所示,液相原子不断地向空着的结晶位置上堆砌,并且在堆砌过程中固-液界面上的台阶始终不会消失,使界面垂直向液相中推进,故其长大速度快。金属及合金的长大机制多以这种方式进行,因为它们的固-液界面多为粗糙面。

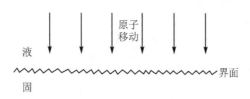

图 2 - 16　连续垂直长大机制

2) 光滑界面的长大机制——侧向长大机制

完全光滑的固-液界面,多以二维晶核机制长大。

① 二维晶核机制:由于固-液界面是完全光滑的,单个液相原子很难在其上堆砌(增加界面积大,界面能高),所以它先以均匀形核方式形成一个二维晶核,堆砌到原固-液界面上,为液相原子的堆砌提供台阶,进而侧向长大。长满一层后,晶体生长中断,等新的二维晶核形成后再继续长大,因此它是不连续侧向生长,长大速度很慢,与实际情况相差较大,如图 2 - 17 所示。

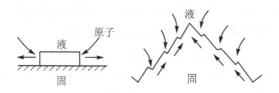

图 2 - 17　台阶侧面堆砌生长机制

② 晶体缺陷长大机制：有缺陷的光滑界面，多以晶体缺陷长大机制生长。如图 2-18 所示，在光滑界面上有露头的螺形位错，它的存在为液相原子的堆砌提供了台阶(靠背)，液相原子可连续堆砌，使固-液界面进行螺旋状连续侧向生长，其长大速度较快，且与实际情况比较接近。非金属和金属化合物多为光滑界面，它们多以这种机制进行生长。

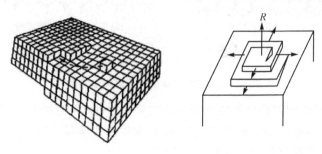

图 2-18　螺形台阶长大机制

连续长大、二维晶核和螺形位错长大三种长大方式的长大速率和过冷度之间的关系如图 2-19 所示。

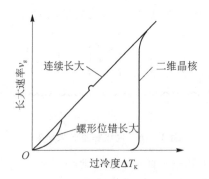

图 2-19　长大速率和过冷度之间的关系

3. 晶体长大的形态

固-液界面前沿的温度梯度主要有两种：正温度梯度和负温度梯度。

(1) 正温度梯度

如图 2-20(a)所示，由于液态金属在铸型中冷却时热量主要通过型壁散出，故结晶首先从型壁开始，液态金属的热量和结晶潜热都通过型壁和已结晶固相散出，因此固-液界面前沿的温度随距离 x 的增加而升高，即 ΔT 随距离 x 的增加而降低。

固-液界面始终保持平直的表面向液相中长大，长大中的晶体也一直保持规则的形态。在正温度梯度时，界面上的凸起部分若想较快地朝前生长，就会进入 ΔT 较小的区域使其生长速度减慢，因此界面始终维持平面状。

造成平面长大形态的主要原因：粗糙界面上空位较多，界面的推进也没有择优取

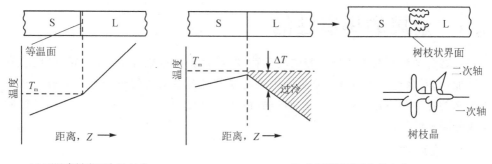

(a) 正温度梯度下生长方式　　　　　　　　(b) 负温度梯度下生长方式

图 2 – 20　粗糙界面晶体生长与温度梯度

向,其界面与熔点等温线平行,偶有局部长大较快的微小区域由于受到前沿过冷度的限制会停滞下来,而保持界面整体的平行推移。

（2）负温度梯度

如图 2 – 20(b)所示,金属在坩埚中加热熔化后随坩埚一起降温冷却,当液态金属处于过冷状态时,其内部某些区域会首先结晶,这样放出的结晶潜热将会使固-液界面温度升高。因此,固-液界面前沿的温度随距离 x 的增加而降低,即 ΔT 距离固-液界面前沿越远则越大,为枝晶在固-液界面前沿远端的结晶创造了条件。

树枝状长大形态,是固-液界面始终像树枝一样向液相中长大,并不断地分枝发展。由于在负温度梯度时距离固-液界面前沿界面的 x 越大,则过冷度 ΔT 也越大,因此界面上的凸起部分能伸入到 ΔT 更大的区域而超前生长,长成一次晶轴。在一次晶轴侧面也会形成负温度梯度,而长出二次晶轴;二次晶轴上又会长出三次晶轴,就像先长出树干再长出分枝一样,故称为枝晶生长。枝晶长大后的形态如图 2 – 21 所示,形成原因为:在负温度梯度下,固-液界面不再保持稳定状态。当界面上微小区域形成晶轴或有凸起伸入到过冷液体

图 2 – 21　枝晶生长示意图

中时,由于其前沿的过冷度较大,而更有利于生长;但其生长放出的潜热又限制了其附近的晶体的生长,使液相中垂直于晶轴的方向又产生负向温度梯度,这样晶轴上又会出现二次晶轴。同理二次晶轴上又会长出三次晶轴。这种生长方式即为树枝晶生长。

树枝状生长具有特定的方向性,主要取决于晶体结构,而分枝的多少和枝的粗细通常用枝臂间距来描述。

2.3　金属的铸造性能

液态合金顺利充满铸型型腔的流动特性,冷却凝固收缩变形、应力状况、组织状况特征,都对获得优质铸件有着重要影响。通常把合金对铸造过程和效果有比较重要影响的特性称为合金的铸造性能,一般包含流动性、收缩性、应力及变形、裂纹倾向及成分均一性等。

1. 流动性

液态合金在确定的铸型条件、浇注条件和铸件结构条件下充填铸型的能力被称为合金的流动性。合金的种类不同,其流动性不同。同类合金的流动性,主要取决于化学成分,共晶成分和近共晶成分的合金流动性好。

合金流动性的好坏,通常以"螺旋形流动性试样"的长度来衡量,如图 2 - 22 所示。将金属液浇注到螺旋形铸型中,在相同的铸造条件下,获得的螺旋线越长,表明金属液的流动性越好。

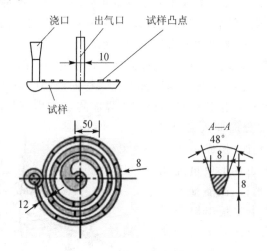

图 2 - 22　螺旋形流动性试样

合金的流动性是铸造工艺设计中的重要因素。因为合金的流动性好,其充填铸型的能力就强,容易获得形状完整、轮廓清晰的铸件。流动性的影响因素包括:

① 材料本身的特性,包括合金的种类、化学成分等。不同种类的合金,具有不同的螺旋线长度,即具有不同的流动性。其中灰铸铁的流动性最好,硅黄铜、铝硅合金次之,而铸钢的流动性最差;纯金属和共晶成分的合金,凝固是由铸件壁表面向中心逐渐推进,凝固后的表面比较光滑,对未凝固-液体的流动阻力较小,所以流动性好。在一定凝固温度范围内结晶的亚共晶合金,凝固时铸件内存在一个较宽的既有液体又有树枝状晶体的两相区。凝固温度范围越宽,则枝状晶越发达,对金属流动的阻力越大,金属的流动性就越差。

② 工艺因素。提高浇注温度可改善金属的流动性。浇注温度越高,金属保持液态的时间越长,其粘度也越小,所以流动性也就越好。因此适当提高浇注温度是改善流动性的工艺措施之一。另外,铸型材料的导热性、铸型内腔的形状和尺寸等因素对流动性也有影响。

2. 收缩特性

合金从液态到固态,再降至常温,其体积和尺寸缩减的现象称为收缩。它主要包括以下三个阶段:

① 液态收缩,是液态合金从高温到低温的收缩,完全体现在液面的降低,常用体积缩小量的百分率表示,称体收缩。

② 凝固收缩,是液态合金从开始凝固至完全凝固过程中的体积缩小现象,既有液相收缩,又有固相收缩,也包括结晶相变的体积变化,常用体收缩表示。

体收缩的数学表达式如下:

$$\varepsilon_{体} = \frac{V_0 - V}{V_0} \times 100\%$$

式中,$\varepsilon_{体}$ 为体收缩率(%);V_0 为合金在温度 t_0 时的体积(cm^3);V 为合金在温度 t 时的体积(cm^3)。

液态收缩和凝固收缩是铸件产生缩孔和缩松的基本原因,产生的条件是:

合金的液态收缩＋凝固收缩＞固态收缩

其中,合金的凝固温度范围越小,越容易形成集中缩孔,反之则易形成缩松。缩孔是由于金属的液态收缩和凝固收缩部分得不到补足而在铸件的最后凝固处出现的较大的集中孔洞。缩松是分散在铸件内的细小的缩孔。缩孔和缩松都能使铸件的力学性能下降,缩松还能使铸件在气密性试验和水压试验时出现渗漏现象。

③ 固态收缩,是指金属在固态时由于温度降低而发生的体积收缩,其收缩量常用固体合金长度尺寸的变化量表示。固态收缩虽然也导致体积的缩减,但通常用铸件的尺寸缩减量来表示,故又称为“线收缩”。固态收缩对铸件的形状和尺寸精度影响很大,是铸造应力、变形和裂纹等缺陷产生的基本原因。

线收缩的数学表达式如下:

$$\varepsilon_{线} = \frac{L_0 - L}{L_0} \times 100\%$$

式中,$\varepsilon_{线}$ 为线收缩率(%);L 为被测合金试样在温度 t 时的长度(cm);L_0 为被测合金试样在温度 t_0 时的长度(cm)。

影响合金收缩率的因素:

① 化学成分。不同成分的合金,其收缩率一般也不相同。在常用铸造合金中,铸钢的收缩率最大,灰铸铁最小。

② 浇注温度。合金浇注温度越高,过热度越大,液体收缩率越大。

③ 铸件结构与铸型条件。铸件结构和铸型材料对收缩率也有影响,型腔形状越

复杂,铸型材料的退让性越差,对收缩的阻碍越大。当铸件结构设计不合理,铸型材料的退让性不良时,铸件会因收缩受阻而产生铸造应力,进而产生裂纹。

铸件的线收缩率和合金的线收缩率往往不一致,这是因为铸件在铸型内收缩时往往受到摩擦阻碍、热阻碍和机械阻碍,故称为受阻收缩。当铸件的形状很简单(如圆柱形长铸件)且收缩时受阻极小,可近似地视为自由收缩(其值基本等于合金的线收缩率)。受阻收缩总是小于自由收缩。生产中为了弥补铸件尺寸变小的影响,在制作铸件模型时,图纸规定尺寸都相应放大,习惯上称为"缩尺",用铸造收缩率表述。其数学表达式如下:

$$\varepsilon_{铸} = \frac{L_{型} - L_{件}}{L_{件}} \times 100\%$$

式中,$\varepsilon_{铸}$ 为铸造收缩率(%);$L_{型}$ 为铸型尺寸(cm);$L_{件}$ 为铸件尺寸(cm)。

对于线收缩率不同的合金,应采用不同的铸造收缩率。对于同一铸造合金的不同铸件,或同一铸件的不同部位,视其受阻收缩程度不同而应采用不同的铸造收缩率。常见合金的铸造收缩率如表 2-2 所列。

表 2-2　常见合金的铸造收缩率表

%

合金类别	灰铸铁					球墨铸铁	铸钢	铝合金	锡青铜	无锡青铜	锌黄铜
	中小型铸件	中大型铸件	圆筒件轴向	圆筒件径向	孕育铸铁						
自由收缩	1.0	0.9	0.9	0.7	1.0~1.3	1.0	1.6~2.0	1.0~1.2	1.4	2.0~2.2	1.8~2.0
受阻收缩	0.9	0.8	0.8	0.5	0.8~1.0	0.8	1.3~1.7	0.8~1.0	1.2	1.6~1.8	1.5~1.7

3. 铸造应力与变形

铸造应力是指当铸件全部进入弹性状态后,由于收缩受阻或收缩不同步而产生的弹性应力,包括相变应力、热应力和机械应力,如表 2-3 所列。

① 相变应力是铸件在冷却时发生相变,由于体积变化造成的内应力。对于钢铁材料,在弹性状态温度范围内冷却,相变造成体积膨胀。使铸件厚壁部分受压应力,薄壁部分受拉应力。相变应力方向与热应力方向相反。一般相变应力很小。

② 铸件凝固末期,即铸件结晶过程中先形成的树枝晶因为已产生枝晶网络构架而阻碍后续补充液体的收缩造成的内应力,以及铸件横截面和厚薄不同之处由于存在着温度差而产生的铸造应力,称之为热应力。铸件横截面内外,厚薄不同之处因冷却速度有差异而存在温度差,进而导致固态收缩速率不一致而相互制约,从而产生了热应力。

③ 机械应力是铸件在冷却收缩时受到铸型或型芯的阻碍而引起的,这种应力是拉应力或切应力。当铸件落砂、清理后,铸件收缩的障碍去除,机械应力随之消失。

表 2 - 3　铸造应力构成与特点

应力种类	产生原因	表现特征
相变应力	铸造合金发生固态相变,伴有体积变化,铸件各部位相变有时间差而引起应力	相变使体积变小时,厚壁处呈现拉应力,薄壁处呈现压应力。体积增大时,应力特征相反
热应力	铸件因部位、断面尺寸不同,以及冷却时间先后不一致而产生应力	厚壁处承受拉应力,薄壁处承受压应力
收缩应力	铸件固态收缩,受型、芯、浇冒口、箱档等外部阻碍而产生应力	总是表现为拉应力

根据铸件的具体情况,三种铸造应力有时互相抵消,有时互相叠加;有时暂时存在,有时则残存下来。

铸件变形时有发生,这是铸造应力作用的结果。铸件冷却过程中产生的铸造应力,如果超过合金在该温度下的屈服强度,则产生残留变形;如果超过抗拉强度,则形成裂纹;如果在弹性强度范围内,就表现为残留应力,可能改变设计强度,甚至使铸件在存放或使用过程中发生变形或开裂。

铸件变形应尽量避免,铸造应力应尽量消除。实际生产中,除了尽量使铸件结构合理以外,应尽量使铸造应力小一点。有时在制造模样时采用反变形措施加以控制和调整。铸造残余应力常用自然时效和人工时效方法消除。

4. 偏 析

铸件在不同截面,或同一截面的不同部位,甚至在晶粒内部存在化学成分不均一现象,称为偏析。

根据偏析的分布范围,可以如下划分:在晶粒尺寸范围内的偏析为微观偏析;表现在较大尺寸范围的偏析为宏观偏析。防止微观偏析的方法是对合金实施晶粒细化的孕育处理;减少或消除微观偏析的方法是高温扩散退火。防止宏观偏析的方法主要是:降低铸件凝固中各部分温差,从而接近同时凝固;加快冷却速度,限制偏析元素迁移。有害元素偏析会使其集中区域性能大幅度恶化,所以尽量降低有害元素含量很重要。宏观偏析形成后很难消除,必须以预防为主。

根据偏析形成机制,又分为晶内偏析、区域偏析和比重偏析三类。

① 晶内偏析(又称枝晶偏析),是指晶粒内各部分化学成分不均匀的现象。这种偏析出现在具有一定凝固温度范围的合金铸件中。为防止和减少晶内偏析的产生,在生产中常采取缓慢冷却或孕育处理的方法。

② 区域偏析,是指铸件截面整体上的化学成分和组织不均匀。为避免区域偏析的发生,主要应该采取预防措施,如控制浇注温度不要太高,采取快速冷却使偏析来不及发生,或采取工艺措施造成铸件断面较低的温度梯度,使表层和中心部分接近同时凝固。

③ 比重偏析,是指铸件上、下部分化学成分不均匀的现象。为防止比重偏析,在浇注时应充分搅拌金属液或加速合金液的冷却,使液相和固相来不及分离,凝固即告结束。偏析过大会使铸件各部分的力学性能有很大的差异,铸件的质量降低。

2.4　实际金属的凝固过程与组织控制

金属的凝固在多数情况下,是晶体或晶粒的生成和长大的过程。金属凝固过程还伴随着体积变化、气体脱溶和元素偏析等现象。绝大部分金属材料是在液态中纯化(去气、去杂质等),调整成分,而后浇铸成锭,再加工成材,或直接铸造成部件。因此,金属的凝固不但决定了金属和合金的结构、组织和性能,而且还影响着以后的塑性加工和热处理。

与纯金属相比,合金的凝固过程有两个特点:

① 固溶体合金凝固时析出的固相成分与原液相成分不同,存在成分起伏。α晶粒的形核位置是那些结构起伏、能量起伏和成分起伏都满足要求的地方。

② 固溶体合金凝固时依赖异类原子的互相扩散。

2.4.1　金属凝固时固-液界面的特征

合金的结晶过程一般是在一个固、液两相共存的温度区间内完成的,其间共存的两相都具有不同的成分(异分结晶或称选择结晶)。因此结晶过程必然导致界面处固、液两相成分的分离。同时,由于界面处两相成分随着温度的降低而变化,故晶体生长与传质过程必然相伴而生。这样,从生核开始直到凝固结束的整个结晶过程中,固、液两相内部将不断进行溶质元素重新分布,即溶质再分配。

结晶过程的溶质再分配

溶质再分配的理论基础是质量守恒,方程如下:

$$\int C_S \rho_S \mathrm{d}V_S + \int C_L \rho_L \mathrm{d}V_L = C_0 \rho_L V_0$$

如果凝固过程中的条件可以简化,即 $\rho_S \approx \rho_L$,则上式可简化为

$$\int C_S \mathrm{d}f_S + \int C_S \mathrm{d}f_L = C_0$$

式中,f_S、f_L 分别为固相体积分数和液相体积分数,并满足 $f_S + f_L = 1$;C_S、C_L 分别表示固相和液相的平衡浓度。

(1) 平衡凝固条件下的溶质再分配

在平衡结晶条件下,即凝固过程中,固相和液相都能充分扩散,因此在凝固的任一时刻,固相和液相成分都是均匀的,固-液界面为平面生长,凝固过程完全按平衡相图进行。

合金凝固时,要发生溶质的重新分布。重新分布的程度可用平衡分配系数 k_0 表

示,其含义为某温度下固-液两相中的溶质浓度之比。其表达式如下:

$$k_0 = \frac{C_S}{C_L}$$

平衡分配系数 k_0 的物理意义如图 2-23 所示。当 $k_0 < 1$ 时, k_0 越小,固相线、液相线张开程度越大,固相成分开始结晶时与终了结晶时差别越大,最终凝固组织的成分偏析越严重。$k_0 > 1$ 的情况类似, k_0 越大,偏析同样是越严重。因此,常将 $|1 - k_0|$ 称为"偏析系数"。实际合金的 k_0 大小受合金类别及成分、微量元素存在的影响。

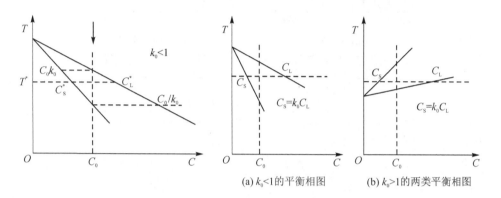

(a) $k_0 < 1$ 的平衡相图　　(b) $k_0 > 1$ 的两类平衡相图

图 2-23　平衡分配系数 k_0 的物理意义

平衡凝固中某时刻,固相浓度 C_S 和液相浓度 C_L 如图 2-24(c) 所示,其最终固相成分是均匀的。其结晶过程中浓度表达式可如式 $C_S f_S + C_L f_L = C_0$ 表示,该式也称为杠杆定律,从而有

$$C_S = \frac{k_0 C_0}{1 - f_S(1 - k_0)}$$

$$C_L = \frac{C_0}{k_0 + f_L(1 - k_0)}$$

由上式知,凝固开始时, $C_S = k_0 C_0$, $C_L \approx C_0$;凝固结束时, $C_S \approx C_0$,如图 2-24 所示。

(2) 非平衡凝固条件下的溶质再分配

在单相合金的凝固过程中,如果固、液两相的均匀化来不及通过传质而充分进行,则除界面处的能量处于局部平衡状态外,固、液两相中平均成分势必偏离平衡相图所确定的数值。这种凝固过程称为非平衡凝固。

平衡凝固是极难实现的,实际的凝固过程都是非平衡凝固。因为溶质的扩散系数很小($10^{-9} \sim 10^{-12} \, \text{m}^2/\text{s}$),特别是溶质在固相中的扩散系数更小,因此,当溶质还未来得及扩散时,温度早已降低得很多,而使固-液界面大大向前推进,新成分的固相又结晶出来。非平衡凝固时的溶质再分配规律,主要取决于液相传质条件。

Scheil 方程(Scheil - Gulliver 方程)用于描述合金非平衡凝固过程中的溶质再分

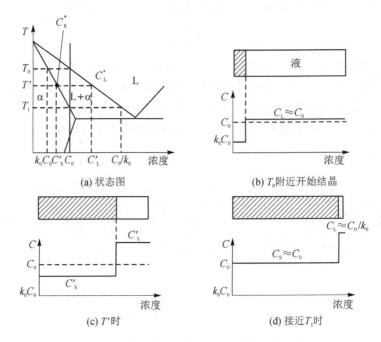

图 2-24　单相合金平衡凝固固-液界面浓度分布

配规律。

Scheil 方程的推导基于以下假设：

① 固相中无扩散，$D_S \approx 0$；

② 液相均匀混合，液态金属在任何时刻都能通过扩散、对流或强烈搅拌而使其成分完全均匀，$D_L \approx \infty$；

③ 固-液界面处于局部平衡状态；

④ 固相线和液相线为直线。

如图 2-25 所示，假设一个等截面的水平圆棒自左向右单向凝固，合金原始成分为 C_0，界面前方为正温度梯度，界面始终以宏观的平面形态向前推进。

凝固过程中某一瞬间，固-液界面处的成分分别为 C_S 和 C_L，相应的质量分数分别为 f_S 和 f_L，设温度 $T'(T^*)$ 时析出的固相百分含量（浓度）为 $\mathrm{d}f_S$，排除的溶质含量为 $(C_L^* - C_S^*)\mathrm{d}f_S$，它使剩余液相中的溶质增加 $\mathrm{d}C_L^*$，注意到 $k_0 = C_S^* / C_L^*$，有

$$(C_L^* - C_S^*)\mathrm{d}f_S = (1 - f_S)\mathrm{d}C_L^*$$

而

$$\frac{\mathrm{d}C_S^*}{C_S^*} = \frac{(1 - k_0)\mathrm{d}f_S}{1 - f_S}$$

可以求得

$$C_S^* = k_0 C_0 (1 - f_S)^{k_0 - 1}$$

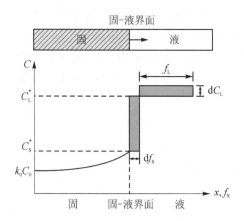

图 2 – 25　非平衡凝固条件下的溶质再分配

同样,

$$C_L^* = C_0 f_L^{k_0 - 1}$$

此即 Scheil 方程。

实际凝固过程中,平衡凝固是难以实现的,主要原因是固体扩散的扩散系数很小。为了便于分析,可以忽略固体扩散,而主要针对液相的特征,可以分三种情况进行讨论。

① 液相均匀混合:在凝固的任一时刻,液相成分都是均匀的。

凝固过程中开始析出固相的瞬间浓度为 $k_0 C_0$,并随界面推进,固相浓度 C_S 不断提高,而液相浓度始终是均匀的。由于溶质在液相中富集,因此在凝固过程中,浓度在某时刻有可能会大于 C_0,且 C_L 浓度会在凝固末期达到共晶成分而发生少量共晶反应。越接近凝固末期,析出固相的溶质含量越高。这种成分不均匀产生于晶粒之内,故称为晶内偏析。

② 液相有限扩散:在液相中没有对流或搅动。

在开始过渡区内,固相浓度可从 $k_0 C_0$ 逐步增加到 C_0,大量溶质原子富集在界面液相内,并逐步由界面向液体金属内扩散,由于熔池较长,液相中的浓度曲线 C_L 呈指数衰减函数分布。

当界面固相达到该合金成分 C_0 时,固–液界面开始稳定生长。在这个阶段,固相成分和界面处液相成分分别为 C_0 和 C_0/k_0 始终不变。在这个稳定生长过程中,界面析出固相排出的溶质数与液相扩散送走的溶质量是相等的。在凝固末期,当液相内溶质富集层厚度等于剩余液相区长度时,溶质扩散受到试样末端边界的阻碍,使固–液界面处的 C_L^* 与 C_S^* 同时升高。由于质量守恒,最初过渡区溶质贫乏总量等于最后过渡区溶质的过剩总量。

③ 液相有一扩散薄层,其余液相对流充分(成分均匀)。

这是处于液相中完全混合和液相中只有扩散之间的情况,比较接近实际。

Burten J. A. 和 Wagner C. 等人假设液相中靠近界面处有一个扩散边界层,其厚度设为 δ;该层以外的液体因有对流作用得以保持均匀的成分,如图 2-26 所示。如果液相的容积很大,它将不受已凝固层的影响,仍保持原始成分 C_0;而边界层 δ 内则只靠扩散进行传质,固相内 C_S 值不再是 C_0,而是小于 C_0 的值。

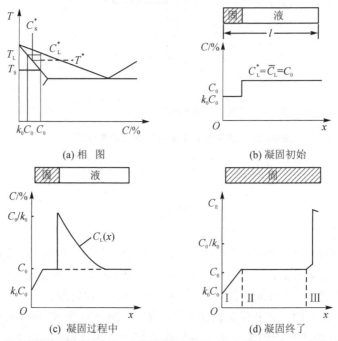

(a) 相 图

(b) 凝固初始

(c) 凝固过程中

(d) 凝固终了

注:C_E 代表相图中的共晶成分;C_A 为凝固的固相成分;C_0 为原始成分;C_L 对应 C_S 的液相成分。

图 2-26 凝固过程的溶质浓度分布

在这种条件下,虽然对流(或强烈地搅拌)打乱了液相中溶质按指数函数扩散分布的规律,但由于液态具有一定的粘性,界面附近总会保持一薄层不受对流影响的液态。也就是说,界面前沿保留了一个厚度为 δ 的扩散层(溶质堆积层),而其余液体的浓度则视熔池的长短有以下两种情况,即如果熔池很长,则当 $x=\delta$ 时,有 $C_L=C_0$,即扩散层 δ 外的液相浓度仍为原始成分;如果熔池较短,则当 $x=\delta$ 时,有 $C_L=C_b$(表示固相成分),且 $C_b>C_0$,并随界面推进浓度逐渐增加。

2.4.2　凝固过程中的成分过冷及其对晶体生长形态的影响

对纯金属而言,当界面液相一侧形成负的温度梯度时,才能在界面前方熔体内获得超过动力学过冷度的过冷,这种仅由熔体实际温度分布所决定的过冷状态称为热过冷。

合金在凝固时由于溶质再分配造成固-液界面前沿溶质浓度变化,改变了液相的熔点(即由相图中的液相线所决定),而在固-液界面前液相内形成过冷。这种由固-液界面前方溶质再分配引起的过冷,是由成分变化与实际温度分布这两个因素共同决定的,故称之为成分过冷。下面通过图 2 - 27 所示的曲线来说明成分过冷的概念。

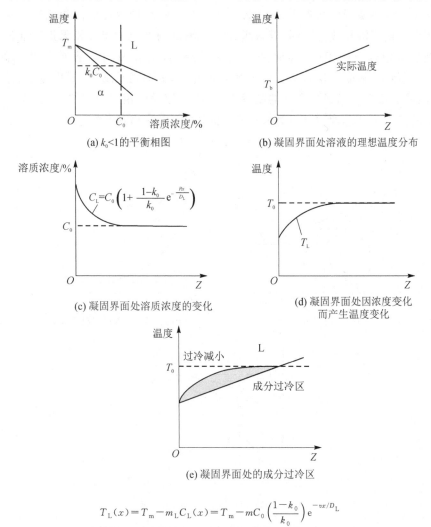

(a) $k_0 < 1$ 的平衡相图

(b) 凝固界面处溶液的理想温度分布

(c) 凝固界面处溶质浓度的变化

(d) 凝固界面处因浓度变化
而产生温度变化

(e) 凝固界面处的成分过冷区

$$T_L(x) = T_m - m_L C_L(x) = T_m - m C_0 \left(\frac{1 - k_0}{k_0} \right) e^{-vx/D_L}$$

Z—与界面的距离;v—长大速度;D_L—溶质在液相中的扩散系数;x—距液-固界面的距离

图 2 - 27　合金的成分过冷示意图

设有一个 $k_0 < 1$ 的合金,其相图一角如图 2 - 27(a)所示,溶液的实际温度分布如图 2 - 27(b)所示。由于在实际凝固过程中,不可能通过扩散而达到均匀一致的成分,所以一般只是在固-液界面处建立局部的平衡浓度。在凝固过程中,液体内溶质按图 2 - 27(c)所示的曲线进行分布(假定液体中仅有扩散的情况):在界面处有溶质的富集,而远离则界面处溶质趋于 C_0。由相图可知,合金溶液的凝固温度随成分而变化,即沿液相线发生变化。若对照图 2 - 27(c)、(a),就可作出界面前沿溶液中因浓

度变化而凝固温度发生变化的曲线,见图 2-27(d)。然后,把图 2-27(b)的实际温度分布线叠加在图 2-27(d)上,就可以得到一个综合图 2-27(e)。

合金在非平衡凝固过程中,溶质发生再分配,在固-液界面的液相侧形成一个溶质富集区。由于液相成分不同,导致理论凝固温度的变化。当固相无扩散而液相只有扩散的单相合金凝固时,界面处溶质含量最高,离界面越远溶质含量越低,如图 2-28 所示。平衡液相温度 $T_L(x)$ 则与此相反,界面处最低;离界面越远,液相温度越高;最后接近原始成分合金的凝固温度 T_0。假设液相线为直线,其斜率为 m_L,纯金属的熔点为 T_m,凝固达到稳态时固-液界面前沿液相温度为

$$T_L(x) = T_m - m_L C_L(x)$$

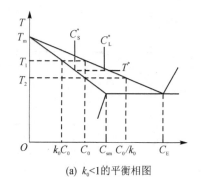

(a) $k_0 < 1$ 的平衡相图

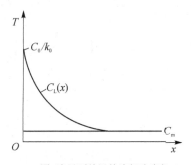

(b) 固-液界面前沿的液相浓度差异

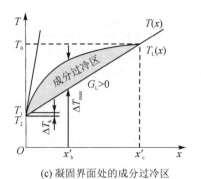

(c) 凝固界面处的成分过冷区

图 2-28　固-液界面前沿液相中形成"成分过冷"模型

界面处温度为

$$T_i = T_m - m_L C_0 / k_0$$

界面处的过冷度(也称为动力学过冷度)为

$$\Delta T_k = T_i - T_2 = T_m - m_L C_0 g / k_0 - T_2$$

式中,T_2 为界面处的实际温度。

此时,固-液界面前沿液体的过冷度 ΔT_c 为平衡液相温度(即理论凝固温度)$T_L(x)$ 与实际温度 $T(x)$ 之差,即

$$\Delta T_c = T_L(x) - T(x)$$

　　显然，ΔT_c 是由固-液界面前沿溶质的再分配引起的，将这样的过冷称为"成分过冷"，其过冷度称为"成分过冷度"。由 $T_L(x)$ 曲线和 $T(x)$ 直线构成的阴影区称为"成分过冷区"，如图 2-28 所示，固-液界面前沿过冷范围称为"成分过冷范围"。因此，产生"成分过冷"必须具备两个条件：一是固-液界面前沿溶质的富集而引起成分再分配；二是固-液界面前沿液相的实际温度分布，或温度分布梯度 G_L 必须达到一定的值。

　　金属结晶过程中存在温度场，一般是正温度梯度；同时，金属在结晶过程中因为是异分结晶，结晶出来的固相和液相成分是不同的。随结晶（非平衡状态）的进行，界面前沿液相中溶质原子的百分含量（浓度）发生改变，它对应的熔点也随之改变（一般会降低），这样在液态和固态金属的界面前沿就出现一层熔点较低的状态，它们和实际的液态温度梯度结合起来，就会在这里出现一定的负温度梯度，导致金属的长大方式发生变化。

　　固溶体凝固时，若不出现成分过冷，晶体生长形态基本上与纯金属相似，例如在正的温度梯度下，固-液相界面基本上保持平面状向前推移；但是，合金凝固时溶质要发生重新分布，当扩散不充分时，就造成先后凝固部分的成分有明显的差别，这就是前面已分析过的宏观偏析，它在很大程度上取决于液体中溶质的混合情况。实际上，合金凝固时通常出现成分过冷，如图 2-29 所示。当在固-液相界面前沿有较小的成分过冷区时，平面生长就不稳定。如固相表面上有某些偶然凸起的部分，它们就伸入过冷区中，其生长速度加快而进一步凸向液体，使界面形成胞状组织；如果界面前沿的成分过冷区甚大，则凸出部分就能继续向过冷液相中生长，同时在其侧面产生分枝，这样就形成了树枝状组织。这就是成分过冷的作用。

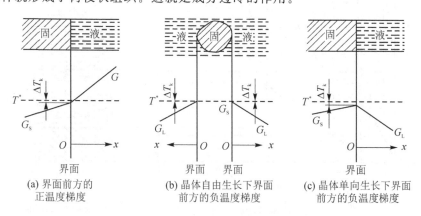

图 2-29　固-液界面前沿的局部温度分布

2.4.3　铸件的凝固方式及影响因素

　　铸件凝固过程中，一般存在着固相区、凝固区（液、固两相区）和液相区，其中凝固区是液相与固相共存的区域，凝固区的大小对铸件质量影响较大。凝固区的结晶条件比较复杂，受到温度梯度、成分过冷等影响，不同材料之间以及不同工艺条件下的凝固区差异是非常明显的。

1．凝固动态曲线

凝固动态曲线反映了合金凝固区域的特征。所谓凝固区域，即液相线等温面和固相线等温面之间的区域，也可以体现合金凝固的基本特征，对铸件的质量（如缩孔、缩松热裂）、偏析等的形成都有影响。

动态曲线的测定原理：实际上就是把具有温度–时间坐标的多根冷却曲线转变成具有距离–时间坐标的凝固动态曲线图。可用多点测温仪来测定铸件温度；将一定数量热电偶的测温端按一定间隔均匀布置在铸件表面到铸件中心，热电偶的另一端连接多点测温仪，各测温点温度随时间变化的曲线可被自动绘制。根据测温仪的温度–时间曲线绘制铸件在不同时刻开始凝固的位置和凝固结束的位置，并将凝固开始和凝固结束的所有点分别依次连接，得到铸件的凝固动态曲线，如图 2 – 30 所示。

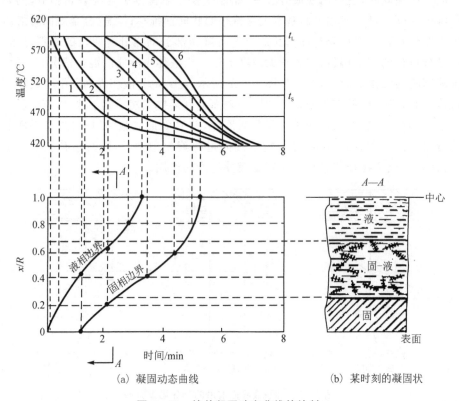

（a）凝固动态曲线 　　（b）某时刻的凝固状

图 2 – 30　铸件凝固动态曲线的绘制

① 铸件凝固动态曲线的左边曲线同液相线相对应（如果有过冷，则与一个略低的等温线相对应）。它表示不同时间铸件断面中凝固开始的部位，故称之为"凝固起始点"。它实质上表示了铸件断面中液相线等温面从铸件表面向中心推进，在不同时间所处的部位，该曲线的斜率就表示液相线等温面向中心推进的速度。

② 右边曲线同固相线相对应，它表示不同时间铸件断面中凝固结束的部位，称

之为"凝固终了点"。它实质上表示了铸件断面中固相线等温面在不同时间所处的部位,它的斜率表示固相线等温面向铸件中心推进的速度。

③ 由图 2－30 可以看出,具有结晶间隔的合金在每个时间,从铸件表面至中心存在着固相区(铸件表面至凝固终液)、凝固区(凝固终波至凝固始波的垂直距离)和液相区三个区域。还可以看出,铸件凝固过程即是凝固区域不断推向铸件中心液相区随之不断缩小直至消失的过程。

根据凝固动态曲线可以获得任一时刻的凝固状态。

2. 铸件的凝固方式

铸件在凝固过程中,除了纯金属和共晶成分合金外,一般都存在三个区域,即固相区、凝固区和液相区。根据凝固区宽度的不同,铸件的凝固方式可分为逐层凝固、糊状凝固和中间凝固三种方式。

(1) 逐层凝固

顾名思义,逐层凝固就是从铸件的型壁向内一层一层凝固,也就是说,金属液的凝固区间是一条线。纯金属、共晶类合金及窄结晶温度范围的合金,如灰口铸铁、铝硅合金、硅黄铜及低碳钢等,倾向于逐层凝固方式。其特征是,紧靠铸型壁的外层合金,一旦冷却至凝固点或共晶点温度时,处于上述温度以上的里层合金仍为液态。固-液界面分明、平滑,不存在固、液交错。随着热量传向型壁,温度不断下降,又一层固态晶体形成。凝固过程如此继续下去,柱状晶向液体内生长,直至彼此抵触为止。断面心部尚未凝固的液体金属及低熔点杂质,被柱状晶所封闭。

图 2－31(a)为恒温下结晶的纯金属或者共晶成分合金某瞬间的凝固情况,t_c 是结晶温度,T_1 和 T_2 是铸件断面上两个不同时期的温度场。从图中可以看出,恒温下结晶的金属,在凝固过程中其铸件断面上的凝固区域等于零,断面上的固相与液相由一条界线(凝固前沿)清晰地分开。随着温度的下降,固体一边不断加厚,逐步达到铸件中心,这种一层一层推进凝固的方式称为逐层凝固。图 2－31(b)是接近于逐层凝固方式的一种情况。如果合金结晶温度范围很小或断面温度梯度很大,铸件断面上有液、固共存区域,在理论上也把它划入逐层凝固的范围。这种凝固方式容易产生集中缩孔,在铸造工艺上容易进行改善。

(2) 糊状凝固

如果合金的结晶温度范围很宽,如图 2－32(a)所示,或因铸件断面温度场较平坦,如图 2－32(b)所示,铸件凝固的某一段时间内,其凝固区域很宽,或者贯穿整个铸件断面,而表面温度尚高于 t_s,这种情况就称为糊状凝固方式或者体积凝固方式。这种凝固方式产生弥散性缩松的概率比较大,改善相对困难。

结晶温度范围大的合金,如铝铜合金、锡青铜及球墨铸铁、高碳钢等,倾向于糊状凝固方式。这些合金一旦冷却至液相线温度,结晶出的第一批晶粒即被周围剩余的液体合金所包围,晶体生长在各个方向上比较均匀;温度继续下降,新形成的另一批晶粒又被液体合金包围,使得小晶粒充斥整个断面,固、液交错,最终在铸件整个断面上生成粗大的等轴晶;尚未凝固的液体合金,则被众多的等轴晶封闭。

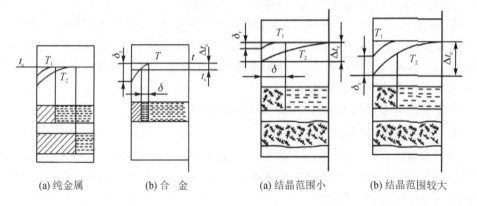

(a) 纯金属　　　　(b) 合　金

图 2 - 31　逐层凝固方式示意图

(a) 结晶范围小　　(b) 结晶范围较大

图 2 - 32　糊状凝固方式示意图

（3）中间凝固

中间凝固介于上述两者之间。如果合金的结晶温度很窄,如图 2 - 33(a)所示,或因铸件断面上的温度梯度较大,如图 2 - 33(b)所示,铸件断面上的凝固区域宽度介于前两者之间,则称之为中间凝固方式。

中碳钢、白口铁以及部分特种黄铜等,倾向于中间凝固方式。它们介于逐层凝固和糊状凝固之间,既有柱状晶又有等轴晶。合金铸件的凝固区不是一成不变的,它还与铸件的温度有关,因此凡是影响铸件温度梯度的因素,都影响凝固区的大小。例如,有些合金在砂型制造时呈中间凝固,而改为金属型铸造后可减小凝固区的宽度。

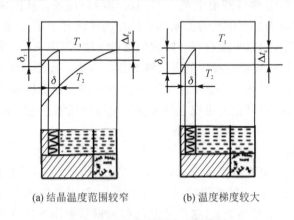

(a) 结晶温度范围较窄　　　　(b) 温度梯度较大

图 2 - 33　中间凝固方式示意图

影响合金凝固方式的因素很多,综合起来主要是两大类:

① 合金的结晶温度范围。窄结晶温度范围的合金倾向于逐层凝固,宽结晶温度范围的合金倾向于糊状凝固,中等结晶温度范围的合金倾向于中间凝固方式。

② 铸件温度梯度。增大温度梯度,可以使合金的凝固方式向逐层凝固转化;反

之,铸件的凝固方式向糊状凝固转化。

温度梯度的大小取决于铸型材料和工艺条件因素:

① 合金的导温效率。它取决于合金的导热系数、比热容、密度。其中导热系数主要影响温度分布曲线沿铸件断面分布的形态。当导热系数较大时,固-液界面处的断面温度可以相对比较均匀,温度曲线分布比较平坦,温度梯度减小使凝固区的宽度加大,趋向糊状凝固;当导热系数较小时,反之。例如工业用铝的结晶温度范围虽然比低碳钢的小很多,但后者趋向逐层凝固,而前者趋向糊状凝固。其原因之一是铝的导温系数比低碳钢大,一些其他轻合金也属于类似情况。

② 合金的结晶温度。结晶温度即开始结晶时的液相线温度。当它的结晶温度高时,因在开始结晶就与铸型的温差大,液体受到激冷作用大,使得结晶时铸件断面上温度的分布曲线变陡,温度梯度大,凝固区的宽度变窄;当结晶温度低时,反之。工业用铝及轻合金容易产生糊状凝固,结晶温度低也是其原因之一。

③ 合金的结晶潜热。在结晶过程中,随着合金结晶潜热不断放出,铸型的内表面被加热,铸型和铸件温差逐渐减小,结果使得铸件断面上的温度梯度逐渐变小,而凝固区域相应扩大。合金结晶潜热越大,这种影响越大。

④ 铸件材料的蓄热系数。铸型的冷却作用导致铸件的凝固,而铸型的冷却作用又包括两个方面,一是铸型的吸热、蓄热,二是铸型的散热。对于砂型和金属型,蓄热是铸件冷却作用的主要方面。蓄热指的是材料被金属加热到某一时间所吸收热量的多少。显然其蓄热作用大,对铸件的冷却能力越强,铸件断面上温度梯度越陡。例如,在砂型中介于中间凝固方式的中碳钢、黄铜,近似糊状凝固的高碳钢,在金属型中都明显地变为逐层凝固。影响铸型蓄热作用的因素不仅有材料的蓄热系数,同时也与铸型的壁厚有关,例如砂型的壁厚增加,冷却作用会有所减小。

⑤ 浇注温度和铸型的预热温度。

a. 当浇注温度高时,过热度大,加热铸型的作用较大,使得铸型和铸件的温差减小,凝固区变宽。

b. 铸型预热温度减小了铸型与金属液之间的温度梯度,其作用类似于提高浇注温度的作用。

c. 铸件的壁厚。它对合金凝固方式的影响与结晶潜热的作用规律相似,铸件的壁厚越大,凝固时散失的热量越大。

3. 凝固方式与铸件质量

(1) 逐层凝固方式

铸件在以逐层凝固方式进行时,浇入铸型的高温液态金属,在型壁吸热和传导散热作用下,首先开始从接触和靠近型壁处凝固,并逐层向中心部延伸。其凝固前沿总是和液态金属直接接触,在凝固收缩发生的同时,随时都得到液态金属的补充,所得到的组织就比较致密,力学性能比较优越。当铸件的最后凝固区域内液态金属凝固时,由于凝固收缩产生的空隙部分可以由冒口内的液态金属来补充,而形成集中缩孔的部位处于最后凝固的冒口部位,这样就可以获得组织致密、无缩孔缺陷的铸件。这就是逐层凝固方式容易形成集中缩孔,而集中缩孔又容易通过设置冒口使缩孔部位迁移至冒口区域,从而获得优质铸件的道理。

(2) 体积凝固方式

当温度降至凝固温度区间,会在整个液态金属的不同部位几乎是同时开始出现固态晶核,并自由长大成树枝状晶。当树枝晶长大到某程度时,树枝晶生长前沿会相互搭接,形成一些枝晶间的空隙。它们把尚存的金属液分割成相互单独微区(常用熔池表述),再进行凝固收缩时,不能得到液态金属的弥补而形成微缩孔,即铸件形成较大范围的缩松。而这种情况很难通过设置冒口将其转移至铸件范围之外,这样就难以获得组织致密的优质铸件。

(3) 中间凝固方式

铸件按中间凝固方式进行时,既有形成集中缩孔的倾向,又有形成分散缩松的一面。对于形成集中缩孔的情况,可合理设置冒口,使其转移至铸件范围以外的冒口区;对于形成分散缩松的情况,通过加大冷却速度,强化逐层凝固倾向,一般也可获得组织致密且无缩孔的优质铸件。

2.5 铸件凝固组织

铸件的宏观结晶组织指的是铸态晶粒的形态、大小、取向和分布等情况;铸件微观结构的概念包括晶粒内部的结构形态,如树枝晶、胞状晶等亚结构形态,共晶团内部的两相结构形态,以及这些结构形态的细化程度等。铸件的组织由合金成分和凝固条件决定。

1. 铸件宏观凝固组织的特征及形成机理

铸件宏观组织一般可能存在三个不同的晶区:

① 表面细晶粒区:靠近型壁的外壳层,由紊乱排列的细小等轴晶组成;

② 柱状晶区:由自外向内沿着热流方向彼此排列的柱状晶组成;

③ 内部等轴晶区:由紊乱排列的粗大等轴晶组成。

图 2-34 所示为典型铸锭组织示意图。

(1) 表面细晶粒区

铸锭的最外层是一层很薄的细小等轴晶区,各晶粒的取向是随机的。当金属液注入铸模后,由于壁模温度较低,铸型壁附近熔体受到强烈的激冷作用而大量形核,同时,模壁及金属液中的杂质有非均匀形核的作用,形成无方向性的表面细等轴晶组织,也称之为"激冷晶"。其特点是,晶粒十分细小,组织致密,机械性能很好。但由于细晶区的厚度一般都很薄,有的只有几毫米,所以没有多大的实际意义。

晶粒的细化程度取决于:

① 型壁散热条件所决定的过冷度和凝固区域的宽度;

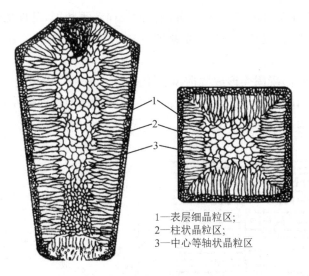

1—表层细晶粒区；
2—柱状晶粒区；
3—中心等轴状晶粒区

图 2 - 34　典型铸锭组织示意图

② 型壁附近熔体内大量的非均匀形核；

③ 各种形式的晶粒游离。

（2）柱状晶区

柱状晶区，由垂直于模壁的粗大的柱状晶构成。在细晶区形成的同时，模壁温度升高，金属液冷却减慢。此外，由于细晶区结晶潜热的释放，使得细晶区前沿液体的过冷度减小，形核率大大下降。此时，各晶粒可较快成长，并且它们的生长方向是任意的，但只有那些一次晶轴垂直于模壁的晶体，因与散热方向一致而优先生长。稳定的凝固壳层一旦形成，处在凝固界面前沿的晶粒在垂直于型壁的单向热流作用下，以枝晶状延伸长大，从而长成柱状晶粒。其有这样一些组织特征：晶粒相互平行，组织致密，缺陷少，柱晶交界处含有杂质；性能出现了方向性，在柱状晶交界处产生脆弱面，裂纹易于扩展。

由于各枝晶主干方向各不相同，那些主干与热流方向相平行的枝晶，较之取向不利的相邻枝晶生长得更为迅速，它们优先向内伸展并抑制相邻枝晶的生长。在逐渐淘汰掉取向不利的晶体过程中发展成柱状晶组织，即择优生长，如图 2 - 35 所示。

（3）内部等轴晶区的形成

随柱状晶的发展，通过散热使铸锭中心部分的液态金属的温度全部降至熔点以下，但由于距离铸模较远，散热效率大大降低，温度场相对比较均匀；此时该部位具有一定的过冷度，再加上液态金属中的杂质等因素的作用，满足形核时对过冷度的要求，于是在整个剩余液体中同时形核。由于此时的散热已经失去了方向性，晶核在液体中可以自由生长，在各个方向上的长大速度差不多，于是就长成了等轴晶。当它们长到与柱状晶相遇，全部液体凝固完毕后，就形成了明显的粗大的中心等轴晶区。其有这样一些组织特点：各个晶粒在长大时彼此交叉，枝杈间的搭接牢固；裂纹不易扩展;等轴晶区不存在明显的脆弱界面,各晶粒的取向各不相同,其性能也没有方向性。这是等轴晶区的优点,但其缺点是等轴晶的树枝状晶比较发达,分枝较多,因此组织不够致密。

Ohno 等人认为,凝固壳形成之前型壁上晶体的游离并增殖是中心等轴晶核的主要来源。浇注期间和凝固初期的激冷晶游离随着液流漂移到铸件心部,通过增殖,长大形成内部等轴晶,如图 2-36 所示。

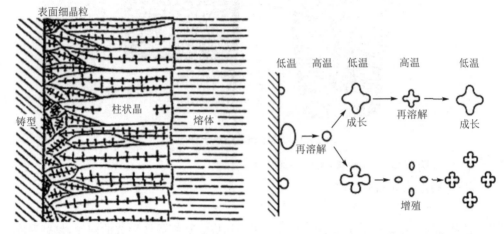

图 2-35　柱状晶择优生长示意图　　图 2-36　增殖形成游离晶粒示意图

铸件中三个晶区的形成相互联系、彼此制约。稳定凝固壳层的产生决定着表面细晶粒区向柱状晶区的过渡,而阻止柱状晶区进一步发展的关键则是中心等轴晶区的形成。

晶区的形成和转变是过冷熔体独立形核能力和各种形式晶粒游离、漂移、沉浮的程度这两个基本条件综合作用的结果。这些决定了铸件中各晶区的相对大小和晶粒的粗细。

表 2-4　三个晶区的形成条件及影响因素

晶粒形态	形成条件	影响因素
表面细晶区	①型壁激冷;②抑制稳定凝固壳层形成(即生长)	型壁晶粒游离
柱状晶区	①形成稳定凝固壳层后;②内部等轴晶形成前	择优生长强弱
内部粗大等轴晶区	熔体内部晶核自由生长	游离晶粒

2. 铸件宏观凝固组织对铸件质量和性能的影响

表面细晶粒区的组织较致密,故力学性能较好。但在铸件中,表面细晶粒区往往很薄,所以除对某些薄壁铸件具有较好的效果外,对一般铸件的性能影响不大。

柱状晶粒区的组织比较致密,不像等轴晶粒那样容易形成显微缩松。柱状晶的生长过程中凝固区域窄,横向生长受到相邻晶体的阻碍,枝晶不能充分发展,分枝少,结晶后显微缩松等晶间杂质少,组织致密。但柱状晶比较粗大,晶界面积小,排列位向一致,其性能具有明显的方向性:纵向好、横向差。凝固界面前方常汇集有较多的第二相杂质、气体,形成一个明显的脆弱面,当铸锭承受冷热加工时,容易沿此处开裂,柱状晶本身的方向性也降低铸锭的力学性能和加工性能。因此,用于加工变形的铸锭,一般希望柱状晶区尽可能小,特别对塑性较差的黑色金属来说,不希望出现粗大的柱状晶组织。对纯度较高、不含易熔杂质、塑性较好的有色金属来说,有时为了获得较为致密的铸锭,反而要使柱状晶区扩大。另外,在某些场合,要求零件沿着某一方向具有优越的性能,也可利用柱状晶沿其长度方向性能好的优点,使铸件全部成为同一方向的柱状晶组织,称这种工艺为定向凝固。例如,用定向凝固方法制成的涡轮叶片跟一般方法相比,其使用寿命有显著提高。图 2-37 所示为定向凝固工艺原理图。图 2-38 所示为定向凝固叶片组织。

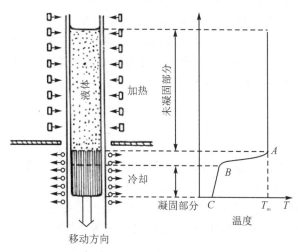

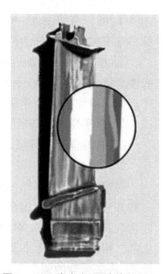

图 2-37　定向凝固工艺原理图　　　　　　图 2-38　定向凝固叶片组织

等轴晶的晶界面积大,杂质和缺陷分布比较分散,且各晶粒之间位向也各不相同,故等轴晶粒各个方向的性能较为均匀,无脆弱的分界面,取向不同的晶粒互相咬合,使得裂纹不易扩展。故生产中常希望得到细小的等轴晶粒。枝晶比较发达,显微缩松较多,凝固后组织不够致密。但是,等轴晶区的组织比较疏松,因此力学性能较低。金属的铸态组织还与合金成分和浇注条件等因素有关。一般提高浇注温度,提高铸模的冷却能力和定向性散热等,均有利于柱状晶区厚度的增加。浇注温度低、冷却速度慢、散热均匀、变质处理和附加振动搅拌等都有利于等轴晶区的发展。尤其是加入有效的形核剂和附加振动等,能使铸件获得细小的等轴晶粒组织。细化能使杂质和缺陷分布更加分散,从而在一定程度上提高各项性能。晶粒越细,综合性能越好。

不同的产品使用状态,对微观组织的要求也有所不同。例如,对于塑性较好的有色金属或奥氏体不锈钢锭,希望得到较多的柱状晶,增加其致密度;对于一般钢铁材料和塑性较差的有色金属铸锭,希望获得较多的甚至是全部细小的等轴晶组织;对于高温下工作的零件,通过单向结晶消除横向晶界,防止晶界降低蠕变抗力。

3. 铸件宏观组织的控制途径和措施

凝固过程中形成的柱状晶和等轴晶两种典型凝固组织各有不同的力学性能,因此晶粒形态的控制是凝固组织控制的关键,其次是晶粒尺寸(即晶粒度)。一般铸件希望获得全部等轴晶组织(各向异性,高温结构件除外)。

晶粒形态与晶粒度的控制主要是通过形核过程控制实现的。促进形核的方法包括浇注过程控制方法、化学方法、物理方法、机械方法、传热条件控制方法等。

(1) 控制浇注条件

控制浇注条件包括:

① 低的浇注温度。熔体的过热度较小,与浇道内壁接触就能产生大量的游离晶粒。这有助于已形成的游离晶粒的残存,对等轴晶的形成和细化较有利。

② 加强金属流动。等轴晶的形成与晶粒或枝晶的脱落及游离密切相关。随着液体金属流动的加强,金属液能更好地与模壁接触,有效地发挥模壁的激冷效果,温度起伏和对流的冲刷作用,可增加游离小晶体的数目。

③ 合理控制冷却条件。

④ 选用合适的铸型。

(2) 加入生核剂,即孕育处理

向液态金属中添加少量物质以达到增加晶核数、细化晶粒的目的,是改善组织的一种方法。对于加工用合金材料,变质处理主要是为了细化基体相,并希望能改善脆性化合物、杂质等第二相的形态和分布状况。对于铸造合金,变质处理主要是为了细化第二相或改变其形态及分布状况。通过变质处理,可改善合金的铸造性能和加工性能,提高合金的强度和塑性。

孕育处理的机理有两种:

① 直接作为外加晶核或通过与液态金属的相互作用而产生非均匀晶核,一是能与液相中某些元素组成较稳定的化合物;二是通过在液相中造成大的微区富集而使结晶相提前弥散析出。对于这一类变质剂,一般要求符合点阵匹配原则,即要求变质剂或变质剂与基体金属反应形成的化合物,与细化相有界面共格性,两者点阵错配度要小($\delta \leqslant 5\%$),其相应晶面上的原子排列方式相似,原子间距相近。同时还要求变质剂或其产物稳定,熔点高,在液体金属中分布均匀。另外,变质剂的加入量要少,以免影响合金成分。

② 加入强成分过冷元素生核剂,即通过溶质富集、成分过冷抑制晶体生长,促进非均匀形核,导致晶粒细化。在变质剂完全溶解于液态金属且不生成化合物的情况下,变质剂像溶质一样,在凝固过程中产生偏析而使固-液界面前沿液体的平衡液相

线温度降低,界面处成分过冷度减小,致使界面上晶体的生长受到抑制,枝晶根部出现缩颈而易于脱落游离。与一般溶质不同的是,变质剂能显著强化上述过程,并借助对流使游离晶体数目显著增加,晶核增殖作用也更强。同时,由于变质剂易于偏析和吸附,故阻碍晶体生长的作用也更明显。

(3) 加强金属液的强制对流

加强金属液的强制对流,可导致枝晶破碎或从型壁脱落,成为新的结晶核心。强制对流采取的措施包括机械振动、超声波、搅拌、半固态铸造等。

金属凝固后的晶粒大小对铸锭或铸件的性能有显著影响,细等轴晶组织各向异性小,加工时变形均匀。同时,易于偏聚在晶界上的杂质、夹渣及低熔点共晶等分布更为均匀。因此,具有细小等轴晶的铸锭或铸件,其加工性能和使用性能均较好。

2.6　铸造缺陷及控制

铸件凝固是关乎铸件质量的关键环节之一,对于铸件铸造整个流程有很大的影响。铸件是由液态合金浇注到铸型以后冷却成型而得到的,因此铸件的质量取决于合金本身的性质和铸件成型的外部工艺条件;而合金本身的性质和成型的外部工艺条件又控制着铸件的凝固过程,所以铸件的质量与其凝固过程有着极其密切的关系。液态金属要经历高温液态金属、注入铸型、凝固冷却至常温固态的过程。在这个过程中,会在铸件中产生缩孔、缩松、热裂、应力、变形和冷裂等缺陷,因此在铸造工艺设计过程中必须予以控制和防止出现缺陷。

铸件缺陷种类繁多,产生缺陷的原因也十分复杂。它不仅与铸型工艺有关,而且还与铸造合金的性质、合金的熔炼、造型材料的性能等一系列因素有关。因此,分析铸件缺陷产生的原因时,要从具体情况出发,根据缺陷的特征、位置、采用的工艺和所用型砂等因素进行综合分析,然后采取相应的技术措施防止和消除缺陷。

2.6.1　孔洞类缺陷

在铸件表面和内部产生的不同大小、形状的孔洞缺陷,总称为孔洞类缺陷。它们的存在不仅隔绝了组织之间的联系,同时也是铸件内部的裂纹源,在承受较大外力时将会造成铸件的断裂而失效。孔洞类缺陷包括缩孔、缩松以及各种类型的气孔等,主要为梨形、圆形、椭圆形的孔洞,表面较光滑,一般不在铸件表面露出,大孔独立存在,小孔则成群出现。

1. 缩孔和缩松缺陷

对于逐层凝固成型的铸件,若合金的液态收缩与凝固收缩之和大于其固态收缩,则会出现缩孔,如图 2-39 所示。缩孔一般在铸件顶部或最后凝固部位,如果在这些部位设置冒口,缩孔将被移入冒口中。当铸件为了体积凝固成型时,凝固区中的结晶骨架将残余的金属液分割,甚至封闭在枝晶之间,液态收缩和凝固收缩的体积将由被分割成分散的残余液相分担。若合金的固态收缩小于液态收缩与凝固收缩的总和，且其差值无以补偿，则在相应部位形成分散的收缩孔洞，即缩松，如图 2-40 所示。缩松缺陷使铸件致密性降低，容易造成铸件气密性试验的渗漏。

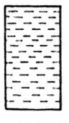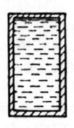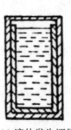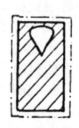

(a) 液体进入　　　(b) 靠近型壁的　　(c) 液体发生逐层　　(d) 凝固完成，由　　(e) 形成的
　　模型中　　　　　液体首先凝固　　　凝固，凝固前沿　　　于液体得不到　　　孔洞即缩孔
　　　　　　　　　　　　　　　　　　　向中心偏移　　　　补充，形成孔洞

图 2-39　缩孔形成过程示意图

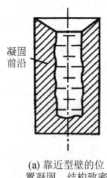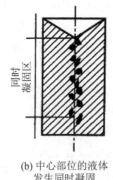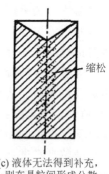

(a) 靠近型壁的位　　　　　(b) 中心部位的液体　　　　(c) 液体无法得到补充，
　　置凝固，结构致密　　　　　发生同时凝固　　　　　　则在晶粒间形成分散
　　　　　　　　　　　　　　　　　　　　　　　　　　　的空隙(即缩松)

图 2-40　缩孔形成过程示意图

缩孔缩松往往产生于铸件最后冷却的部位，其产生的原因主要包括：

① 铸件结构因素。当铸件壁厚不均匀时，在局部厚大部位或内角处，因散热缓慢而形成热节，当热节部位得不到相邻部位对它的补缩，就会出现缩孔和缩松。均匀壁厚的厚壁铸件，板壁轴线部位凝固最晚，补缩最难，将出现轴线缩松。

② 工艺因素。当浇冒口设计不合理时，可能造成局部过热或补缩能力降低，在这些部位形成缩孔或缩松；冷铁的尺寸或布置不当，造成局部过早凝固而阻隔金属液的补缩来源也会引起缩孔和缩松；金属液含气量过高，成分不当，氧化严重，变质处理不良，浇注温度及浇注工艺不合理也都会引起缩孔和缩松。

防止铸件中产生缩孔、缩松是对铸件的基本要求之一。应根据合金凝固收缩的特点及对铸件质量的要求，采取必要的预防措施：

① 倾向于采取逐层凝固的方式，为此首先要减少凝固区域宽度。常用手段有：合理地设计冒口冷铁和补贴；设置有利于顺序凝固的浇注系统；合适的浇注温度和浇

注速度;金属液从冒口引入内浇道等。金属型在铝合金铸造中广泛应用;铸钢件及铝镁合金铸件中大量使用冷铁、铬铁矿砂、镁砂等激冷能力强的造型材料都是这一原则的体现。

② 将铸型置于压力罐内,浇注后迅速关闭浇注孔;在高温、高压下,通过惰性气体介质,使铸件在均匀压力下凝固,可以消除或减轻显微缩松的存在,同时还可显著减轻或消除晶内偏析,改善机械性能。

2. 气　孔

铸件内由气体形成的孔洞类缺陷,包括针孔、皮下气孔等,如图 2 - 41、图 2 - 42 所示。

气孔是存在于铸件表面或内部的孔洞,呈圆形、椭圆形或不规则形。针孔一般为针头大小分布在铸件截面上的析出性气孔。铝合金铸件中常出现这类气孔,对铸件性能危害很大。表面针孔成群分布在铸件表层,呈分散性,机械加工 1～2 mm 后即可去掉。皮下气孔,位于铸件表皮下比较分散,为金属液与砂型之间发生化学反应产生的反应性气孔,有针状、球状、梨状等形状,其大小不一、深度不等,通常在机械加工或热处理后才能发现。

产生气孔的原因如下:

① 由于原料脏、金属液净化处理工艺缺乏或不当,使得液体金属中含有较高的气体含量,在铸型中由于排气不畅而滞留于铸件内部。

② 模具预热温度太低,液体金属经过浇注系统时冷却太快,金属液中的气体来不及溢出。

③ 铸型排气设计不良,气体不能通畅排出。

④ 涂料不好,本身排气性不佳,甚至本身挥发或分解出气体。

⑤ 铸型型腔表面锈蚀,且未清理干净等。

图 2 - 41　铸件中的针孔缺陷

图 2 - 42　铸件的皮下气孔

控制气孔产生的技术措施主要有：

① 模具要充分预热,涂料(石墨)的粒度不宜太细,透气性要好。

② 使用倾斜浇注方式浇注。

③ 原材料应存放在通风干燥处,使用时要预热。

④ 浇注温度不宜过高。

3. 渣　孔

由熔剂夹渣或金属氧化物夹渣造成的孔洞。

渣孔是铸件上的明孔或暗孔,孔中全部或局部被炉渣所填塞,外形不规则,小点状熔剂夹渣不易发现,将渣去除后,呈现光滑的孔;一般分布在浇注位置下部、内浇道附近或铸件死角处。氧化物夹渣多以网状分布在内浇道附近的铸件表面,有时呈薄片状,或带有皱纹的不规则云彩状,或形成片状夹层,或以团絮状存于铸件内部,折断时往往从夹层处断裂,氧化物在其中,是铸件形成裂纹的根源之一。

渣孔主要是由于合金熔炼工艺及浇注工艺造成的(包括浇注系统的设计不正确),因此控制渣孔产生的工艺方法主要有:

① 浇注系统设置正确或使用铸造纤维过滤网。

② 加强金属液的净化效果,包括原料表面的除锈、除灰、熔炼添加剂的品质控制等。

2.6.2　应力造成的缺陷

铸件在凝固以后的继续冷却过程中,其固态收缩受到阻碍,铸件内部即将产生内应力。机械应力(收缩应力)是合金的线收缩受到铸型、型芯、浇冒系统的机械阻碍而形成的内应力。机械应力是暂时应力。热应力是由于铸件壁厚不均匀,各部分冷却速度不同,以致在同一时期内铸件各部分收缩不一致而造成的。热应力使铸件的厚壁或心部受拉伸,薄壁或表层受压缩,是永久应力。

1. 裂　纹

铸件表面或内部由于各种原因发生断裂而形成的条纹状裂缝,包括热裂、冷裂等。裂纹的外观是直线或不规则的曲线,热裂纹断口表面被强烈氧化呈暗灰色或黑色,无金属光泽,冷裂纹断口表面清洁,有金属光泽。裂纹常常与缩松、夹渣等缺陷有联系,多发生在铸件尖角内侧、厚薄断面交接处、浇冒口与铸件连接的热节区。

(1) 冷　裂

铸件凝固后在较低温度下由于铸造应力导致的裂纹称为冷裂,如图 2-43 所示。其特征是裂纹细小,呈连续直线状,缝内有金属光泽或轻微氧化色,裂口常穿过晶粒延伸到整个断面。

控制冷裂产生的技术措施包括:

① 使铸件壁厚尽可能均匀。

② 遵循同时凝固的原则。

③ 对于铸钢件和铸铁件,必须严格控制磷的含量,防止冷脆性。

（2）热　裂

铸件在凝固后期或凝固后因较高温度形成的裂纹,称为热裂,如图 2－44 所示。其特征是断面严重氧化,无金属光泽,裂口沿晶粒边界产生和发展,外形曲折而不规则。

控制热裂产生的技术措施包括:

① 应尽量选择凝固温度范围小、热裂倾向小的合金。

② 应提高铸型和型芯的退让性,以减小机械应力。

③ 对于铸钢件和铸铁件,必须严格控制硫的含量,防止热脆性。

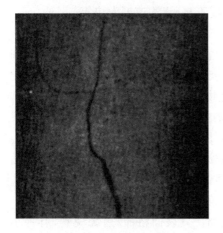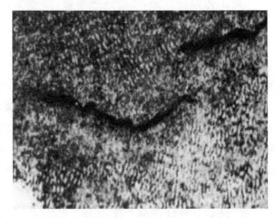

图 2－43　铸件的冷裂　　　　　　　图 2－44　铸件的热裂

2. 铸件的变形与防止

高温金属液体进入型腔内,冷却过程由液态变固态,凝固过程会产生体收缩和线收缩,并产生相应的内应力,金属收缩的应力和铸型中型砂强度阻力之间的矛盾叠加,就会产生铸件变形。铸件冷却过程中产生的铸造应力如果超过合金在该温度下的屈服强度,则产生残留变形;如果超过抗拉强度,则形成裂纹;如果在弹性强度范围内,就表现为残留应力,可能改变设计强度,甚至使铸件在存放或使用过程中发生变形或开裂,这是产生变形的内因。而其外因主要是工艺因素,包括铸型的均匀度、浇注系统及铸件开箱时间等工序。技术工艺处理不当,是造成铸件变形的重要因素。

防止变形的方法:

① 使铸件壁厚尽可能均匀;

② 遵循同时凝固的原则;

③ 采用反变形法。

2.6.3　表面缺陷

铸件表面上产生的各种缺陷,如鼠尾、沟槽、夹砂结疤、粘砂、表面粗糙、皱皮、缩陷、斑点、印痕等,统称为表面缺陷。表面缺陷的产生,影响铸件外观质量和内部质量,严重时会使铸件报废,因此,表面缺陷的消除与控制也是铸造生产的关键工序之一。影响表面缺陷产生的工艺因素很多,整体上可以归纳如下:

① 铸件的设计工艺性。尽量避免过于厚大的结构设计,防止形成较为严重的热节点。

② 铸造工艺方面,如分型面和造型、造芯方法的设计不合理。

③ 铸造用原材料的质量不足。金属炉料、耐火材料、燃料、熔剂、变质剂,以及铸造砂、型砂粘结剂、涂料等材料的质量不合标准,会使铸件产生夹渣、粘砂等缺陷。

④ 工艺操作方面,型砂强度不够,型砂紧实度不足,浇注速度太快等。

表面缺陷的主要形式包括:

① 粘砂。铸件表面或内腔粘附着一层难以清除的砂粒。粘砂分为机械粘砂和化学粘砂两类。化学粘砂是铸件的部分或整个表面上牢固地粘附一层由金属氧化物、砂子和粘结剂相互作用而生成的低熔点化合物,只能用砂轮磨去;机械粘砂是铸件的部分或整体表面上粘附着一层砂粒和金属的机械混合物,清铲粘砂层时可以看到金属光泽。粘砂既影响铸件外观,又会增加铸件清理和切削加工的工作量,甚至会影响机器的寿命。例如,铸齿表面有粘砂时容易损坏;泵或发动机等机器零件中有粘砂将会影响燃料油、气体、润滑油和冷却水等流体的流动,并会玷污和磨损整个机器。防止粘砂的工艺措施包括在型砂中加入煤粉、在铸型表面涂刷防粘砂涂料等。

② 夹砂。铸件表面产生的疤片状金属突起物。其表面粗糙、边缘锐利,有一小部分金属和铸件本体相连,片状突起物与铸件之间有砂层。夹砂在用湿型铸造厚大平板类铸件时极易产生。铸件中产生夹砂的部位大多是与砂型上表面相接触的地方,型腔上表面受金属液辐射热的作用,容易拱起和翘曲,当翘起的砂层受金属液流不断冲刷时可能断裂破碎,留在原处或被带入其他部位。铸件的上表面越大,型砂体积膨胀越大,形成夹砂的倾向性也越大。

③ 砂眼。在铸件内部或表面充塞着型砂的孔洞类缺陷。砂型(芯)表面局部型砂被金属液冲刷掉,在铸件表面的相应部位上形成粗糙、不规则的金属瘤状物,常位于浇口附近。被冲刷掉的型砂,往往在铸件的其他部位形成砂眼。

④ 飞翅(飞边)。垂直于铸件表面上厚薄不均匀的薄片状金属突起物,常出现在铸件分型面和芯头部位。

⑤ 冷隔。在铸件上穿透或不穿透,边缘呈圆角状的缝隙,冷隔多出现在远离浇口的宽大上表面或薄壁处、金属流汇合处,以及冷铁、芯撑等激冷部位。

⑥ 外形缺损。金属液体的流动性不足以及铸型结构的不合理是产生该类缺陷的主要原因,主要包括浇不足与未浇满。浇不足的特点是铸件残缺或轮廓不完整,或可能完整但边角圆且光亮,常出现在远离浇口的部位及薄壁处。而未浇满则是指铸件上部因局部未浇注而产生缺损,其边角略呈圆形,浇冒口顶面与铸件平齐。该类缺陷会使铸件不能获得完整的形状,同时铸件的力学性能严重受损。

2.6.4　夹杂类缺陷

夹杂类缺陷为铸件中各种金属和非金属夹杂物的总称,通常是氧化物、硫化物、硅酸盐等杂质颗粒机械地保留在固体金属内,或凝固时在金属内形成,或在凝固后的反应中在金属内形成,包括夹杂物、夹渣等。

① 夹杂物:铸件内或表面上存在的和基体金属成分不同的质点,包括渣、砂、涂料层、氧化物、硫化物、硅酸盐等。发生夹杂缺陷的区域通常是浇注时处于铸型的上方平面区域,以及某些简壁结构内表面等。夹杂物包括内生夹杂物和外生夹杂物两类。其中,内生夹杂物是在熔炼、浇注和凝固过程中,因金属液成分之间或金属液与炉气之间发生化学反应而生成的夹杂物,以及因金属液温度下降,溶解度减小而析出的夹杂物。外生夹杂物是由炉渣及外来杂质引起的夹杂物。

② 夹渣:因浇注金属液不纯净,或浇注方法和浇注系统不当,由裹在金属液中的炉渣、低熔点化合物及氧化物造成的铸件中夹杂类缺陷。由于其熔点和密度通常都比金属液低,一般分布在铸件顶面或上部,以及型芯下表面和铸件死角处。断口无光泽,呈暗灰色。

概括而言,产生夹杂物与夹渣缺陷的主因如下:

① 铁液中杂质的含量较高,如金属炉料锈蚀严重、炉渣多及铁液氧化等,浇注前未将铁液中的炉渣清除干净。

② 流道,因浇注系统的集渣能力差,使得铁液中的残余炉渣进入型腔内。

③ 型砂,因型砂强度较低。

④ 涂料,因涂料强度较低或刷(喷)涂工艺操作不当,引起涂料层剥落。

⑤ 铸型的预热温度及时间不当,导致局部砂型(芯)或涂料强度显著下降等。

⑥ 清理,在组芯合箱过程中,未将散落的砂粒等杂物清除干净。

⑦ 浇注,因浇注温度过低、浇注速度过慢等,影响铁液中夹杂物上浮。

针对夹杂物与夹渣产生原因,预防措施主要包括:

① 提高铁液的精炼程度,尽量减少铁液中炉渣等夹杂物的含量,并在浇注前尽量将其清除干净。

② 造型时提高砂型(芯)强度以及涂料强度,防止其脱落。

③ 提高浇注系统的挡渣能力,不让夹杂物流入型腔内,在夹杂物容易停留的部位,设置集渣道;同时细致、精心操作,将散落在铸型内的砂粒、粉尘等杂物清除干净。

④ 严格控制浇注温度,特别是采用底注式浇注系统时,更应注意浇注温度不能过低,浇注速度不能过慢,以免影响夹杂物上浮至铸型顶部等。

2.6.5　成分、组织及性能不合格类缺陷

铸件的化学成分、组织形态,以及强度、硬度等性能不符合技术条件要求。

物理力学性能不合格是指铸件的强度、硬度、伸长率,冲击韧度及耐热、耐蚀、耐

磨等性能指标不符合技术条件的规定。化学成分不合格是指铸件的化学成分不符合技术条件的规定,包括合金元素的含量不足或超标、成分偏析等。金相组织不合格是指铸件的金相组织不符合技术条件的规定,如基体组织比例不合适,石墨形态不满足要求,晶粒粗大等。

该类缺陷的产生与铸造工艺、造型材料、模具、合金的熔炼与浇注、铸造合金的选择、铸件结构设计、技术要求的设计是否合理等各个环节密切相关。

铸造生产的目标是获得无质量缺陷的高性能铸件,铸件的合格率不高和铸件质量缺陷修复率高则会大大增加铸件的制造成本。因此,对常见铸造缺陷产生原因进行分析研究,并采取避免质量缺陷的工艺措施,对提高铸造企业产品质量,提高企业生产的经济效益和社会效益具有重大意义。

参考文献

[1] 陈琦. 实用铸造手册[M]. 北京:中国电力出版社,2009.

[2] 中国机械工程学会铸造分会. 铸造手册:第5卷. 铸造工艺[M]. 4版. 北京:机械工业出版社,2021.

[3] 唐剑,刘静安,陈向富,等. 铝合金熔炼与铸造技术[M]. 2版. 北京:冶金工业出版社,2022.

[4] 曹瑜强. 铸造工艺及设备[M]. 3版. 北京:机械工业出版社,2015.

[5] 姜不居. 特种铸造[M]. 北京:化学工业出版社,2010.

[6] 陆文华,李隆盛. 铸造合金及其熔炼[M]. 北京:机械工业出版社,2011.

[7] [英]坎贝尔·约翰. 铸造手册大全:金属铸造工艺、冶金技术和设计[M]. 哈尔滨:哈尔滨工业大学出版社,2018.

[8] 韩小峰. 铸造生产及工艺工装设计[M]. 长沙:中南大学出版社,2010.

[9] 吕凯. 熔模铸造[M]. 北京:冶金工业出版社,2018.

[10] 唐方艳,梅益,薛茂远,等. 大型机床底座铸造工艺设计与优化[J]. 铸造,2022,71(01):103-108.

[11] 王荣,刘俊英,李建彬. 固定壳体熔模铸造工艺设计[J]. 特种铸造及有色合金,2020,40(06):650-652.

[12] 宋波,曹恒成,张富彬. 发动机飞轮无冒口铸造工艺设计[J]. 金属加工(热加工),2019(08):73-74.

[13] 齐建,陈鹏,秦鹏,等. 大型铸造砂箱结构及铸造工艺设计探讨[J]. 铸造设备与工艺,2019(02):15-19.

[14] 冯智龙,邓晓金,邵鄄龙. 球墨铸铁齿轮箱体铸造工艺设计[J]. 热加工工艺,2017,46(15):116-117.

[15] 张鹏. 基于砂型3D打印技术的铸造工艺设计方法研究[D]. 南京:东南大学,2019.

［16］常峰．铝合金铸造工艺设计系统的研究与开发［D］．太原：中北大学，2016．

［17］王喜玉．基于 ViewCast 的砂型铸造工艺设计及优化［D］．兰州：兰州理工大学，2013．

［18］陈琦，彭兆弟．铸造技术问题对策［M］．北京：机械工业出版社，2004．

［19］张武城．铸造熔炼技术——先进铸造技术丛书［M］．北京：机械工业出版社，2005．

［20］李传栻，李魁盛．铸造技术应用手册：第 4 卷 铸造工艺及造型材料［M］．北京：中国电力出版社，2012．

［21］闫春泽．增材制造与精密铸造技术［M］．北京：国防工业出版社，2021．

［22］姜魁光，王家淳，邵宇光，等．高性能铝合金炉内精炼技术的发展应用［J］．铸造技术，2015，36（11）：2739-2744．

［23］马玉娇．铝合金复合精炼技术研究［D］．沈阳：沈阳理工大学，2016．

［24］潘杰．炉外精炼技术在钢铁生产中的应用和发展［J］．冶金与材料，2022，42（05）：87-89．

［25］范晓明．金属凝固理论与技术［M］．武汉：武汉理工大学出版社，2019．

［26］胡汉起．金属凝固原理［M］.2 版．北京：机械工业出版社，2000．

第 3 章

常用铸造方法与清洁生产工艺设计

铸造就是将经熔炼后的液态金属浇注到与零件形状、尺寸相适应的铸型空腔内，待其冷却凝固后，以获得毛胚或零件的生产方式。其工艺组成可分为三个基本部分，即铸造金属的熔炼与浇注、铸型准备和铸件处理。铸造的方法比较多，主要是根据铸型制备的材料构成以及生产过程的不同，铸造工艺可分为砂型铸造工艺和特种铸造工艺，如图 3-1 所示。同时铸造加工是一种制造产品的过程，根据其制造产品的材料不同，其铸造方法、工艺装备等都有所不同，因此铸造行业总体上可以分为黑色金属铸造、有色金属铸造两大类，如图 3-2 所示。

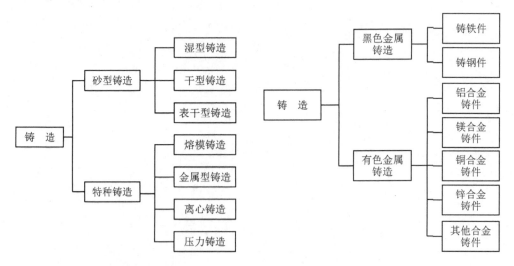

图 3-1　铸造工艺的分类　　　　　图 3-2　铸造行业的分类

直接形成铸型的原材料主要为砂子，且液态金属完全靠重力充满整个铸型型腔，在砂型中生产铸件的铸造方法，称为砂型铸造。砂型铸造原材料来源丰富，生产批量和铸件尺寸不受限制、成本低廉,是最常用的铸造方法,砂型铸件目前约占铸件总产量的 90%。其优势在于成本较低,因为铸模所使用的砂可重复使用;缺点是铸模制作耗时,铸模本身不能被重复使用,须破坏后才能取得成品。另外,砂型铸造灵活,但质量和尺寸精度不高、生产率低、劳动条件差。

特种铸造是指与普通砂型铸造有显著区别的一些铸造方法,例如熔模铸造、金属型铸造、压力铸造、低压铸造、离心铸造、陶瓷型铸造、实型铸造等,每种特种铸造方法均有其优越之处和适用的场合。近些年来,特种铸造在我国得到了飞速发展,其地位和作用日益提高。

3.1　砂型铸造

砂型铸造是指在砂型中生产铸件的铸造方法。钢、铁和大多数有色合金铸件都可用砂型铸造方法获得。由于砂型铸造所用的造型材料价廉易得,铸型制造简便,对铸件的单件生产、成批生产和大量生产均能适应,长期以来,一直是铸造生产中的基本工艺。目前国际上,在全部铸件生产中,60%～70% 的铸件是用砂型生产的,而砂型铸造中 70% 左右是用粘土砂型生产的。

砂型铸造能够广泛应用,有其自身的优势,主要体现在:

① 材料选择广泛。砂型铸造能够完成很多金属原材料的铸造,比如钢、铁和大多数的有色合金材料,只要是能够熔化的金属,使用砂型铸造都可以轻松完成。

② 设计灵活性。砂型铸造能够生产小到几克,大到几吨的铸件,零件的尺寸也可根据铸件要求进行调整。无论是简单的还是复杂的形状,抑或是其他铸造方法无法完成的,砂型铸造都可以解决,铸件限制小。

③ 生产成本低。与其他的一些铸造方法相比,砂型铸造所用到的模具和设备成本较低,价格也相对比较低。

砂型铸造也有其不足之处:

① 强度和尺寸精度低。砂型铸造生产出的铸造件孔隙率高,因此铸件的强度较低且尺寸精度较差。

② 表面光洁度差。砂型铸造中,主要会使用到铸造砂和型砂粘结剂,如果砂型选择不当,很容易造成内部砂模壁表面纹理明显,严重影响铸件的表面观感。

铸造生产过程是一个复杂的综合性工序的组合,它包括许多生产工序和环节,从金属材料及非金属材料的准备,到合金熔炼、造型、制芯、合型浇注、清理、铸件消除缺陷、热处理以至获得合格的铸件。砂型铸造的工艺流程如图 3-3 所示。

总体来讲,欲获得良好的铸件需要根据零件的结构要求准备合理的模型,包括砂型、砂芯等,并在模型内实现铸件的成型。图 3-4 描述了零件、模样、芯盒和铸件的关系。其中模样用来形成铸件的外部轮廓;芯盒用来制作砂芯,形成铸件的内部轮廓。制造模样和芯盒所选用的材料,与铸件大小、生产规模和造型方法有关。单件小

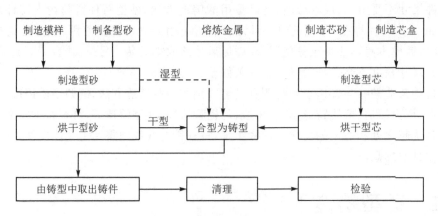

图 3 - 3   砂型铸造的工艺流程

批量生产、手工造型时常用木材制作模样和芯盒,大批量生产、机器造型时常用金属材料(如铝合金、铸铁等)或硬塑料制作模样和芯盒。

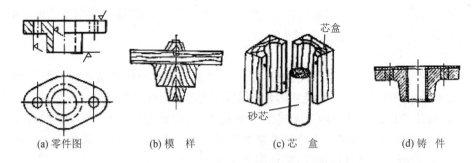

  (a) 零件图   (b) 模 样   (c) 芯 盒   (d) 铸 件

图 3 - 4   零件、模样、芯盒与铸件的关系

3.1.1   铸件模样的制备

    模样是用来形成铸型型腔的工艺装备。模样和芯盒由木材、金属或其他材料制成。木质模样具有质轻、价廉和易于加工等优点,但强度和硬度较低,易变形和损坏,常用于单件小批量生产。金属模样强度高、尺寸精确、表面光洁、寿命长,但制造较困难、生产周期长、成本高,常用于机器造型和大批量生产。按组合形式,可分为整体模和分开模。

    在铸造生产中,模型(包括芯模)是用来形成铸型外形、内腔、穿透孔等铸件形状与结构的工具,铸件都是根据图样的要求先制作出合格的模型,然后用这个模型造型,浇铸而成。模型(包括芯模)与铸件的形状、尺寸等直接相关,它是获得合格铸件的先决条件,对保证铸件质量、提高劳动生产率、改善工艺条件等都具有重要作用。

1．模样的结构及其组成

模样的结构构成包括模样本体、芯头、活块、工艺结构、模样各模块之间的定位及连接结构。用于制作模型的材料有木材、工程塑料(包括泡沫塑料等)、铝合金、铸铁、铸钢、钛合金等,不同的材料所制作的模样在具体结构上存在一些差异,其操作要求也有所不同。例如木质模样在制作完成后一般都要表面涂刷油漆或其他保护层材料等,以防止木模受潮变形。

① 模样本体的结构。模样本体是形成铸件外形的结构,模样本体与零件相比,需要多设置芯头、活块、起模斜度、加工余量、工艺补正量、分型负数、砂芯负数、反变形量等工艺结构。其中,小型模样可制作为实体结构,中大型模样一般制作为空心骨架结构,以便减轻模样重量、节约木材。

当铸型需要下芯时,在模样上需要制作模样芯头,如图 3-5 所示。模样芯头是形成砂型中的芯座,合箱时支撑砂芯并与之形成装配关系。

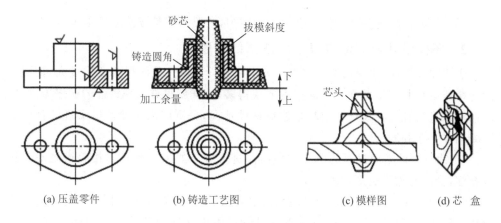

(a) 压盖零件　　　　(b) 铸造工艺图　　　　(c) 模样图　　　(d) 芯　盒

图 3-5　压盖零件的铸造工艺图及模样图

② 浇冒口系统模样,包括浇注系统、冒口、排气通道、冒口补贴等相应结构。手工造型时,浇冒口一般单独制作;机器造型时,一般采用模板,浇冒口系统模样与铸件模样一起装配在模底板上,直浇道、排气孔和冒口模样装配在上模板上,横浇道和内浇道一般装配在下模板上,如图 3-6 所示。

③ 定位及连接结构。包括分型后两半模样的定位结构,模样拆分加工后的组装、模样与模板之间的定位与连接结构等。这些主要依靠定位销、定位孔以及镶嵌件和螺纹连接,如图 3-7 所示。

④ 活块及其连接结构。模样上妨碍

图 3-6　模板上的浇注系统

77

起模的部分大都做成活块,活块与模样应有合理的连接与起出结构,如榫、滑销、燕尾与燕尾槽等连接,活块的起出结构如抓手、提针等,如图3-8所示。

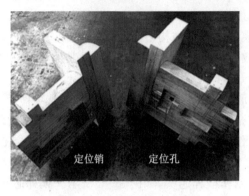

图3-7 模型上的定位结构

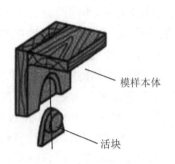

图3-8 模样中的活块结构

⑤ 其他结构。包括起模、吊模等工艺结构,主要功能是方便造型操作。

2. 模样设计与制造过程中应注意的问题

① 铸件截面尺寸变化不宜过大。如果在设计中铸件截面尺寸变化过大,薄截面的冷却速度比相邻厚截面的冷凝速度要快得多,这样就很难实现铸件的顺序凝固,同时也难以进行补缩。设计时要尽量避免这种情况,否则应采用冷铁以实现铸件的顺序凝固并利于补缩。

② 针对铸件断面过厚的情况应做出改进方案。如果没有采取相应措施对其进行补缩,会因补缩不良形成缩孔。

③ 保证铸件的凹角/圆角半径在合理的范围内。如果凹角/圆角半径太小,则会导致型砂传热能力降低,凝固速度下降;同时,由于该处型砂受热作用强、发气压力大,析出的气体可向未凝固的金属液渗入,导致铸件产生气缩孔。圆角太大,则圆角部分就成了厚截面;如果相邻的截面较薄,则难以得到有效的补缩,造成补缩不良。

④ 模样或芯盒的磨损可使得铸件截面减薄,因此应及时修补,避免因铸件截面厚度减薄而妨碍补缩。

⑤ 设计时应注意控制模样的厚度,尽量使邻近较厚截面的薄截面保持最大的厚度。

3.1.2 型砂和芯砂的准备

型砂的制备过程直接影响到型砂的质量,型砂的制备一般分为原材料的准备及检验和型砂的制备及质量控制。

1. 型(芯)砂的工艺组成

制造铸型或型芯用的材料,称为造型材料。型砂与芯砂相比,由于砂芯的表面被高温金属液所包围,受到的金属液体冲刷和热作用较厉害,因而对芯砂的性能要求要比型砂的性能要求高。但无论是型砂还是芯砂,制备过程的基本材料组成都由原砂、粘结剂、水和附加物四部分组成。制备外形的型砂除了表面受到较大的金属液体冲刷和热作用外,其余部分的要求相对较低,因此在砂型制备时往往要加入一定数量的旧砂以降低成本。合理选用和配制造型材料,对提高铸件质量、降低成本具有重要意义。

① 原砂。根据来源可分为山砂、河砂和人工砂。其主要成分为 SiO_2,熔点高达 1 700 ℃,砂中的 SiO_2 含量越高,其耐火度越高。硅砂的高温性能不能满足使用要求时可以使用锆英砂、铬铁矿砂、刚玉砂等特种砂。

② 粘结剂,是用来粘结沙粒的材料。为使制成的砂型和型芯具有一定的强度,在搬运、合型及浇注液态金属时不致变形或损坏,一般要在铸造中加入型砂粘结剂,将松散的砂粒粘结起来成为型砂。应用最广的型砂粘结剂是粘土,湿砂型普遍采用粘结剂性能较好的膨润土作为粘结剂,而干型砂多用普通粘土作为粘结剂;也可采用特殊粘结剂,如各种干性油或半干性油、水溶性硅酸盐(如常用的水玻璃,即硅酸钠)或磷酸盐、各种合成树脂作型砂粘结剂。

③ 附加物。为了改善型砂或芯砂的某些性能而加入的材料称为附加物,如加入煤粉以降低铸件表面、内腔表面的粗糙度,加入木屑以提高型砂或芯砂的退让性和透气性。

2. 造型材料的技术要求

型砂和芯砂的质量直接影响铸件的质量,型砂质量不好会使铸件产生气孔、砂眼、粘砂、夹砂等缺陷。制造型砂和芯砂的造型材料应具有良好的工艺性能:

① 型砂必须具备足够高的强度,才能在造型、搬运、合箱过程中不会引起塌陷,浇注时也不会破坏铸型表面。型砂的强度也不宜过高,否则会造成透气性、退让性的下降,使铸件产生缺陷。

② 透气性。高温金属液浇入铸型后,型内充满大量气体,这些气体必须透过铸型顺利排出去,否则将会使铸件产生气孔、浇不足等缺陷。铸型的透气性受砂的粒度、粘土含量、水分含量及砂型紧实度等因素的影响。砂的粒度越细,粘土及水分含量越高,砂型紧实度越高,透气性则越差。良好的透气性,可保证气体及时从液态金属中排出,避免铸件产生气孔缺陷。

③ 耐火性。高温的金属液体浇进后对铸型产生强烈的热作用,因此型砂要具有抵抗高温热作用的能力,即耐火性。如果造型材料的耐火性差,铸件易产生粘砂。型砂中 SiO_2 含量越多,型砂颗粒越大,耐火性则越好。高的耐火度,可保证型砂在高温液态金属作用下不熔化,避免铸件产生粘砂缺陷。

④ 可塑性。可塑性是指型砂在外力作用下变形,去除外力后能完整地保持已有形状的能力。造型材料的可塑性好,造型操作方便,制成的砂型形状就准确、轮廓清晰。

⑤ 退让性。铸件在冷凝时,体积发生收缩,型砂应具有一定的被压缩的能力,称为退让性。型砂的退让性不好,铸件易产生内应力或开裂。型砂越紧实,退让性越差。在型砂中加入木屑等物可以提高退让性。

3. 常用型砂及其技术特点

砂型铸造中所用的外砂型按型砂所用的粘结剂及其建立强度的方式不同,分为粘土湿砂型、粘土干砂型和化学硬化砂型 3 种。

(1) 粘土湿砂型

以粘土和适量的水为型砂的主要粘结剂,制成砂型后直接在湿态下合型和浇注。湿型铸造历史悠久,应用较广。湿型砂的强度取决于粘土和水按一定比例混合而成的粘土浆。型砂一经混合好即具有一定的强度,经春实制成砂型后,即可满足合型和浇注的要求。因此型砂中的粘土量和水分是十分重要的工艺因素。另外,为了提高铸件的表面质量,常在砂型和型芯表面刷一层涂料。涂料的主要成分是耐火度高、高温化学稳定性好的粉状材料和粘结剂,另外还加有便于施涂的载体(水或其他溶剂)和各种附加物。

粘土湿砂型铸造的优点:

① 粘土的资源丰富、价格便宜。

② 使用过的粘土湿砂经适当的砂处理后,绝大部分均可回收再用。

③ 制造铸型的周期短、工效高。

④ 混好的型砂可使用的时间长。

⑤ 砂型春实以后仍可容受少量变形而不致破坏,对拔模和下芯都非常有利。

粘土湿砂型铸造的缺点:

① 混砂时要将粘稠的粘土浆均匀分布在砂粒表面上,这需要使用有搓揉作用的高功率混砂设备,否则不可能得到质量良好的型砂。

② 由于型砂混好后即具有相当高的强度,造型时型砂不易流动,难以春实,手工造型时既费力又需一定的技巧,用机器造型则设备复杂而庞大。

③ 铸型的刚度不高,铸件的尺寸精度较差。

④ 铸件易于产生冲砂、夹砂、气孔等缺陷。

型砂铸造是以型砂和芯砂为造型材料制成铸型,液态金属在重力下充填铸型来生产铸件的铸造方法。钢、铁和大多数有色合金铸件都可用砂型铸造方法获得。由于砂型铸造所用的造型材料价廉易得,铸型制造简便,适合铸件的单件生产、成批生产和大量生产,因此长期以来一直是铸造生产中的基本工艺。

(2) 粘土干砂型

制造这种砂型用的型砂湿态水分略高于湿型用的型砂。砂型制好以后,型腔表面要涂以耐火涂料,再置于烘炉中烘干,待其冷却后即可合型和浇注。烘干粘土砂型需很长时间,要耗用大量燃料,而且砂型在烘干过程中易产生变形,使铸件精度受到影响。粘土干砂型一般用于制造铸钢件和较大的铸铁件。自从化学硬化砂型得到广泛采用后,粘土干砂型已基本淘汰。

（3）化学硬化砂型

常用的粘结剂有各种合成树脂和水玻璃,其在一定条件下能发生分子聚合而使砂型具有较高的强度。化学硬化砂型铸造基本上有 3 种方式:

① 自硬:粘结剂和硬化剂都在混砂时加入。制成砂型或型芯后,粘结剂在硬化剂的作用下发生反应而导致砂型或型芯自行硬化。自硬法主要用于造型,但也用于制造较大的型芯或生产批量不大的型芯。

② 气雾硬化:混砂时加入粘结剂和其他辅加物,先不加硬化剂。造型或制芯后,吹入气态硬化剂或吹入在气态载体中雾化了的液态硬化剂,使其弥散于砂型或型芯中,导致砂型硬化。气雾硬化法主要用于制芯,有时也用于制造小型砂型。

③ 加热硬化:混砂时加入粘结剂和常温下不起作用的潜硬化剂。制成砂型或型芯后,将其加热,这时潜硬化剂和粘结剂中的某些成分发生反应,生成能使粘结剂硬化的有效硬化剂,从而使砂型或型芯硬化。加热硬化法除用于制造小型薄壳砂型外,主要用于制芯。

化学硬化砂型铸造工艺的特点:

① 化学硬化砂型的强度比粘土砂型高得多,而且砂型制成后可以在硬化到具有相当高的强度后脱膜,不需要修型。因而,铸型能较准确地反映模样的尺寸和轮廓形状,在以后的工艺过程中也不易变形,制得的铸件尺寸精度较高。

② 由于所用粘结剂和硬化剂的粘度都不高,很容易与砂粒混匀,混砂设备结构轻巧、功率小而生产率高,砂处理工作部分可简化。

③ 混好的型砂在硬化之前有很好的流动性,造型时型砂很容易舂实,因而不需要庞大而复杂的造型机。

④ 用化学硬化砂造型时,可根据生产要求选用模样材料,如木、塑料和金属。

⑤ 化学硬化砂中粘结剂的含量比粘土砂低得多,其中又不存在粉末状辅料,如采用粒度相同的原砂,砂粒之间的间隙要比粘土砂大得多。为避免铸造时金属渗入砂粒之间,砂型或型芯表面应涂覆质量优良的涂料。

⑥ 用水玻璃作粘结剂的化学硬化砂成本低,使用中工作环境无气味。但这种铸型浇注金属以后型砂不易溃散,用过的旧砂不能直接回收使用,须经再生处理,而水玻璃砂的再生又比较困难。

⑦ 用树脂作粘结剂的化学硬化砂成本较高,但浇注以后铸件易于和型砂分离,铸件清理的工作量减少,而且用过的大部分砂可再生回收使用。

4. 常用砂芯及其工艺要求

为获得铸件的内腔或局部外形,用芯砂或其他材料制成的、安放在型腔内部的铸型组元称为型芯。由于浇注时砂芯受高温液体金属的冲击和包围,因此除要求砂芯具有铸件内腔相应的形状外,还应具有较好的透气性、耐火性、退让性、强度等性能,故要选用杂质少的石英砂和用植物油、水玻璃等粘结剂来配制芯砂,并在砂芯内放入金属芯骨和扎出通气孔以提高强度和透气性。另外,型芯砂还应具有一些特殊的性能,如吸湿性要低(防止合箱后型芯返潮),发气要少(金属浇注后,型芯材料受热而产生的气体应尽量少),出砂性要好(便于清理时取出型芯)。

根据型芯所用的粘结剂不同,型芯分为粘土砂芯、油砂芯、树脂砂芯和水玻璃砂芯几种。

1) 粘土砂芯

用粘土砂制造的简单的型芯。

2) 油砂芯

用干性油或半干性油作粘结剂的芯砂所制作的型芯,应用较广。油类的粘度低,混好的芯砂流动性好,制芯时很容易紧实。但刚制成的型芯强度很低,一般都要用仿形的托芯板承接,然后在 200～300 ℃的烘炉内烘数小时,借空气将油氧化而使其硬化。这种造芯方法有以下缺点:型芯在脱模、搬运及烘烤过程中容易变形,导致铸件尺寸精度降低;烘烤时间长,耗能多。

3) 树脂砂芯

用树脂砂制造的各种型芯。型芯在芯盒内硬化后再将其取出,能保证型芯的形状和尺寸的公差。根据硬化方法不同,树脂砂芯的制造一般分为热芯盒制芯、壳芯制芯和冷芯盒制芯 3 种方法。

① 热芯盒制芯:20 世纪 50 年代末期出现,通常以呋喃树脂为芯砂粘结剂,其中还加入一定数量的硬化剂(如氯化铵)。制芯时,使芯盒保持在 200～300 ℃,芯砂射入芯盒中后,氯化铵在较高的温度下与树脂中的游离甲醛反应生成酸,从而使型芯很快硬化。建立脱模强度需 10～100 s。用热芯盒法制芯,型芯的尺寸精度比较高,但工艺装置复杂且昂贵,能耗多,排出有刺激性的气体,工作条件也很差。

② 壳芯制芯:采用覆模砂热法制芯,砂芯强度高,质量好。

③ 冷芯盒制芯:早期采用尿烷树脂作为芯砂粘结剂,芯盒不加热,向其中吹入胺蒸汽几秒钟就可使型芯硬化。这种方法在能源、环境、生产效率等方面均优于热芯盒法。20 世纪 70 年代中期又出现了吹二氧化硫硬化的呋喃树脂冷芯盒法,其硬化机理完全不同于尿烷冷芯盒法,但工艺方面的特点,如硬化快、型芯强度高等,则与尿烷冷芯盒法大致相同。

4) 水玻璃砂芯

用水玻璃作为粘结剂制作的砂芯,可分成以下几种:水玻璃 CO_2 法、酯硬化水玻璃自硬法、水玻璃甲酸甲酯冷芯盒法。

3.1.3　造型与制芯

造型是指用型砂、模样、砂箱等工艺装备制造砂型的过程。制芯是将芯砂制成符合芯盒形状的砂芯的过程。造型(制芯)阶段包括了造型(形成铸件的形腔)、制芯(形成铸件的内部形状)、配模(把芯模放入型腔里面,把上下砂箱合好)。从图 3－9 中可以看出,造型工序是铸造中的重要环节,是获得良好铸件质量的关键工序。

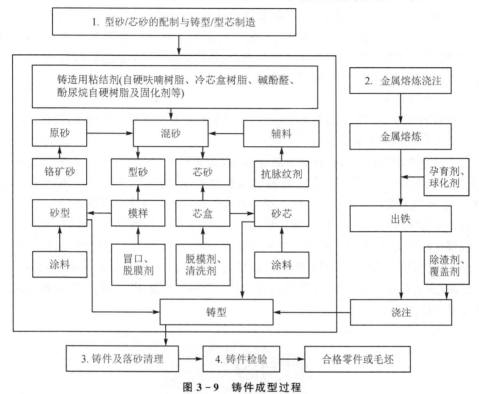

图 3-9　铸件成型过程

1. 型(芯)砂的混制

型砂的配制包括三个方面,即原材料的准备、型砂的混制和将混制好的型砂调匀及松砂等工艺环节。铸造生产中所使用的型砂,有的是由回用砂加适量的新砂、粘土和水经混合均匀配制成的,有的全部是由新的材料配制成的。为了确保新砂质量,在配砂前都必须进行加工准备。

(1)原料的准备

① 新砂在采购、运输过程中常混有草根、煤屑及泥块等杂物,同时含有一定数量的水分。潮湿的原砂不易过筛,配砂时不便于控制型砂的水分。因此,除含水量低、用于手工造型的湿型砂可直接配制外,新砂在使用前必须进行烘干和过筛。新砂的烘干用立式或卧式烘干滚筒,也可采用气流烘干的办法。常用的筛砂设备有手工筛、滚筒筛和振动筛等。

② 刚开采的粘土往往含有较多的水分,因此使用前必须烘干、破碎并磨成粘土粉,主要由专门的工厂进行加工,包装成袋供应。有的工厂事先将膨润土或粘土与煤粉按比例制成粘土-煤粉粉浆,使粘土充分吸水膨胀,混砂时与原砂一起加入到混砂机里混合均匀。这种做法可简化混砂操作,便于运输,改善劳动条件,提高型砂质量,但必须严格控制粉浆的含水量,否则会影响型砂性能。

③ 附加物。煤粉、植物油、氟化物和硫黄等附加物都必须粉碎、过筛后再使用。

④ 旧砂。为了节省造型材料,降低铸件成本,旧砂应回用。旧砂在型砂中所占比例很大,它对型砂的成分及性能有着很大的影响。旧砂中常混有各种杂物,如钉子、铁块和砂团等,在回用前必须进行处理,包括将砂块粉碎,用电磁分离器除去其中的铁质杂物,然后过筛,必要时进行冷却。

（2）混砂过程

混砂的任务是将各种原材料混合均匀,使粘结剂包覆在砂粒表面上,混砂的质量主要取决于混砂工艺和混砂机的形式。

混砂生产中常用的混砂设备有辗轮式、摆轮式和叶片式混砂机。碾轮式混砂机（见图 3-10）除了有搅拌作用外,还有碾压搓揉作用,型砂的质量较好,但生产效率较低,主要用来混制面砂和单一砂。摆轮式混砂机的生产效率比碾轮式高几倍,可以边混砂边鼓风冷却,并有一定的搓揉作用,但型砂质量不如碾轮式混砂好,其主要用于机械化程度高、生产量大的铸造车间混制单一砂及背砂。叶片式混砂机是一种连续作业式的设备,将各种原料分别从混砂机的一端进入,混好的型砂从混砂机的另一端出来,其生产效率高,有混合作用,但搓揉作用很差,主要用于混制背砂和粘土含量低的单一砂。

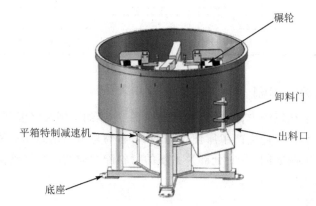

图 3-10　碾轮式混砂机

混制粘土型砂的加料顺序一般是先加回用砂、原砂、粘土粉和附加物等干料,干混均匀后再加水进行湿混,均匀后即可使用。

如果型砂中含有渣油液以及其他液态粘结剂,则应先加水将型砂混合均匀后再加入油类粘结剂。这种先加干粉后加水的混砂加料顺序的缺点是,在混砂机的碾盘边缘会遗留一些粉料,这些粉料吸水后粘附在混砂机壁上,直到混碾后期或卸砂时才脱落下来,使得型砂里含有混合不均匀的粘土或煤粉团块,恶化了型砂性能。另外,干混时粉尘飞扬,工作环境差。因此,有的工厂采用先在回用砂里加水混合,然后加粘土及煤粉混合均匀,最后再加少量水调节到所需的含水量的混砂工艺。

为了使各种原材料混合均匀,混砂时间不能太短,否则影响型砂性能;但混砂时间也不宜过长,否则型砂温度升高,水分挥发过多,型砂易结成块状,性能变坏且生产效率低。混砂时间主要根据混砂机的形式、粘土含量,以及对型砂性能要求等来决定。一般来说,粘土含量越多,对型砂质量要求越高,混砂时间越长。

调匀是指将混好的型砂在不失去水分的条件下放置一段时间,使水分均匀渗透到型砂中,让粘土充分吸水膨胀,以提高型砂的强度和透气性等性能。调匀时间主要根据粘土的种类及加入量而定。型砂中粘土含量越多,原砂的颗粒越细,调匀时间越长。调匀时间应适当,否则型砂性能难以满足要求。单一砂一般为 2~3 h,面砂为 4~5 h。机械化铸造车间型砂调匀是在型砂调匀斗里进行,非机械化的手工造型车间是将混好的型砂堆放在轩间地面上,并用湿麻袋覆盖进行调匀。

型砂经混碾和调匀后会被压实,有的被压成团块。如果采用这种型砂直接造型,型砂的坚实度不均匀,透气性等性能差。因此,调匀后的型砂必须经松砂或过筛才能使用。在机械化的铸造车间,一般采用圆棒式或叶片式松砂机进行松砂处理;在手工造型车间,常用移动式松砂机或用筛孔为 5~8 mm 的筛子过筛。

2. 造型与制芯方法

在型砂等原料准备完毕后,用型砂及模样等工艺装备制造铸型的过程称为造型。砂型铸造分为手工造型(制芯)和机器造型(制芯)。手工造型是指造型和制芯的主要工作均由手工完成,其操作灵活,能适应复杂的铸件结构和尺寸。因此,在单件小批量的生产中,尤其是机器无法造型的笨重复杂的铸件,往往采用手工造型。手工造型生产率低,铸件表面质量差,要求工人技术水平高,劳动强度大;机器造型是指主要的造型工作,包括填砂、紧实、起模、合箱等由造型机完成。随着现代生产的发展,机器成型已经取代了大部分手工成型。机器造型是大批量生产铸件的主要方法,生产效率高,质量稳定。

(1) 手工造型

手工造型主要有以下几种方法:

1) 整模造型

对于形状简单、端部为平面且又是最大截面的铸件,应采用整模造型。整模造型操作简便,造型时整个模样全部置于一个砂箱内,不会出现错箱缺陷,如图 3-11 所示。整模造型适用于形状简单、最大截面在端部的铸件,如齿轮坯、轴承座、罩、壳等。

2) 分模造型

当铸件的最大截面不在铸件的端部时,为了便于造型和起模,模样要分成两半或几部分,这种造型称为分模造型。当铸件的最大截面在铸件的中间时,应采用两箱分模造型,模样从最大截面处分为两半部分(用销钉定位)。造型时模样分别置于上、下砂箱中,分模面(模样与模样间的接合面)与分型面(砂型与砂型间的接合面)位置相重合,如图 3-12 所示。两箱分模造型广泛用于形状比较复杂的铸件生产,如水管、轴套、阀体等有孔铸件。

铸件形状为两端截面大、中间截面小,如带轮、槽轮、车床四方刀架等,为保证顺

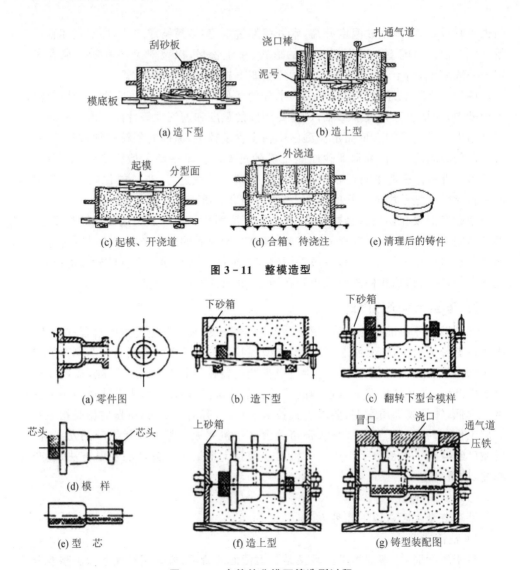

图 3 - 11　整模造型

图 3 - 12　套管的分模两箱造型过程

利起模,应采用三箱分模造型,如图 3 - 13 所示。此时分模面应选在模样的最小截面处,而分型面仍选在铸件两端的最大截面处。由于三箱造型有两个分型面,故降低了铸件高度方向的尺寸精度,增加了分型面处飞边毛刺的清整工作量,并且这种操作较复杂,生产率较低,不适用于机器造型。因此,三箱造型仅用于形状复杂、不能用两箱造型的铸件生产。

3）活块模造型

活块模造型是将铸件上妨碍起模的部分(如凸台、筋条等)做成活块,用销子或燕尾结构使活块与模样主体形成可拆连接。起模时先取出模样主体,活块模仍留在铸型中,起模后再从侧面取出活块的造型方法称为活块模造型,如图 3 - 14 所示。活块

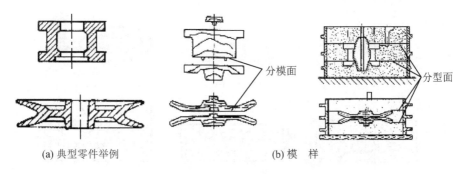

(a) 典型零件举例　　　　　(b) 模　样

图 3-13　三箱分模造型举例

模造型主要用于带有突出部分而妨碍起模的铸件、单件小批量、手工造型的场合。如果这类铸件批量大,需要机器造型,可以用砂芯形成妨碍起模的那部分轮廓。

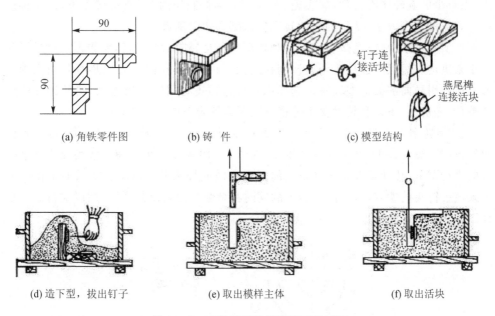

(a) 角铁零件图　　　(b) 铸　件　　　(c) 模型结构

(d) 造下型,拔出钉子　　(e) 取出模样主体　　(f) 取出活块

图 3-14　角铁的活块模造型工艺过程

4）挖砂造型

当铸件的外部轮廓为曲面(如手轮等),其最大截面不在端部且模样又不宜分成两半时,应将模样做成整体,造型时挖掉妨碍取出模样的那部分型砂,称这种造型方法为挖砂造型。挖砂造型的分型面为曲面,造型时为了保证顺利起模,必须把砂挖到模样最大截面处(见图 3-15)。由于是手工挖砂,操作技术要求高,生产效率低,只适用于单件、小批量生产。

5）刮板造型

用刮板代替铸模来刮出铸型的造型方法,主要用于铸造某些形状简单、尺寸较

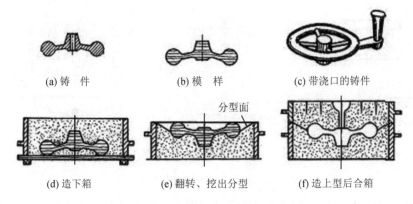

(a) 铸 件　　　　　(b) 模 样　　　　　(c) 带浇口的铸件

(d) 造下箱　　　　(e) 翻转、挖出分型　　　(f) 造上型后合箱

图 3 - 15　手轮的挖砂造型的工艺过程

大,数量少的旋转体类铸件,如飞轮、车轮等。刮板制作简单,使用材料少,是一种应用很普遍的造型方法,常见的有旋转刮板造型和导向刮板造型。

在实际生产中,究竟是采用旋转刮板造型还是导向刮板造型,要根据铸件的形状大小来决定。短粗的圆柱体用旋转刮板造型,较长的圆柱体或其他具有导向面的异形主体则用导向刮板造型较好。选择用刮板造型还是用实样模造型,要从铸件的生产数量、经济性、质量和技术要求等多方面因素综合考虑后再决定。

①旋转刮板造型。旋转刮板一般都用木材制成,为了延长使用寿命,可在工作面的正面边缘上钉 $1～2$ mm 厚的铁皮,如图 3 - 16 所示。为了使旋转刮板能在水平方向进行调节,转动臂及旋转刮板上的螺孔应做成长条形。在旋转刮板的工作边上钉入截去钉头的铁钉,可在刮制砂型的同时在型腔表面划出圆圈线,用以进行分肋划线。旋转刮板还可根据需要制成可拆卸的。

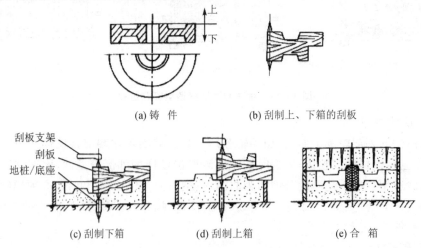

(a) 铸 件　　　　　　　　(b) 刮制上、下箱的刮板

(c) 刮制下箱　　　　　(d) 刮制上箱　　　　　(e) 合 箱

图 3 - 16　旋转刮板造型的工艺过程

② 导向刮板造型。有些铸件的截面形状和大小没有变化(如直管、弯管、等径三通管等),但它们的长度尺寸较大,如果采用实样模造型,不仅浪费制模的材料和工时,而且模样变形量大,因此可以采用导向刮板造型。它是将导板(导轨)放在分型面上,刮板可沿着导板来回移动,刮去多余的型砂而成为砂型。这种造型方法不像旋转刮板绕定轴转动,而是以导板为基准进行导向刮制的。三通管导向刮板造型方法如图 3 - 17 所示。

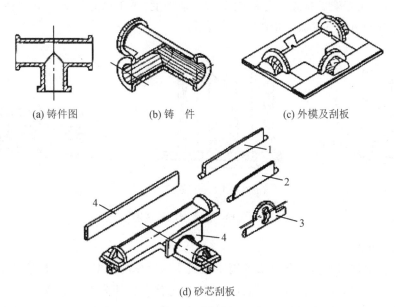

(a) 铸件图　　　　(b) 铸　件　　　　(c) 外模及刮板

(d)砂芯刮板

1、2—外模转动刮板;3—外模修型刮板;4—砂芯刮板

图 3 - 17　三通管导向刮板造型方法

管导向刮板造型的工艺过程与前面几种造型方法类似,基本过程包括:

① 舂砂。在导板框上安放下砂箱,填砂舂实四周,中间型腔部位不舂实;刮平箱顶型砂,翻转砂型,从导板框内舂实下型型砂,待刮去的地方不舂实。

② 刮制砂型。用刮板沿导向框刮去多余的型砂,并填砂舂实好型腔。

③ 起模。起出导板框,修整砂型,开设加浇注系统和冒口,上好涂料便可进炉烘干。

④ 砂芯的刮制。首先在砂芯刮模上放一层芯砂,将刷好粘结剂的芯骨放在砂芯刮模上,填芯砂舂出大致的砂芯形状,再用砂芯刮板进行修刮;然后是上涂料,一般要送进烘炉烘干。

⑤ 合型。把砂芯放入型内,修补好砂芯缝,检查型腔尺寸,烘干局部修理过的地方。操作者可根据铸型的具体情况考虑定位方法。

6) 制　芯

型芯可用来形成铸件内部空腔或局部外形。由于型芯的表面被高温金属液包围,所以长时间受到浮力作用和高温金属液的烘烤作用;铸件冷却凝固时,砂芯往往会阻碍铸件自由收缩;除此之外,砂芯清理也比较困难。因此,造芯用的芯砂要比型砂具有更高的强度、透气性、耐高温性、退让性和溃散性。

单件、小批量生产时采用手工制芯,大批量生产时采用机器制芯。手工制芯常采用芯盒制芯。为提高芯的强度,可在制芯时放入铁丝或铸铁棒作为芯骨;为提高芯的透气能力,可用针扎出通气孔或埋入蜡线形成通气孔。手工制芯无需制芯设备,工艺装备简单,应用普遍。根据砂芯的大小和复杂程度,手工制芯用芯盒有整体式芯盒、对开式芯盒和可拆式芯盒,如图 3 - 18 所示。

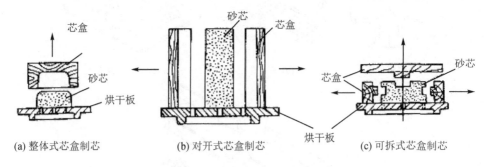

(a) 整体式芯盒制芯   (b) 对开式芯盒制芯   (c) 可拆式芯盒制芯

图 3 - 18　芯盒制芯示意图

(2) 机器造型

机器造型是用机器全部完成或至少完成紧砂操作的造型工序。机器造型生产率高、质量稳定、劳动条件较好,在大批量生产中已代替大部分手工造型。

造型机基本结构构成包括机身、起模机构、震击压实机构、转臂压头部分及气动管路系统等部件,其主要功能有:将松散的型砂填入砂箱中;通过震实、压实、震压、射压等不同方法使砂箱中松散的型砂紧实,使砂型在搬运和浇注等过程中具有必要的强度;利用不同机构将模样从紧实后的砂型中取出。

根据紧实型砂的方式,机器造型主要包括:

① 压实造型。压实造型是以压缩空气为动力驱动压头压实型砂造型。压实造型的紧实度不均匀,离压头越远,紧实度越低,这主要是因为压头的作用范围较小,砂粒间的相互摩擦使压头的作用力随距离的增大而减小。压实造型机器结构简单、噪声小、铸型的比压小,只适合高度较小的铸件(砂箱高度小于 150 mm)。

② 振实造型。振实造型是以压缩空气为动力驱动振动机构的,通过多次振动使型砂紧实。振实造型的振动频率为 30~50 次/min,砂型紧实度均匀,适用于中大砂箱的铸件生产。

③ 振压结合造型。振压结合造型是在振实造型的基础上再通过压头施加压力使型砂紧实的造型方法,如图 3 - 19 所示。振压结合造型方法得到的砂型紧实度均匀,并可减少振动次数,提高了生产率。振压结合造型适合中小尺寸的砂箱。

④ 抛砂造型。抛砂造型是通过抛砂机以高速将型砂连续、均匀地抛入砂箱的造型方法。抛砂造型可同时完成填砂和紧实,其生产效率高,噪声小,适合任何批量的铸件生产。

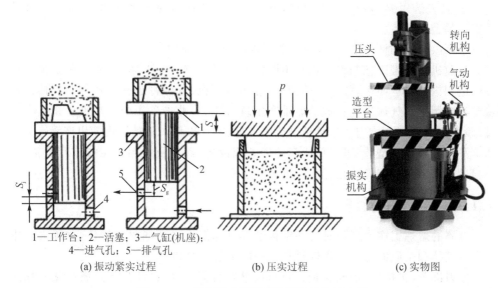

1—工作台;2—活塞;3—气缸(机座);
4—进气孔;5—排气孔

(a) 振动紧实过程　　　　(b) 压实过程　　　　(c) 实物图

图 3-19　振压结合同时可造型机结构示意图

机器造型的优势是劳动生产率高,铸件尺寸精确,大大改善了工人的劳动条件。因此机器造型在很多大中型企业都获得了广泛的应用。选择何种机械造型方法,应结合产品的批量、质量要求等因素综合考虑,主要有:

① 铸件尺寸精度。当生产尺寸精度高、表面质量要求高的铸件时,应选择砂型紧实度高的造型方法。

② 铸件材质。铸件材质不同,对砂型刚度的要求不同。一般铸钢、铸铁要求高于非铁合金,球墨铸铁高于灰铁和可锻铸铁。对于砂型刚度要求高的材质,宜选用砂型紧实度高的造型方法。

③ 铸型结构。当铸件具有狭小凹槽、高的吊砂、密集的出气孔等时,应选用起模精度高、砂型紧实度均匀的造型方法。

④ 铸件产量、批量和品种。产量大、批量大、品种单一的铸件宜选用生产效率高或专用的造型设备;小批量及多品种铸件宜选用工艺灵活、生产组织方便的造型设备。单件生产以手工造型为宜。

⑤ 铸件形状、大小和重量。在条件许可时,形状相似、大小及重量差别不大的铸件应选用同一造型机。当砂箱需要设置箱带时尤其如此,以便于砂箱的统一。

⑥ 型砂的要求。在一条生产线上布置多组造型机时,选择造型机应尽量考虑统一的型砂。

⑦ 造型车间的配套设备。在老车间里改造时,要结合车间厂房条件、其他配套

设备(如熔炼、砂处理等)的生产能力、工艺水平、运输条件、工艺流程等,用系统工程的观点进行分析,确定选用哪一种造型机最为合适,以发挥投资的最大效益。

⑧ 工装条件。模样的尺寸精度和表面粗糙度水平应与所选用的造型机相匹配。

⑨ 优先选用少、无公害(噪声低,不散发有害气体),能满足环保、工业卫生和劳动安全的造型设备。

⑩ 高效率的全自动造型机应配造型线而不单独使用。

目前机器造型工艺与设备也在不断发展,一些低噪声、低粉尘、低能耗、造型精度高的造型机也应运而生,如真空造型机、静压造型机、气体冲击造型机等。气体冲击造型机利用压缩气体迅速释放的能量产生瞬时压力,冲击砂箱中松散型砂来紧实砂型,砂型紧实度高而均匀。这种造型机噪声低、能耗也低。目前国内能出产垂直分型和水平分型脱箱造型线,可提供成套的砂处理设备、混砂及脱箱造型线成套设备,生产线的产率、噪声、能耗等目标已接近国外水平。

3.1.4 熔炼和浇注

金属的熔炼工序是得到具有一定化学成分和温度的金属材料熔体,并除去其中的有害气体和杂质的过程。熔炼过程的一般工艺流程如下:

原料准备(包括锭、中间合金、回炉料、造渣剂等)→配料计算→金属熔化→加入中间合金→电磁搅拌→除气除渣精炼→静置→熔体成分检查化验→调整合金成分→合格的合金熔体→变质处理(包括孕育、球化处理等)→浇注。

1. 熔炼过程的工艺要求

熔炼工艺的基本要求:尽量缩短熔炼时间,准确地控制化学成分,尽可能减少熔炼烧损,采取最合理的精炼办法,以及正确地控制熔炼温度,以获得化学成分符合要求且纯度高的熔体。因此,金属熔炼不仅仅是单纯的熔化,还包括合金化、夹杂物分离、清除气体等过程。在熔炼过程中要进行以控制质量为目的的各种检查测试,液态金属在达到各项规定指标后方能允许浇注。大多数情况下,为了获得更高质量要求的高性能铸件,金属液在出炉后还要经炉外精炼处理,如脱硫、真空脱气、孕育或变质处理等。

如图3-20所示,以铝合金的熔炼为例,熔炼过程的工艺流程如下:

① 根据铸件技术要求所规定的合金牌号,查出合金的化学成分范围,从中选定化学成分。

② 根据元素的烧损率和成分要求,进行配料计算,得出各种炉料的加入量,并选择炉料。若炉料受到污染,则需要进行处理,保证所有的炉料清洁、无锈,并在投料前进行预热。

③ 检查和准备用具,涂刷涂料并预热,防止气体、夹杂物和有害元素的污染。

④ 加料。一般加料顺序为回炉料、中间合金和金属料,低熔点易氧化的金属料,如镁,在炉料熔化之后加入。

⑤ 为了减少合金液的吸气和氧化的污染,应尽快熔化,防止过热;根据需要,有些合金的溶液须加覆盖剂保护。

⑥ 炉料熔化后进行精炼处理,以净化合金液,消除夹杂物和气体,并进行精炼效果的检验。

⑦ 根据需要进行变质处理和细分组织处理以提高性能,并检验处理效果。

⑧ 调整温度进行浇注。有的合金在浇注前要进行搅拌,以防发生比重偏析。

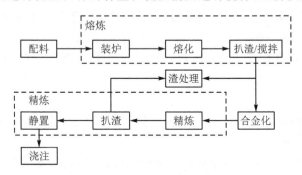

图 3 - 20 铝合金的熔炼工艺流程

2. 熔炼过程中的工艺实施

(1) 熔炼炉的准备

为保证金属和合金的铸锭质量,并且做到安全生产,事先必须对熔炼炉做好各项准备工作。这些工作包括烘炉、洗炉及清炉等。

① 烘炉,凡新修或中修过的炉子,在进行生产前需要烘炉,以便清除炉中的湿气。

② 洗炉,在有色金属熔炼时经常要求洗炉,实际生产中往往需要用一台炉子熔炼多种合金,由一种合金改为生产另一种合金时往往需要洗炉。其目的在于将残留在熔池内各处的金属和炉渣清出到炉外,以免污染另一种合金,确保产品的化学成分。另外,对新修的炉子,可减少非金属夹杂物。

③ 清炉,就是将炉内残存的结渣彻底清出炉外。每当金属出炉后,都要进行一次清炉。一般先均匀向炉内撒入一层粉状熔剂,并将炉膛温度升至 800 ℃以上,然后用三角铲将炉内各处残存的结渣彻底清除。

(2) 配 料

熔炼时要控制好合金成分,除了以控制烧损为目的对入炉原料进行比例计算以外,还要做好几项工作,如原材料的检查、合理的加料顺序、做好炉前的成分分析和调整等。

① 检查原材料。主要检查内容包括:原材料表面要清洁无腐蚀,炉料要做到三无(无灰、无油污、无水);成分符合要求;原材料的重量要求准确。如果不进行检查,就可能使合金元素的含量超出或低于控制成分所要求的范围,甚至造成整炉合金的化学成分不符的废品。

② 装炉。熔炼时装入炉料的顺序和方法不仅关系到熔炼的时间、金属的烧损、

热能消耗,还会影响到金属熔体的质量和炉子的使用寿命。通常,装料顺序可按下述原则进行:

a. 装炉时,对于冲天炉熔炼,其炉料装炉时大都采用分层加料的方式,即首先铺设一层焦炭燃料,然后再铺设一层由铁锭、中间合金、石灰石等原材料或造渣材料组成的熔料混合体,如此循环焦炭与熔料的分层装炉;而反射炉、电弧炉等的炉料应尽量一次入炉,多次加料会增加非金属夹杂物及含气量。

b. 减少烧损,熔点高的中间合金装在上层,这是由于炉内上部温度高容易熔化,也有充分的时间扩散,使中间合金分布均匀。

c. 对于铝合金等化学活性较高的金属,先装小块或薄板废料,大块料装在中间,最后装中间合金。

(3) 熔 化

炉料装完后即可升温进行熔化。熔化是从固态转化为液态的过程,这一过程,对产品质量有重大影响。

熔化是固体升温变成具有流动性的液体的过程,投料结束后开始进行熔化。在熔炼过程中,要保证熔化快速均匀,避免局部过热、温度过高;为促进金属元素的扩散,使化学成分和温度分布更快地均匀化,往往在熔化过程进行搅拌,如铝合金熔炼时经常采用电磁搅拌、机械搅拌等。

熔化过程中随着炉料温度的升高,金属外层表面所覆盖的氧化膜很容易破裂,将逐渐失去保护作用。气体在这时候很容易侵入,造成内部金属的进一步氧化。为了防止金属进一步氧化和减少进入熔体中的氧化膜,往往采取加覆盖剂的处理模式,如钢铁熔炼时的造渣、铝合金熔炼时的覆盖剂处理等。

熔炼完全后,当炉料在熔池里已充分熔化,并且熔体温度达到熔炼温度时,即可扒除熔体表面漂浮的大量氧化渣。扒渣操作要求平稳,防止渣滓卷入熔体内;扒渣要彻底,因浮渣的存在会增加熔体的含气量,并弄脏金属。

调整成分。在熔炼过程中,由于各种原因可能会使合金成分发生改变,这种改变可能使熔体的真实成分与配料计算值发生较大的偏差。因而须在炉料熔化后,取样快速进行分析,以便根据分析结果确定是否需要调整成分。

(4) 精炼过程

金属熔化过程中受到各种来源不同的炉料杂质的影响,加上熔炼过程中的一些物理化学反应,会在金属液中产生大量的金属与非金属夹杂物,另外炉衬、包衬耐火材料脱落进入金属液,以及粘附在耐火材料上的金属氧化物被高温金属液重熔后也极易产生氧化夹渣。因此欲获得良好的铸件质量,金属液的精炼过程是必须执行的一个重要工序,以获得纯净、成分合格与均匀的合金液,并为后续的组织控制奠定基础。

常见的金属精炼工艺包括除杂、变质处理、球化处理(见图 3-21)等。

① 除杂,主要目标是消除熔化过程中形成的金属与非金属夹杂物。不同的金属,除杂的方式有所不同,但总体来讲,主要包括熔剂法、过滤法、浮游法、电磁分离、

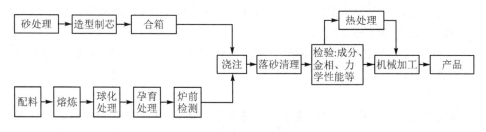

图 3 - 21　球铸件的典型生产过程

沉淀法等。

② 变质处理,主要目的是形成一定数量的异质核心,使凝固后的微观组织得到细化,从而获得优异的机械性能。铸铁的熔炼过程称为孕育处理,常用 SiFe 粉作为孕育剂,在浇注前向金属液中加入 SiFe 粉(炉前孕育)或将 SiFe 粉等孕育剂放置于铸型内(型内孕育),实现细化晶粒以及细化石墨的效果。铸钢经常采用 Al 进行变质处理,铝合金的变质处理因为不同的合金种类其变质剂也不同,变化比较多,如 Al - Sr、Al - P、Al - Ti - B、Al - Re 等。

③ 球化处理的主要作用是改变铸铁组织中的石墨形态,由片状石墨转化为规则的球状或蠕虫状等,消除片状石墨对基体的割裂作用而提高材料的综合性能。球化处理的工艺实施主要有冲入法、钟罩法、喂丝法等,球化剂有纯镁、稀土镁合金球化剂等。

(5) 浇　注

铸造铸件金属液的浇注生产中,浇注时应遵循高温出炉、低温浇注的原则。因为提高金属液的出炉温度有利于夹杂物的彻底熔化、炉渣上浮,便于清渣和除气,减少铸件的夹渣和气孔缺陷;采用较低的浇注温度,则有利于降低金属液中的气体溶解度、液态收缩量和高温金属液对型腔表面的烘烤,避免产生气孔、粘砂和缩孔等缺陷。因此,在保证充满铸型型腔的前提下,应尽量采用较低的浇注温度。

浇注操作不当会引起浇不足、冷隔、气孔、缩孔和夹渣等铸造缺陷。如在金属型浇注时,因为金属型导热性好,液体金属冷却快,流动性降低,容易使铸件出现冷隔、浇不足、夹杂、气孔等缺陷,因此金属型应该先预热。一般情况下,金属型的预热温度不低于 150 ℃。另外,金属型的浇注温度一般比砂型铸造时高,可结合合金种类、铸件大小和壁厚等因素确定浇注温度。

浇注过程的实施也具有较高的工艺技术与安全要求,否则容易造成人身伤害。为确保铸件质量、提高生产率以及做到安全生产,浇注时应严格遵守下列操作要领:

① 浇包、浇注工具、炉前处理用的孕育剂、球化剂等使用前必须充分烘干,即烘干后才能使用。

② 浇注人员必须按要求穿好工作服,并配戴防护眼镜,工作场地应通畅无阻。浇包内的金属液不宜过满,以免在输送和浇注时溢出伤人。

③ 正确选择浇注速度,即开始时应缓慢浇注,便于对准浇口,减少熔融金属对砂

型的冲击并且有利于气体排出;随后快速浇注,以防止冷隔;快要浇满前又应缓慢浇注,即遵循慢、快、慢的原则。

④ 对于液态收缩和凝固收缩比较大的铸件,如中、大型铸钢件,浇注后要及时从浇口或冒口补浇。

（6）清　炉

金属液从炉中倾倒完毕后,需要对熔炼炉进行清炉,主要任务是将残留于炉内的炉渣等清出炉,以减少熔体被非金属夹杂物污染的机会,并保持炉子原来的容积,为下一步的熔炼工艺实施奠定基础。

3. 熔炼设备及其分类

金属熔炼的效率是铸件材料是否达到预期化学成分、微观组织形态,以及整体铸件质量是否合格的关键性技术环节,与铸件的品质、生产成本、产量、能源消耗以及环境保护等密切相关。而熔炼炉是实现金属熔炼过程所必需的设备,在选用熔炼设备时,应综合考虑热能来源、合金种类、质量要求、铸件大小、批量、产量、操作条件和劳动条件等方面,并保证设备的完好及其附属设施齐全有效,保证冶金质量,节约能源,降低生产成本,提高劳动生产率。金属熔炼炉有多种类型,根据加热方式、燃料形式等因素可以有不同的分类方法。

按加热能源不同,熔炼炉可分为以下两种:

① 燃料加热式(包括天然气、石油液化气、煤气、柴油、重油、焦炭等),以燃料燃烧时产生的反应热能加热炉料,如图 3-22 所示的反射炉,燃料为煤、石油、煤气及天然气等,工作温度可达 1 600～1 700 ℃。这种熔炉容量大,适用于铝、镁、锌合金和紫铜等有色金属的熔炼。

② 电加热式,如图 3-23 所示电弧炉炼钢过程,由电阻元件通电产生热量或者将线圈通交流电产生交变磁场,以感应电流加热磁场中的炉料,如电阻炉、感应炉等。

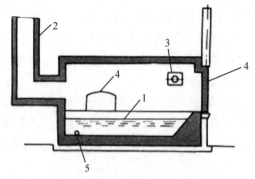

1—熔池;2—烟道;3—烧嘴;4—炉门;5—流口

图 3-22　反射炉结构示意图

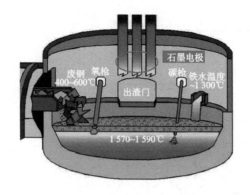

图 3 - 23　电弧炉炼钢示意图

按照加热方式的不同,熔炼炉有以下类型:

① 直接加热方式,即燃料燃烧时产生的热量或电阻元件产生的热量直接传给炉料的加热方式,如火焰反射炉、电弧炉、冲天炉等。其优点是热效率高,炉子结构简单。其缺点是燃烧产物中有害杂质对炉料的质量会产生不利影响;炉料或覆盖剂挥发出的有害气体会腐蚀电阻元件,降低其使用寿命;燃料燃烧过程中,燃烧产物中过剩空气含量高,导致加热过程金属烧损大。图 3 - 24 所示为冲天炉结构简图。

② 间接加热方式,包括两种类型:一类是燃烧产物或通电的电阻元件不直接加热炉料,而是先加热辐射管等传热中介物,然后热量再以辐射和对流的方式传给炉料,如电阻炉;第二类是将线圈通交流电产生交变磁场,以感应电流加热磁场中的炉料,感应线圈等加热元件与炉料之间被炉衬材料隔开。图 3 - 25 所示为感应电炉结构简图。间接加热方式的优点是燃烧产物或电加热元件与炉料之间被隔开,相互之间不产生有害的影响,有利于保持和提高炉料的质量,减少金属烧损。感应加热方式对金属熔体还具有搅拌作用,可以加速金属熔化过程,缩短熔化时间,减少金属烧损。其缺点是热量不能直接传递给炉料,与直接加热方式相比,热效率低,炉子结构复杂。

按炉内气氛,有无保护气体式和保护气体式两类。

① 无保护气体式。炉内气氛为空气或者是燃料自身燃烧气氛,多用于炉料表面在高温能生成致密的保护层,能防止高温时被剧烈氧化的产品。

② 保护气体式。如果炉料氧化程度不易控制,通常把炉膛抽为低真空,向炉内通入氮、氢等保护气体,可防止炉料在高温时剧烈氧化。随着产品内外质量的要求不断提高,保护气体式炉的使用范围不断扩大。

4. 不同金属常用的熔炼设备及其特点

熔炼炉有多种类型,表 3 - 1 列举了几种常见的熔炼炉。

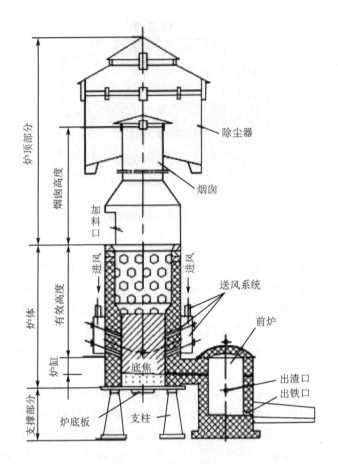

图 3-24 冲天炉结构简图

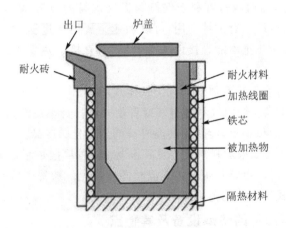

图 3-25 感应电炉结构简图

表 3 - 1　不同熔炼炉的特点与应用

熔炼炉	熔化原理	工艺特点	用途	备注
1. 电弧炉	以电能为主要能源。电能通过石墨电极与炉料放电拉弧,产生高达 2 000 ~ 6 000 ℃以上的高温,以电弧辐射和热对流和热传导的方式将废钢原料熔化	电弧炉炼钢工艺流程短,设备简单,操作方便,比较易于控制污染,建设投资少,占地面积小。对炉料的适应性强,它以废钢为主要原料,但同时也能使用铁水(高炉或化铁炉铁水)、海绵铁(DRI)或热压块(HBI)、生铁块等固态和液态含铁原料	不但用于生产合金钢,而且大量用来生产普通碳素钢	冲天炉熔炼仍是世界上铸铁熔炼,尤其是在大批量生产的主流设备;目前其生产成本低,很多采用与电炉双联熔炼的方式来提高熔炼效率和质量
2. 冲天炉	先将一定量的煤炭装入炉内作为底焦,点火后,将底焦加至规定高度;然后按炉子的熔化率配好的石灰石、金属炉料和层焦按次序分批地从加料口加入,经风口鼓入的高温空气同炉底焦发生燃烧反应,生成的高温炉气向上流动,对炉料加热,熔化后的铁滴在下落到炉缸的过程中被高温炉气和炽热的焦炭进一步加热;每批料熔化后,焦炭由外加的焦炭补充,整个熔化过程连续进行	在冲天炉内同时进行着焦炭的燃烧放热、铁料吸热熔化、铁液过热和冶金反应过程。这三个过程互相影响,互为因果;由于影响熔炼过程的因素太多,以及一些因素间的不确定性,导致铁液质量的稳定性较差;冲天炉熔炼是连续进行的,铁液以相对稳定的流量从冲天炉流出	主要用于铸铁件生产,也用以配合转炉炼钢	
3. 感应炉	当交变电流通过感应圈时,在线圈周围产生交变磁场,炉内导电炉料在交变磁场作用下产生感应电势。在炉料表面一定深度形成电流(涡流),炉料靠本身涡流加热熔化	感应炉的加热速度快,生产效率高,氧化脱炭少,节省材料与镶铸;工作环境优越,无污染,低能耗;加热均匀,芯表温差小。应用电控系统可实现对温度的精确控制,提高了产品质量和合格率	适合钢、铸铁、铜、铝、镁、锌及铜、铝等有色金属及其合金的熔炼和保温	感应炉除了能在大气中熔炼以外,还能在真空、氩、氢等保护气氛中熔炼,以满足特殊质量的要求
4. 电阻熔化炉	以电为热源,通过电热元件将电能转化为热能,在炉内对金属进行加热	电阻熔化炉的热效率高,可达 50% ~ 80%,热工制度容易控制,劳动条件好,炉体寿命长,但熔炼时间长,耗电费用高,生产效率低	适合熔炼小容量的低熔点有色合金	

续表 3-1

熔炼炉	熔化原理	工艺特点	用途	备注
5. 红外熔炼炉	通过红外加热技术，电能得以高效利用。红外熔炼炉的辐射元件发出特定波长的射线，通常是远红外线，然后与被加热物体分子产生共振，使被加热物体由内到外进行发热，最终起到加热的目的	红外熔炼炉因红外加热技术，电能利用率提高30%，热效率高达90%以上；其能耗低而且加热过程没有传统的加热方式所产生的污染和辐射；是有色金属熔炼领域诞生的新科技	主要用于有色合金（如 Al、Cu）及其合金的熔化，采用硅钼棒作为加热元件	这种熔炼炉是新型熔炼技术，目前使用较少
6. 反射炉	预热的空气和燃料混合后由烧嘴喷出，在炉室内燃烧放热，大部分热量被炉料和炉壁吸收，使金属熔化	反射炉的燃料为煤、石油、煤气及天然气，工作温度可达 1 600~1 700 ℃。这种熔炉产物直接与燃气和燃烧产物接触，熔体易受炉气污染；而且温度与熔体成分必须采取搅拌等措施才能相对均匀	适用于铝、镁、锌合金和紫铜等有色金属的熔炼	目前大都采用蓄热装置，通过极限回收烟气余热，使空气达到 800~1 000 ℃，将高温空气吹入炉膛，提高了热效率
7. 真空自耗电弧熔炼炉	首先将自耗电极压制好并将其设置为负极，而铜坩埚设置为正极，将钛及钛合金放在真空或者清洁作环境中，将电极放在高温的电弧进行熔化，使其迅速熔化并进行一定的搅拌，同时熔体易挥发的杂质快速扩散使其散去均匀	真空自耗电弧熔炼速度极快，熔炼工艺的自动化高，熔炼操作简单，可以达到一般的工业目标，并且对于那些易挥发的杂质和一些氮气等气体的去除效果极好	主要用于钛及钛合金等高化学活性的金属	
8. 电渣熔炼炉	利用电流通过导电电渣时带电粒子的相互碰撞，而将电能转化为热能。使用自耗电极，它可直接非活性电渣（CaF$_2$）中进行电渣熔炼，熔铸成同形状的锭坯，并且其有良好的表面质量，适宜下道工序直接加工	经电渣重熔的钢，纯度高，含硫低，非金属夹杂物少，钢锭表面光滑，洁净，均匀，致密，金相组织均化	可应用于碳素钢、合金结构钢、模具钢、不锈钢、耐热钢、高强度钢、超高温合金、精密合金、耐热合金等各种钢种的熔炼	目前大多作为二次重熔的精炼工艺

3.2　特种铸造工艺

凡不同于砂型铸造的所有铸造方法,统称为特种铸造。这里主要介绍应用较为广泛的金属型铸造、熔模铸造、压力铸造、离心铸造等。

3.2.1　金属型铸造

金属型铸造又称硬模铸造,它是将液体金属浇入金属铸型,以获得铸件的一种铸造方法。铸型是用金属制成的,可以反复使用多次(几百次到几千次),又称为永久型铸造。金属型铸造与砂型铸造相比,在技术上、经济上都有许多优点:

①　金属型生产的铸件,其机械性能比砂型铸件高。同样的合金,其抗拉强度平均可提高约 25%,屈服强度平均提高约 20%,其抗蚀性能和硬度亦显著提高。

②　铸件的精度和表面光洁度比砂型铸件高,而且质量和尺寸稳定。

③　铸件的工艺收得率高,液体金属耗量减少,一般可节约 15%～30%。

④　生产效率高,工序简单,易实现机械化和自动化。

其不足之处也比较突出:

①　金属型制造成本高;

②　金属型不透气,而且无退让性,易造成铸件浇不足、开裂或铸铁件白口等缺陷;

③　铸型的工作温度、合金的浇注温度和浇注速度,铸件在铸型中停留的时间,以及所用的涂料等,对铸件的质量的影响甚为敏感,需要严格控制。

1. 金属型的结构构成

金属型的结构设计包括金属型的结构、尺寸、型芯、排气系统和顶杆机构等,要求结构简单,加工方便,选材合理,安全可靠。

一般情况下,金属型用铸铁和铸钢制成。铸件的内腔既可用金属芯,也可用砂芯。金属型的结构取决于铸件形状、尺寸大小,分型面数量,合金种类和生产批量等条件。如图 3-26 所示,金属型的结构有多种,按分型面位置,金属型结构有以下几种形式:

①　整体金属型,铸型无分型面,结构简单,但它只适用于形状简单、无分型面的铸件;

②　水平分型金属型,它适用于薄壁轮状铸件。

③　垂直分型金属型,这类金属型便于开设浇冒口和排气系统,开合型方便,容易实现机械化生产,多用于生产简单的小铸件。

④　复合分型金属型,由两个或两个以上的分型面组成,甚至由活块组成,一般用于复杂铸件的生产,其操作方便,生产中广泛采用。

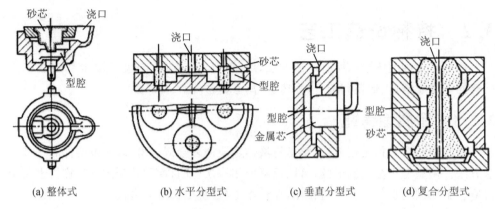

(a) 整体式　　(b) 水平分型式　　(c) 垂直分型式　　(d) 复合分型式

1—砂芯;2—浇口;3—型腔;4—金属芯

图 3 - 26　金属型的结构类型

（1）金属型主体

金属型主体指构成型腔,用于形成铸件外形的部分。主体结构与铸件大小、其在型中的浇注位置、分型面以及合金的种类等有关。在设计时,应力求使型腔的尺寸准确,便于开设浇注系统和排气系统,铸件出型方便,有足够的强度和刚度等。

（2）金属型芯

根据铸件的复杂情况和合金的种类可采用不同材料的型芯。一般浇注薄壁复杂件或高熔点合金(如锈钢、铸铁)时,多采用砂芯,而在浇注低熔点合金(如铝、镁合金)时,大多采用金属芯。在同一铸件上也可砂芯和金属芯并用。

（3）金属型的排气

在设计金属型时就必须有排气设施,其排气的方式有以下几种:

① 利用分型面或型腔零件的组合面的间隙进行排气。

② 开排气槽,即在分型面或型腔零件的组合面上,芯座或顶杆表面上做排气槽。

③ 设排气孔。排气孔一般开设在金属型的最高处。

④ 设排气塞。排气塞是金属型常用的排气设施。

（4）出件机构

金属型腔的凹凸部分,对铸件的收缩会有阻碍,铸件出型时就会有阻力,必须采用顶出机构,方可将铸件顶出。在设计顶出机构时,须注意下面几点:防止顶伤铸件,即防止铸件被顶变形或在铸件表面顶出凹坑;防止顶杆卡死,首先是顶杆与顶杆孔的配合间隙要适当。如果间隙过大则易钻入金属,过小则可能出现卡死的现象。

（5）定位机构

金属型合型时,要求两半型定位准确。一般采用两种办法,即定位销定位和"止口"定位。对于上下分型,而分型面为圆形时,可采用"止口"定位;而对于矩形分型面,则大多采用定位销定位。定位销应设在分型面轮廓之内,当金属型本身尺寸较大,而自身的重量也较大时,要保证开合型定位方便,可采用导向形式。

2. 金属型的工艺要求

金属型的铸导热速度快和无退让性，使铸件易产生浇不足、冷隔、裂纹及白口等缺陷。此外，金属型反复经受灼热金属液的冲刷，会降低使用寿命，为保证金属型铸造的工艺性能，需采取一些工艺措施以获得良好的铸件质量，同时延长金属型的使用寿命。

(1) 金属铸型的材料

制造金属型的材料，应满足下列要求：耐热性和导热性好，反复受热时不变形，不破坏；应具有一定的强度、韧性及耐磨性，机械加工性好。

① 铸铁是金属型最常用的材料。其加工性能好、价廉，一般工厂均能自制，并且它又耐热、耐磨，是一种较合适的金属型材料。只有在要求高时，才使用碳钢和低合金钢。

② 采用铝合金制造金属型，在国外已引起注意，铝型表面可进行阳极氧化处理，而获得一层由 Al_2O_3 和 $Al_2O_3 \cdot H_2O$ 组成的氧化膜，其熔点和硬度都较高，而且耐热、耐磨。据报道这种铝金属型，如采用水冷措施，它不仅可铸造铝件和铜件，也可用来浇注黑色金属铸件。

(2) 金属型的预热

浇注前预热金属型，可减缓铸型的冷却能力，有利于金属液的充型及铸铁的石墨化过程。预热温度（即工作温度）随合金的种类、铸件结构和大小而定，一般生产铸铁件时，金属型预热至 250～350 ℃；生产有色金属件时，预热温度为 100～250 ℃。

金属型的预热方法：

① 用喷灯或煤气火焰预热；

② 采用电阻加热器；

③ 采用烘箱加热，其优点是温度均匀，但只适用于小件的金属型；

④ 先将金属型放在炉上烘烤，然后浇注液体金属将金属型烫热。最后这种方法只适用于小型铸型，因它要浪费一些金属液，也会降低铸型寿命。

(3) 金属型的涂料保护

为保护金属型和方便排气，通常在金属型表面喷刷耐火涂料层，以免金属型直接受金属液冲蚀和热作用。因为调整涂料层厚度可以改变铸件各部分的冷却速度，并有利于金属型中的气体排出。浇注不同的合金，应喷刷不同的涂料。例如，铸造铝合金件，应喷刷由氧化锌粉、滑石粉和水玻璃制成的涂料；对于灰铸铁件，则应采用由石墨粉、滑石粉、耐火粘土粉、糖浆和水组成的涂料。

涂料应符合下列技术要求：要有一定粘度，便于喷涂，在金属型表面上能形成均匀的薄层；涂料干后不发生龟裂或脱落，且易于清除；具有高的耐火度；高温时不会产生大量气体；不与合金发生化学反应（特殊要求者除外）等。

(4) 金属型的浇注温度

金属型的导热性强，因此采用金属铸型时，合金的浇注温度应比采用砂型高出

20~30 ℃。一般铝合金为 680~740 ℃；铸铁为 1 300~1 370 ℃；锡青铜为 1 100~1 150 ℃。薄壁件取上限，厚壁件取下限。铸铁件的壁厚不小于 15 mm，以防白口组织。

由于金属型的激冷和不透气，浇注速度应做到先慢，后快，再慢。在浇注过程中应尽量保证液流平稳。

（5）出型和抽芯时间

金属型芯在铸件中停留的时间越长，由于铸件收缩产生的抱紧型芯的力就越大，因此需要的抽芯力也越大。金属型芯在铸件中最适宜的停留时间，是当铸件冷却到塑性变形温度范围并有足够的强度时，这时也是抽芯最好的时机。铸件在金属型中停留的时间过长，型壁温度升高，需要更多的冷却时间，也会降低金属型的生产率，而且铸件易产生大的内应力和裂纹。最合适的拔芯与铸件出型时间，一般用试验方法确定。通常铸铁件的出型温度为 700~950 ℃，开型时间为浇注后 10~60 s。

（6）金属型的冷却

要保证金属型铸件的质量稳定，生产正常，首先要使金属型在生产过程中温度变化恒定。所以每浇注一次，就需要将金属型打开，停放一段时间，待冷至规定温度时再浇注。如果采取自然冷却，需要时间较长，会降低生产率，因此常采用强制冷却的方法。冷却的方式一般有以下几种：

① 风冷：在金属型外围吹风冷却，强化对流散热。风冷方式的金属型，虽然结构简单，容易制造，成本低，但冷却效果不十分理想。

② 间接水冷：在金属型背面或某一局部镶铸水套，其冷却效果比风冷好，适于浇注铜件或可锻铸铁件。但对浇注薄壁灰铁铸件或球铁铸件激烈冷却，会增加铸件的缺陷。

③ 直接水冷：在金属型的背面或局部直接制出水套，在水套内通水进行冷却，这主要用于浇注钢件或其他合金铸件，铸型要求强烈冷却的部位。因其成本较高，只适用于大批量生产。

如果铸件壁厚薄悬殊，在采用金属型生产时，也常在金属型的一部分采用加温，另一部分采用冷却的方法来调节型壁的温度分布。

（7）金属型的覆砂结构

涂料虽然可以降低铸件在金属型中的冷却速度，但采用刷涂料的金属型生产球墨铸铁件（例如曲轴）仍有一定困难，因为铸件的冷却速度仍然过快，铸件易出现白口；若采用砂型，铸件冷却速度虽慢，但在热节处又易产生缩松或缩孔，因此在金属型表面覆以 4~8 mm 的砂层，就能铸出满意的球墨铸铁件。

覆砂层有效地调节了铸件的冷却速度，一方面使铸铁体不出白口，另一方面又使冷却速度大于砂型铸造。金属型无溃散性，但很薄的覆砂却能适当减少铸件的收缩阻力。此外，金属型具有良好的刚性，有效地限制球铁石墨化膨胀，实现了无冒口铸造，消除疏松，提高了铸件的致密度。如金属型的覆砂层为树脂砂，一般可用射砂工艺覆砂,金属型的温度要求在 180~200 ℃之间。覆砂金属型可用于生产球铁、灰铁或铸钢件,其技术效果显著。

3. 金属型铸造的工艺适应性

金属型铸造的优势在于:

① 与砂型铸造相比,金属型铸造可"一型多铸",生产效率高,成本低,便于机械化和自动化生产。

② 铸件精度高,表面质量较好,机械加工余量小。

③ 由于铸件冷却速度快、晶粒细,故铸件力学性能好。

当然,金属型铸造也有一定的局限性,主要为:金属型制造成本高,周期长,不适于单件、小批量生产;铸件冷却速度快,不适于浇注薄壁铸件,铸件形状不宜太复杂。

金属型铸造适于批量大、中小型铸件的生产,特别在铝、镁铸件方面,应用较为广泛。金属型铸造所能生产的铸件,在重量和形状方面还有一定的限制,如对于黑色金属,只能是形状简单的铸件,重量不可太大;壁厚也有限制,对于较小的铸件,壁厚无法铸出。

3.2.2　熔模铸造

熔模铸造通常是指将易熔材料制成模样,在模样表面包覆若干层耐火材料制成型壳,再将模样熔化排出型壳,从而获得无分型面的铸型,经高温焙烧后即可填砂浇注的铸造方案。由于模样广泛采用蜡质材料,故常将熔模铸造称为"失蜡铸造"。

1. 熔模铸造法的工艺流程

熔模铸造的工艺过程如图 3 - 27 所示,主要包括蜡模、结壳、脱蜡、焙烧和浇注等过程。

(1) 熔模的制造

熔模铸造生产的第一个工序就是制造熔模,通常根据零件图制造出与零件形状尺寸相符合的母模,再由母模形成一种模具(称压型)的型腔,把熔化成糊状的蜡质材料压入压型,等冷却凝固后取出,就得到蜡模。在铸造小型零件时,常把若干个蜡模粘合在一个浇注系统上,构成蜡模组,以便一次浇注出多个铸件。

熔模是用来形成耐火型壳中型腔的模型,所以要获得尺寸精度和表面光洁度高的铸件。首先,熔模本身就应该具有高的尺寸精度和表面光洁度;此外,熔模本身的性能还应尽可能使随后的制型壳等工序简单易行。为得到上述高质量要求的熔模,除了应有好的压型(压制熔模的模具)外,还必须选择合适的制模材料(简称模料)和合理的制模工艺。

① 制模材料的性能不仅要求保证方便地制得尺寸精确和表面光洁度高、强度好、重量轻的熔模,它还应为型壳的制造和获得良好铸件创造条件。模料一般用蜡料、天然树脂和塑料(合成树脂)配制。凡主要用蜡料配制的模料称为蜡基模料,它们

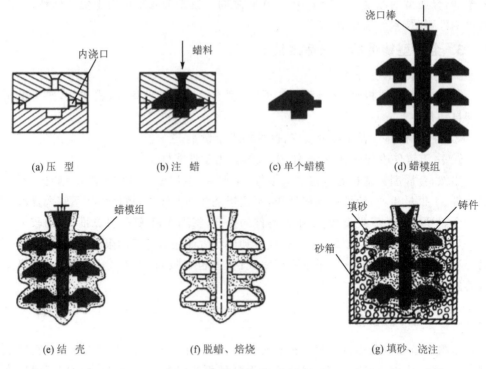

图 3 - 27　熔模铸造的工艺过程

的熔点较低,为 60~70 ℃;凡主要用天然树脂配制的模料称为树脂基模料,熔点稍高,为 70~120 ℃。

②　配制模料的目的是将组成模料的各种原材料混合成均匀的一体,并使模料的状态符合压制熔模的要求。配制时主要用加热的方法使各种原材料熔化混合成一体,而后在冷却情况下,将模料剧烈搅拌,使模料成为糊膏状态供压制熔模用。有的时候也将模料熔化为液体直接浇注熔模。

③　使用树脂基模料时,由于对熔模的质量要求高,大多用新材料配制模料压制铸件的熔模。而脱模后回收的模料,在重熔过滤后用来制作浇冒口系统的熔模。

使用蜡基模料时,脱模后所得的模料可以回收,再用来制造新的熔模。可是在循环使用时,模料的性能会变坏,脆性增大,灰分增多,流动性下降,收缩率增加,颜色由白变褐,这些主要与模料中硬脂酸的变质有关。因此,为了尽可能地恢复旧模料的原有性能,就要从旧模料中除去皂盐,常用的方法有盐酸(硫酸)处理法、活性白土处理法和电解回收法。

④　模型的制造。生产中大多采用压力把糊状模料压入压型的方法制造熔模。压制熔模之前,需先在压型表面涂上薄层分型剂,以便从压型中取出熔模。压制蜡基模料时,可用机油、松节油等作为分型剂;压制树脂基模料时,常用麻油和酒精的混合液或硅油作为分型剂。分型剂层越薄越好,可使熔模能更好地复制压型的表面,提高熔模

的表面光洁度。压制熔模的方法有三种,分别是柱塞加压法、气压法和活塞加压法。

⑤ 熔模的组装。熔模的组装是把形成铸件的熔模和形成浇冒口系统的熔模组合在一起,主要有焊接法和机械组装法两种。焊接法,即用薄片状的烙铁将熔模的连接部位熔化,将熔模组合在一起。机械组装法,可使熔模组合和效率大大提高。在大量生产小型熔模铸件时,国外已广泛采用机械组装法,并且工作条件也得到了改善。

(2) 型壳制造

把蜡模组放入粘结剂和石英粉配制的涂料中浸渍,使涂料均匀地覆盖在蜡模表层,然后在上面均匀地撒一层石英砂,再放入硬化剂中硬化。如此反复 4～6 次,最后在蜡模组外表形成由多层耐火材料组成的坚硬的型壳。

1) 制造型壳的材料

在熔失熔模时,型壳会受到体积正在增大的熔融模料的压力;在焙烧和浇注时,型壳各部分会产生相互牵制而又不均匀的膨胀和收缩,金属还可能与型壳材料发生高温化学反应。因此,对型壳便有一定的性能要求,如较小的膨胀率和收缩率,较高的机械强度、抗热震性、耐火度,高温下的化学稳定性,还应有一定的透气性,以便浇注时型壳内的气体能顺利外逸。这些都与制造型壳时所采用的耐火材料、粘结剂以及工艺有关。

制造型壳用的材料可分为两种类型,一类是直接形成型壳的,如耐火材料、粘结剂等;另一类是为了获得优质的型壳,简化操作、改善工艺用的材料,如熔剂、硬化剂、表面活性剂等。

① 耐火材料。熔模铸造中所用的耐火材料主要为石英和刚玉,其次为硅酸铝,如耐火粘土、铝矾土等,有时也用锆英石、镁砂(MgO)等。

② 粘结剂。在熔模铸造中用得最普遍的粘结剂是硅酸胶体溶液(简称硅酸溶胶),如硅酸乙酯水解液、水玻璃和硅溶胶等。组成它们的物质主要为硅酸(H_2SiO_3)和溶剂,有时也有稳定剂,如硅溶胶中的 NaOH。

2) 制壳工艺

制壳工艺主要工序包括:

① 模组的除油和脱脂。在采用蜡基模料制熔模时,为了提高涂料润湿模组表面的能力,需将模组表面的油污去除掉。

② 在模组上涂挂涂料和撒砂。涂挂涂料以前,应先把涂料搅拌均匀,尽可能减少涂料桶中耐火材料的沉淀,调整好涂料的粘度或比重,以便涂料能很好地充填和润湿熔模;涂挂涂料时,把模组浸泡在涂料中左右、上下晃动,使涂料能很好地润湿熔模,均匀覆盖模组表面。涂料涂好以后,即可撒砂。

③ 型壳干燥和硬化。每涂覆好一层型壳以后,都要对它进行干燥和硬化,使涂料中的粘结剂由溶胶向冻胶、凝胶转变,以便把耐火材料连在一起。

④ 自型壳中熔失熔模。型壳完全硬化后,需从型壳中熔去模组,因模组常用蜡基模料制成,所以也把此工序称为脱蜡。根据加热方法的不同,脱蜡方法有很多,用

得较多的是热水法和同压蒸汽法。

⑤ 焙烧型壳。如需造型(填砂)浇注,在焙烧之前,先将脱模后的型壳埋入箱内的砂粒之中,再装炉焙烧。如型壳高温强度大,不需造型浇注,则可把脱模后的型壳直接送入炉内焙烧。焙烧时逐步增加炉温,将型壳加热至 $800\sim1\,000\ ℃$,以彻底去除残蜡和水分。保温一段时间,即可进行浇注。

(3)浇 注

熔模铸造时常用的浇注方法有以下 4 种:

① 热型重力浇注。将型壳从焙烧炉中取出后在高温下进行浇注,此时金属在型壳中冷却速度较慢,能在流动性较高的情况下充填铸型,故铸件能很好地复制型腔的形状、提高铸件的精度。但铸件在热型中的缓慢冷却会使晶粒粗大,这就降低了铸件的机械性能。在浇注碳钢铸件时,冷却速度较慢的铸件,表面容易氧化和脱碳,从而降低了铸件的表面硬度、光洁度和尺寸精度。

② 真空吸气浇注。将型壳放在真空浇注箱中,通过型壳中的微小孔隙吸走型腔中的气体,使液态金属能更好地充填型腔,复制型腔的形状,提高铸件精度,防止气孔、浇不足等缺陷的产生。该法已在国外应用。

③ 压力下结晶。将型壳放在压力罐内进行浇注;浇注结束后立即封闭压力罐,向罐内通入高压空气或惰性气体,使铸件在压力下凝固,以增大铸件的致密度。国外最大压力可达 150 atm[①]。

④ 定向结晶(定向凝固)。一些熔模铸件如涡轮机叶片、磁钢等,如果它们的结晶组织是按一定方向排列的柱状晶,其工作性能便可提高很多,所以熔模铸造定向结晶技术正迅速地发展。

(4)铸件清理

铸件清理内容主要有:

① 从铸件上清除型壳;

② 自浇冒系统上取下铸件;

③ 除去铸件上所粘附的型壳耐火材料;

④ 铸件热处理后的清理,如除去氧化皮、尽边和切割浇口残余等。

2. 熔模铸造的特点和应用

如图 3-28 所示,熔模铸造的工艺过程较复杂,且不易控制,使用和消耗的材料较贵,故它适用于生产形状复杂、精度要求高,或者很难进行其他加工的小型零件,如涡轮发动机的叶片等。

熔模铸造的工艺优势:

① 铸件的精度和表面质量较高,公差等级可达 IT11~IT13,表面粗糙度 Ra 值达 $1.6\sim12.5\ \mu m$;无分型面,可铸出形状复杂的薄壁铸件,可大大减少机械加工工

---

① 1 atm＝101 325 Pa。

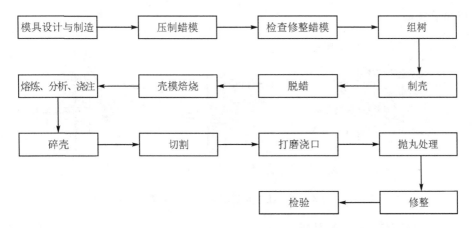

图 3 - 28　熔模精密铸造的生产过程

时,显著提高金属材料的利用率。

② 熔模铸造的型壳耐火性强,合金种类不受限制,可用熔模铸造法生产的合金种类有碳素钢、合金钢、耐热合金、不锈钢、精密合金、永磁合金、轴承合金、铜合金、铝合金、钛合金和球墨铸铁等;尤其适用于高熔点及难加工的高合金钢,如耐热合金、不锈钢、磁钢等。

③ 可铸出形状较复杂的铸件,铸件上可铸出孔的最小直径可达 0.5 mm,铸件的最小壁厚为 0.3 mm。在生产中可将一些原来由几个零件组合而成的部件,通过改变零件的结构,设计成为整体零件而直接由熔模铸造铸出,以节省加工工时和金属材料的消耗,使零件结构更为合理。如喷气式发动机的叶片,其流线型外廓与冷却用内腔,用机械加工工艺几乎无法形成。用熔模铸造工艺生产不仅可以做到批量生产,保证铸件的一致性,而且避免了机械加工后残留刀纹的应力集中。

④ 生产批量不受限制,单件、成批、大量生产均可适用。

熔模铸造的缺点在于其工艺过程较复杂,生产周期长,铸件的尺寸和重量受到铸型(沙壳体)承载能力的限制(一般不超过 25 kg);原材料价格贵,铸件成本高;铸件不能太大、太长,否则熔模易变形,原有精度下降。

3.2.3　压力铸造

压力铸造是一种将液态或半固态的金属或合金,或含有增强物相的液态金属或合金,在高压下以较高的速度充入精密金属模具的型腔内,并使金属或合金在压力下凝固形成铸件的铸造方法。其工艺过程如图 3-29 所示,压铸时常用的压力为 4～500 MPa,金属充填速度为 0.5～120 m/s。因此,高压、高速是压铸法与其他铸造方法的根本区别,也是重要特点。它的基本工艺过程是:金属液以低速或高速充入模具的型腔内,模具有活动的型腔面,它随着金属液的冷却过程加压锻造,既消除了毛坯的缩孔、缩松缺陷,也使毛坯的内部组织达到锻态的破碎晶粒,铸件的综合机械性能得以显著提高。

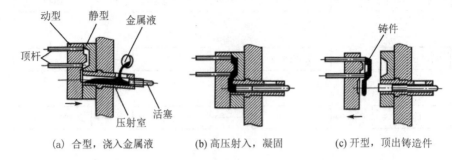

图 3 - 29　压力铸造工艺过程示意图

1. 压力铸造的工艺组成

传统压铸工艺的核心技术主要由四个步骤组成,包括模具准备、填充与注射、取出铸件、铸件清理等。图 3 - 30 所示为传统压铸工艺的循环生产过程。

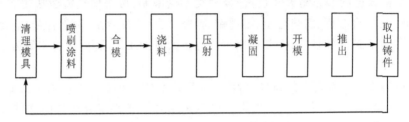

图 3 - 30　传统压铸工艺的循环生产过程

（1）模具准备

首先,根据需要制作的产品设计出模具图纸,简称模具设计,然后是开模、制模、加工,最后是模具安装和调试。其次,模具制造安装好以后,清理模具,如清理其中的粉尘颗粒、油污;在准备过程中需要向模腔内喷上润滑剂,润滑剂除了可以帮助控制模具的温度之外,还有助于铸件脱模。最后,把脱模剂吹干后合模。

（2）填充与注射

关闭模具,将金属液浇入压射室;控制压射冲头往压射室挤压,将压射室内的金属液经浇道填充至压铸型腔中;金属液完全充入压铸型腔后,压射冲头保持一定的压力,直至金属液冷却凝固。

（3）取出铸件

当熔融金属填充完毕后,压力会一直保持直到铸件凝固,然后推杆就会推出所有的铸件。一个模具内可以设计多个模腔结构,这样每次铸造过程中可以获得多个铸件,即所谓"一模多腔"结构。落砂的过程则需要分离残渣,包括铸件的模口、流道、浇口以及飞边等,这个过程通常是由一个特别的修整模具挤压铸件来完成的。其他的落砂方法包括锯和打磨。如果浇口比较易碎,可以直接摔打铸件。

（4）铸件清理

铸件清理工作很繁重，往往是压铸工作量的 10～15 倍，主要包括：

① 切除浇口、飞边以及铸件间的连接条等；

② 表面清理及抛光。清理后的铸件按照使用要求，还可进行表面处理和浸渍，以增加光泽，防止腐蚀，提高气密性。

2. 压铸生产的主要工艺参数

在压铸生产中，压铸工艺参数的合理设置是获得良好铸件质量的关键。压射比压的选择，应根据不同合金和铸件结构特性确定。一般，对于厚壁或内部质量要求较高的铸件，应选择较低的充填速度和高的增压压力；对于薄壁或表面质量要求高的铸件以及复杂的铸件，应选择较高的压射比和高的充填速度。

（1）浇注温度

浇注温度是指从压射室进入型腔时液态金属的平均温度，由于对压射室内的液态金属温度测量不方便，一般用保温炉内的温度表示。

浇注温度过高，收缩大，铸件容易产生裂纹、晶粒粗大，还能造成粘连铸型，造成粘砂缺陷；浇注温度过低，易产生冷隔、表面花纹和浇不足等缺陷。因此浇注温度应与压力、压铸型温度及充填速度同时考虑。

（2）压铸型的温度

压铸型在使用前要预热到一定温度，一般多用煤气、喷灯、电器或感应加热。在连续生产中，压铸型温度往往升高，尤其是压铸高熔点合金，升高很快。温度过高除了使液态金属产生粘连铸型以外，铸件冷却缓慢，致使晶粒粗大。因此在压铸型温度过高时，应采用冷却措施。通常用压缩空气、水或化学介质进行冷却。

（3）压射力与比压

压射力是压铸机压射机构中推动压射活塞运动的力，它是反映压铸机功能的一个主要参数。比压是压铸过程实施的关键性参数之一。压射室内熔融金属在单位面积上所受的压力称为比压。比压也是压射力与压射室截面积的比值，其计算公式为

$$P_{比压} = P_{压射力} / F_{压射室截面积}$$

① 比压增大，金属液体充填速度快，在压力作用下形核率增加，可获得较厚的细晶层；由于金属液的填充特性改善，有助于气体的逸出，表面质量提高，从而抗拉强度提高，但延伸率有所降低。

② 合金溶液在高比压作用下填充型腔，合金温度升高，流动性改善，有利于铸件质量的提高。

③ 比压的确定因素之一为铸件的强度。

对于有强度要求的，应该具有良好的致密度，这时应该采用高的增压比压。另外，还要考虑铸件的厚度。压铸薄壁铸件时，型腔中的流动阻力较大，内浇口也采用较薄的厚度，因此金属液流动阻力较大，这时需要有较大的填充比压，才能保证需要的浇注容量，使充型过程顺畅到达最远端部，获得完整的铸件。对于厚壁铸件，由于

选定的内浇口速度较低,而金属的凝固时间较长,故可以采用较小的填充比压;另一方面,为了使铸件具有一定的致密度,还需要有足够的增压比压才能满足要求,因此对于形状复杂的铸件,填充比压应选择高一些。此外,填充比压还要考虑一些工艺因素的影响,如合金的类别、内浇口速度的大小、压铸机合模能力的功率及模具的结构特点等。当型腔中排气条件良好,内浇口厚度与铸件壁厚的比值适当时,可选用低的增压比压;而排气条件越差,内浇口厚度与铸件壁厚比值越小时,则增压比压应越高。

(4) 锁模力

锁模力是选用压铸机时首先要确定的重要参数。通常情况下,必须使锁模力大于计算得到的胀型力;否则,在金属液压射时,模具分型面会胀开,产生金属飞溅,而型腔中的压力无法建立,导致铸件尺寸公差难以保证,甚至难以成型。

压铸过程中,当填充结束并转为增压阶段时,作用于正在凝固的金属上的比压通过金属(铸件浇注系统、排溢系统)传递至型腔壁面。此压力称为胀型力,可用下式表示:

$$P_{\text{胀型力}} = P_{\text{比压}} \times A_{\text{投影面积}}$$

锁模力一般应满足下面公式的要求:

$$P_{\text{锁模力}} \geqslant K \times P_{\text{胀型力}}$$

式中:$P_{\text{锁模力}}$ 为压铸机的锁模力(N);K 为安全系数,一般取 $K=1.3$。

(5) 速 度

一般,对于厚壁或内部质量要求较高的铸件,应选择较低的充填速度和高的增压压力;对于薄壁或表面质量要求高的铸件以及复杂的铸件,应选择较高的比压和高的充填速度。

在压铸中,压铸速度有两个不同的概念:注射速度和充型速度。注射速度是指压铸机注射缸内压力油驱动的注射冲头的线速度。充型速度是指液态金属在压力作用下通过浇口进入型腔的线速度。铸造模具充模速度的主要作用是在凝固前将液态金属快速送入型腔,从而获得轮廓清晰、表面质量高的铸件。

填充速率根据合金的性质和铸件的结构性来确定。当充型速度较低时,铸件轮廓不清甚至无法成型;当充型速度高时,即使具有低的注射比压,也可以获得具有高表面质量的铸件。但过高的充型速度会导致许多技术缺陷,产生不利的压铸条件,主要有以下几点:

① 由于高速熔融金属流向空气的前方,低压模具堵塞排气通道,空气包裹在腔体中形成气泡。

② 将熔融金属雾化进入型腔并粘附在模具壁上,使之快速凝固成金属粒而不能与后续的熔融金属熔合形成表面缺陷(冷豆或冷隔),从而降低铸件的表面质量。

③ 高速金属流产生涡流,先将进入型腔的空气和冷金属包裹起来,使铸件产生气孔和氧化物夹杂物。

④ 高速金属流冲刷模壁,加速压铸模磨损。

（6）充填时间

自液态金属开始进入型腔起到充满型腔止，所需的时间称为充填时间。充填时间长短取决于铸件的体积大小和复杂程度。大而简单的铸件，充填时间要相对长一些；复杂和薄壁铸件充填时间要短些。充填时间与内浇口的截面积大小或内浇口的宽度和厚度有密切关系，因此必须确定。

（7）持压和开型时间

从液态金属充填型腔到内浇口完全凝固时，继续在压射冲头作用下的持续时间，称为持压时间。持压时间的长短取决于铸件的材质和壁厚。

持压后应开型取出铸件。从压射终了到压铸打开的时间，称为开型时间，开型时间应控制准确。开型时间过短，由于合金强度尚低，可能在铸件顶出和自压铸型落下时引起变形；但若开型时间太长，则铸件因温度过低，收缩大，对抽芯和顶出铸件的阻力亦大。一般开型时间按铸件壁厚 1 mm 需 3 s 计算，然后经试验后再做调整。

3. 压力铸造工艺的分类与应用

从使用平台上分，压力铸造工艺包括热室压铸（见图 3 – 31）和冷室压铸（见图 3 – 32）两类；从技术上分，则包括特种压铸和普通压铸。特种压铸包括真空压铸、充氧压铸、挤压压铸、半固态压铸等。

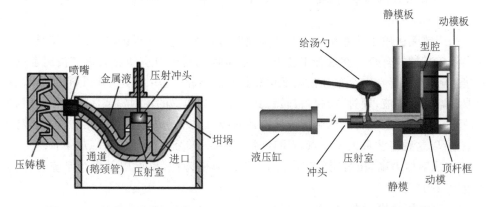

图 3 – 31　热室压铸的工艺特征　　　图 3 – 32　冷室压铸的工艺特征

冷、热室压铸是压铸工艺的两种基本方式。冷室压铸中金属液由手工或自动浇注装置浇入压射室内，然后压射冲头前进，将金属液压入型腔。在热室压铸工艺中，压射室垂直于坩埚内，金属液通过压射室上的进料口自动流入压射室。压射冲头向下运动，推动金属液从鹅颈管进入型腔。金属液凝固后，打开压铸模具，取出铸件，便完成了一个压铸循环。

（1）热室压铸

热室压铸有时也被称为鹅颈压铸，其金属池内是熔融状态的液态、半液态金属，压射室浸没于液态金属液中，一直处于高温状态。循环开始，机器的活塞处于收缩状态,这时熔融态的金属就可以填充鹅颈部位;采用气压或是液压活塞挤压金属,将它填入模具之内。这个系统的优点很多,如循环速度快(大约每分钟可以完成 15 个循环),容易实现自动化运作,温度波动小,余料少,生产简便;并且由于压射室浸没在金属液中,所以进入型腔的金属液含有的空气及氧化物杂质较少,液态金属的流形也好,铸件质量也就较好,十分适合薄壁件的生产。

实际生产中,多数采用锁模力小于 4 000 kN 的热室压铸机。通常其特点如下:

① 以低熔点合金的压铸为主,而以锌合金最为典型;对于高熔点合金的热室压铸,仍以镁合金较为适宜。

② 以小型压铸件的生产为宜,中、大型压铸件不宜采用热室压铸。

③ 因填充进入模具型腔的金属液始终在密闭的通道内流动,氧化夹杂物不易卷入,对压铸件的质量较为有利。

④ 由于不需要金属液的转移过程,在正常运行的状态下,生产效率较高。

⑤ 压射比压稍低,并且压射过程没有增压阶段,但对小型、薄壁件影响较小。

⑥ 压射冲头、浇壶、喷嘴等热作零部件的寿命难以掌握和控制,失效后更换较为费时。

⑦ 压铸过程的自动化较容易实现。

⑧ 更换或修理熔炉时,要拆装热作件,故增加了辅助时间。

(2) 冷室压铸

当压铸无法用于热室压铸工艺的金属时可以采用冷室压铸,包括铝、镁、铜以及含铝量较高的锌合金。在这种工艺中,冷室压铸机的压射室与金属液在浇料前是不直接接触的,需要在一个独立的坩埚中先把金属熔化掉,由自动定量舀料机从保温炉中取出熔融金属液,通过进料口被转移到一个未被加热的注射室或注射嘴中,然后通过液压或者机械压力将这些金属液体被注入模具之中。由于需要把熔融金属转移到冷室,所以这种工艺最大的缺点是循环时间很长。冷室压铸机的特点如下:

① 压射压力高,压射速度快,可用于生产薄壁铸件,也可用于生产厚壁铸件,应用范围较为广泛。

② 冷室压铸机可做到 800 t 及以上。

③ 适合于多种合金的压铸过程,适应性好。

④ 压铸机中的耗损件更换方便。

冷室压铸又可分为立式和卧式两种。立式冷室压铸机通常为小型机器,而卧式冷室压铸机则具有各种型号。

① 立式冷室压铸机适合锌、铝、镁、铜等多种合金的压铸;生产现场中用量较少,并以小型机占多数;压射室呈垂直放置,金属液浇入压射室后,气体在金属液上面,压射过程中包卷气体较少;压射压力经过的转折较多,使压力传递受到影响,压力传递不够充分。

② 卧式冷室压铸机的实用性更好,适合各种有色合金和黑色金属(尚不普遍)的

压铸,机器的大小型号较为齐全;生产操作少而简便,生产效率高,且易于实现自动化;压射系统的技术含量较高,能够较大程度地满足压铸工艺的各种不同的要求,以适应生产各种类型和各种要求的压铸件;压射室内金属液的水平液面上方与空气接触面积较大,压射时易卷入空气和氧化夹杂物;对于高要求或特殊要求的压铸件,采取相应措施仍能得到较满意的结果。

普通压铸件内气孔较多,不易热处理和焊接,影响使用性能,因此生产中几种新型压力铸造工艺也获得了发展与应用。常用的有真空压铸、半固态压铸、充气压铸和精密压铸等。

① 真空压铸,压铸时把铸型型腔内空气预先抽走,如图 3-33 所示。

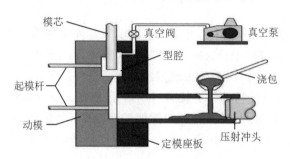

图 3-33　真空压铸的工艺特征

② 半固态压铸,压射前料筒内合金熔体的状态是含固体和液体的半固态混合体,半固态金属浆料以稳定的层流状态充填型腔,如图 3-34 所示。

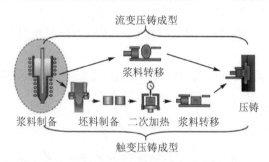

图 3-34　半固态压铸成型的工艺路线图

③ 充气压铸,压铸时先在铸型型腔内充满氧气,使液态金属与氧气形成固态氧化物,弥散地分布于铸件内部。

④ 精密压铸,液态金属低速充填铸型型腔,金属充满型腔后,用小活塞补充加压。

4. 压力铸造的技术特点

压铸过程中金属液在高压作用下高速压入模具型腔内,在压力作用下冷却凝固而形成晶粒细小且组织较为均匀的铸件,因此压力铸造具有自身的一些优势。

① 生产效率高。例如,卧式冷室压铸机平均 8 h 可压铸 600～700 次,小型热室压铸机平均 8 h 可压铸 3 000～7 000 次;压铸型寿命长,一副压铸铝合金的铸型寿命可达几十万次,甚至上百万次;在各种铸造工艺中,压铸方法生产率最高,适合大批量生产,生产过程容易实现机械化和自动化,在汽车、仪表、农机、电器、医疗器械等制造行业中得到广泛应用。

② 因为熔融金属在高压高速下保持高的流动性,因而能够获得其他工艺方法难以加工的金属零件。用压力铸造可制造形状复杂、轮廓清晰、薄壁深腔的铸件,并且铸件精度高、尺寸稳定、加工余量少、表面光洁,表面粗糙度 Ra 在 3.2 μm 以下,尺寸精度可达 4～7 级。

③ 铸件组织致密,具有较好的力学性能。由于铸件在压力作用下凝固,所获得的晶粒细小,所以铸件组织十分致密,强度较高。另外,由于激冷造成铸件表面硬化,形成 0.3～0.5 mm 的硬化层,铸件表现出良好的耐磨性。

④ 由压力铸造制作的铸件精度较高,材料利用率高。一般只要对零件进行少量加工便可进行装配,有的零件甚至无须机械加工就能直接装配使用。

⑤ 压力铸造采用镶铸法可制作出有特殊要求的铸件,可以省去装配工序并简化制造工艺。

压铸成型的缺点也是很明显的,主要体现在:

① 由于高速填充、快速冷却,型腔中气体来不及排出,致使压铸件常有气孔及氧化夹杂物存在,从而降低了压铸件质量。

② 压铸机和压铸模费用昂贵,不适合小批量生产。

③ 压铸件尺寸受到限制。因受到压铸机锁模力及装模尺寸的限制而不能压铸大型压铸件。

④ 压铸合金种类受到限制。由于压铸模受到使用温度的限制,目前主要用来压铸锌合金、铝合金、镁合金及铜合金等低熔点合金。

3.2.4 离心铸造

离心铸造是指将液体金属注入高速旋转的铸型内,使金属液做离心运动充满铸型并冷却形成铸件的一种技术和方法。由于离心运动使得液体金属在径向能很好地充满铸型并形成铸件的自由表面,不用型芯便能获得圆柱形的内孔;在离心力的作用下,后续金属液可以充入已结晶晶粒间的空隙,结晶组织致密且晶粒较细小;利用密度的差异,离心力有助于液体金属中的气体和夹杂物从金属液中排除,从而改善铸件的机械性能和物理性能。

1. 离心铸造的工艺原理

将融化的金属倒入预热的旋转模具中,模具可以在垂直或水平轴上转动,在离心力的作用下金属液体沉积在模具内壁上,持续产生的离心力会让内壁的熔融金属变得致密,而密度较小的杂质会漂浮在内径表面,待铸件凝固,部件便可从模具中取出。内径中的残留杂质会被清除,从而形成高质量的部件。在铸造过程中,由于铸件的内表面是自由形成的,而铸件厚度的控制全由液体金属的多少来决定,所以对所铸造金属的定量要求是比较高的。此外,由于铸造是在旋转情况下进行的,为了尽可能地消除金属飞溅现象,需要很好地控制金属进入模具时的方向。与传统的铸造不同,熔融金属是从外到内凝固,这有助于消除气孔缺陷。

在实际的生产过程中,由于热量是垂直于铸壁、连续地向外散发,所以会按定向凝固变成柱状晶。另外,由于离心力作用的惯性,导致液态金属与结晶产生相对滑动,所以后面的柱状晶又变为倾斜状,方向基本与铸型旋转的方向一致,而内层的液态金属因为相对运动降低了滑动,又重新增加了一层柱状晶。这种现象是离心铸造技术独有的特点。

离心铸造是现代工业中的重要工艺,并且应用非常广泛。用离心铸造制备空心旋转体铸件,不需要型芯和浇注系统,并且在离心力的效果下结晶能取得组织细密的铸件,省工省料,出产率较高,主要用来生产铸钢、铸铁金属材料的各类管状零件;同时,通过改进工艺,也可以浇注双金属轴套或轴瓦等。该工艺仅限于制作圆柱形,并且对尺寸具有限制。

离心铸造工艺过程的实施,必须采用离心铸造机创造使铸型旋转的条件。根据铸型旋转轴在空间位置的不同,常用的有立式离心铸造机和卧式离心铸造机两种类型,如图 3 - 35 所示。

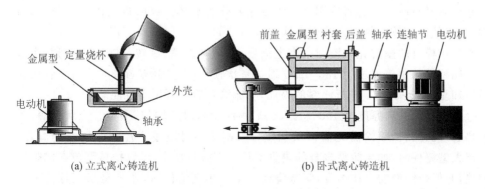

(a) 立式离心铸造机　　　　　　　　(b) 卧式离心铸造机

图 3 - 35　离心铸造工艺原理图

① 在立式离心铸造机上,铸型是绕垂直轴旋转的。离心力和液态金属在自身重力下,使得铸件上薄下厚,并且内表面呈抛物面的形状。在其他条件不变的情况下,铸件的高度越高,壁厚差越大,所以需要再经过切削工序才能制作出完整且质量符合标准的铸件。虽然多了一道工序,但这种铸造机依然得到广泛使用,主要用于生产各种环形铸件和较小的非圆形铸件。

② 在卧式离心铸造机上,铸型是绕水平轴旋转。卧式离心铸造机可以制作出壁厚非常均匀的圆筒形,铸件在冷却条件下也比较均匀,因此卧式离心铸造机主要用于

浇注各种管状铸件,如灰铸铁球墨铸铁的水管和煤气管,管径最小 75 mm,最大可达 3 000 mm。此外,卧式离心铸造机可浇注造纸机用的大口径铜辊筒,各种碳钢、合金钢管以及要求内外层有不同成分的双层材质钢轧辊。卧式离心铸造机还可以减少如裂纹、金属液偏析等质量缺陷的产生,提高铸件的质量。这一点是非常关键的,尤其是在立式离心铸造机无法满足铸造需求时,就可以更换为卧式离心铸造机。

2. 离心铸造的工艺组成

离心铸造的工艺实施主要包括以下几个关键工序:

(1) 离心铸造铸型的准备

由于金属型在大批量生产时具有一系列的优点,所以在离心铸造时广泛采用金属型,并且按其主体的结构特点可分为单层金属型和双层金属型两种。

在单层金属型中,型壁由一层组成,单层金属型结构简单、操作方便,但它损坏后需要制作新的铸型才能开始生产,并且在此铸型中只能浇注单一外径尺寸的铸件。而在双层金属型中,型壁由两层组成,铸件在内型表面成型。双层金属型结构虽复杂,但只要改变内型的工作表面尺寸就可以浇注多种外径尺寸的离心铸件。长期工作后,只需更换结构较简单的内型就可把旧铸型当作新的铸型使用。

(2) 铸型表面喷涂涂料

金属型离心铸造时,常需在金属型的工作表面喷刷涂料。使用涂料可使铸件粗糙的表面质量变得光滑,也便于铸件脱模。对离心铸造金属型用涂料的要求与一般金属型铸造时相同。为防止铸件与金属型粘合和铸铁件产生白口,在离心金属型上的涂料层有时较厚。离心铸造用涂料大多用水作为载体。有时也用固态涂料,如石墨粉,可以使铸件较容易地自铸型中取出。

圆柱形模具的壁首先涂覆耐火陶瓷涂层,其包括涂覆、旋转、枯燥和烘烤几个步骤。金属型筒的预热温度为 180～240 ℃。首次使用时,先预热至 300 ℃以上,然后自然冷却至 180～240 ℃进行涂料的喷涂,喷涂涂料后即可用于浇注。

金属型筒的涂料厚度为 1.0～1.5 mm,喷涂涂料时应均匀、平整。金属型筒、砂芯预热后喷涂涂料,喷涂后无需再次预热。喷刷涂料时应注意控制金属型的温度。在生产大型铸件时,如果铸型本身的热量不足以把涂料烘干,可以把铸型放在加热炉中加热,并保持铸型的工作温度,等待浇注。生产小型铸件时,尤其是采用悬臂离心铸造机生产时,希望尽可能利用铸型本身的热量烘干涂料,等待浇注。

(3) 浇 注

将熔融金属直接倒入旋转模具中,而不需要流道或浇注系统。首先由于铸件的内表面是自由表面,而铸件厚度的控制全由所浇注液体金属的数量决定,故离心铸造浇注时,对所浇注金属的定量要求较高。液体金属的定量有重量法、容积法和定自由表面高度(液体金属厚度)法等。此外,由于浇注是在铸型旋转情况下进行的,浇注易氧化金属液,或采用离心砂型时,浇注槽应使金属液能平衡地充填铸型,尽可能减少金属液的飞溅,减少对砂型的冲刷;浇注长度长、直径大的铸件时,浇注系统应使金属液能较快地均匀铺在铸型的内表面上;浇注终了后,浇杯和浇注槽内应不留金属和炉渣。

(4) 冷却与取件

铁水在浇注完成之后,需要冷却一定时间,待铸件冷却至一定温度,并具备较高的强度后中止旋转并移除铸件。

(5) 精加工

当离心力将细密金属驱动到模具壁时,任何不太细密的杂质或气泡均会流到铸件的内表面。这时需要二次加工,例如机械加工,磨削或喷砂处理,以清洁和滑润零件的内径。

3. 离心铸造的主要工艺参数

(1) 离心铸型转速

选择离心铸型的转速时,主要应考虑两个问题:

① 离心铸型的转速起码应保证液体金属在进入铸型后立刻能形成圆筒形,绕轴线旋转;

② 充分利用离心力的作用,保证得到良好的铸件内部质量,避免铸件内产生缩孔、缩松、夹杂和气孔。铸型的转速是离心铸造的重要参数,既要有足够的离心力以增加铸件金属的致密性,离心力又不能太大,以免阻碍金属的收缩。尤其是对于铅青铜,过大的离心力会在铸件内外壁间产生成分偏析。一般转速在几十到 1 500 r/min 之间。

铸件的重量和旋转半径是由铸件尺寸决定的,转速是改变离心力的关键因素。离心浇注整个过程中,当金属液浇入旋转的离心机模型内表面时,不能马上被拖动。转速由于液体与模型之间的摩擦力传到金属液,当模型内表面被覆盖后,所有金属将被加速到一定的速度。由于旋转的液体内部摩擦,金属会被拖动,在旋转时模型转速要超过淋落金属液的转速。在最佳转速下,金属液迅速被拖动而不淋落、不滑动,而铸件壁厚由于离心力作用半径方向存在一个压力梯度,有利于非金属夹渣物质排出。这个压力在内表面最低,外层最高,由于不同密度晶粒在一定转速下与不同压力相一致,因此高密度材料向外移动,低密度材料向内层移动。按这种方式,小颗粒和轻的非金属夹杂物被分布到内层,在加工时可去除。为建立金属液从外径向旋转中心(定向凝固)的温度梯度,通常金属浇注开始前就启动冷型的旋转;有时为了消除砂型铸造冷型出现的侵蚀、脏物等缺陷,浇注时通常采用相对低的旋转速度。

一方面,旋转速度越高,液态金属的旋转能力越强,这会使金属液更迅速地达到冷型速度,这样可以有效地防止金属液发生滑动或淋落,所以一般推荐更高的转速;另一方面,低温浇注金属液可降低滑动或淋落趋势。离心机的转速也不是越高越好,转速过高时,铸件容易产生偏析,尤其是铸件壁厚较大、结晶温度范围较宽的合金和合金中成分比重相差较大的元素。转速过高也会产生过多的应力,这些应力多集中在外表面,容易在铸件表面出现纵向裂纹。而且,高转速易使冷型受力不均导致冷型报废,转速过低铸件内圆会产生金属堆积,合金液中的氧化夹杂物不易分离,铸件易产生夹渣,所以选择合适的转速在离心铸造生产中至关重要。

（2）浇口位置的选择

离心铸造的浇口没有重力铸造及其他铸造方式要求的那么严格,但浇口位置选择不当也会使铸件产生缺陷,主要缺陷如浇口附近过厚,纵向壁厚不均,远离浇口的位置较薄,铸件两头氧化夹杂物较多等。卧式离心机中尽量将浇口伸进冷型1/4至1/3处较为理想,浇口方向既不能顺着离心机的旋转方向,也不能顶着离心机的旋转方向,较为合理的浇口方向为始终与离心机的旋转方向形成15°左右的夹角,最大不得超过30°。

（3）浇注速度的选择

浇注速度应以先快后慢为原则,快速浇注有利于合金液迅速充满铸型,减小浇注速度,有利于合金能够实现快速逐层凝固,避免在冷型内"飞溅",尤其是厚大铸件更加明显。因此浇注时应采用低温、大流股、快速浇注的方法,让其在铸型型腔内很快凝固。合金液容易在铸件的浇口部位产生缩孔缺陷,因此采用"先快后慢、先大后小、先低后高"的12字浇注方法,即当离心机工作时用大流股、低压头合金液快速充满冷型后立刻放慢速度,最后适当减小合金液流股,提高浇注压头缓慢浇注,但要注意不能断流。

（4）浇注温度的确定

浇注温度一般在熔点的基础上上升120～200 ℃,浇注温度过高则不利于保护铸型,这也是为了保证铸型型腔内的气体能充分排出。

（5）铸件脱模温度的确定

铸件在离心力的作用下充型、凝固,冷却至700 ℃左右时,离心力基本上已不起作用,可停机将铸型移开,以保护离心机;待铸件自然冷却至300 ℃左右脱模。

离心铸造生产过程中,金属过滤、浇注温度、铸型转速、炉渣利用、涂料使用、铸件脱型、浇注系统设计、浇注定量等是工艺问题,直接关系着铸件质量以及生产效率,在工艺实施中应引起足够的重视。

① 金属过滤。有些合金液中有较多难以除去的渣滓,可在浇注系统中放各种过滤网清除,如泡沫陶瓷过滤网、玻璃丝过滤网等。

② 浇注温度。离心铸件大多为管状、套状、环状件,金属液充型时遇到的阻力较小,又有离心压力或离心力加强金属液的充型能力,故离心铸造时的浇注温度可较重力浇注时低 5～10 ℃。

③ 铸型转速。铸型转速是离心铸造时的重要工艺因素,不同的铸件、不同的铸造工艺,铸件成型时的铸型转速也不同。过低的铸型转速会使立式离心铸造时金属液充型不良,卧式离心铸造时出现金属液雨淋现象,也会使铸件内出现疏松、夹渣、铸件内表面凹凸不平等缺陷;铸型转速太高,铸件上易出现裂纹、偏析等缺陷,

砂型离心铸件外表面会形成胀箱等缺陷,还会使机器出现大的振动、磨损加剧、功率消耗过大。所以,铸型转速的选择原则应是在保证铸件质量的前提下,选取最小的数值。

④ 炉渣利用。为克服厚壁离心铸件双向凝固所引起的皮下缩孔缺陷,可在浇注时把造渣剂与金属液一起浇入型内,炉渣覆盖在铸件内表面上,阻止内表面的散热,创建由外向里的顺序凝固条件,消除皮下缩孔。同时,造渣剂还可以起到精炼金属液的作用。浇注造渣剂的方法是:浇注时在浇注槽中撒粉状造渣剂;把熔融的渣滓与金属液一起浇入铸型内。

⑤ 涂料使用。离心金属型用涂料的组成与重力金属型铸造相似。浇注细长离心铸件时,由于清除铸型工作面上的残留涂料较为困难,故涂料组成中粘结剂在高温工作后的残留强度应尽量低,以便于清除。

⑥ 铸件脱型。为了提高生产效率,在保证质量的前提下,应尽早进行铸件的脱型。有时为了防止铸件的开裂,脱型后的铸件应立即放入保温炉或埋入砂堆中降温。对一些不易脱型又需缓冷防裂的铸件,则可在铸型停止转动后立刻把有铸件的铸型从离心铸造机上取下,埋入砂堆中缓慢冷却,至室温时再进行脱型。

⑦ 浇注系统设计。离心铸造时的浇注系统主要指接受金属的浇杯和与它相连的浇注槽,有时还包括铸型内的浇道。设计浇注系统时,应注意以下原则:

a. 浇注长度长、直径大的铸件时,浇注系统应使金属液能较快地均匀铺在铸型的内表面上。

b. 浇注易氧化金属液或采用离心砂型时,浇注槽应使金属液能平衡地充填铸型,尽可能减少金属液的飞溅,减少对砂型的冲刷。

c. 浇注成型铸件时,铸型内的浇道应能使金属液顺利流入型腔。

d. 浇注终了后,浇杯和浇注槽内应不留金属和炉渣。如有残留金属和炉渣,也应易于清除。

⑧ 浇注定量。离心铸件内径常由浇注金属液的数量决定,故在离心浇注时,必须控制浇入型内的金属液数量,以保证内径大小。在浇注包的支座上安装压力传感器进行离心浇注自动定量和保温感应炉电磁泵定量浇注在生产中也已应用。

4. 离心铸造的工艺特点

由于离心铸造时液体金属是在旋转情况下充填铸型并进行凝固的,因而离心铸造便具有下述的一些特点:

① 在离心力的驱使下,金属结晶从铸型壁逐步向铸件内表面顺序进行,具有一定方向性地冷却结晶,从而改善了补缩环境,使一些炉渣、气体、夹杂物等杂质集中于铸件内表层,也是因为离心力的作用使得铸件其他部分组织细密。在离心力的驱使下,金属液体甩向铸型侧壁,使气孔、缩孔等铸造类缺陷在压力的作用下弥合,从而得到组织致密的铸件,其机械性能得以提高。

② 离心铸造不需要浇道口,也不需要铸造冒口,铸造空心铸件时还可省去型芯,

金属利用率可达 80%～90%。

③ 对于中空铸件的生产最为适合，相比于传统的砂型铸造可以省去活动型芯的拆装，节省原材料的消耗，降低其生产成本及劳动强度。

④ 由于旋转时液体金属所产生的离心力作用，离心铸造可提高金属充填铸型的能力，因此一些流动性较差的合金和薄壁铸件都可用离心铸造法生产。

⑤ 不足之处在于，金属中的气体、炉渣等夹杂物因密度较轻而集中在铸件的内表面上，所以内孔的尺寸不精确，质量明显较差，铸件易产生成分偏析和密度偏析。

离心铸造已广泛应用于铸铁管、气缸套、铜套、双金属管状制品、无缝管坯、造纸机滚筒、功能梯度材料等铸件的生产。离心铸造机如今已实现了高度自动化、机械化，一些机械化离心铸管厂已实现了十几万吨的年产量。

3.2.5 连续(半连续)铸造

连续(半连续)铸造是一种先进的铸造方法，其原理是将熔融的金属不断浇入一种叫作结晶器的特殊金属型中，凝固(结壳)了的铸件，连续不断地从结晶器的另一端拉出。它可获得任意长或特定长度的铸件。

连续铸造在国内外被广泛采用，如连续铸锭(钢或有色金属锭)、连续铸管等。连续铸造与普通铸造比较，优点如下：

① 由于金属被迅速冷却，结晶致密，组织均匀，机械性能较好。

② 连续铸造时，铸件上没有浇注系统的冒口，节约了金属，提高了收得率。

③ 简化了工序，免除造型及其他工序，因而减轻了劳动强度，所需生产面积也大为减少。

④ 连续铸造生产易于实现机械化和自动化，大大提高了生产效率。

发展连续铸造技术是我国铸造生产进行工艺改进与产品结构优化的重要手段，将使我国金属材料生产的低效率、高消耗现状得到根本改变，并推动产品结构向专业化方向发展。

连续铸造的工序布置：

① 将液态金属送往连铸机。

② 金属通过分配器流入结晶器。

③ 在水冷结晶器中凝成铸坯。

④ 从结晶器拉出铸坯。

⑤ 进一步除去铸坯的热量，例如在结晶器下喷水。

⑥ 铸坯的切割及运送。

目前在铸造生产中常用的几种连续铸造工艺，包括立式半连续铸造、立式连续铸造、弧形连续铸造、水平连续铸造、上引连续铸造等。

1. 立式半连续铸造

立式半连续铸造具有设备简单、生产灵活的特点，适宜铸造各种铝及铝合金、铜及铜合金的圆、扁锭。立式半连续铸造机的传动方式分为液压、丝杠和钢丝绳,由于液压传动比较平稳,已被更多地采用。结晶器可以根据需要以不同的振幅和频率进行振动。图 3 - 36 所示为铝合金铸锭的半连续铸造示意图。

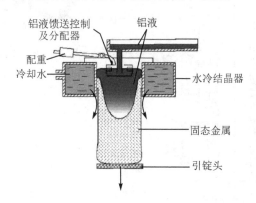

图 3 - 36 铝合金铸锭的半连续铸造示意图

2. 立式连续铸造

立式连续铸造具有产量大、成品率高(98%左右)的特点,适宜大规模、连续生产品种和规格单一的铸锭。其工艺原理为:浇铸和铸坯凝固全部过程都是在垂直状态中进行的连续铸钢/炼铁类型。金属液罐、水冷结晶器、二冷区、拉矫机、切割设备以及定尺铸坯的转移等一系列设备和操作均布置在一条垂直的中心线上,如图 3 - 37、图 3 - 38 所示。金属液从中间罐注入结晶器后,初凝铸坯经二冷区加速凝固,由拉坯机以设定的拉速拉出,经切割后,定尺铸坯经翻转后将铸坯放至水平状态由输送辊道运出。

立式连续铸造主要工艺特点:

① 金属液从中间罐注入直立的结晶器,钢液中大颗粒夹杂物及部分小夹杂有可能上浮到表面,使用保护渣浇注时,夹杂可被保护渣吸收,而残留在铸坯内的夹杂物分布较均匀。

② 铸坯的冷却均匀,凝固组织对称性好。

③ 坯在凝固过程及在铸机内不受弯曲、矫直等外力的作用,铸坯内部不会有机械应力引起的裂纹缺陷,且由于钢水静压力较大,易于凝固补缩,所以立式连续铸造适宜浇注铸铁、合金钢及其复合制品及裂纹敏感性高钢种的圆柱体或方形制品。

但是立式连续铸造设备总高度大。由于铸坯在垂直状态凝固,设备总高度还要随浇铸坯断面的增加和拉坯速度的提高而增大,使得铸坯定尺越长铸机高度越大。一般立式铸机的高度比弧形连铸机的高度大 2 倍。例如大型板坯或方坯铸机的高度(浇铸平台到输出辊道的上表面距离)在 30 m 以上,一般较小断面的立式铸机高度也需要 20 m 左右,所以厂房高度很高,或者将铸机部分设备建在地坑中。

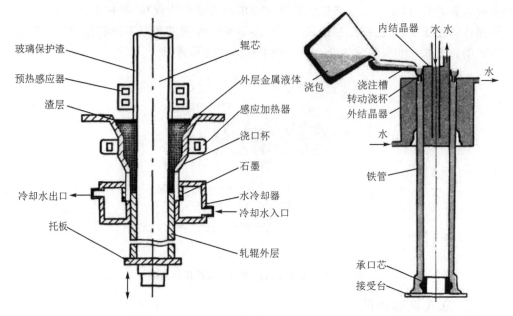

图 3-37　连续铸造法生产复合轧辊示意图　　　　图 3-38　连续铸管示意图

3. 弧形连续铸造

弧形连铸机是在立弯式连铸机的基础上发展而来的。这种连铸机的结晶器及二次冷却装置布置在同一半径的圆弧上,大致占一个圆的 1/4,从二冷区出来的弧形铸坯在圆弧的最低点(1/4 圆的切线处)被拉矫机矫直后,从水平方向出坯,如图 3-39所示。由于该设备高度低,铸坯内部钢液的静压较小,由此而产生的鼓肚现象随之减少,且由于水平方向出坯,铸坯的定尺长度可不受限制。缺点是内弧夹杂物容易集聚,并且其弧形结晶器加工较复杂。

目前,钢铸坯的生产大都采用这种形式。

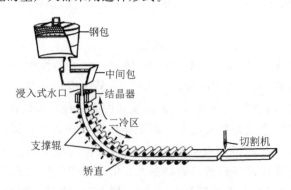

图 3-39　弧形连续铸造的工艺原理图

4. 水平连续铸造

水平连续铸造指的是金属液由水平方向注入水平放置的结晶器内,铸坯凝固过程和在铸机内运动直至到达冷床均呈水平状态。水平连铸机的各个工艺设备(中间罐、结晶器、铸坯导向和二次冷却装置、拉坯机、输送辊道,切割设备等)均沿车间地坪呈水平状态布置在一条直线上,如图 3-40 所示。

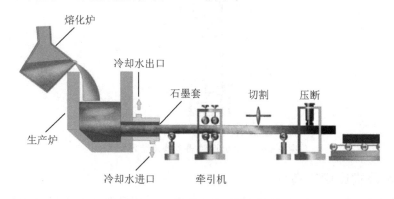

图 3 - 40　水平连续铸造示意图

水平连续铸造方法的优点是:工序短、制造成本低、生产效率高,同时也是一些热加工性能不佳的合金材料所必需的生产方式。目前,水平连续铸造方法是锡磷青铜带、锌白铜带、磷脱氧铜空调管等常用铜产品制坯的主要方式,也是铅黄铜棒、锡磷青铜棒、锡锌铅铜棒、硅青铜棒等产品的主要生产方式。

水平连续铸造方法的缺点是:适宜的合金品种比较单一,结晶器内套即石墨材料的消耗较大,锭坯横断面的结晶组织上下均匀性不易控制。锭坯下部因重力作用紧贴结晶器内壁受到持续的冷却,晶粒较细;上部因气隙的形成以及由于熔体温度较高而造成锭坯凝固滞后现象,使得冷却速度变慢,结晶组织较粗,这一点对于大规格的锭坯尤为明显。

5. 上引连续铸造

上引连续铸造是近二三十年迅速发展起来的铸造技术,其原理是从熔融的金属或合金溶液中缓慢连续地抽出具有一定形状的固态金属线材、板材等,如图 3-41 所示。该方法的主要特点是:可直接从熔融的金属或合金溶液中制取连续的线材或板材,无需经过铸造、挤压、拉拔、轧制等加工过程,缩短了加工周期,降低了加工过程的污染及损耗;连续生产能力强,单炉生产能力可达 500 kg;设备简单、投资小、金属损耗少、环境污染较低等,适于紫铜、无氧铜线坯的生产。近年来发展的新成就是其在大直径管坯和黄铜、白铜方面的推广应用,目前已开发出年产 5 000 t,直径 100 mm以上管坯的上引连铸机组,并且已经生产出二元普通黄铜和锌白铜三元合金线坯,线坯的成品率可达 90% 以上。

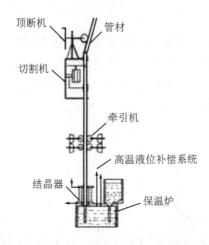

图 3-41 上引连续铸造铸工艺示意图

6. 轮带式连续铸造

轮带式连续铸造是指熔融金属在带定型槽沟的环形轮和钢带组成的结晶腔中，连续凝固成带、棒、线坯的连续铸造法，如图 3-42 所示。其工艺原理为：金属液连续浇入截面为 H 形轮状的浇铸轮外圆的胚槽中，通过浇铸轮和包裹其下半圈的钢带旋转使得胚槽中铝水凝固结晶；通过喷淋水快速冷却旋转的钢带实现铝水结晶的间接热交换。

其生产速度大幅度提高，工序连贯，能源损耗减少。采用钢带转动间接冷却方式可使铸坯表面无裂纹、氧化皮少，提高了成品的质量和精度，具有较好的经济效益。

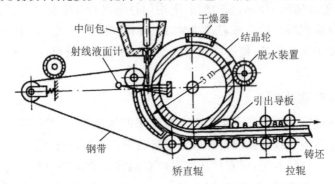

图 3-42 轮带式连续铸造工艺示意图

使用连续铸造方法可以浇注铜合金、铝合金等的棒坯、线坯等。

3.2.6 其他铸造方法

其他常用的特种铸造方法有石膏型精密铸造、陶瓷型精密铸造、消失模铸造、低压铸造、差压铸造、真空吸铸、挤压铸造、壳型铸造、石墨型铸造及电渣熔铸等。其基本特点如下：

① 改变铸型的制造工艺或材料；

② 改善液体金属充填铸型及随后的冷凝条件。

石膏型精密铸造是 20 世纪 70 年代发展起来的一种精密铸造新技术。它是将熔模组装并固定在专供灌浆用的砂箱平板上，在真空下把石膏浆料灌入，待浆料凝结后经干燥即可脱除熔模，再经烘干、焙烧成为石膏型，在真空下浇注获得铸件。石膏型精密铸造适于生产尺寸精确、表面光洁的精密铸件，特别适宜生产大型复杂薄壁铝合金铸件，也可用于锌、铜、金、银等合金铸件。石膏型精密铸造已经被广泛应用于航空、宇航、兵器、电子、船舶、仪器、计算机等行业的零件制造上。

陶瓷型铸造是在砂型熔模铸造的基础上发展起来的一种新工艺。陶瓷型是利用质地较纯、热稳定性较高的耐火材料作为造型材料，用硅酸乙酯水解液作粘结剂，在催化剂的作用下，经灌浆、结胶、起模、焙烧等工序而制成的。采用这种铸造方法浇出的铸件，具有较高的尺寸精度和表面光洁度，而且生产周期短、金属利用率高，最大铸件可达十几吨，主要用于铸造大型厚壁精密铸件和铸造单件小批量的冲模、锻模、塑料模、金属模、压铸模、玻璃模等各种模具。

消失模铸造（又称实型铸造）是将与铸件尺寸形状相似的石蜡或泡沫模型粘结组合成模型簇，刷涂耐火涂料并烘干后，埋在干石英砂中振动造型，在负压下浇注，使模型气化，液体金属占据模型位置，凝固冷却后形成铸件的新型铸造方法。消失模铸造是一种接近无工艺余量、精确成型的新工艺，该工艺无需取模、无分型面、无砂芯，因而铸件没有飞边、毛刺和拔模斜度，并减少了由于型芯组合而造成的尺寸误差。消失模铸造适用于钢、铁、铝、铜等各种牌号，各种材质不同结构的大、中、小各类铸件，对结构复杂铸件的效果更佳。但消失模铸造工艺还不太成熟，应用受到限制。

低压铸造是指铸型一般安置在密封的坩埚上方，坩埚中通入压缩空气，在熔融金属的表面上造成低压力（0.06～0.15 MPa），使金属液由升液管上升填充铸型并控制凝固的一种铸造方法。这种铸造方法补缩好，铸件组织致密，容易铸造出大型薄壁复杂的铸件，无需冒口，金属收得率达 95%，无污染，易实现自动化，但设备费用较高，生产效率较低。一般用于铸造有色合金。

差压铸造（又称反压铸造、压差铸造）是在低压铸造的基础上派生出来的一种铸造方法。与低压铸造的不同点是，在铸型外罩个密封罩，内充压缩气体，使铸型处于气体的一定压力之下。金属液充型时，使保温炉中气体的压力大于铸型中气体的压力，如低压铸造时那样，实现金属液的充型、保压和增压。但此时铸件是在更高的压力作用下结晶凝固的，所以可保证获得致密度更高的铸件。

真空吸铸是一种在型腔内造成真空，将金属液由下而上地吸入型腔，进行凝固成型的铸造方法。其工艺原理是：把熔模壳型放在密封室内，密封室下降，直浇道浸入液体金属中，而后启动真空泵将密封室抽成真空，液体同时被吸铸。型壳内铸件凝固后，真空状态解除，浇道内的残余金属液回流到熔炉中，经清砂得到真空吸铸铸件。

挤压铸造是一种既具有铸造特点，又类似模锻的新兴金属成型工艺。它是将一定量的被铸金属液直接浇注入涂有润滑剂的型腔中，并持续施加机械静压力，利用金属铸造凝固成型时易流动和锻造技术，使已凝固的硬壳产生塑性变形，金属在压力下结晶凝固并强制消除因凝固收缩形成的缩孔缩松，以获得无铸造缺陷的液态模锻制件。

壳型铸造是用薄壳铸型生产铸件的一种铸造方法。用树脂砂制造薄壳铸型或壳芯可显著减少使用的型砂数量，获得的铸件轮廓清晰，表面光洁，尺寸精确，可以不用机械加工或仅少量加工。因此壳型铸造特别适用于生产批量较大、尺寸精度要求高、壁薄而形状复杂的各种合金的铸件。但壳型铸造使用的树脂价格昂贵，模板必须精密加工，成本较高，在浇注时还会产生刺激性的气味，这在某种程度上限制了这种方法的广泛应用。

石墨型铸造是在石墨材料制成的铸型中浇注金属的一种铸造方法。石墨型膨胀系数低，导热性好，不被金属液侵蚀，不会粘模，所以铸件尺寸精确，表面光洁，结晶组织细化，力学性能有所提高。通常在有色合金铸件方面应用较多。

电渣熔铸是一种使金属精炼和铸造成型一次完成，生产出优质合金铸件的电渣冶金工艺。它是利用电流通过液渣所产生的电阻热，不断地将金属电极熔化，熔化的金属汇聚成滴，穿过渣层滴入金属熔池，同时在异型水冷模内凝固成铸件的技术。电渣熔铸过程中，金属的熔化、精炼、结晶、成型等几道工序是在异型水冷结晶器(铸模)内同时进行的，由于金属材料受合理渣系有效的精炼，使得金属中的非金属夹杂物、有害元素、有害气体被大量去除，从而获得高纯度的熔铸件。同时，由于铸件在水冷铸模内快速冷却、顺序结晶，使得金属的组织致密、成分均匀，消除了机械和物理性质的异向性，低倍组织得到改善；一般铸件中常见的发纹、疏松、缩孔、夹渣、偏析等缺陷基本被消除，铸件性能得到提高。该工艺现已被广泛地应用于石油化工、造船、军工等机械部门生产高质量零件毛坯。

3.3 铸造清洁生产工艺设计基础

清洁生产的经济学含义就是绿色经济，将整体预防的环境战略持续应用于生产过程、产品和服务中，以增加生态效率、减少生产对人类及环境造成的风险。清洁生产是一种先进生产力，可以实现生产过程的资源综合利用，其理念基于"3R"原则，分别是"减量化、再使用、再循环"。减量化是从源头上减少进入生产和消费流程的物质量；再使用则指通过再使用，防止产品过早成为垃圾；再循环即资源化或再生利用，通过把废弃物再次变为资源，以减少最终处理量。

清洁生产是实施可持续发展的重要手段，其核心内容是"节能、降耗、减污、增效"。作为一种全新的发展战略，清洁生产对于企业实现经济、社会和环境效益的统一，提高市场竞争力也具有重要意义。首先，清洁生产是一个系统工程，通过工艺改造、设备更新、废弃物回收利用等途径,可以降低生产成本,提高企业的综合效益。其次,它也强调提高企业的管理水平,提高管理人员、工程技术人员、操作工人等员工在经济观念、环境意识、参与管理意识、技术水平、职业道德等方面的素质。最后,清洁生产还可有效改善操作工人的劳动环境和操作条件,减轻生产过程对员工健康的影响。

3.3.1　铸造企业实施清洁生产的必要性

我国是世界铸造大国,铸件产量已连续多年位居世界首位,2022 年我国各类铸件产量达 5 170 万吨,占到全球产量的 40% 以上。但是,我国铸造行业整体呈现大而不强的局面,目前我国铸造企业的技术水平与欧美发达国家相比,还存在较大的差距,铸件出口仍然以中低端产品为主,对于一些特殊的高端产品,则需要从国外进口。我国铸造企业中采用砂型铸造的企业占比达 80% 以上。其中除少数大型企业铸造技术先进、生产设备精良、环保措施基本到位外,大多铸造企业依旧工艺技术落后、生产设备陈旧、环保问题未提到工作日程上来。群体性普遍存在着不同程度的环境污染问题,在企业内部亦存在较大的生产管理、工艺流程、装备技术方面的问题。

1. 铸造生产的现状与问题

铸造行业劳动条件比较恶劣,对环境的危害也非常大。铸造企业在生产过程中排放的大量废水、废气,产生的粉尘和噪声,已经对企业周围居民的生活与工作造成了很大的影响。废水导致企业周围的水变质,严重影响植物的生长,废气导致空气质量大大下降,粉尘和噪声让人没有办法忍受,这一切对居民的生命健康造成了非常大的威胁。

作为中国乃至世界制造业的重要基础,铸造行业的生产过程中主要产生水污染、大气污染、固体废物等几大方面的问题,即"工业三废"(废水、废气、废渣),其次是噪声、余热、能耗、温室气体排放等环境问题。

(1) 污水排放

污水排放在铸造企业中普遍存在。主要污水排放源可能包括:

① 生产工序中,如部分企业使用的水煤气炉、水力清砂、冲天炉水淬渣、热处理的水淬过程等;

② 设备(包括冶炼设备、除尘设备等)中冷却循环水的排放;

③ 旧砂湿法再生工艺中会排放大量废水;

④ 酸洗废水、电镀废水、压铸机、空压机等机器产生的含机油废水、无损检测荧光渗透检测排放的废水等;

⑤ 部分企业采用湿式除尘工艺产生的废水;

⑥ 厂区地面和屋顶雨水。

(2) 铸造企业空气污染和室内空气污染

其主要来源包括:

① 造型部、落砂清理部、砂回收部等与砂有关的作业中产生的粉尘;

② 冶炼设备燃烧产生的烟尘等,其中粉尘的主要成分是冶金粉尘、碳粉尘和粉尘,此外还有二氧化硫、氮氧化物和其他气态空气污染物;

③ 浇注时产生的烟尘,包括铸型中粘结剂和涂料的挥发,消失模中的苯、甲苯等有毒有害有机物等;

④ 其他无组织排放,如原料粉碎、筛分、运输、加工过程中产生的少量粉尘。

综上所述,目前铸造车间生产实施中仍存在比较严重的环境污染问题,其中的症结表现在:

① 生产过程的工人操作原始,劳动强度大,环境恶劣(表现在脏、乱、差);

② 机械化程度低,操作的机械设备落后、老化和安全隐患多;

③ 车间工艺布置、工艺流程零乱,机械化控制水平低,安全防护措施差;

④ 环境粉尘多、烟气大,环保状况差,排放不达标;

⑤ 车间生产管理及产品质量的检测手段落后。

2. 铸造清洁生产的意义

《铸造行业"十二五"发展规划》在发展目标中明确指出:"坚持绿色铸造战略,从节约资源方面要做到减量化、再循环、再利用;减少铸件废品、提高铸件质量、减少生产过程的能源消耗,推进循环经济和清洁生产。"

我国铸造行业面临环境保护的严重困扰。据报道,我国采用手工造型为主的铸造厂占 80%~95%,冲天炉配备有效环保设施的不到总数的 5%,工厂现场环境恶劣,劳动作业条件差,制造技术落后,粗放式生产铸造企业占 80% 以上。从铸造产业结构来看,企业既有从属于主机生产厂的铸造分场或车间,也有专业铸造厂,还有大量的乡镇铸造厂。就生产水平和规模来看,既有机械化程度高、工艺先进、年产数万吨铸件的大型铸造厂,也有设备简陋、手工操作、工艺落后、年产百余吨铸件的小型铸造厂。当前,世界经济化进程的加速为我国铸造业的发展既提供了机遇,又提出了挑战。随着我国资源与环境压力的日益增大,铸造行业应以"实现可持续发展、建设资源节约型、环境友好型社会"为目标,采取工艺革新、技术改造、管理创新等手段实施清洁生产,实现经济效益与社会效益的双丰收。

据统计,我国自然资源因浪费而匮乏,节能减排是经济发展的必然要求。实践证明,清洁生产对于减少生产过程中的能源、物料的消耗和废弃物产生具有十分重要的作用,是铸造企业实现经济发展和环境保护协调发展的有效途径。

① 清洁生产是可持续发展战略的需要。可持续发展的两个基本要求告诉我们,环境和资源是发展的基础,发展又为环境和资源保护提供经济实力支持。清洁生产的实质是贯彻污染预防原则,从生产设计、能源与材料选用、工艺技术与设备维护管理等社会生产和服务的各个环节实施全过程控制,从生产和服务源头减少资源的浪费,促进资源的循环利用,控制污染的产生,实现经济效益和环境效益的统一。

② 清洁生产是环境保护事业发展的需要。当前我国工业污染防治的主要做法

包括：

a. 通过颁布污染物排放标准,征收超标排污费,促使企业进行治理;

b. 采用限期治理和关、停、并、转、迁等强制手段,解决严重的污染问题;

c. 通过技术改造,提倡并鼓励三废综合利用,提高资源利用率,采用先进工艺,减少污染物的产生量;

d. 推行污染排放总量控制和试行排污许可证制度。

清洁生产是提高企业潜力的必由之路。由于过去工业生产重效益轻环境保护的错误发展理念,造成了工业发展与环境诸多方面的不协调,因此在工业系统中开展清洁生产的潜力非常巨大。

① 清洁生产有利于企业整体素质的提高。清洁生产是一个包括工业生产全过程,涉及各行业主管部门和企业的系统工程;既有技术问题,又有管理问题,它对企业的素质提出更高的要求。如煤炭洗选是煤炭加工利用的基础,它从根本上改善了煤炭产品的质量,是提高煤炭附加值、减少大气污染的重要手段。

② 清洁生产有利于增加企业的竞争力。清洁生产不是单纯地削减废物排放、控制工业污染,它是使企业在加强管理、科学地进行物料平衡、改变生产工艺等措施之下,产生良好的经济效益。在节约资源、降低消耗、提高产品质量和降低成本的效益驱动下,有利于企业的科技进步,增加市场竞争能力和发展后劲。传统产业发展的最佳模式是"清洁生产＋末端控制",从源头抓起,以防为主,综合治理。

③ 清洁生产有利于企业减轻治污费用。清洁生产使污染物排放量大大减少,末端处理处置量负荷大大减轻,处理处置的建设投资和运转费用大大降低。

④ 清洁生产有利于企业避免治理风险。清洁生产可以避免或减少末端处理可能产生的风险,如填埋、储存的泄露,污水处理产生的污泥。

⑤ 清洁生产有利于企业工作环境的改善。清洁生产改善了生产环境和操作环境,降低了对人体健康的影响。

我国工业要想持续稳定地发展,首先必须改变高消耗、高投入的发展模式,走技术进步,提高经济效益、节约资源的集约化道路;其次,要改变偏重"末端治理"的环境管理模式。我们需要建立一种与现实国情和未来利益相适合的工业发展和环境管理模式,使我国工业还处在初级发展阶段的关键时期,就把保护环境和改善环境作为工业发展战略目标,走清洁生产之路。

3. 铸造清洁生产工艺设计的技术要求

按照中国铸造协会颁布的标准文件《铸造绿色工艺规划要求和评估 导则》(T/CFA 0308052—2019)中关于清洁生产的描述,铸造清洁生产的工艺设计的目标是,通过使用清洁能源和原料、采用先进的生产工艺技术与设备改进、综合利用等措施,在保证铸件出品率以及铸件合格品率的前提下,从源头削减污染、提高资源利用率。

因此,在铸造清洁生产的技术要求中,除了普通铸造生产过程的工艺设计内容外,更要强调节能降耗、环境保护、资源循环利用等。第一,铸造工艺的设计以保证铸件质量、提高生产效率为第一要务。为了获得健全的合格铸件,降低铸件成本,在生产准备过程中必须根据铸件结构特点、技术要求、生产批量、生产条件等,合理地制定出铸造工艺方案,确定铸造工艺参数,绘制图样和标注符号、编制工艺和工艺规程等,使铸型制造、铸型结构、熔炼与浇注、铸件清理等工序能够顺利实施。这是进行生产、管理、铸件验收和经济核算的依据。其主要内容是铸件结构和铸造工艺性分析和优化、铸型结构、铸造工艺参数的确定(如加工余量、分型负数、工艺补正量等)、浇注系统设计、冒口设计、冷铁设计等。第二,以节能降耗、降低成本为目标,根据铸件使用要求优选合金牌号,优化结构设计;采用先进的工艺手段,如熔炼时的富氧送风、金属液的过滤净化技术等,优化浇注温度、浇注速度、浇注时间等工艺参数,以高效生产实现节能降耗的目标。第三,以清洁、环保型原辅料及其应用技术替代传统原辅料及其应用技术等,采用先进快速准确的检测及控制技术,优化铸造生产过程,消除或减少铸件废品,提高铸件成品率,减轻由于检测不及时或失准而造成的能耗及污染。第四,采用适用有效的末端治理技术,减少已产生污染物向环境排放。

铸造清洁生产是社会可持续发展战略在制造业中的一个体现,应结合我国铸造业的生产能力、技术水平、产品质量等级、能耗和原材料、铸造技术人才等情况入手,借鉴国外理论研究与实践的成果,建立铸造生产过程中不同的生产环节环保设计的基本标准,规范铸件生产的企业行为,提升我国铸造行业的技术水平。

3.3.2 铸造工艺设计的基本原则

铸造工艺设计的核心目标是选择选用洁净工艺原料、确定合理的工艺参数、操作过程简单可行等获得结构合理的高质量铸件,并使污染物、废弃物降低到最低水平。为了保证铸件质量,对于铸造过程中各个主要工序,如配砂、熔炼、造型和造芯、合箱浇注、清砂精整等,都要制订出工艺守则,规定各个工序中共同遵守和执行的一般的工艺操作方法。但由于铸件的结构、技术要求等各不相同,它们的铸造工艺还有其本身的特殊要求,所以必须根据铸件的具体要求来编制各自的铸造工艺。

铸造工艺设计的原则:

① 质量第一原则。产品质量不仅是企业获取利润的保证,而且是保证顾客利益不受损害的基本要求。因此,工艺设计应充分考虑认真审查图纸、零件的结构是否适合,同时考虑金属牌号、金相组织、机械性能、尺寸偏差等技术要求,保证铸件达到所要求的质量水平。

② 安全至上原则。确保企业生产中的人身安全和设备安全是企业获得良好经济效益的根本保证。应保证铸造原材料要尽可能无毒、无害,工艺操作规程能够便利实施,无不安全因素。

③ 高效原则。所设计的生产工艺应有利于生产效率的提高,包括单位工时、单位作业面积产出率提升,以及提高生产设备的利用率,延长模样、芯盒等工装的使

用寿命,从而实现企业经济效益的提高。充分利用车间现有的设备,减轻操作工的劳动强度;所设计的工艺应保证尽可能使大量的铸件很快离开车间的生产现场,提高生产面积的利用率;使铸件生产的上、下工序(模样车间和机械加工车间等)成本最低。

④ 适应原则。生产工艺不仅要适应所生产的产品,包括产品的数量、质量要求,以及其他技术要求;而且还要适应产品的生产企业的具体情况,比如设备条件、操作人员的技术水平和操作习惯、原材料供应情况等。应尽量采用价格较便宜、容易采购到的原材料。尽量采用标准的或通用的工装。必须设计专用工装时,在保证质量和劳动生产率高的前提下,尽可能设计简单、制造方便和成本较低的专用工装。

⑤ 环境友好原则。生产工艺要确保综合利用资源,大力降低原材料和能源的消耗;积极采取无污染或只有轻微污染的新技术,使产品制造过程中产生的副产品能重新使用或出售;保护生态环境,追求物质和能源利用效率的最大化和废物产量的最小化。必须符合技术安全和环保卫生的规定,保证操作工在较好的劳动环境下工作。

⑥ 有效指导原则。同一铸件可能有多种铸造工艺方案,在保证铸件质量和高的劳动生产率的前提下,应选择最容易、最方便的方案,使其对操作工的技术要求较低,劳动力成本能够降低;而且减少因操作复杂而发生的铸造缺陷。所设计的工艺应能对产品生产相关人员进行有效的指导,包括工艺正确,工艺表达规范、清晰、简洁。

3.3.3　铸件的结构工艺性分析

铸件的工艺性,即在保证铸件质量的前提下铸造的难易程度。铸件结构设计除应符合机器设备本身的要求和机械加工工艺性的要求外,还应符合铸造工艺的要求,使铸造工艺流程中各工序操作简便,效率提高,成本降低,质量易于保证。因此,在铸件结构设计时,应尽量做到结构合理,使用性能易于保证,生产工艺过程简单、生产成本低。在设计铸造工艺方案时,也应对零件结构的工艺性进行认真分析,使得设计的工艺方案能保证铸件质量,且工艺简便。

1. 铸造工艺过程对铸件结构的要求

铸造工艺对铸件结构设计的基本要求主要体现在五个方面:

① 铸件结构形状应符合造型工艺的要求,应尽量减少分型面、分模面、模型活块和砂芯数量。

② 应尽量改进妨碍起模的凸台、凸缘和筋板等结构。

③ 有利于砂芯的固定和排气,尽量避免采用悬壁砂芯。

④ 应尽量避免使用大的水平面。

⑤ 应尽量采用规则的平面、圆柱面,不采用曲线形状和不必要的连接圆弧。

铸造工艺过程对铸件结构的要求如表 3-2 所列。

表 3 - 2　铸造工艺过程对铸件结构的要求

对铸件结构的要求	不好的结构简图	较好的结构简图
（1）铸件外形应力求简单、造型简便		
① 应尽量减少分型面和砂芯数量，避免多箱造型和不必要的型芯		
② 铸件外形上的凹槽、凸台的设计，应有利于取模，避免不必要的型芯与活块		
③ 铸件与加强筋的布置，应有利于取模		
④ 铸件设计时，应避免制模与造型等工序实施的复杂化		
⑤ 沿起模方向的非加工面，应尽量留出结构斜度，方便起模		

对铸件结构的要求	不好的结构简图	较好的结构简图
（2）铸件内腔应力求简单，尽量减少型芯		
① 尽量少用或不用型芯		
② 型芯结构便于固定，有利于排气		
③ 为便于固定型芯以及型芯清理，应设计型芯头或工艺孔		

2. 合金材料对铸件结构的要求

表 3-3 列出了合金材料对铸件结构方面的要求，主要包括：

① 充分考虑合金凝固及收缩特性，尽可能避免受阻收缩，减少残余应力。

② 按合金种类设计零件壁厚，考虑零件强度、充型难度，尽可能减薄以充分利用金属，并相应简化铸造工艺。

③ 铸件壁厚应尽量均匀，以避免集中缩孔及缩松，并减小应力。

④ 壁的连接要合理。铸件壁的连接应呈圆弧状，不允许出现尖角，以免造成应力集中而产生裂纹。

⑤ 铸件应有合适的加强筋。在设计铸件时，常加设合适的加强筋来增加薄壁件的强度和刚度，以防止裂纹和变形。

表 3 - 3　合金材料对铸件结构的要求

对铸件结构的要求	不好的结构简图	较好的结构简图
① 铸件壁厚应尽可能均匀，避免在壁厚处产生缩孔、缩松，同时减少应力的存在	缩松	

对铸件结构的要求	不好的结构简图	较好的结构简图
② 铸件的转角处应设计为圆角,减少残余应力	裂纹	
③ 铸件上部的大水平面最好设计为倾斜面,避免形成气孔和聚集非金属夹杂物		出气口
④ 应尽量减少受阻收缩的结构		
⑤ 在铸件壁的连接或转弯处,厚壁与薄壁应逐步过渡		
⑥ 对于细长或大而薄的平板结构,应采取对称或加强筋的结构,避免变形等缺陷		

3. 铸造方法对铸件结构的要求

不同的铸造方法其铸型的冷却条件、液态金属充满铸型的条件和过程、铸型的开合过程均各不相同,因而对铸件的结构设计也有不同。

举例来说,普通砂型铸造与压力铸造相比较,前者在重力下充型,而后者则在高压高速条件下充型。在其他条件相同的情况下,两者的合金液充填能力差别较大,因而能铸造出的铸件最小壁厚大不相同,后者要比前者小得多。在重力铸造中,砂型的冷却速度比金属型慢,因而能铸出的铸件最小壁厚一般比金属型的小。在铸件的结构形状方面,砂型铸造具有很大的灵活性,可铸造出形状十分复杂的铸件,而压力铸造和挤压铸造,因受模具结构与加工、开模取件等方面的限制,其结构形状(特别是内腔)不能太复杂。

设计铸件时,应考虑铸造工艺过程对铸件结构的要求,即必须考虑模样制造、造型、制芯、合箱、浇注、清理等工序的操作要求,以简化铸造工艺过程,提高生产率,保证铸件质量。

3.3.4　铸造工艺的方案设计

正确的铸造工艺方案,可以提高铸件质量,简化铸造工艺,提高劳动生产率。铸造工艺方案设计的内容主要有工艺方法的选择、浇注位置及分型面的选择、型芯的设计等。

1. 铸造工艺方法的选择

目前铸造方法的种类繁多,各种铸造方法都有其特点和应用范围。究竟应该采用哪一种方法,应考虑零件特点、合金种类、批量大小、铸件技术要求的高低以及经济性。

铸造方法的选择主要遵循以下四个原则:

(1) 优先采用砂型铸造

据统计,我国或者国际上在全部铸件产量中,60%～70%的铸件是用砂型生产的,而且其中70%左右是用粘土砂型生产的。主要原因是砂型铸造较其他铸造方法成本低、生产工艺简单、生产周期短。所以像汽车的发动机气缸体、气缸盖、曲轴等铸件,都是用粘土湿型砂工艺生产的。当湿型不能满足要求时再考虑使用粘土砂表干砂型、干砂型或其他砂型。粘土湿型砂铸造的铸件重量可从几公斤直到几十公斤,而粘土干型生产的铸件可重达几十吨。一般来讲,对于中、大型铸件,铸铁件可以用树脂自硬砂型来生产,铸钢件可以用水玻璃砂型来生产,可以获得尺寸精确、表面光洁的铸件,但成本较高。当然,砂型铸造生产的铸件精度、表面光洁度、材质的密度和金相组织、机械性能等方面往往较差,所以当铸件的这些性能要求更高时,应该采用其他铸造方法,例如熔模(失蜡)铸造、压铸、低压铸造等。

(2) 铸造方法应和生产批量相适应

例如砂型铸造,大量生产的工厂应创造条件采用技术先进的造型、造芯方法。老式的震击式或震压式造型机生产线生产率不够高,工人劳动强度大、噪声大,不适应大量生产的要求,应逐步加以改造。对于小型铸件,可以采用水平分型或垂直分型的无箱高压造型机生产线,实型造型生产效率又高,占地面积也少;对于中型铸件,可选用各种有箱高压造型机生产线、气冲造型线,以适应快速、高精度造型生产线的要求,造芯方法可选用冷芯盒、热芯盒、壳芯等高效制芯方法。中等批量的大型铸件,可以考虑应用树脂自硬砂造型和造芯。单件小批生产的重型铸件,手工造型仍是重要的方法,手工造型能适应各种复杂的要求,不要求很多工艺装备,可以应用水玻璃砂型、VRH法水玻璃砂型、有机酯水玻璃自硬砂型、粘土干型、树脂自硬砂型及水泥砂型等。对于单件生产的重型铸件,可采用地坑造型法,成本低,投产快。对于批量生产或长期生产的定型产品,可采用多箱造型、劈箱造型法,虽然模具、砂箱等开始投资高,但可从节约造型工时、提高产品质量方面得到补偿。

低压铸造、压铸、离心铸造等铸造方法,因设备和模具的价格昂贵,所以只适合批量生产。

(3) 造型方法应适合工厂条件

例如同样是生产大型机床床身等铸件,一般采用组芯造型法,在地坑中组芯;而其他企业因工厂条件不同,也可以采用砂箱造型法。不同的企业生产条件(包括设备、场地、员工素质等)、生产习惯、所积累的经验各不一样,应该根据这些条件考虑适合做什么产品和不适合(或不能)做什么产品。

(4) 要兼顾铸件的精度要求和成本

各种铸造方法所获得的铸件精度不同,初投资和生产率也不一致,最终的经济效益也有差异,因此,要做到多、快、好、省,就应当兼顾到各个方面。应对所选用的铸造方法进行初步的成本估算,以确定经济效益高又能保证铸件要求的铸造方法。

常用铸造方法的特点和适用范围如表3-4所列。

2. 铸件浇注位置的确定

浇注位置是指浇注时铸件在铸型中所处的位置。铸件浇注位置的选择,取决于合金的种类、铸件结构及轮廓尺寸、质量要求以及现有的生产条件。浇注位置对铸件的质量、尺寸精度及工艺难度有很大影响。选择浇注位置时,以保证铸件质量为前提,同时尽量简化造型工艺和浇注工艺。选择铸件浇注位置的主要原则:

① 铸件上质量要求高的部分及主要工作面、重要加工面、加工基准面和大平面,应尽量朝下或垂直安放,如图3-43、图3-44所示。

铸件在浇注时,朝下或垂直安放部位的质量一般都比朝上安放部位的质量好,因为下部及侧面出现缺陷的可能性小。当有多个重要加工面时,应将较大加工面朝下,而对于朝上的加工面则采取加大加工余量的办法,以保证朝上的表面在加工后无气孔、夹砂、砂眼等缺陷,例如机床床身导轨采用朝下的浇注位置方案比较合理。

表 3-4 常用铸造方法的特点和适用范围

铸造方法	铸件材质	铸件质量	表面光洁度	铸件复杂程度	生产成本	适用范围	工艺特点
砂型铸造	各种材质	几十克到几百吨	差	简单	低	最常用的铸造方法。手工造型适用于单件、小批量，形状复杂难以使用造型机器的大型铸件；机械造型适用于大批量生产中小型铸件	手工造型：灵活容易，但生产效率低，劳动强度大，尺寸精度和表面质量低。机器造型：尺寸精度和表面质量高，但投资大
金属型铸造	有色合金	几十克到 20 kg	良好	复杂	金属模具的制造成本较高	小批量或大批量生产的有色合金铸件，也适用于生产铸钢件	铸件尺寸精度高，表面质量好，组织致密，机械性能好，生产效率高
熔模铸造	铸钢和有色合金	几克到几千克	非常好	任何复杂性	批量生产较完全机械加工生产成本低	各种批量铸钢和高熔点合金的小型复杂精密铸件，特别适用于生产艺术品和精密机械零件	尺寸精度高，表面光滑，但生产效率低
陶瓷型铸造	铸钢和铸铁	几千克到几百千克	非常好	复杂	非常高	模具和精密铸件	尺寸精度高，表面光滑，但生产效率低
石膏型铸造	铝、镁、锌合金	几十克到几十千克	非常好	较复杂	高	单件到小批量	该模具耐火性低，适用于中低熔点合金铸件；透气性差，定向充型，凝固时间长，铸件表面光滑，性能优良，但生产效率低

续表 3－4

铸造方法	铸件材质	铸件质量	表面光洁度	铸件复杂程度	生产成本	适用范围	工艺特点
低压铸造	有色合金	几十克到几十千克	良好	复杂	金属模具的制造成本高	大、中型有色合金铸件的小批量，更好是大批量，可用于生产各种薄壁铸件	铸件组织致密，工艺成品率高，设备简单，可使用各种模具，但生产率相对较低
压力铸造	铝合金、镁合金	几克到几十千克	良好	复杂	模具的制造成本很高	批量生产各种有色合金中小型铸件、薄壁铸件和耐压铸件	铸件尺寸精度高，表面光滑，组织致密，生产效率高，成本低，但压铸机和模具成本高
离心铸造	灰铸铁、球墨铸铁	几千克到几吨	较好	一般为圆筒形铸件	低	小批量到大批量的各种直径的旋转铸件和管件	铸件尺寸精度高，表面光滑，组织致密，生产效率高
连续铸造	钢、有色合金	大型铸件	差	长形连续铸件	低	固定截面的长铸件，如钢锭、钢管等	结构紧凑，机械性能好，生产效率高
消失模铸造	各种材质	几克到几吨	较好	复杂	低	不同批次的复杂和各种合金铸件	铸件尺寸精度高，设计自由度大，工艺简单，但烧模对环境有一定的影响

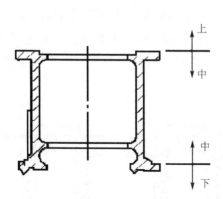
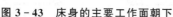
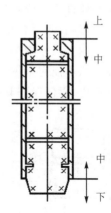

图 3 - 43　床身的主要工作面朝下　　　图 3 - 44　卷扬筒的工作面置于侧壁

② 铸件的厚大部位应放在上部,尽量满足铸件自下而上顺序凝固。铸件厚大部位易产生缩孔、缩松缺陷,应尽量将其放在上部或分型面附近,以便在上部设置冒口,促使铸件自下而上向冒口方向顺序凝固。这一原则对体收缩较大的铸钢件和铝、镁合金铸件尤为重要。

③ 应保证铸件有良好的液态金属导入位置保证铸型充满。决定浇注位置时,应考虑液态金属的导入位置和导入方式。例如铝、镁合金铸件经常采用底注式或垂直缝隙式浇注系统、内浇道均匀分布在铸件四周和要求液体金属平稳地注入型腔等特点,将水平面较大的一面放在下部。对具有薄壁的铸件,应将薄壁部分放在下半部或置于内浇道以下,以免出现浇不到或冷隔等缺陷。

④ 应尽量少用或不用砂芯,若需要使用砂芯时,应保证其安放稳固、通气顺利和检查方便。铸件浇注位置的选择,除了要考虑上述原则外,还应尽量简化造型、造芯、合箱和浇冒口的切割等工艺,以减少模具制造工作量和合金液的消耗。

3. 分型面的选择

在砂型铸造中,为完成造型、取模、设置浇冒口和安装砂芯等需要,砂型必须由两个或两个以上的部分组合而成,砂型的分割或装配面称为分型面。铸型分型面,主要取决于铸件的结构。

通常应根据下列原则选择和确定分型面。

(1) 分型面应选在铸件最大截面处

如图 3 - 45 所示,分型面应选在铸件最大截面处,以保证顺利拔出模样而不损坏铸型。这样选择分型面往往可减少活块或砂芯,也可使砂箱不致过高,造型操作方便。

141

（2）尽量将铸件全部或大部分放在同一个砂箱内

尽量将铸件全部或大部分放在同一个砂箱内，如图3-46所示。分型面对铸件的精度会有影响，除了合箱会引起偏差外，还会因合箱不严而产生披缝，造成垂直于铸件分型方向上尺寸增加。如果能将铸件全部或大部分置于同一砂箱内，则可减少这类偏差。当不能完全做到这一点时，应尽量将铸件的主要加工面和加工基准面置于同一砂箱内，以便保证其精度。

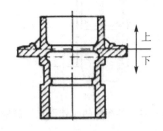

图3-45 分型面选在最大直径处

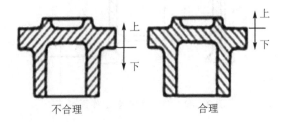

不合理　　　　　合理

图3-46 应将铸件全部或大部置于同一砂箱内

（3）尽量减少分型面的数量

分型面少，铸件精度容易保证。机器造型的中小件，一般只许可一个分型面，凡不能出砂的部位均采用砂芯，而不允许用活块或多分型面。

对机器造型来说，一般只能有一个分型面，如图3-47所示的绳轮铸件，大批量生产时，为便于机器造型，可按a分型方案，采用环状型芯，将两个分型面减为一个分型面。当然在单件生产时，采用手工造型时，为减少工装的制造，采用b分型方案，三箱造型，两个分型面也是合理的。

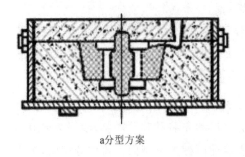

a分型方案

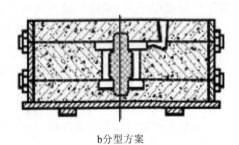

b分型方案

图3-47 绳轮铸件的分型面

分型面的形状可以是平面、折面、曲面等，最简单的是平面，方便加工，容易保证精度，如图3-48所示。但在大批量生产、机器造型的情况下，为减少分型面，往往又在局部曲折分型时尽量采用规则曲面。在手工单件生产时，采用多分型面有时也是合理的。所以，分型面数目的多少，还应考虑具体的生产条件，如图3-49所示。

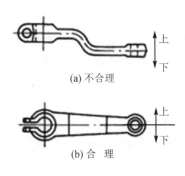

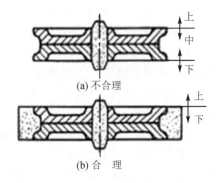

图 3 - 48　分型面尽可能选择平面　　　　**图 3 - 49　尽可能减少分型面**

在轻合金铸造中,常采用底注式浇注系统,一般难以将砂芯安放在同一半型中形成整个铸件。为了既能保证铸件内部质量和尺寸精度要求,又能采用底注式浇注系统,往往增加一个分型面,采用三箱铸型结构,把砂芯安置在底箱,整个铸件在中箱成型,横浇道和内浇道开设在中箱的下分型面处。此种方案造型工艺虽复杂,但是铸件质量有保证。这种三箱铸型结构,在航空发动机机匣、壳体和框架类铸件生产中应用较多。

（4）考虑工艺特点

尽量使加工及操作工艺简单:砂型铸造中,分型面一般都应该选择在铸件浇注时的水平位置,避免垂直分型面。因为水平造型,下芯和合箱后,再翻动铸型进行浇注,就可能引起砂芯位置移动,影响铸件尺寸精度。

在手工造型时,因模样和芯盒尺寸精度较低,在下芯合箱时需检查型腔尺寸,调整砂芯位置,保证铸件壁厚均匀,故在考虑分型面时,应尽量将主要型腔和砂芯放在下半型。

金属型铸造生产中,选择分型面应保证金属型能顺利开型和取出铸件,一般采用垂直或互相垂直的分型面,这样有利于采用合理的浇注系统、安设冒口、排除型腔中的气体。

4. 型(砂)芯设计

型芯是铸型的一个重要组成部分,是形成铸件的内腔、孔洞、侧面有突出或凹陷等阻碍取模部分的外形以及铸型中有特殊要求(如螺纹等)的部分。

型芯应满足以下要求:型芯的形状、尺寸以及在铸型中的位置应符合铸件结构和铸造工艺要求;具有足够的强度和刚度;在铸件形成过程中型芯所产生的气体能及时排出型外;铸件收缩时阻力小;制芯、烘干、组合装配和铸件清理等工序操作简便;芯盒结构简单和制芯方便等。

型芯设计主要包括:确定砂芯形状、个数和下芯顺序,设计芯头结构和核算芯头大小等,其中还要考虑型芯的通气、制作和材料选择等。

（1）型芯的种类及其应用选择

型芯依据制作的材料不同可分为以下几类：

① 砂芯。即用石英砂等制作的型芯，其制作容易、价格便宜，可以制出各种复杂的形状，砂芯强度和刚度一般能满足使用要求，铸件收缩时阻力小，铸件清理方便，在砂型铸造中得到广泛的应用。在金属型铸造、低压铸造等工艺中，对于形状复杂的内腔也用砂芯来形成。

② 金属芯。在金属型铸造、压力铸造等工艺中，广泛应用金属材料制作型芯。金属芯强度和刚度好，得到的铸件尺寸精度高，但对铸件收缩的阻力大，对于形状复杂的孔腔抽芯比较困难，选用时应引起足够重视。

③ 可溶性型芯。用水溶性盐类制作型芯或作为粘结剂制作的型芯为水溶芯。此类型芯有较高的常温和高温强度，发气性低，抗粘砂性好，铸件浇注后用水即可方便地溶失型芯。水溶芯在砂型铸造、金属型铸造、压力铸造等工艺方法中都有一定的应用。

近代航空发动机上的空心叶片等铸件用熔模铸造方法制造时，其空心内腔常用陶瓷型芯。它是以矿物岩等无机物为原料，在混合及成型后，经过一定的高温焙烧而制成的质地坚硬的制品。铸件清理后，陶瓷型芯用碱水煮等方法溶失掉。

（2）确定砂芯的形状及数量

砂芯设计的主要工作之一是根据铸件结构和工艺方案确定砂芯如何分块（即采用整体结构还是分块组合结构）和各个分块砂芯的结构形状，确定时总的原则如下：

① 保证铸件内腔尺寸精度，便于下芯及检查。凡铸件内腔尺寸要求较严格的部分，应由同一砂芯形成，如图 3-50 所示。

② 复杂的大砂芯、细而长的砂芯可分为几个小而简单的砂芯，可分成数段，并设法使芯盒通用。大而复杂的砂芯，分块后芯盒结构简单，制造方便。砂芯上的细薄连接部分或悬臂凸出部分应分块制造，待烘干后再装配粘结在一起，如图 3-51、图 3-52 所示。

③ 尽量减少砂芯的数量，以保证精度。

5. 铸造工艺参数的确定

铸造工艺参数主要包括：铸造收缩率、机械加工余量、工艺余量、工艺补正量、起模斜度、最小铸出孔及槽、铸造圆角等。在某些情况下，还要考虑分型负数、反变形量、砂芯负数等。这些工艺数据一般都与铸件的尺寸精度有密切关系，对简化操作工艺、降低生产成本、提高劳动生产率也有很大影响。

（1）铸件尺寸公差

铸件尺寸公差与铸件的基本尺寸、生产规模、合金种类和铸造方法等有关。我国铸件尺寸公差标准参见 GB 6414—86，它适用于砂型铸造、金属型铸造、低压铸造、压力铸造和熔模铸造等在正常生产条件下所生产的各种铸造合金铸件。有些航空航天产品参照国家标准也制定了自己的行业标准，如 HB 6103—86 等。

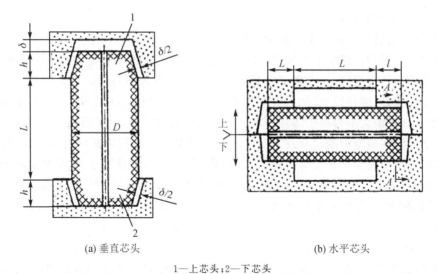

(a) 垂直芯头　　　　　　　　　　　　(b) 水平芯头

1—上芯头；2—下芯头

图 3 - 50　型芯头的结构

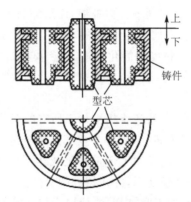

图 3 - 51　车轮铸件的型芯分块

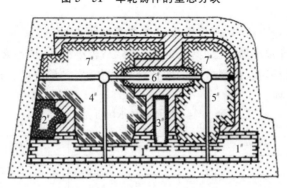

图 3 - 52　复杂内腔的型芯分块

　　不同生产规模、不同铸造方法的各种铸造合金能达到的铸件尺寸公差等级可查阅以上相关资料。

（2）机械加工余量

铸件上为进行机械加工而预留的切除厚度称为机械加工余量。机械加工余量过大，将浪费金属和机械加工工时，增加零件成本；过小，则不能完全除去铸件表面的缺陷，甚至露出铸件表皮，达不到设计要求。加工余量的大小与铸造合金的种类、铸造方法、生产批量、铸件尺寸、加工精度的要求以及加工面在浇注时的位置等因素有关。

加工余量的大小取决于铸件材料、铸造方法、铸件尺寸，以及形状复杂程度、生产批量、加工面在铸型中的位置及加工面的质量要求。一般灰铸铁件的加工余量小于铸钢件，有色金属件小于灰铸铁件；手工造型、单件小批、形状复杂、大尺寸、位于铸型上部的面及质量要求高的面，加工余量大些；机器造型、大批生产，加工余量可小些。铸件的机械加工余量一般按 GB/T 11350—89 或 HB 6103—86 的相关规定进行选用。

（3）铸件工艺余量

铸件工艺余量，是为了满足工艺上的某些要求而附加的超出铸件结构的部分。工艺余量主要用于如下情况：

① 为保证铸件顺序凝固，有利于冒口补缩，而附加的工艺余量即补贴。一般情况下，工艺补贴余量应尽量附加在加工表面；若在非加工表面，就需要另行安排机械加工。

② 为保证铸件机械加工精度和简化铸造工艺、模具结构，对一些需要进行加工、尺寸精度要求较高的小孔、凸缘、台阶，以及难以铸造的狭窄沟槽等，均应附加工艺余量，最后通过机械加工去掉。

除上述两种主要形式外，有的还将机械加工所需的工艺凸台（辅助基准）、为防止铸件变形或热裂而增设的工艺筋、为改善合金液充填条件而在铸件薄壁处增大的厚度，以及为防止铸件由于变形造成加工余量不足或达不到加工精度要求而增大的加工余量等，都当作铸造工艺余量处理，并在铸件图上标注。

工艺余量一般都在机械加工时被切除，所以必须在铸件图上标注清楚。

（4）铸件的孔和槽

铸件的孔、槽是否铸出，不仅取决于工艺上的可能性，还须考虑其必要性。较大的孔、槽应铸出，可减小加工工时，同时减少热节；较小的孔、槽不必铸出，留待加工更经济。不加工的特形孔、价格较高的非铁金属铸孔，应尽量铸出。铸件的最小铸出孔直径如表 3 - 5 所列。

表 3 - 5 铸件的最小铸出孔直径

mm

生产情况	灰铸铁件	铸钢件
大量生产	12～15	—
成批生产	15～30	30～50
单件、小批生产	30～50	50

注：① 若是加工孔，则孔的直径应为加上加工余量厚的数值；

② 有特殊要求的铸件例外。

（5）起模斜度（铸造斜度）

为了方便起模或铸件出型，在模样、芯盒或金属铸型的出模方向留有一定斜度，以免损坏砂型或铸件，这个斜度称为起模斜度（铸造斜度），如图 3 - 53 所示。

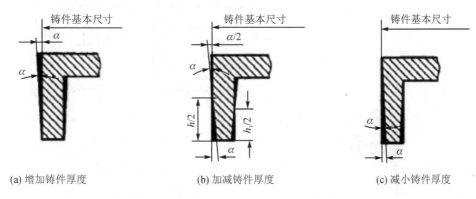

(a) 增加铸件厚度　　　　　(b) 加减铸件厚度　　　　　(c) 减小铸件厚度

图 3 - 53　起模斜度的形式

起模斜度的大小应根据立壁的高度、造型方法和模样材料来确定。立壁越高，斜度越小；外壁斜度比内壁小；机器造型的一般比手工造型的小；金属模斜度比木模小。具体数据可查有关手册。一般外壁为 $1.5°\sim3°$，内壁为 $3°\sim10°$。加工表面上的起模斜度应结合加工余量直接表示出，而非加工表面上的斜度（结构斜度）仅需要文字注明。

（6）铸造收缩率

铸件在凝固和冷却过程中会发生线收缩而造成各部分尺寸缩小。在制造模具时，必须将模样尺寸放大，这个放大值称为铸件收缩余量。收缩余量，由铸件图所示的尺寸乘以铸造线收缩率求出。

一般收缩率的选择大致如下：

　　　　灰铸铁为 $0.7\%\sim1.0\%$　　　　铸造碳钢为 $1.3\%\sim2.0\%$

　　　　铝硅合金为 $0.8\%\sim1.2\%$　　　　锡青铜为 $1.2\%\sim1.4\%$

影响铸造收缩率的因素有：合金种类、铸件结构、铸型种类，型、芯材料的退让性，以及浇冒口系统的布置和结构形式等。要精确地确定其数值有一定的难度，应根据生产中积累的经验或查相关资料来选取。

（7）浇注系统和冒口

1）浇注系统

浇注系统是引导金属液流入铸型型腔的一系列通道的总称，包括浇口杯（外浇口）、直浇道、横浇道、内浇道等，如图 3 - 54 所示。

2）冒　口

铸型中设置的可以起到储存金属液作用的空腔，提供体收缩时所需的金属液，防止产生缩孔、缩松等（冒口清除），如图 3 - 55 所示。

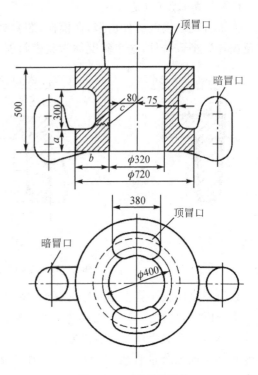

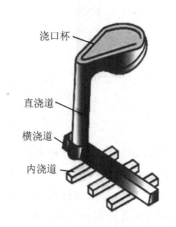

图 3-54 浇注系统的结构

图 3-55 冒口的结构

冒口的主要设计原则：

① 冒口的凝固时间应大于或等于铸件(被补缩部分)的凝固时间。

② 冒口应有足够大的体积,以保证足够的金属液补充铸件的液态收缩和凝固收缩。

③ 在铸件整个凝固的过程中,冒口与被补缩部位之间的补缩通道应畅通,使扩张角始终向着冒口。

④ 冒口应设置在铸件热节圆直径较大的部位。

冒口有明冒口与暗冒口之分,也可分为顶冒口、侧冒口、贴边冒口等。明冒口一般都设置在铸件顶部,与大气相通,排气及浮渣效果较好,它在轻合金铸件、铸铁件及中小型铸钢件的生产中多有使用。暗冒口可设置在铸件的任何位置上,在铸钢件的生产中经常选用暗冒口。

一般情况下,根据铸件结构特点,结合浇注位置、浇注系统类型以及冷铁的应用等工艺因素的影响,先确定铸件的热节位置,则冒口应设在铸件热节的上方或侧旁,并且尽量设在铸件最高、最厚的部位。对于低处的热节增设补贴或使用冷铁,创造补缩的有利条件。当铸件结构复杂时,通常把铸件划分成几个区域,在每一个区域内设置一个合适的冒口。

确定冒口尺寸时,首先应计算整个铸件坯料的整体收缩量,通常采用比例法计算冒口的直径、高度等。具体的计算过程可参阅相关铸造工艺手册等资料,这里不作详述。

3）冷铁设计

冷铁的主要作用:

① 形成顺序凝固的次序;

② 增大凝固过程的温度梯度,加速铸件局部厚大部位的凝固速度;

③ 细化晶粒组织,提高铸件的力学性能。

冷铁设计的主要内容是确定冷铁放置的位置、冷铁的形状和尺寸大小。

① 确定冷铁在铸型中的位置,主要分析铸件的热节及大小等,然后考虑冷铁的作用特点以及铸件的结构、形状,同时还需要考虑冒口和浇注系统的位置。

② 冷铁的形状取决于使用冷铁部位铸件的形状和冷铁所应起的作用。

③ 冷铁尺寸主要是确定冷铁的厚度。虽然已有人提出了根据铸件凝固时的热分析或冷铁的激冷能力来计算冷铁厚度的方法,但与实际应用还有很大的距离。目前生产中是根据冷铁的作用和放冷铁处铸件热节的大小来确定冷铁的厚度。

6. 铸造工艺文件

主要包括画铸造工艺图、铸件毛坯图、铸型装配图和编写工艺卡片,表 3-6 给出了铸造工艺图、铸件图、铸型装配图和编写工艺卡片的设计内容、方法和应用等。一般情况下,生产批量较大的定型产品、某些具有特殊技术要求的单件生产的铸件,铸造工艺设计要求非常详细,工艺内容涉及较多。其他单件、小批量生产的一般性产品,铸造工艺设计内容可以简化,往往绘制一张铸造工艺图即可。

表 3-6　铸造工艺设计的一般内容和程序

项　目	内　容	用途及应用范围	设计程序
铸造工艺图	在零件图上,用标准（JB 2435—78）规定的红、蓝色符号表示出:浇注位置和分型面,加工余量,铸造收缩率（说明）,起模斜度,模样的反变形量,分型负数,工艺补正量,浇注系统和冒口,内外冷铁,铸肋,砂芯形状,数量和芯头大小等	用于制造模样、模板、芯盒等工艺装备,既是设计这些金属模具的依据,也是生产准备和铸件验收的根据。适用于各种批量的生产	① 零件的技术条件和结构工艺性分析; ② 选择铸造及造型方法; ③ 确定浇注位置和分型面; ④ 选用工艺参数; ⑤ 设计浇冒口、冷铁和铸肋; ⑥ 砂芯设计

项　目	内　容	用途及应用范围	设计程序
铸件图	反映铸件实际形状、尺寸和技术要求。用标准规定的符号和文字标注，反映内容：加工余量，工艺余量，不铸出的孔、槽，铸件尺寸公差，加工基准，铸件金属牌号，热处理规范，铸件验收技术条件等	是铸件检验和验收、机械加工夹具设计的依据。适用于成批、大量生产或重要的铸件	在完成铸造工艺图的基础上画出铸件图
铸型装配图	表示出浇注位置，分型面、砂芯数目，固定和下芯顺序，浇注系统、冒口和冷铁布置，砂箱结构和尺寸等	是生产准备、合箱、检验、工艺调整的依据。适用于成批、大量生产的重要件，单件生产的重型件	通常在完成砂箱设计后画出
铸造工艺卡	说明造型、造芯、浇注、开箱、清理等工艺操作过程及要求	用于生产管理和经济核算。依据批量大小填写必要内容	综合整个设计内容

（1）铸造工艺图

铸造工艺设计中，在进行零件结构的铸造工艺性分析和选择合适的铸造方法及铸造工艺方案后，很重要的工作是绘制铸造工艺图，如图 3－56 所示，即将所选择的铸造工艺方案（如浇注位置、分型面等）、砂芯设计以及所选择的各种工艺参数用规定的符号绘制在零件图上。铸造工艺图有两种，一种是在零件图上用红、蓝两色绘制，常称彩色铸造工艺图；另一种是用墨线绘制。两者所用工艺符号都是按 JB 2435—78 规定的铸造工艺符号，共有 24 种，可查相关手册或资料。

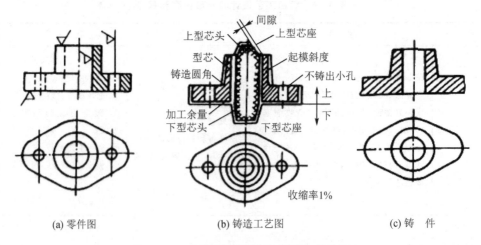

(a) 零件图	(b) 铸造工艺图	(c) 铸　件

图 3－56　端盖零件图、铸造工艺图、铸件图

在铸件工艺图上一般应表示下列内容:铸件的浇注位置、铸型分型面、机械加工余量、工艺余量和工艺补正量、机械加工基准和划线基准、浇冒口切割后的残留量、铸件力学性能的附铸试样和需打印标记的部位等;同时在附注栏中还应说明,铸件精度等级、铸造斜度、铸造线收缩率、铸造圆弧半径、铸件热处理类别、硬度检查位置和某些特殊要求等铸件验收技术条件。

（2）铸件图

在铸造工艺设计中,特别是航空航天和汽车铸件的工艺设计中,均需绘制铸件图和铸型图,它们是指导铸造生产的主要工艺技术文件。

铸件图是设计铸型工艺及其装备、编制铸造工艺规程和铸件验收的重要依据。绘制铸件图时,需要参考的资料有:产品零件图、铸造工艺方案草图(有时可在零件图上直接描画出铸件浇注位置、铸型分型面、浇冒口系统形式及其位置和砂芯的大概结构等工艺方案)、铸件专用或通用的技术标准和由各厂自定的铸造工艺设计标准等。铸件图上只需注出铸件主要外廓的长、宽、高尺寸以及加工余量和需要加工切除的工艺余量等尺寸;铸件尺寸公差除有特殊要求必须标注外,其余一般公差不必在每个尺寸上标注。

但也有些工厂习惯于将铸件的全部尺寸都标注在铸件图上,以便于铸型设计、划线检验及机械加工。

（3）铸型装配图

铸型装配图是表示出浇注位置和分型面、砂芯形状及数量、固定和下芯顺序,浇注系统、冒口和冷铁布置,砂箱结构和尺寸的图。它可以作为生产准备、合箱、检验、工艺调整的依据,特别是成批及大量生产、生产重要铸件或大型铸件时,铸型装配图是非常重要的。图 3-57 所示为铸型装配图示意图。

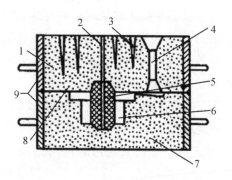

1—上型;2—型芯出气孔;3—出气孔;4—浇注系统;5—型芯;

6—型腔;7—下型;8—分型面;9—砂箱

图 3-57　铸型装配图示意图

　　铸造工艺设计是保证获得质量符合要求的合格铸件,提升生产效率、降低成本、规范操作、保证质量的关键步骤,同时铸造工艺设计应充分考虑铸件成本、节约能源和环境保护问题。从零件结构的铸造工艺性的改进,铸造、造型、造芯方法的选择,铸造工艺方案的确定,浇注系统和冒口的设计,直至铸件清理方法等,每道工序都与上述问题有关。

　　铸造工艺设计时,需要考虑的主要内容包括:铸造车间或工厂的金属种类、原料来源、熔炼金属量、能源消耗、铸件工艺出品率和成品率、工时费用、铸件成本和利润率等;铸造工艺设计中要注意节约能源。例如,采用湿型铸造法比干型铸造法要节省更多的燃料消耗;使用自硬砂型取代普通干砂型,采用冷芯盒法制芯,而不选用普通烘干法制或热芯盒法,都可以节约燃料或电力消耗;为了保护环境和维护工人身体健康,在铸造工艺设计中要避免选用有毒害和高粉尘的工艺方法,或者应采用相应对策,以确保安全和不污染环境。例如,当采用冷芯盒制芯工艺时,对于硬化气体中的二甲基乙胺、三乙胺、SO_2 等应进行严格的控制,经过有效的吸收、净化后才可以排放入大气。对于浇注、落砂等造成的烟气和高粉尘空气,也应净化后排放。

3.3.5　铸造缺陷及其控制方法

　　铸件缺陷种类繁多,产生缺陷的原因也十分复杂,它不仅与铸型工艺有关,而且还与铸造合金的性质、合金的熔炼、造型材料的性能等一系列因素有关。因此,分析铸件缺陷产生的原因时,要从具体情况出发,根据缺陷的特征、位置、采用的工艺和所用原材物料等因素进行综合分析,然后采取相应的技术措施,防止和消除缺陷。表 3-7 给出了常见铸造类型缺陷及其形成原因。

　　铸造缺陷会降低铸件的性能,从而对机械产品的性能有很大影响。例如,机床铸件的耐磨性和尺寸稳定性,直接影响机床的精度保持寿命;各类泵的叶轮、壳体以及液压件内腔的尺寸、型线的准确性和表面粗糙度,直接影响泵和液压系统的工作效率,能量消耗和气蚀的发展等;内燃机缸体、缸盖、缸套、活塞环、排气管等铸件的强度和耐激冷激热性,直接影响发动机的工作寿命。

　　铸造缺陷的存在除了降低铸件的使用性能、增加修复成本等以外,其修复工艺对清洁生产的实施也有一定的副作用。例如切割飞边、清除夹砂瘤等过程往往采用砂轮切割,会产生噪声并造成严重的灰尘污染;渣孔、气孔的焊补等会产生一定的烟尘污染。因此,减少铸造缺陷的产生,保证铸件的质量水平是铸造企业生产活动的基本目标;应通过提高铸造工艺设计水平,提高生产过程中的工艺操作水平,在获得良好铸件质量的前提下以清洁生产为目标,实现经济效益与社会效益的双丰收。

表 3 - 7　常见铸造类型缺陷及其形成原因

缺陷类型	特　征	形成原因	防治方法
1. 浇不足	① 铸件局部有残缺，常出现在薄壁部位，离浇道最远部位或铸件上部。 ② 残缺的边角圆滑光亮不粘砂	① 浇注温度低，浇注速度太慢或断续浇注； ② 横浇道，内浇道截面积小； ③ 铁水成分中碳、硅含量过低； ④ 型砂中水分、煤粉含量过多，发气量大，或含泥量大，透气性不良； ⑤ 上砂型高度不够，铁水压力不足	① 提高浇注温度，加快浇注速度，防止断续浇注； ② 加大横浇道和内浇道的截面积； ③ 调整炉后配料，适当提高碳、硅含量； ④ 铸型中加强排气，减少型砂中的煤粉、有机物加入量； ⑤ 增加上砂箱高度
2. 气孔	① 多位于表面附近； ② 尺寸较大，呈椭圆形或梨形； ③ 孔的内表面被氧化	① 浇注温度低，液体金属冷却太快，气体来不及逸出； ② 排气设计不良，气体不能通畅排出； ③ 模具型腔表面锈蚀，且未清理干净	① 模具要充分预热，涂料（石墨）的粒度不宜太细，透气性要好； ② 使用倾斜浇注方式浇注； ③ 原材料应存放在通风干燥处，使用时要预热； ④ 浇注温度不宜过高
3. 缩孔（缩松）	① 缩孔是铸件表面或内部存在的较大孔； ② 缩松是许多分散的小缩孔	常发生在铸件厚大部位以及壁的厚薄转接等处。 ① 铸件结构设计不合理，加强壁相差过大，厚壁处未放冒口或冷铁； ② 浇注系统和冒口的位置不对； ③ 浇注温度太高； ④ 合金化学成分不合格，收缩率过大、冒口太大或太小或太少	壁厚小且均匀的铸件要采用同时凝固，壁厚大且不均匀的铸件采用由薄向厚的顺序凝固，合理放置冒口或冒口的冷铁

续表 3-7

缺陷类型	特　征	形成原因	防治方法
4. 渣孔（熔剂夹渣或金属氧化物夹渣）	① 渣孔是铸件上的明孔或暗孔，孔中全部或局部被炉渣所填塞，外形不规则； ② 是铸件形成裂纹的根源之一	① 型砂强度太低或砂型和型芯的紧实度不够，故型砂被金属液冲入型腔； ② 合箱时砂型局部损坏； ③ 浇注系统不合理，内浇口方向不对，金属液冲坏了砂型； ④ 合箱时型腔或浇口内散砂未清理干净	① 严格控制型砂性能和造型操作； ② 合型前注意打扫型腔； ③ 改进浇注系统
5. 裂纹（热裂纹、冷裂纹）	① 热裂纹的特征：铸件上有直的或曲折的分裂缝隙和裂口，裂纹处的断面被强烈氧化呈灰黑色； ② 冷裂纹的特征：外观呈直线或不规则的曲线，断裂处的金属表面洁净，具有金属光泽	① 铸件的结构设计不合理有尖角，连接处有厚薄截面过渡圆弧过小或壁厚相差太大等，冷却不均匀； ② 铸型或砂芯退让性不好，披缝过大、芯骨、冷铁设置不当，粗硬收缩； ③ 合金中有促使形成裂纹的杂质或添加物，变质不好，变质失效，使晶粒粗大，性质变脆； ④ 浇注系统设置不当，合金浇注温度过高，模温过热； ⑤ 铸件浇注后开槽出型过早，内浇口附近大冒口的根部严重过热； ⑥ 铸件浇注温度过低	① 改变零件设计结构，消除尖角，将尖角改为圆角，厚截面均匀地过渡到渡到薄截面； ② 尽可能使铸件顺序凝固或同时凝固，减少内应力产生。 ③ 细化合金组织，严格控制促使晶粒粗大的合金元素和杂质； ④ 降低铸型和砂芯的强度，增加退让性，降低铸型的紧实度； ⑤ 降低浇注温度，提高模温
6. 冷隔（融合不良）	① 铸件上有未完全融合的缝隙或洼坑； ② 其交接处是圆滑的	① 浇注温度太低，合金流动性差； ② 浇注速度太慢或浇注中有断流； ③ 浇注系统开设位置不当或浇道内道横截面积太小； ④ 铸件壁太薄	① 提高浇注温度和浇注速度； ② 改善浇注系统； ③ 浇注时不断流

续表 3－7

缺陷类型	特　征	形成原因	防治方法
7. 砂眼（砂孔）	在铸件内部或表面有型砂充塞的孔眼	① 型砂强度太低或砂型和型芯的紧实度不够，故型砂被金属液冲入型腔； ② 合箱时砂型局部损坏； ③ 浇注系统不合理，金属液冲坏了砂型； ④ 合箱时型腔或浇口内散砂未清理干净	① 严格控制型砂性能和造型操作； ② 合型前注意打扫型腔； ③ 改进浇注系统
8. 飞边	铸件分型面处或活动部分有过多的金属薄片突出	① 砂型表面不光洁，分型面不平整； ② 合箱操作不准确或砂箱未紧固； ③ 芯头与芯座同有空隙； ④ 铸型强度不够	① 提高铸型紧实度，避免局部过松； ② 调整混砂工艺，控制水分，提高型砂强度； ③ 降低液态金属的压头，降低浇注速度

155

3.3.6 铸造工艺设计中的污染控制与资源循环措施

通过实施清洁生产,谋求达到:

① 通过资源的综合利用、短缺资源的高效利用或代用、二次资源的利用及节能、降耗、节水,合理利用自然资源,减缓资源的耗竭。

② 减少废物和污染物的生成和排放,促进工业产品的生产、消费过程与环境相容,降低整个工业活动对人类和环境的风险。

从清洁生产的概念来看,清洁生产的基本途径分为清洁工艺和清洁产品两个部分,如图 3 - 58 所示。

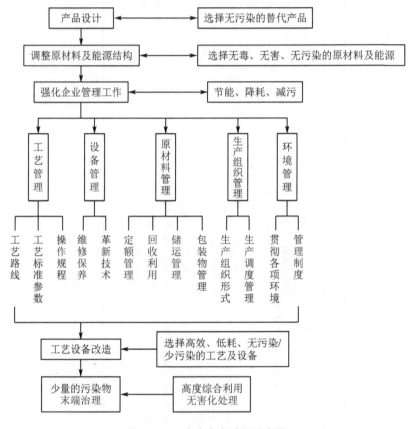

图 3 - 58　清洁生产过程示意图

实现铸造清洁生产,可以结合清洁生产的要求,在工艺设计、设备条件、生产布局等方面均需要开展更多的技术改造。

1. 工艺实施过程尽量为满足铸造清洁生产的工艺要求创造条件

(1) 提高企业清洁生产等级

清洁生产等级具体分为三级:一级为国际清洁生产先进水平,二级为国内清洁生产先进水平,三级为国内清洁生产基本水平。企业在满足产品质量要求及成本要求后,应根据企业的实际情况尽量提高清洁生产等级,从原材物料的选用、工艺设计水平、工艺实施控制等方面全面加强管理。结合铸造生产的工艺特点,应重点关注以下几个方面:

① 减少熔化过程中的能耗。铸铁熔炼采用的设备主要为冲天炉、感应电炉,铸钢通常采用电弧炉、感应炉两种熔炼工艺,非铁金属采用感应炉、电阻炉、燃气炉等熔炼工艺,铸造企业应减少熔化吨金属液消耗的能量来减少对环境的影响。

② 提高工艺出品率。工艺出品率直接影响单位重量铸件在金属熔化过程中的能耗,铸造过程中提高工艺出品率可以有效降低单位重量铸件在金属熔化过程中的能耗。

③ 减少污染物排放,包括废水产生量、废气产生量和固体废物产生量等。

④ 减少废砂数量,在砂型铸造生产过程中单位产品控制每吨铸件产生的废砂量。

⑤ 提高余热回收利用率,可以降低生产过程中的能耗,以达到清洁生产的目的。

⑥ 提高废水回收利用率,大大降低生产过程中水资源的消耗,以达到节约用水及环保的目的。

⑦ 提高旧砂再生比例。旧砂再生是解决此问题环保代价最小的方法,铸造企业应提高旧砂再生比例来减少造型材料对环境的影响。

(2) 提高企业管理水平

提高企业管理水平,促进铸造清洁生产的实施。铸造车间及周边环境进行适当的工艺调整和设备更新,改变现有脏、乱、差、污染严重的状况,达到国家规定的环境保护要求,提高机械化和自动化水平,降低工人劳动强度。

1) 基本原则

按照铸造行业准入制度要求,进行升级改造;根据铸造生产的特点,按设计规范及工厂车间设计原则,进行全面的车间工艺设计和科学、合理的布局;保证车间生产过程中的烟气排放达标,改善劳动条件。

① 根据国家相关产业政策,以及消防、节能、环保和职业安全卫生等方面的规范,进行技术改造。

② 以环境保护达标为目的,提高机械化、自动化程度和生产效率、减轻工人劳动强度、保证铸件质量、减少污染,节约能源为设计原则。

③ 需以采用先进的造型线为基础,配套新工艺、新技术、新装备,并加强工艺管理,提高质量控制手段和检测水平。

④ 铸造车间考虑由熔化、造型、砂处理、清理和除尘系统五大工部组成,并配套设置炉前快速分析、型砂试验室、原材料存放库等辅助部门。

⑤ 为保证产品质量要求、减轻工人劳动强度,应采用先进生产方式和岗位关键设备。在设备选型、制定方案时,既考虑工艺装备的先进性、适用性和可靠性,又注意

到性价比的经济合理性。

⑥ 生产过程和物流作业均考虑采用机械化装备完成。

2）改造设计与平面布置

① 考虑分设铸造联合厂房（含熔化浇注、造型、砂处理及落砂清理工部）、制芯房、清理及加工厂房、表面处理及成品库房、原辅材料库等。

② 按铸造车间设计原则，按造型、浇注和砂处理设备布置要求设计通风采光机构，并按工艺布局、设备条件以及生产需要来调整布置，车间相对独立。

③ 厂房结构一般设通风屋脊、采光天窗；厂房跨度及高度满足设备布置及利用改善车间通风采光要求。

④ 通风除尘系统，对易产生粉尘源、烟气的冲天炉、熔化浇注及砂处理、落砂清理和地沟送风及排风，尽量设置密封罩进行封闭。

2. 铸造生产的污染治理与控制

铸造生产是一个工序复杂的工程，从金属的熔炼、模型的制作、浇铸、凝固、铸件后处理等过程中将会有固体、气体废弃物及有害气体排出。我国铸造业确定了节能减排与走低能耗的发展道路之后，环保就已经成为铸造业发展的关键任务。

（1）废气、粉尘的治理

技术措施主要包括：

① 对产生粉尘的设备或操作位置，需安装设置除尘设备。

② 对产生有异味气体的设备或工作位置，安装通风换气设备。

③ 对产生有害气体的设备或操作位置，其气体应进行综合处理后排放。

④ 对产生粉尘、噪声的工艺设备，设密闭排风罩隔声除尘。

⑤ 振动设备应采用消音壁或噪声衰减室隔离，使振动噪声≤85 dB(A)。

（2）废弃物的回收利用

① 铸造车间主要废弃物主要有废砂、废炉渣、除尘系统产生的生产性粉尘。这些废弃物在车间内先集中堆存，然后进行再生回用。在运输过程应采取防护措施，防止二次污染。

② 节能措施：铸造车间是耗能大户，在充分考虑节能效果时应尽量采用新工艺、新设备、新技术来提高铸件质量，减少废品和提高产品使用寿命，从而减少因多出废品所消耗的能源，起到间接节能的效果。

③ 使用冷却系统的冷却水，进行循环使用，不仅考虑节约水资源，而且节能。

④ 熔炼用回炉料采用净化处理，从而降低熔炼过程的能耗。

⑤ 铸造车间机械化运输设备较多，地坑、平台较多，都存在不安全因素。同时存在众多的尘源、噪声源，严重影响工人的身体健康。

在企业管理层面，应对我国铸造业的生产能力、技术水平、产品质量等级、能耗和原材料、铸造技术人才、质量管理水平和排放废砂、废气、粉尘、废渣、噪声等情况，建立铸造生产过程中不同的生产环节环保设计的基本标准，作为我国铸造企业的新建、改建、扩建和技术改造项目的目标,规范铸件生产的企业行为,提升我国铸造行业的技术水平。

① 抓好组织落实和责任落实。成立节能减排和清洁生产的领导机构,解决公司节能减排和清洁生产系统性、政策性、制度性的决策问题等;建立从公司、部门到班组的逐级责任制,并对相关部门和个人进行经济责任制考核;建立节能减排项目管理小组,及时对公司节能减排和清洁生产工作中发现的综合性问题进行项目课题分析研究,组织协调,快速反应,及时解决。

② 抓好基础管理,包括编制程序文件,管理方案、措施、考核指标及相关管理制度等;保障基本设备、设施的投入并使之始终处于良好的运行状态,必要时应及时更新、添置;抓好现场管理,主要是生产作业环境的现场管理。

③ 转变观念,提高认识,倡导绿色铸造企业文化。把节能减排和清洁生产的思想、理念和宗旨融入公司的企业文化,使之成为全体员工的价值所向,使绿色铸造的理念成为全体员工共同的目标和行动。

参考文献

[1] 张笑宁. 铸造工艺[M]. 北京:机械工业出版社,2014.

[2] 王文清,李魁盛. 铸造工艺学[M]. 北京:机械工业出版社,2011.

[3] 中国铸造协会. 铸造工程师手册[M]. 北京:机械工业出版社,2010.

[4] 伏思静. 铸造工基本技能[M]. 哈尔滨:哈尔滨工程大学出版社,2010.

[5] 聂小武. 实用铸件缺陷分析及对策实例[M]. 沈阳:辽宁科学技术出版社,2010.

[6] 王文清,沈其文. 铸造生产技术禁忌手册[M]. 北京:机械工业出版社,2010.

[7] 李弘英,赵成志. 铸造工艺设计[M]. 北京:机械工业出版社,2005.

[8] 柳百成,黄天佑. 铸造成型手册[M]. 北京:化学工业出版社,2009.

[9] 赵成志,张贺新.铸造工艺设计与实践[M].北京:机械工业出版社,2017.

[10] 樊自田,吴和保,董选普. 铸造质量控制应用技术[M]. 2 版.北京:机械工业出版社,2015.

[11] 李晨希. 铸造工艺及工装设计[M]. 北京:化学工业出版社,2014.

[12] 陈宗民,于文强. 铸造金属凝固原理[M]. 北京:北京大学出版社,2014.

[13] 郑孟超. 典型铸造工艺资源和环境负荷综合影响评价研究[D]. 北京:机械科学研究总院,2022.

[14] 任现伟. 过滤网在砂型铸造过程中的应用研究[J]. 铸造,2020,69(08):888-893.

[15] 张双橹,许广涛,周志杰,等.某铝合金铸件树脂砂型铸造工艺设计及优化[J].热加工工艺,2020,49(11):60-63.

[16] 单保香. 砂型铸造用水基高铝涂料的研究[D].济南:山东建筑大学,2020.

[17] 龚成功,张俊喜,李晶,等. 铝合金手轮类零件的砂型铸造工艺优化设计[J]. 机

械研究与应用,2019,32(02):155-157.

[18] 李金武. 水泵壳体砂型铸造工艺改进及质量控制[D]. 衡阳:南华大学湖南,2018.

[19] 马秉平,王国强,马林. 简单厚壁铸件的铸造方法研究[J]. 铸造设备与工艺,2018,(06):22-23.

[20] 师亚洲,逯广平,雷超,等. 汽车壳体铸件的铸造缺陷及成因分析[J]. 热加工工艺,2023,52(05):87-90.

[21] 马冬威,张元,好赵齐,等. 球墨铸铁曲轴铸造缺陷分析[J]. 热加工工艺,2020,49(07):160-162.

[22] 马青芬. 铸造缺陷分析及工艺优化措施[J]. 机械研究与应用,2019,32(05):177-179.

[23] 余焰根. 金属型和砂型铸造 Cu-15Ni-8Sn 合金的成分偏析研究[D]. 广州:华南理工大学,2018.

[24] 徐军科,刘扬,边华丹. 优化清洁生产审核方法促进经济绿色高质量发展研究[J]. 环境科学与管理,2022,47(01):169-173.

[25] 高翔,何欢浪. 清洁生产、绿色转型与企业产品质量升级[J]. 统计研究,2021,38(07):64-75.

[26] 付宇. 企业的绿色环保和清洁生产探究[J]. 皮革制作与环保科技,2020,1(13):64-69.

[27] 王贤志. 浅谈清洁生产技术在工业生产中的应用和发展[J]. 化工管理,2019(03):198-199.

[28] 肖康. 清洁生产激励机制法律研究[D]. 西安:长安大学,2020.

[29] 王甜甜. 清洁生产审核方法在铸造企业的应用研究[D]. 大连:大连交通大学,2019.

[30] 曲向荣. 清洁生产[M]. 北京:机械工业出版社,2012.

[31] 雷兆武,薛冰,王洪涛. 清洁生产与循环经济[M]. 北京:化学工业出版社,2017.

[32] 张凯,崔兆杰. 清洁生产理论与方法[M]. 北京:科学出版社,2005.

[33] 中国铸造协会标准工作委员会. 铸造绿色工艺规划要求和评估 导则:T/CFA 0308052—2019[S]. 2019.

第4章

铸造生产过程中的烟尘
污染及其控制技术

铸造生产是制造业的重要工艺基础，但也是污染产生的重要来源。其生产过程中污染的产生包括了水污染、大气污染、固体废弃物等几大主要方面，其次还有噪声、余热、能耗、温室气体排放等环境问题。目前国内部分铸造企业的生产车间仍然存在工作环境较差的问题，尤其存在室内空气浑浊、粉尘弥漫、烟雾缭绕的情况。即使企业已经在生产车间内使用了部分除尘设备，效果也十分有限，并且悬浮的气溶胶（PM2.5及更细小的颗粒污染物）和气态的有机污染物仍然十分严重。这不仅严重污染了环境，也威胁着操作人员的身体健康。

实施清洁生产是铸造企业发展的原动力，清洁生产与可持续发展已成为当今社会的热门话题之一。2019年实施的重要行业标准《铸造企业清洁生产要求导则》和2021年实施的国家标准《铸造工业大气污染物排放标准》（GB 39726—2020）等，重点关注的即是铸造生产过程的污染排放、污染程度评价、污染控制技术以及污染控制管理体系等问题，因此，通过技术改进和工艺优化、设备升级等方式控制与消除铸造生产过程中产生的空气污染是清洁生产的基本要求之一。

4.1 烟尘控制的技术要求

铸造车间在生产加工过程中会产生废气和烟尘，特别是一些设备比较陈旧的铸造厂，由于设备陈旧和工艺落后，产生的废气和粉尘等对周边环境造成较大影响。例如熔铸过程中（冲天炉、中频感应电炉、电弧炉、精炼炉等）和热处理、烘干炉等工序中燃料燃烧过程与原料、熔剂等物质的熔化相变或元素间的化学反应，原料、熔剂、燃料等物质中的表面杂质与内部灰分的挥发等过程都会产生大量的烟尘，以及造型、砂处理等工序中固体物料的破碎、筛分、输送等机械过程,都是以固体或液体颗粒的形式存在于气体中。除尘就是将这些颗粒从烟尘中分离出来并收集回收的过程。实现除尘过程的设备称为除尘器或除尘装置。除尘的技术和设备很多,性能特点也不一样,因此,必须根据粉尘排放的特点和自身的特点,选择合适的技术方法和相应的除尘设备。

4.1.1 污染源分析的必要性

污染源分析是治理污染的关键性技术手段。结合铸造生产的工艺特征和工序组成,科学分析烟尘污染的来源、成分构成及其变化规律等,可以更加有效地制定烟尘污染环境检测和治理策略,制定有效的烟尘控制技术以及除尘设备的应用,确保有效控制其排放水平。

1. 污染源的分类

污染源是指造成环境污染的污染物发生源,通常指向环境排放有害物质或对环境产生有害影响的场所、设备、装置或人体。任何以不适当的浓度、数量、速度、形态和途径进入环境系统并对环境产生污染或破坏的物质或能量,统称为污染物。

按照污染源的形成原因,可分为天然污染源、人为污染源、工业污染源等。

① 天然污染源即由自然过程所产生的污染物的来源,它包括风力扬尘、火山爆发、森林火灾、生物腐烂等所产生的有害气体和灰尘;植物产生的酯类、烃类化合物;有机质腐烂产生的臭气以及自然放射源等。

② 人为污染源即由人类生活、生产活动而产生的污染源。

③ 工业生产中的一些环节,如原料生产、加工过程、燃烧过程、加热和冷却过程、成品整理过程等使用的生产设备或生产场所,都可能成为工业污染源。

其中自然污染源与人为污染源相比,其空气污染物种类少、浓度低;在城市和工业区,人为污染源占了主要地位,而自然污染源相对不重要。因此人为污染源对社会的影响更大,人们的重视程度也会更高。

对于人为污染源,其分类方法通常有以下两种:

(1) 按人们的社会活动功能分类

这种分类方法是按人们的社会活动功能不同而划分的,具体有以下三种:

① 生活污染源,是指人们由于烧饭、取暖、沐浴等生活上的需要,燃烧化石燃料向空气排放煤烟等所造成的空气污染,此类污染源称为生活污染源,如炉灶、锅炉等。

② 工业污染源,是指工业生产过程中向空气中所排放的煤烟、粉尘及无机或有机化合物等造成的污染,如火力发电厂、钢铁厂、化工厂及水泥厂等工矿企业,在生产和燃料燃烧过程中排放的烟气污染等。由于工业企业的性质、规模、工艺过程、原料和产品种类等不同,其对空气污染的程度也不同。因此污染物种类繁多,有烟尘、硫的氧化物、氮的氧化物、有机化合物、卤化物、碳化合物等。

③ 交通污染源,是指交通运输工具如公共汽车、火车、船舶等在运行过程中的尾

气排放所造成的空气污染,污染物主要含有一氧化碳、二氧化硫、氮氧化物、烃类(碳氢化合物)、铅化合物等。

(2) 按污染物排放和散发的空间形态分类

这种分类方法将人为污染源分为点源、面源和线源三种:

① 点源,是指污染物集中于一点或相对较小的范围向外排放的地方,如工厂的烟囱、大型锅炉、窑炉、反应器等。生产中的大型燃烧和反应装置,一般都是有组织排放,排放口集中。

② 面源,是指相当大的面积范围内有许多污染物排放源,如生产中的无组织排放、民用炉灶等,其特点是分布面广。

③ 线源,沿公路或街道行驶的机动车尾气排放的污染物浓度,在一定的距离内呈连续或不连续分布。

2. 工业污染源的分析

各种工业生产过程排放的废物中含有各种各样的污染物,对环境的危害很大,也是污染治理的重点领域。

对工业污染源进行摸底调查,了解企业的排污情况,对于开展污染源监测具有重要意义。污染源调查是根据控制污染、改善环境质量的要求,对某一区域造成污染的原因进行调查,建立各类污染源档案,在综合分析的基础上选定评价标准,估量并比较各污染源对环境的危害程度及其潜在危险,确定该地区的重点控制对象(主要污染源和主要污染物)和控制方法的过程。

工业污染源是造成环境污染的主要源头,工业生产中的一些环节,如原料生产、加工过程、燃烧过程、加热和冷却过程、成品整理过程等,使用的生产设备或生产场所都可能成为工业污染源。除废渣堆放场和工业区降水径流构成的污染以外,多数工业污染源属于点污染源。它通过排放废气、废水、废渣和废热污染大气、水体和土壤,还产生噪声、振动来危害周围环境。几乎所有的工业生产过程都会排放影响人类生存环境的污染物。例如,煤燃烧过程排出的烟气中含有一氧化碳、二氧化硫、有机化合物如苯并(a)芘、粉尘等污染物;一些化工生产过程排出的废气中主要含有硫化氢、氮氧化物、氟化氢、氯化氢、甲醛、氨等各种有害气体。又如炼油厂废水中主要含原油和石油制品,以及硫化物、碱等;电镀工业废水中主要含有重金属(铬、镉、镍、铜等)离子、酸和碱、氰化物和各种电镀助剂;火力发电厂主要排出烟气和废热。此外,由于化学工业的迅速发展,越来越多的人工合成物质进入环境;地下矿藏的大量开采,把原来埋在地下的物质带到地上,从而破坏了地球上物质循环的平衡。重金属、各种难降解的有机物等污染物在人类生活环境中循环、富集,对人体健康构成长期威胁。

工业污染源的调查内容主要包括:

① 企业环境状况。企业所在地的地理位置、地形地貌、四邻状况及所属环境功能区(如商业区、工业区、居民区、文化区、风景区、农业区、林业区及养殖区等)的环境现状。

② 企业基本情况。

a. 总体概况：包括企业名称、厂址、主管机关名称、企业性质、规模、厂区占地面积、职工构成、固定资产、投产年代、产品、产量、产值、利润、生产水平、企业环境保护机构名称。

b. 工艺技术状况：主要通过对企业生产活动中的技术应用、工艺原理、工艺流程、工艺水平、设备水平等进行评价与分析，找出生产中的污染源和污染物。

c. 能源、水源、原辅材料情况：能源构成、产地、成分、单耗、总耗、水源类型、供水方式、供水量，循环水量、循环利用率，原辅材料种类、产地、成分及含量、消耗定额、总消耗量。

d. 生产布局调查：原料、燃料堆放场、车间、办公室、堆渣场等污染源的位置；标明厂区、居民区、绿化带，绘出企业环境图。

e. 管理调查：管理体制、编制、生产调度、管理水平及经济指标，环境保护管理机构编制，环境管理水平等。

③ 污染物排放及治理。

a. 污染物治理方面的调查：企业开展的工艺改革、综合利用、管理措施、治理方法、治理工艺、投资、效果、运行费用、副产品的成本及销路，存在的问题，改进措施，今后治理规划或设想。

b. 污染物排放情况调查：污染物种类、数量、成分、性质、排放方式、规律、途径、排放浓度、排放量(日、每年)、排放口位置、类型、数量、控制方法、历史情况、事故排放情况。

④ 污染危害调查。开展人体健康危害调查、动植物危害调查、器物危害造成的经济损失调查，以及危害生态系统情况调查。

⑤ 生产发展情况调查。主要结合企业的发展规划，调研生产发展方向、规模、指标、"三同时"措施、预期效果及存在问题等。

通过污染源的分析与调查，就可以搞清楚企业生产到底哪个环节有污染、有多少污染源、污染的类型、污染程度等基础数据，然后结合国家及地方的环保要求、企业的发展规划等，在污染控制的具体工艺措施方面做好计划并开展实施，使污染能够得到更加有效的治理与控制。

4.1.2 烟尘控制的必要性

铸造行业的生产过程中，会产生大量的烟尘，这些烟尘会对环境造成严重的污染。同时，烟尘中还可能含有有害物质，如重金属、挥发性有机物等，对人体健康也会产生不良影响。因此，铸造烟尘治理是非常必要的。

铸造生产中烟尘的危害性：

① 铸造企业在生产过程中对环境污染最严重的是烟尘污染。不同的铸造方法，其工艺实施手段、设备条件、管理水平等不同，所产生的烟尘成分与数量也有所不同。

但总体来看,铸造生产所产生的废气中主要包括以 HCl、H_2S、NO_x 等无机成分为主的废气,以及含有甲醛、二甲 BEN、丙酮、丁酮、乙酸、乙酯等成分的有机废气。这些废气的形成大部分都同时夹杂着如各种金属、生产冶炼过程中的氧化粉尘、型砂与涂料中灰分等粉尘。在美国环保局列出的总共 188 种危险空气污染物(Hazardous Air Pollutant,HAP)中,铸造废气中检测出的有 40 余种。铸造废气排放的气体主要是铸造企业在进行铸造的浇注、冷却以及落砂等作业中所形成的颗粒物、危险空气污染等。危险空气污染主要成因是由作业中的有机粘结剂与内粉之间热解,其产物构成主要是苯、甲苯、二甲苯等污染物。此外,铸造企业产生的铸造废砂排放还会导致土壤沙化、化学污染、扬尘污染以及土地资源浪费等环保问题出现。其中,扬尘污染中有 PM2.5 和废砂中的细小颗粒飘到空气中会给人体健康带来极大的威胁。

② 铸造生产中有机废气主要来源于从有机粘结剂中游离出的醛、酚等有机物质以及有机粘结剂型(芯)砂在浇注过程中分解出来的有机物质。如采用壳芯工艺时,制壳及浇注过程中会产生苯酚、甲醛等气体;采用三乙胺冷芯盒制芯工艺时,制芯及浇注过程中会产生苯酚、甲醛及三乙胺气体;采用热芯盒制芯工艺时,制芯和浇注过程中会产生脲醛、甲醛、氰化氢等气体。甲醛对呼吸道粘膜有刺激作用,长期慢性刺激可引起粘膜充血,诱发呼吸道炎症。苯酚对皮肤、粘膜有强烈的腐蚀作用,可抑制人的中枢神经,损害人的肝、肾功能。三乙胺对人的呼吸道有强烈的刺激性,腐蚀口腔、食道,甚至引起肺水肿而导致死亡,与皮肤接触可引起化学性灼伤。由此可见,铸造生产中产生的有机废气不仅污染了环境,而且严重损害人的身体健康。

③ 潮膜砂、树脂砂模和砂型腔在浇注和冷却时,砂模和砂型煤粉、树脂等化学物质因受金属液高温的烧烤,烟气(含树脂和焦油)大量的挥发外溢而在砂型的浇冒口会散发出浓浓的烟气,成分不仅有烟尘和一氧化碳,还有粘度比较大的焦油、树脂挥发物(四氢呋喃,其粘度在 20 ℃时可达 30 MPa·s)。这些挥发物和烟尘混合,一起会产生粘性很强且易燃的黑色油腻物,很容易粘在通风除尘管道的管壁和袋式除尘器的滤袋上,时间一长,使滤袋阻力增加直至堵塞,从而导致过滤功能失效。目前,我国的铸造业在砂造型生产线上,凡浇注段和冷却工位的烟气一般均采用风机直接排放,不进行除尘器净化处理。

除了上面提到的几种烟气有害物质,细小固体颗粒物构成的粉尘等有害物质,对环境、人们的生活起居以及身体健康都有不同的影响。如一些固体物质体积较大,人们从口鼻处就可以将其过滤掉,不会造成身体伤害;但一些物质体积较小,通过呼吸会进入人的身体中,在肺部、血液中都会有残留,对呼吸系统、淋巴系统都会产生危害。另外,还有一种是有毒物质,且体积较小,可以进入人的身体血液中,因为本身携带毒性,长此以往,人的肺部、淋巴等器官会产生中毒反应,影响脏器的正常工作表 4-1 所列为铸造废气对人体的危害。

表 4-1 铸造废气对人体的危害

气体名称	危害程度
一氧化碳	可使人体血色素的输氧能力降低,造成组织缺氧,引发头疼、恶心、呕吐、昏迷;含量达到 11 700 mg/m³ 接触 5 min 可致人死亡
二氧化碳	可使人工作能力降低,呼吸困难,恶心,丧失意识。其体积分数达到 15%～20% 接触 1 h 以上时会有生命危险
二氧化硫	对气管、咽喉产生刺激,流泪,引起咳嗽、胸痛等呼吸道系统疾病
二氧化氮	可使人急性中毒引起水肿,可能死亡;慢性中毒引起肺气肿、急性上呼吸道或支气管炎症
氨	通过皮肤、呼吸道及消化道引起中毒。低浓度长期接触,可引起喉炎、声音嘶哑;高浓度大量吸入,可引起支气管炎、肺炎、窒息、昏迷、休克;含量达到 0.7 mg/m³ 时可危及生命
苯	对中枢神经有损害,表现为头痛、乏力、疲劳,含量达到 24 000 mg/m³ 接触 2 h 有生命危险
丙烯醛	低含量时有灼热感,刺激口腔及鼻粘膜引起咳嗽;高含量时会引起眩晕、昏迷,引起致死性肺炎
甲醛	低含量时,刺激眼粘膜、皮肤;稍高含量时,刺激上呼吸道,引起咳嗽、胸痛,使粘膜溃烂
氯	通过呼吸道和皮肤粘膜引起中毒,对眼、鼻和咽喉有刺激感;含量达到 $(15～20)\times10^{-6}$ 并接触 0.5～1 h 会有生命危险
氟化氢	氟含量超过 8×10^{-6} 时对人体造成危害,表现为鼻粘膜溃疡、出血,肺部有增殖型病变,肝肿大等,还使骨质变松而发生骨折
硫化氢	刺激粘膜,引起眼和呼吸道炎症,严重时导致肺水肿;高含量能使中枢神经麻痹,导致窒息

4.1.3　烟尘污染治理的指导原则

当前我国对铸造过程中产生的烟尘管控技术的研究还较为滞后,主要问题体现在铸造生产过程的原材料变化较大,烟气成分构成、浓度、形成机理等都存在一定的差异,再加上部分企业的资金与技术实力以及管理者对烟气污染控制的重视程度不足等原因,所以我国铸造企业的烟尘污染治理工作任重道远。近年来,随着全国各行业环保工作的开展和人们环保意识的增强,我国大多数铸造企业已经陆续开始着手进行大气污染控制工作。从全行业来看,各地铸造企业环保工作开展程度很不均衡,少数企业仍处于盲目追求经济利益而无视环保的阶段,烟气污染的治理工作甚至尚未开展。铸造从业者应充分利用现有的科研成果,集成已有的防控理论和治理经验,形成有效的治理技术方案,促进铸造行业的可持续发展与进步。

1. 端正环保工作态度,树立正确的理念和指导思想

铸造企业的污染控制工作应以源头控制为优先原则,通过工艺改进、原料优选等方法从根本上减少大气污染的产生。在预防为主、源头减量的基础上,对铸造企业的大气污染治理工作进行系统性的全面设计,做好全流程的污染控制,最后进行必要的末端治理,才能真正解决企业的大气污染问题。同时,推进铸造行业准入制度,关闭规模小、破坏资源、高污染、高能耗的铸造企业,尽快对我国铸造产业结构进行调整,实现经济规模生产,提高铸造企业的专业化、铸件的商品化水平。

2. 选择合理高效的治污设备并重视运维和监测

对于新建铸造企业,应做到环境保护措施与主体工程同时设计、同时施工、同时投产的"三同时",推广环保专业人员在新建或改扩建项目设计最初阶段就参加总体方案的研讨做法;而已经投产使用的铸造企业,应当根据企业的实际工艺条件、污染产生情况等因素进行具体考察,选择适合自己企业实际情况的大气污染治理技术和设备,设计合理的污染收集系统,正确安装,并确保环保设备与铸造生产设备同步开启、同步运行。此外,正确的运行和必要的调整维护是十分必要的,应做到发现问题、处理问题,在日常管理过程中形成制度并监督落实。对有必要的,应考虑对处理设备运行状况和处理后的排放水平进行监测。

3. 推广清洁生产技术,加强新技术研发

铸造企业对造型、落砂清砂、熔炼等产生严重烟尘污染的生产环节,应采取工艺改进和严格控制的措施,避免粗放操作,减少烟尘的产生。一方面,要在铸造工艺的选择上淘汰落后的污染严重的工艺技术,推广绿色的、污染较低的工艺技术;另一方面,要在铸造生产的过程中加强管理和控制,降低每个生产环节的污染产生。要加大技术创新,从根本上减少铸造污染源的生产,例如开发粘土砂回用成套技术及设备;开发连续落砂抛丸清理成套设备;开发熔炼工部自动化成套设备及除尘设备;树脂砂工部污染的防治;无毒性或低毒的化学制剂;推广密闭式管道输送粉尘、型砂等。此外,可充分利用国家、地方的科技基金,吸引高等院校、科研院所的科技人员从事行业的污染物控制的关键技术研究;行业协会发挥行业引导的作用,组织行业进行技术研究或以市场换技术,在不增加企业负担的情况下,提高企业污染物控制的技术水平和控制效果。

4. 用系统性、发展性的眼光开展大气污染治理工作

环保设备的采购、使用、维护和管理,应考虑远期的需求。一方面,迫切需要开展针对铸造生产过程的有效污染处理和控制设备的研究,例如开发新的除尘技术,或针对铸造行业不同工部的污染源特点改进现有过滤除尘技术的滤料、集尘装置设计、风管设计及风机效率、厂内气流分析设计等,以提高设备对铸造行业的适用性,并力争降低能耗;另一方面,应鼓励宏观上的铸造领域环保理论和系统研究,以指导行业发展和铸造企业的环保工作开展。继续推动铸造行业污染防治最佳可行技术指南类文件的编制,并做好排污许可和总量控制制度的落实。同时应鼓励企业自行开展企业内部相关标准的制定工作,以在全行业带动环保工作的自觉开展。

4.2 烟尘治理的工艺原理

铸造厂的烟尘污染具有以下特点:污染源分散,浓度较低,气体量大,并含有较高浓度的粉尘颗粒物。生产线上的废气收集与转化处理是治理的关键,所以需要对烟气的构成及其物理化学特性有所认识,并制定相应的技术措施对烟气进行治理,实现烟尘的合理回收与无污染排放。

近年来的研究发现,铸造厂排放的废气中除含有人们熟知的 CO、CO_2 等无机化合物构成的烟气外,在某些工序还产生甲醛、苯酚、三乙胺等对环境和人体健康有危害的挥发性有机物(Volatile Organic Compounds,VOCs)。由于无机化合物和有机化合物在成分构成、结构特点等差异较大,因而在处理方法上也是不同的。

4.2.1 无机烟尘治理的工艺原理

以 CO、CO_2、SO_2、H_2S、NO_x 等无机化合物为主构成的烟尘主要分布于铸造生产的熔炼工序(电炉、冲天炉、燃气炉等)以及后续热处理工序等。钢铁的熔炼会产生以 CO、SO_2 等为主的大量烟尘,这与其原料构成以及熔炼工艺息息相关。首先,熔炼材料由大量的生铁、废钢、中间合金以及燃料如焦炭、造渣剂如石灰石等辅料构成。冲天炉熔炼铸铁时焦炭的燃烧、铸钢熔炼时电弧加热或吹氧熔炼都会产生大量的烟尘,主要成分是 C,S,P,N 的不稳定氧化物、粉尘(石灰粉、焦油和未完全燃烧的煤渣小颗粒)和大量热烟气(黑色和灰黄颜色烟气)。据统计,冲天炉每熔炼 1 t 铁水,从加料口排出的烟气量为 $700\sim900\ m^3$,烟气温度高达 300 ℃以上。

铝合金的熔炼以及废铝再生过程主要采用火法熔炼,采用的燃料主要有煤、焦炭、重油、柴油、煤气、天然气等,产生的废气中含有大量的烟尘和含硫、碳、磷和氮的氧化物等气体;而废铝再生的熔炼则由于其废铝原料中包含有较多的夹杂物如塑料、油漆、油污等,而且成分复杂、灰分比例大等,熔炼时废料本身的油污及夹杂的可燃物会燃烧,也会产生大量有机烟气,如苯、甲苯等 VOCs 污染物。为了减少烧损、提高铝的回收率并保证铝合金的质量,需要加入一定数量的覆盖剂、精炼剂和除气剂。这些添加剂与铝溶液中的各种杂质进行反应,产生大量的 HCl、HF 等有害废气以及含有各种金属氧化物和非金属氧化物的粉尘。

加热炉在铸造生产中主要完成铸型烘干、铸件退火处理等功能,常用的燃料主要有煤、天然气等。燃料在炉膛内燃烧,同时炉内的被加热体如铸型表面(砂型或涂料层)的粉化等会产生如烟尘颗粒物、硫氧化物、氮氧化物、二氧化碳等的污染物,经排烟装置排入大气,造成环境污染。另外,在开箱与落砂工序会造成较为严重的粉尘颗粒物进入空气中。

这些以无机化合物为主的烟尘,排放到大气中会造成严重的污染。去除的工艺主要是根据这些粉尘污染物的物理与化学特性,采取降温、分离、中和以及余热回收等方式降低甚至去除其对大气的污染。

1. 烟气的降温或余热再利用处理

冲天炉熔炼铸铁、电弧炉炼钢、反射炉熔炼铝合金以及加热炉出口处的炉气温度往往都在 200 ℃以上,有些排烟口排放的烟气温度甚至高达 350～700 ℃,直接排放或直接进入常用的袋式除尘器(允许温度≤120 ℃),将会影响袋式除尘器的性能和降低其使用寿命。为了保证除尘系统的正常运行和设备安全,降低烟气温度是非常必要的,而烟气降温过程中会释放出大量的热量。通过利用先进、高效、可靠的余热回收利用技术,把烟气中蕴含的热量收集起来,可预热炉子的助燃空气或加热低温水(自来水)供给企业员工洗浴和生活用水等,因此对高温炉气余热回收利用等方法,将热量回收,产生较好的经济效益。

2. 烟尘中的颗粒物分离

烟尘的主要成分是二氧化硅、氧化铝、氧化铁、氧化钙和未经燃烧的焦炭微粒等。烟尘中的颗粒状污染物,按粒径大小又可分为降尘和飘尘。降尘的粒径大于 10 μm,靠其自重能自然降落。单位面积的降尘量可作为评价大气污染程度的指标;飘尘的粒径小于 10 μm,粒小体轻,能长期在大气中飘浮。飘浮的范围从几公里到几十公里,因此它会在大气中不断蓄积,使污染程度逐渐加重。飘尘有吸湿性,在大气中易吸收水分,形成表面具有很强吸附性的凝聚核,能吸附有害气体和经高温冶炼排出的各种金属粉尘以及致癌性很强的苯并(a)芘等。因此烟尘中的颗粒物分离可以采取大颗粒的沉降工艺与细小颗粒粉尘的吸附技术,阻止其排放到大气中。

3. 烟尘的中和或转化处理

降低烟气有毒成分的危害性,这些有毒成分包括 SO_2、H_2S、HCl、HF 等,在不同的金属熔炼过程中其含量有所不同。但这些气体排放到大气中,会产生酸雨等自然危害,而吸入人体中则产生刺激和腐蚀粘膜的联合作用,损伤粘膜、纤毛,引起炎症和增加气道阻力,会导致慢性鼻咽炎、慢性气管炎、支气管、肺部炎症等,导致肺心病死亡率增高。

消除其危害性,采取的主要工艺方法是利用其物理化学特性,通过溶解、化学反应等手段将其转化为无毒或毒性很小的制品,将其对自然的危害性清除或降低到最低水平。如 SO_2 气体,可以将其引入容器内喷淋水等溶剂,将其溶解为液体,然后再对液体进行处理,可以转化为硫酸等制品;也可以将其液体投入碱性材料,转化为硫酸盐制品。

4. 烟气的回收与利用

以 CO_2 为例,CO_2 是一种重要的化工原料,食品、轻工、冶金、化工等行业都需要大量的 CO_2 气体。铸造生产中的各种炉都会产生大量的 CO_2 排放到空中,造成严重的环境污染,引起全球的"温室效应"。如果将其回收利用,将会产生非常高的社会与经济效益。如采用精馏法,即在 1.5～2.5 MPa、−40～−20 ℃条件下低温精馏操作,经过前级脱硫后,还要采用脱硫效果较高的脱硫剂进行深层脱硫,并采用沸石分子筛作为脱水剂进行脱水,可选择性地吸附气体中的醇、醛、高级烃等,回收的 CO_2 纯度可以达到食品级。

从烟气中将 SO_2 分离出来,可以通过氨法、钠法、钙法、镁法和催化氧化法等湿法脱硫技术实现 SO_2 的回收利用,如氨法就是用氨($NH_3 \cdot H_2O$)作为吸收剂捕捉并吸纳烟气中的 SO_2,形成中间产物为亚硫酸铵($(NH_4)_2SO_3$)和亚硫酸氢铵 NH_4HSO_3,然后采用不同的工艺手段得到硫酸铵$(NH_4)_2SO_4$、石膏 $CaSO_4 \cdot 2H_2O$ 和单体硫 S 等产品。也可以用固体吸收剂(或吸附剂)吸收(或吸附)烟气中 SO_2,如活性炭法就是利用活性炭的活性和较大的比表面积使烟气中的 SO_2 在活性炭表面上与水蒸气反应生成硫酸的方法,即

$$SO_2 + \frac{1}{2}O_2 + H_2O \rightarrow H_2SO_4$$

在铸造生产过程产生的无机化合物烟气构成中,大都有回收利用的价值。这需要结合烟气的数量、浓度、工艺难度、设备条件等综合评价,分析其回收利用的价值。

4.2.2 有机烟尘治理的工艺原理

挥发性有机物(VOCs)是形成细颗粒物(PM2.5)、臭氧(O_3)等二次污染物的重要前体物,进而引发灰霾、光化学烟雾等大气环境问题。在铸造生产过程中会产生大量的 VOCs,如铸造合成树脂在使用过程中,从制芯、存放、浇注到冷却都会散发出不同数量的甲醛、苯酚、三乙胺、苯并(a)芘、二恶英等。其中甲醛、苯酚、三乙胺刺鼻、恶臭,有刺激性气味。消失模模型使用的材料主要有 EPS(可发性聚苯乙烯)、STMMA(可发性共聚树脂)等,当浇注时,高温金属液进入消失模中,等体积的泡沫塑料全部由固态转化为气态,这一过程的热解产物主要是苯、甲苯、乙苯、苯乙烯以及小分子气体产物(CH_4、C_2H_4、C_2H_2)等,同时还会产生炭黑、硫化物和其他颗粒物等主要污染物。在铸造生产中可能产生 VOCs 的工序是比较多的,如图 4−1 所示。而且,在铝、铜等金属的再生原料中时常混有塑料成分,其熔炼与铸造过程会造成比较严重的二恶英排放。因此,铸造生产过程的 VOCs 控制与治理是至关重要的技术环节。

对于铸造车间有机废气的治理,源头上是采用环保型造型材料,尽量减少有毒废气的排放。

① 树脂砂工艺仍是当前主流造型工艺,想要完全不产生废气几乎是不可能的,只能做到尽量减少。可选用环保型树脂、固化剂或高效树脂固化剂降低加入量,尽量不用小企业产品,质量可信度低,游离酚、游离甲醛含量高,树脂强度低,加入量高。

② 选用无机粘结剂。无机粘结剂具有不挥发 VOCs 及有毒、有害气体等优点,在高效制芯领域,硅酸盐粘结剂具有很大发展空间。其生产工艺一般采用对模具加热,并辅以吹热空气的方法加快砂芯固化。

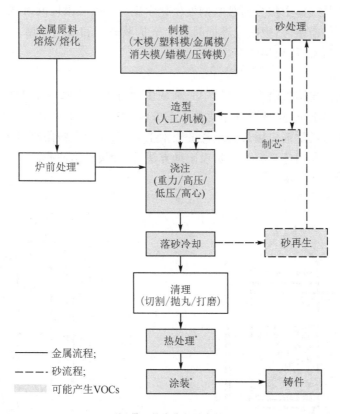

注:带 * 的为非必要流程。

图 4-1 铸造生产工艺流程以及其中产生 VOCs 的工序

目前,治理有机废气的技术方案主要有两大类:一是将其溶解后再通过比较复杂的工艺方法提取出来作为工业原料来使用,如应用较为广泛的物理吸收法;二是将有机废气进行化学转化或降解处理,使有毒或危害性较大的废气转化为无毒无污染的物质,如化学吸收等。

(1)吸收法

利用废气中不同的组分在选定的吸收剂中溶解度之间的差异,或者其中某一种或多种组分与吸收剂中活性组分发生化学反应,达到将有害物从废气中分离出来的一种方法,如图 4-2 所示。其适用于高水溶性 VOCs,用化学药剂将 VOCs 中和、氧化或其他化学反应破坏,优点是同时去除气态污染物、投资成本低、传质效率高,对酸性气体也可高效率处理。根据吸收剂是否参与化学反应,可分为物理、化学吸收两类。

物理吸收过程简单,是单纯的气体物理溶解过程。吸收剂吸收限度取决于气体在液体中的气液平衡浓度;吸收速率主要取决于污染物从气相转入液相的扩散速度。物理吸收法多数情况下采用水作为吸收剂。

化学吸收是气体中组分与吸收剂发生化学反应。吸收限度同时取决于气液平衡和液相反应的平衡条件；吸收速率同时取决于扩散速度和反应速度。化学吸收法常用的吸收剂有碱液、稀酸溶液等。

（2）吸附法

利用多孔性固体吸附剂将废气中一种或多种有害物质吸附于表面，达到将有害物从废气中分离出来，实现废气净化的工艺方法，如图4-3所示。活性炭吸附法是采用活性炭作为吸附剂应用最为广泛的吸附工艺，活性炭在吸附有机废气后，根据是否对活性炭回收利用等又有活性炭吸附抛弃法、活性炭吸附回收法以及活性炭吸附-热脱附法三种处理方法。

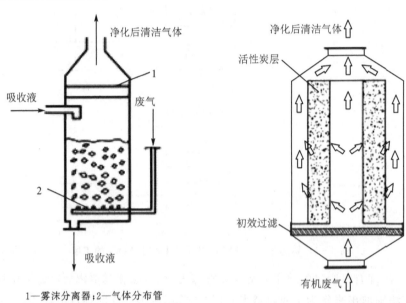

1—雾沫分离器；2—气体分布管
图4-2　吸收法工艺原理图

图4-3　吸附法工艺原理图

活性炭吸附抛弃法即在活性炭吸附饱和后，更换新的活性炭，废弃的活性炭作为危险固废处理。活性炭吸附回收法即活性炭吸附有机废气饱和后，采用低压蒸汽对活性炭再生，使得活性炭恢复吸附能力，重复利用。再生时经冷凝、分离等操作回收有机溶剂。活性炭吸附-热脱附法汲取了前两者的优点：首先，采用活性炭吸附装置对大风量低浓度的有机废气进行吸附处理，净化后的气体达标排放；其次，利用热空气回流技术，将吸附在活性炭上的有机废气脱附并浓缩处理；最后，采用催化燃烧装置处理，彻底氧化分解为水和二氧化碳等无毒、无害的气体，达到国家排放标准，高空排放。

（3）燃烧法

对可燃的有害气体燃烧，将转化为无毒无污染物质的工艺方法，其工艺过程如图4-4所示。燃烧法一般分为直接燃烧、催化燃烧和蓄热燃烧三种。直接燃烧法即利用燃气或燃油等辅助燃料燃烧放出的热量将混合气体加热到一定温度（700～1 000 ℃），驻留一定的时间，使可燃的有害气体燃烧；催化燃烧法是将废气预热到 200～300 ℃，经催化床燃烧达到净化的目的。适用于高温高浓度的有机废气治理，不适用于低浓度、大风量的有机废气治理。蓄热燃烧法是通过将废气加热到 700～850 ℃，实现对有机物的完全燃烧，生成二氧化碳和水，废气燃烧后，通过热交换将热量储存在蓄热体内，蓄热体再通过热交换将热量转移到低温废气，达到预热的目的。

（4）生物法

该方法实质上是通过微生物的代谢活动将复杂的有机物转变为简单、无毒的无机物和其他细胞质。目前生物处理方法主要有生物过滤法、生物吸收法和生物滴滤法等。

① 生物过滤法是最早被研究和使用的一项生物处理技术，最早是用来处理硫化氢等恶臭气体，现在应用范围扩展到易于被生物降解的挥发性有机气体。其工艺流程如图 4-5 所示，工艺实施过程中，有机废气经预处理后进入生物过滤装置。装置中的填料是具有吸附性的滤料，多为木屑、堆肥、土壤和比表面积、孔隙率大的活性炭混合而成。填料上生长着丰富的微生物，通过它们的新陈代谢活动，各类有机废气会被分解为 CO_2、H_2O、NO_3^-、SO_4^-，从而达到有效净化的目的。

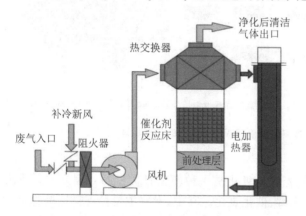

图 4-4　催化燃烧法的工艺流程

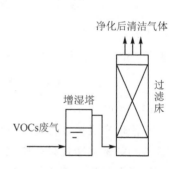

图 4-5　生物过滤法工艺流程

② 生物吸收法的工艺构成分成废气吸收和微生物氧化反应两个部分。有机废气先从反应器的下部进入，向上流动的过程中与填料层中的水相进行接触，实现质量传递过程；水夹带着被溶解的废气进入生物反应器，其中的悬浮液生长着大量微生物，利用它的代谢活动将污染物去除。该法的优点在于反应条件容易控制，但是需要额外添加养料，而且设备多，投资高。此外，生物反应器需要增设曝气装置，并且控制温度、pH 值等条件，确保微生物工作时候的最佳状态。

③ 生物滴滤法则集生物吸收和生物过滤于一体。污染物的吸收和降解同时发生在一个反应器内。容器中的填料一般是碎石、陶瓷、聚丙烯小球、颗粒活性炭等比

表面积大的物质,起到微生物生长载体的作用。事先将营养液喷洒到填料表面,流出塔底并回收利用。废气从反应器底部进入,流经填料。填料上微生物的生物膜可以充当生物滤池,对气相和液相中的物质进行氧化作用。采用生物滴滤法可以通过更换回流液体去除微生物的代谢产物,具有很大的缓冲能力。特别适合降解之后产生酸性代谢产物的物质,例如卤代烃,含 S、N 的机物等。生物滴滤法适合处理低浓度小风量的有机废气.

(5) 低温等离子法

利用高频高压电晕放电时候产生的高能电子和离子,在放电过程中,电子从电场中获得能量,通过非弹性碰撞将能量转化为污染物分子的内能或动能,获得能量的分子被激发或发生电离形成活性基团,当污染物分子获得的能量大于其分子键能的结合能时,污染物分子的分子键断裂,直接分解成单质原子或由单一原子构成的无害气体分子。图 4-6 所示为低温等离子法治理 VOCs 废气的工艺原理。

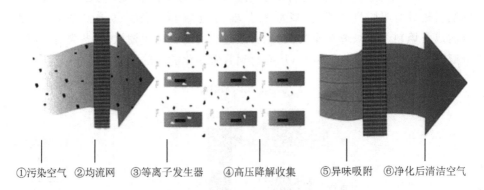

①污染空气 ②均流网 ③等离子发生器 ④高压降解收集 ⑤异味吸附 ⑥净化后清洁空气

图 4-6 低温等离子法治理 VOCs 废气的工艺原理

(6) 光催化氧化法

在治理有机挥发性废气方面,光催化氧化是一种新型且优良的处理方式。将废气输入光解催化净化设备中进行光解、催化氧化。其中,光解主要是将空气里的氧气经过高能 UV 紫外线进行分解,使其分解为游离态的氧。因为其正负电子不处于平衡状态,所以其非常容易与氧分子结合,从而转化为臭氧(O_3),具体过程如以下化学方程式所示:

$$O_2 + UV \rightarrow O(游离态) + O^-$$
$$O_2 + O(游离态) \rightarrow O_3$$

O_3 的强氧化作用可以导致废气被分解。将紫外线放电管安装在 UV 高效设备里面,其所产生的光子能量能够高达 647 kJ/mol 或是 642 kJ/mol,远大于 C=C、C—H、C—O 等分子键能,这么高的光子能可以将小于该能量的废气分子键快速裂解,促使这些废气转化成无机小分子物质。图 4-7 所示为光催化氧化治理 VOCs 废气工艺原理。

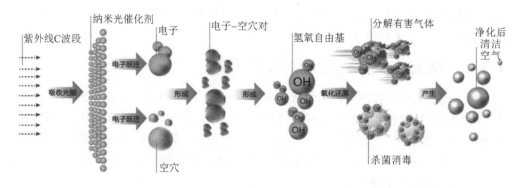

紫外线C波段　纳米光催化剂　电子　电子–空穴对　氢氧自由基　分解有害气体　净化后清洁空气

吸收光能　电子跃迁　形成　形成　氧化还原　产生

电子跃迁　空穴　OH　杀菌消毒

图 4 - 7　光催化氧化治理 VOCs 废气工艺原理

4.3　铸造生产中烟尘治理的工艺方法

铸造生产中的主要工序,如造型、制芯、混砂、砂处理、电炉熔化、浇铸、振动落砂、抛丸清理等过程均会产生大量的粉尘和烟尘,同时在浸漆过程和砂型涂料的涂覆过程中将产生一定数量的有机废气。我国大多数铸造企业工艺操作及装备比较落后,仍为手工造型,清砂机械化程度低,工人劳动强度大。有关资料显示,每熔炼 1 t 铁水,散发粉尘 6～15 kg,在非熔炼的工艺过程中,每生产 1 t 铸件,散发粉尘约 50 kg。

铸造生产产生烟尘污染的原因主要在以下几方面:

① 材料方面,包括使用含杂质(沙土、粉尘)多的不清洁炉料,块度过小或不匀的、灰分含量较高的焦炭;低质耐火材料;含尘量过大型砂或型砂中粉料比例过大等。

② 工艺方面,包括冲天炉修炉、搪衬的耐火材料配置不当、筑衬工艺要求不严,炉衬表面不够平整紧实,搪衬烘干工艺不当,导致炉衬强度过低。在炉料冲击摩擦下易散落;旧砂、耐火材料、焦炭、回炉金属料等,在存储、堆放、装卸运输过程中,不能有效防止杂质的混入,很多情况下的清理筛分过程中杂质清除不彻底。有时不当操作也会造成人为扬尘,如由于冲天炉内空料,加料时对炉衬和炉料造成过大的冲击;冲天炉内棚料,上升风速过高,携带烟尘量增大等。

③ 设备方面,装卸、运输设备造尘、扬尘;除尘设备配置不合理;疏于管护,使除尘设备性能下降,甚至形同虚设;落纱清理、砂处理设备及材料处理设备防尘性能差;环保装置欠缺或设置不当等。

④ 管理方面,部分企业尤其是中小企业,不愿意投资环境保护。在理念上,不能充分认识到环境保护是铸造生产系统工程中重要的一环,有些企业缺乏行之有效的企业环保章程和制度,不能从环保理念、设备、操作维护、技术改革创新、奖惩等全面规范企业及员工的行为,为环境保护稳定、良好地运行提供必要而充分的条件。

防治烟尘污染是铸造生产环境保护的重点,结合铸造生产过程的烟尘形成机理、成分构成、分布特点等,应根据生产特点、企业规模、环境条件等实际情况全面考虑,综合决策,以取得更好的技术经济效益。

4.3.1 铸造生产烟尘污染治理的原则

对于铸造生产过程产生的烟尘污染治理,首先应结合本公司铸造生产的工艺方法、工序组成、原材物料等生产条件,分析其烟尘产生的原因与起源点分布,实施对源头控制;其次是污染发生点局部空间治理,再次是整体空间治理。实现以低的能源消耗,达到现场洁净生产、有组织及无组织排放均稳定达标、节能减排的目的。

1. 采用先进工艺

传统上的铸造企业在烟尘治理方面最终的解决方案必须从清洁生产做起,企业有计划地进行技术改造升级。如在铸造生产全过程中,采用不产生烟尘或少产生烟尘的工艺,如湿法砂处理、水玻璃砂、V法、消失模、水力清砂、冲天炉预热送风、富氧送风、炉料净化等;采用自动化作业设备和自动造型浇铸设备减少作业中烟气粉尘的排出量;采用自动造型线配套定点浇铸,便于浇铸烟气的收集和处理,达到清洁生产的目的;对于熔炼和浇铸工序产生的高温烟尘可将车间顶部气楼封闭形成一个以车间为整体的集气罩,采用"降温吸尘"加"净化过滤装置"的工艺布局,可有效降低工作环境的烟气和粉尘。

2. 合理选择工艺原料,提高工艺操作水平

结合本公司产品结构、质量要求、工艺技术方面的要求等,比较工艺材料的性能及对环境的影响,选用不产生、少产生烟尘的造型材料、燃料、炉料及辅助材料;对产生烟尘的工艺材料进行必要的净化处理,如控制型砂中粉尘和可燃物质的含量,选用与熔炼要求相适应的焦炭质量与粒度分布、选用优质涂料等。

制定严格的、切实可行的、覆盖生产全过程的工艺规范及保障措施。保障设备以正常性能在生产中稳定地运行,特别是在熔炼与浇注、砂处理、铸件清理等易产生烟尘工部的除尘设备。生产过程工艺操作的技术水平不但影响产品质量和生产成本,也与对环境的污染程度密切相关。只有合理的工艺规范及严格的保障措施才能达到更高的综合技术经济效益。而提高工艺操作技术水平就是正确执行工艺规范的重要保障措施。

3. 加强除尘设备的应用管理

按环保要求合理配置除尘设备并保持设备良好性能。除尘设备配置不当和疏于监管是我国铸造行业,尤其是中小企业存在的比较普遍而又长期得不到妥善解决的问题。大量的中小企业除尘设备配置不当或不配置除尘设备。虽然相当多的企业已经配置了除尘设备,但由于各种原因,除尘效果无法达到相应的环保要求。探究这些原因,主要就是除尘设备的性能或能力达不到除尘目标的要求,更多的是由于管理不善导致除尘设备性能下降,部分甚至全部失去除尘能力,形同虚设。

要充分发挥除尘设备的功能,应做到:

① 选择配置与本厂生产条件和环保要求相适应的除尘系统。

② 及时观察除尘设备及系统的工作状态,定期检测除尘系统性能和除尘效果。

③ 及时排除堵塞、泄漏、不当积尘、动力下降等故障,保持设备运行正常。

④ 根据除尘目标的改变相应调整除尘系统的能力,保持除尘效果稳定达标。

4. 对烟尘进行资源化、产品化处理

对烟尘进行资源化、产品化处理,防止对环境产生二次污染。仅仅采用除尘工艺和设备只能暂时限制污染物排放或将其搜集在集尘器内,随后的不当处理,仍然会污染环境。如长久以来对污染排放物的弃置做法,在自然环境中,对土地、空气产生二次污染是难以避免的。避免二次污染最好的办法就是对污染物进行资源化、产品化处理。

从广义上讲,任何物质都是资源,但是,制成产品的资源才是有用的资源;从铸造烟尘的成分和状态来看,完全可以成为有用的资源。

4.3.2　铸造烟尘治理的工艺技术

铸造企业在生产过程中对环境污染最严重的是粉尘污染和有机废气 VOCs 污染。铸造厂各环节均有粉尘、废气产生,特别是以熔炼、浇铸冷却、落砂、砂处理、造型、清理等粉尘、废气量更大,由于各工序使用的原料、工艺内容、操作技术等有所不同,结合铸造烟尘的成分构成、来源点分布、浓度分布等特征,在烟尘治理工艺设计方面推荐综合治理工艺,既要过滤粉尘,又要去除有机废气(臭味),因此也形成了不同种类的烟尘治理方法。

1. 根据对烟尘处理的工艺原理不同

根据对烟尘处理的工艺原理不同,除尘技术主要有以下四种。

(1) 布袋除尘技术

即采用纺织的滤布或非纺织的毡制成滤袋,利用纤维织物的过滤作用对含尘气体进行过滤。当含尘气体进入袋式除尘器,颗粒大、密度大的粉尘由于重力的作用沉降下来并落入灰斗,而含有较细小粉尘的气体在通过滤料时粉尘被阻留,气体得到净化,如图 4-8 所示。

(2) 生物纳膜抑尘技术

在源头抑制粉尘产生,通过生物纳膜抑尘机,生成精确配比的生物纳膜;生物纳膜是层间距达到纳米级的双电离层膜,能最大限度增加水分子的延展性,并具有强电荷吸附性;将生物纳膜喷附在物料表面,通过生物纳膜的吸附性,能吸引和团聚小颗粒粉尘,使其聚合成大颗粒状尘粒,自重增加而沉降,因此不能飘散在空中形成粉尘,如图 4-9 所示。生物纳膜抑尘技术能够有效地控制有组织及无组织粉尘,除尘率可到达 95% 以上,效果稳定。

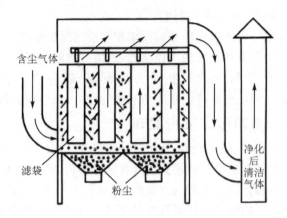

图 4-8 袋式除尘工艺原理图

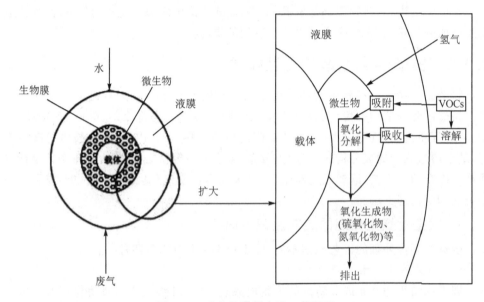

图 4-9 生物纳膜抑尘的工艺原理

（3）喷雾除尘技术

除尘技术领域一种传统的湿式除尘方式,通过压降来吸收附着粉尘的空气,在离心力以及水与粉尘气体混合的双重作用下除尘,如图 4-10 所示。喷雾除尘表面上见效较快、花费少,但综合使用成本和管理成本以及对环境的破坏,这种除尘方式的代价是很高的。

（4）云雾抑尘技术

通过高压离子雾化和超声波雾化等技术,可产生超细云雾;超细云雾颗粒细密,可充分增加与粉尘颗粒的接触面积。云雾颗粒与粉尘颗粒碰撞并凝聚,形成团聚物,团聚物不断变大变重,直至自然沉降,达到消除粉尘的目的,如图 4-11 所示。所产生的干雾颗粒极细,对粉尘的吸附性好,大幅提高除尘效果,且不会沾湿物料,对大气细微颗粒污染的防治效果明显。

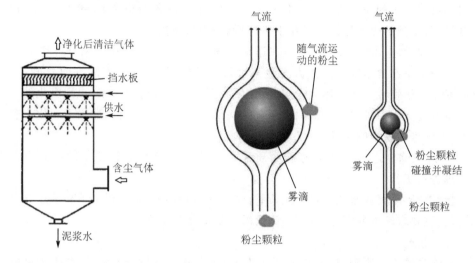

图 4 - 10　喷雾除尘工艺原理图　　　图 4 - 11　云雾除尘工艺原理示意图

2．根据烟尘处理过程是否有喷淋液体

根据烟尘处理过程是否有喷淋液体(主要为水),烟尘的净化方式可分为干法除尘和湿法除尘两种。

① 干法除尘主要指应用粉尘惯性作用、重力作用而设计的除尘设备,如沉降室、惰性除尘器、旋风除尘器等高浓度的除尘器等,通常用机械强排风,保持加料口形成负压,使烟气中的尘粒分离。其优点是操作者劳动条件好,主要针对高浓度粗颗粒径粉尘的分离或浓集而采用。干式除尘的方法有沉降除尘、布袋除尘、滤筒除尘、静电除尘、混合除尘等。

② 湿法除尘依靠水力亲润来分离、捕集粉尘颗粒的除尘装置,如喷淋塔、洗涤器、冲击式除尘器、文氏管等,通常采用自然通风排烟,并采用喷水雾进行烟尘净化。其优点是投资少、除尘效率高,而且有利于清除烟气中的有害气体。湿式除尘的方法有喷雾除尘、喷淋、麻石、旋流、水幕等,多应用在生产过程中产生高浓度、大风量的含尘气体场合。

3．根据粉尘颗粒的捕集机理

根据粉尘颗粒的捕集机理可可分为机械除尘、电除尘、过滤除尘和洗涤除尘等。

（1）机械除尘

机械除尘是依靠机械力(重力、惯性力、离心力等)将尘粒从气流中去除的装置。其特点是结构简单,设备费和运行费均较低,但除尘效率不高。适用于含尘浓度高和颗粒力度较大的气流,广泛用于除尘要求不高的场合或用作高效除尘装置的前置预除尘器。

按烟尘颗粒沉积方式的不同,可设计为重力沉降、惯性除尘和旋风除尘。

① 重力沉降,利用粉尘与气体的比重不同的原理,使扬尘靠本身的重力从气体中自然沉降下来的净化方法,如图 4-12 所示。它是一种结构简单、体积大、阻力小、易维护、效率低的比较原始的净化工艺,只能用于粗净化。

② 惯性除尘,利用粉尘与气体在运动中惯性力的不同,将粉尘从气体中分离出来。一般都是在含尘气流的前方设置某种形式的障碍物,使气流的方向急剧改变。此时粉尘由于惯性力比气体大得多,尘粒便脱离气流而被分离出来,得到净化的气体在急剧改变方向后排出。这种除尘工艺结构简单、净化效率较低,适用于净化含有非粘性、非纤维性粉尘的空气。

③ 旋风除尘,依据在旋转过程中质量大、旋转速度快的物质获得的离心力也大的原理进行工作。

机械式除尘器效率低、阻力小、节省能源,在风量不大、除尘要求不高的场合可单独使用;在要求严格的场合,常作为高级除尘器的预除尘之用。

(2)电除尘

电除尘的工艺原理:利用高压直流电场使空气中的气体分子电离,产生大量电子和离子,在电场力的作用下向两极移动,在移动过程中碰到气流中的粉尘颗粒和细菌使其荷电,荷电颗粒在电场力作用下向自身电荷相反的极板做运动,带正电荷的含尘气体会吸附在阴极板上。定时打击阴极板,就可以使含尘气体跌落到电除尘器下方的灰斗中,从而清除了灰尘。利用静电力实现尘粒与气流分离的特点是气流阻力小,除尘效率可达 99% 以上。图 4-13 所示为静电除尘设备原理示意图。

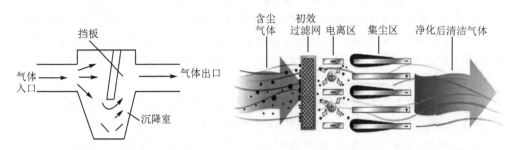

图 4-12　重力除尘的工作原理　　　图 4-13　静电除尘设备原理示意图

静电除尘的耗能少、除尘效率高,适用于去除烟气中 0.01~50 μm 的粉尘,而且可用于烟气温度高、压力大的场合。

(3)过滤除尘

过滤除尘是一种物理方法过滤,使含尘气流通滤芯上的聚酯纤维等滤料进行过滤。将烟尘捕集进入集尘器后进入过滤室,气流中一部分粗大颗粒直接沉降至灰斗;粒度细、密度小的尘粒则在气流通过滤筒时被过滤,截留在滤筒表面,并在反吹结构作用下落入灰斗内,净化后的气体通过集尘器排放至空中。过滤除尘的方式很多,最为常用的是滤布过滤,比如采用布袋过滤＋初效过滤器＋高效过滤器＋活性炭过滤器的组合式多级过滤方式,能过滤掉粉尘中的气味,尤其适用于含有难闻气体的粉尘;滤筒＋高效过滤器的组合,其过滤精度一般,需要增加二级高效过滤器,经过高效过滤器过滤后的粉尘可以直接排放。还有一种是通过离心力过滤的,那就是旋风分离器。它主要是利用气流产生的离心力过滤掉粉尘中的大颗粒,进一步降低滤芯的过滤负担,延长滤芯的使用寿命,在使用过程中不会有耗材产生。但是不建议旋风分离器单独使用,与滤筒除尘器配合使用才能更大发挥它的效能。图 4 - 14 所示为过滤除尘器的工艺结构构成。

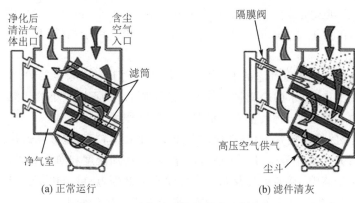

(a) 正常运行　　　　　(b) 滤件清灰

图 4 - 14　过滤除尘器的工艺结构构成

（4）洗涤除尘

洗涤除尘的原理:将含尘气体与液滴或液膜进行接触或碰撞,使尘粒被洗涤液捕集而从烟气中除去的技术,如图 4 - 15 所示。它既能净化废气中的固体颗粒污染物,也能脱除气态污染物,同时还能起到气体的降温作用。

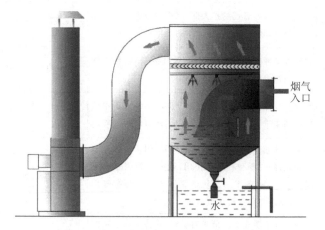

图 4 - 15　洗涤除尘的工艺原理示意图

在洗涤(湿式)除尘设备中通常含有喷淋层、风机、水池、泵等一系列组成部分。

通过风机将含有尘粒的气体吹进除尘器中,由喷淋装置喷出洗涤水雾与含有尘粒的气体充分接触混合,形成聚合体进入洗涤液中,经过充分接触吸附大量烟气中的尘粒,再经过气液分离装置将脱尘后的气体经过烟囱向上排入大气中。除尘工作完成后,因为在脱尘中洗涤液中含有大量的尘粒,这些尘粒中含有 S^{2-}、Cl^- 等酸性离子,还要加入碱性溶液来中和洗涤液。用液体洗涤含尘气体,使尘粒与液滴或液膜碰撞而被俘获,并与气流分离,除尘效率为 $80\%\sim95\%$,运转费用较高。湿式除尘技术由于水的参与,使得这种技术在处理高温、易燃,易爆的气体时具有明显的优势。

洗涤式除尘器中的水按其与含尘气体接触方式可分为三种形式。

① 水滴由机械喷雾或其他方式使水形成大小不同的水滴分散于气流中成为捕尘体。

② 水膜在捕集粉尘表面形成水膜,气流中的粉尘由于惯性、离心力等作用而撞击到水膜中。

③ 气泡水与气体以气泡的形式接触,主要产生于泡沫除尘器中,由气流穿过水层,根据气流的速度、水的表面张力等因素的不同,产生不同大小的气泡,粉尘在气泡中的沉降、主要是由于惯性、重力和扩散等机理的作用。

湿法除尘的设备投资少,构造比较简单;净化效率较高,能够除去粒径为 $0.1~\mu m$ 以上的尘粒;尤其是在除尘过程中还有降温冷却、增加湿度和净化有害有毒气体等作用,非常适合于高温、高湿烟气及非纤维性粉尘的处理,还可净化易燃、易爆及有害气体。因此湿式除尘技术十分适用于冶炼、窑炉等工艺中的脱尘。

工程应用的除尘方式种类是很多的,表 4-2 总结了常用烟尘处理方法。

表 4-2 烟尘处理工艺方法比较

类型及名称		原　理	压力损失/kPa	适用范围/μm	除尘效率/%
机械除尘	重力除尘器	含尘气体通过管道的扩大部分(重力沉降室),流速大大降低,较大尘粒在重力作用下沉降下来	0.05~0.15	粒径>40	40~50
	惯性除尘器	含尘气体冲击在挡板或滤层上,气流急转,粉尘颗粒在惯性力作用下与气流分离	0.2~1	粒径>20	50~70
	旋风除尘器	使含尘气体做旋转运动,借助于离心力将气流中分离并捕集于器壁,再借助重力作用使尘粒落入灰斗	0.5~2	粒径>5	70~95
湿式除尘	重力喷雾洗涤除尘器	含尘气体通过喷淋液的液滴空间时,因尘粒和液滴之间碰撞、拦截和凝聚等作用,较大尘粒因重力下降下来,与洗涤液一起从塔底排出。为使布气均匀,常用多孔分布板或填料床	0.2~0.5	粒径>50	>70
	填料洗涤除尘器	在除尘器中填充不同型式的填料,并将洗涤水喷洒在填料表面上,以覆盖在填料表面上的液膜捕尘体捕集气体中的粉尘粒子	0.16~1.6	粒径>2	99

类型及名称		原　理	压力损失/kPa	适用范围/μm	除尘效率/%
湿式除尘	储水式洗涤除尘器	被净化的含尘气体在一定液面深度以较大的速度冲击洗涤水,使其分散成大量的液滴和气泡。含尘气体中的粉尘粒子被这些分散的液滴和气泡捕获,并沉降于捕尘室的底部	0.5~4	5	93
	湿式离心除尘器	将干式旋风除尘的离心力原理应用于具有喷淋或在气壁上形成液膜的湿式除尘器中	0.3~0.5	40~200	>85
	文丘里洗涤除尘器	主要由文丘里管(有收缩管、喉管和扩大管三部分)和旋风分离器组成。含灰尘的气体进入收缩管,流速沿管逐渐增大。水或其他液体由喉管处喷入,被高速气流所撞击而雾化。气体中的尘粒与液滴接触而被润滑。进入扩大管后,流速逐渐减小,尘粒互相粘合,使颗粒增大而易除去	1~9	0.1~100	>80
	喷射式洗涤除尘器	洗涤水从带有螺旋叶片的装置以旋转状态高速喷雾,吸引周围的含尘气体;含尘气体和洗涤水射流在喉管处加速,并在扩张管中混合,气体中的粉尘粒子与洗涤水液滴发生惯性碰撞而被收集	1~9	>0.2	>80
	旋转式洗涤除尘器	利用回转的叶片使含尘气体和洗涤水掺混并形成大量水滴、水膜和气泡等捕集粉尘粒子的除尘装置	0.5~1.5	>0.2	>80
过滤除尘	袋式除尘器	滤袋采用纺织的滤布或非纺织的毡制成,利用纤维织物的过滤作用对含尘气体进行过滤,当含尘气体进入袋式除尘器后,颗粒大、密度大的粉尘由于重力的作用沉降下来,落入灰斗,含有较细小粉尘的气体在通过滤料时粉尘被阻留,使气体得到净化	1.5~2	>0.4	99
	滚筒式除尘器	含尘气体进入除尘器灰斗后,由于气流断面突然扩大及气流分布板作用,气流中一部分粗大颗粒在动和惯性力作用下沉降在灰斗;粒度细、密度小的尘粒进入滤尘室,通过布朗扩散和筛滤等组合效应,使粉尘积在滤料表面上,净化后的气体进入净气室由排气管经风机排出	>1.5	>0.4	>99
	塑烧板除尘器	当含尘气体由塑烧板除尘器的外表面通过塑烧板时,粉尘被阻留在塑烧板表面的 PTFE 涂层上,洁净气流透过塑烧板从塑烧板内腔进入净气箱,并经排风管道排出	1.3~2.2	>1	>99
	颗粒层除尘器	以硅砂、砾石、矿渣和焦炭等颗粒状颗粒物作为滤料,去除含尘气体中粉尘粒子的一种内滤式装置	1.7~2		>95

类型及名称	原　理	压力损失/kPa	适用范围/μm	除尘效率/%
电除尘	烟气通过电除尘器主体结构前的烟道时,使其烟尘带正电荷,然后烟气进入设置多层阴极板的电除尘器通道。由于带正电荷烟尘与阴极电板的相互吸附作用,使得烟气中的颗粒烟尘吸附在阴极上,定时打击阴极板,使具有一定厚度的烟尘在自重和振动的双重作用下跌落在电除尘器结构下方的灰斗中,从而达到清除烟气中的烟尘的目的	0.3~5	>5	99
电袋复合式除尘	静电除尘器与袋式除尘器有机结合的一种新型高效的除尘器。电除尘设置在前,能捕集大量粉尘,沉降高温烟气中未熄灭的"红星"颗粒,缓冲均匀气流,袋式除尘器串联在后,收集少量的细粉尘	1~1.5	>0.4	>99

4.4　常用烟尘治理设备

近年来,我国铸造产业快速发展,烟尘与有害气体产生量与日俱增。烟尘与有害气体的高效捕收是铸造产业实现洁净排放的关键环节,也是实现清洁生产的基础条件。针对铸造厂车间的废气问题,由于不同铸造企业间的成品结构不同而采取了不同的铸造工艺或不同的工序构成,这样不同工艺方法、不同工序组成的生产工艺要求、所使用的原材料等都有所不同,造成了铸造粉尘的组分相当复杂,不同工序产生的粉尘差别极大。因此,铸造烟尘治理的工艺措施也是近年来行业研究的热点技术之一,各种烟尘处理的工艺装备也随之快速发展起来。

4.4.1　除尘设备选用的工艺要求

选择除尘器时必须全面考虑多种因素,进行综合的环境经济评价。首先,必须符合国家或地方规定的排放标准,在这个前提下还要除尘效果好,无二次污染,成本低(一次性投资和运行费用低),维护、管理方便,容易操作。

1. 必须符合国家或地方规定的排放标准

首先要弄清楚烟尘污染源的尘气性质,包括烟尘类型、浓度、温度、湿度、酸碱度、粒度、硬度、粘性等,以此确定设备及滤料材质,清灰方式,过滤风速等技术参数,以保证选用的除尘设备运行有效,达到符合国家或地方规定排放标准的基本要求。排放标准是国家对人为污染源排入环境的污染物的浓度或总量所作的限量规定,其目的是通过控制污染源排污量的途径来实现环境质量标准或环境目标,它规定了一定范围(全国或某个区域)内普遍存在或危险较大的污染物的容许排放量或浓度,适用于各个行业,对任何行业或单位均有约束力。

2. 除尘效果好

要达到除尘效果好,首先根据粉尘的物理性质、颗粒大小及分布、废气含尘量的初始浓度、废气的温度等,选择性能符合要求、除尘效率高的除尘器。

粘性大的粉尘容易粘结在除尘器表面,不宜采用干法除尘;比电阻过大和过小的粉尘,不宜采用静电除尘;纤维性或憎水性粉尘,不宜采用湿法除尘。

不同的除尘器对不同粒径的粉尘的除尘效率是完全不同的,选择除尘器时必须首先了解欲捕集粉尘的粒径分布,根据除尘器的除尘分级效率和除尘要求选择适当的除尘器。

气体的含尘浓度较高时,在电除尘器或袋式除尘器前应设置低阻力的初净化设备,去除粗大尘粒,以更好地发挥其作用。例如,降低除尘器入口的含尘浓度,可以提高袋式除尘器的过滤风速,可以防止电除尘器产生电晕密闭;对湿式除尘器则可以减少泥浆处理量,节省投资及减少运转和维修工作量。一般来说,为减少喉管的磨损以防止喷嘴的堵塞,文丘里、喷淋塔等湿式除尘器的气体含尘浓度应控制在 $10\ g/m^3$ 以下,袋式除尘器的理想气体含尘浓度为 $0.2\sim10\ g/m^3$,电除尘器的气体含尘浓度应控制在 $30\ g/m^3$ 以下。

对于高温、高湿的气体不宜采用袋式除尘器,如果烟气中同时含有 SO_2、NO_x 等气态污染物,可以考虑采用湿式除尘器,但是必须注意腐蚀问题。

3. 无二次污染

除尘过程并不能消除颗粒污染物,只是把废气中的污染物转移为固体废物(如干法除尘)和水污染物(如湿法除尘造成的水污染),所以,在选择除尘器时,必须同时考虑捕集粉尘的处理问题。有些工厂工艺本身设有泥浆废水处理系统,或采用水力输灰方式,在这种情况下可以考虑采用湿法除尘,把除尘系统的泥浆和废水归入工艺系统。

4. 成本低

在污染物排放达到环境标准的前提下,要考虑到经济因素,即选择环境效果相同而费用最低的除尘器。

在选择除尘器时还必须考虑设备的位置、可利用的空间、环境因素等,设备的一次投资(设备、安装和工程等),以及操作和维修费用等经济因素。此外,还要考虑设备操作尽量简便,容易维护、管理。

4.4.2　机械除尘器

机械除尘器,是指用机械力(重力、惯性力、离心力等)将尘粒从气流中除去的装置,适用于含尘浓度高和颗粒粒度较大的气流。其特点是结构简单,基本建设投资和运转费用较低、气流阻力较小,但除尘效率不高,广泛用于除尘要求不高的场合或者高效除尘装置的前置预除尘器。按除尘力的不同,机械除尘器可设计成重力沉降除尘器、惯性除尘器和旋风除尘器(即离心力除尘器)等。

1. 重力沉降除尘器

重力沉降除尘器是指尘粒通过自身的重力作用从气流中分离的一种除尘装置。如图 4-16 所示,当含尘气流从管道一边进入比管道横截面积大得多的机械除尘器时,由于横截面积扩大,气体的流速大大降低,在流速降低的一段时间内,较大的尘粒在除尘器内有足够的时间因受重力作用而沉降下来,并进入灰斗中,而含尘净化气体从机械除尘器的另一端排出。

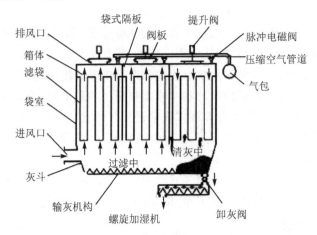

图 4-16 振动除灰式重力沉降除尘器的结构示意图

重力沉降除尘器构造简单、阻力低(压力损失 50～100 Pa),但体积大、效率低,适用于捕集粒径大于 50 μm 的颗粒,如图 4-17 所示。其结构设计主要是根据处理气量和净化效率确定沉降室的尺寸。气体流速选取是关键,气速低,分离效果好,但横截面积大。为防止已沉积的颗粒飞扬,沉降室中气体流速宜控制在 0.4～1.0 m/s 之间。沉降室横截面积 A 公式为:$A = Q/V$(Q 为风量,V 为气体流速)。计算捕集颗粒的沉降速度 V_{st},确定隔板数 n,然后根据要求达到的捕集效率,计算沉降室的长度与高度之比(L/H)。根据现场空间条件,以消耗材料最少化以及运转便利为依据,确定具体的长度和高度尺寸。最后,复核该沉降室所能捕集的最小颗粒的粒径。

重力沉降除尘器依据气流形成的形式不同分为两类:

① 水平气流重力沉降除尘器,又称沉降室。当含尘气体从管道进入后,由于截面的扩大,气体的流速减慢,在流速减慢的一段时间内,粉尘从气流中沉降下来,并落入灰斗,净化后的气体从除尘器的出风口排出。

② 垂直气流重力沉降除尘器。当其工作时,含尘气流从管道进入除尘器,由于截面扩大降低了气流的流动速度,沉降速度大于气流速度的粉尘则沉降下来。垂直

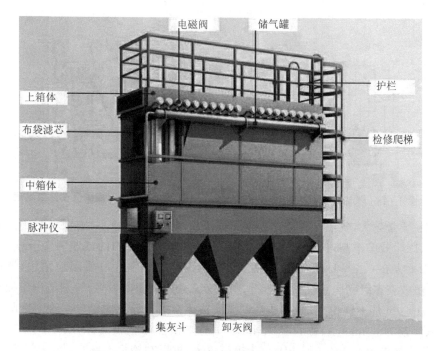

图 4 - 17　脉冲重力沉降除尘器的外形结构示意图

气流重力机械除尘器按进气位置又分为上升气流式和下降气流式。

2. 惯性除尘器

惯性除尘器利用的是惯性力,它是反映物质自身运动状态的力,受到外力时物质改变运动状态。运动气流与其中颗粒具有不同的惯性力,当含尘气体急转弯或者与某种障碍物碰撞时,颗粒运动轨迹偏离气流流向。这种使含尘气体与挡板撞击或者急剧改变气流方向,利用惯性力分离并捕集颗粒的除尘设备,称为惯性除尘器。

（1）除尘机理

惯性除尘器是使含尘烟气冲击在挡板上,让气流进行急剧的方向转变,借尘粒本身惯性力作用而将其分离的装置。在惯性除尘器内,主要是使气流急速转向,或冲击在挡板或者叶片上再急速转向,其中颗粒由于惯性效应,其运动轨迹就与气流轨迹不一样,从而使两者获得分离,如图 4 -18、图 4 -19 所示。惯性除尘器回转气流的曲率半径越小,越能分离捕集细小的粒子,同时,气流转变次数越多,除尘效率越高,阻力越大。这类除尘器的体积可以大幅减小,占地面积也就越小,没有活动部件,可用于高温、高浓度粉尘场合,对细颗粒的分离效率比重力除尘器高很多,可捕集 10 目的颗粒。挡板式除尘器阻力在 0.6~1.2 kPa 之间。惯性除尘器的主要缺点是磨损严重,从而影响其性能。

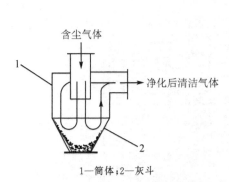

1—筒体；2—灰斗

图 4-18　气流转折式惯性除尘原理

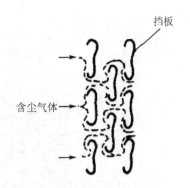

图 4-19　碰撞式惯性除尘原理

颗粒质量越大，气流转向流速越快，气体转向曲率半径越小，则颗粒受到的惯性力越大，除尘效率越高，但阻力也随之增大。当气体在设备内的流速为 10 m/s 以下时，压力损失在 0.2～1 kPa 之间，除尘效率为 50%～70%。在实际应用中，惯性除尘器一般放在多级除尘系统的第一级，用来分离颗粒较粗的粉尘，特别适用于捕集粒径大于 10 μm 的干燥粉尘，而不适宜于清除粘性粉尘和纤维性粉尘。若惯性除尘器内气流流速为 1 m/s，颗粒粒径大于 20 μm，则惯性除尘器的除尘效率为 50%～70%，压力损失为 0.15～0.7 kPa。为提高效率，可以在挡板上淋水，形成水膜，这就是湿式惯性除尘器。

（2）常见的惯性除尘器

惯性除尘器分为碰撞式和回转式两种。前者是沿气流方向装设一道或多道挡板，含尘气体碰撞到挡板上使尘粒从气体中分离出来。显然，气体在撞到挡板之前速度越高，碰撞后越低，则携带的粉尘越少，除尘效率越高。后者是使含尘气体多次改变方向，在转向过程中把粉尘分离出来。气体转向的曲率半径越小，转向速度越高，则除尘效率越高。

1）碰撞式惯性除尘器

沿气流方向装设一道或多道挡板，含尘气体碰撞到挡板上使尘粒从气体中分离出来。如图 4-20 所示，气体撞到挡板之前速度很高，碰撞后速度降低，可以减少携带的颗粒，除尘效率提高。

碰撞式惯性除尘器的特点：用一个或几个挡板阻挡气流直线前进，在气流快速转向时，粉尘颗粒在惯性力作用下从气流中分离出来；碰撞式惯性除尘器对气流的阻力较小，但除尘效率也较低；分离临界粒径为 20～30 μm 或以上，压力损失以考虑气流动压部分为宜，通常为 0.1～1 kPa。适合在管网的自然转弯处，可在动力消耗（即阻力）不大的情况下将粗颗粒粉尘除掉。与重力除尘器不同，碰撞式惯性除尘器要求较高的气流速度，如 18～20 m/s，气流基本上处于紊流状态。碰撞式除尘器的常用结构形式如图 4-21 所示。

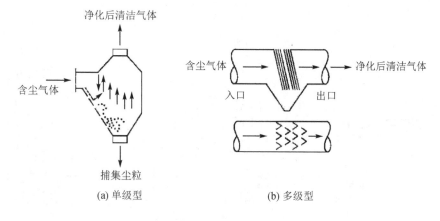

图 4 - 20　碰撞式惯性除尘器的工艺原理

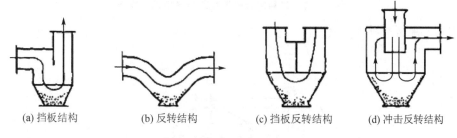

图 4 - 21　碰撞式除尘器结构示意图

2）回转式惯性除尘器

使含尘气体多次改变方向，在转向过程中把颗粒分离出来，气流转换方向的曲率半径越小，尘粒分离越细。图 4 - 22 所示为常见的三种回转式惯性除尘器结构示意图。其中弯管式除尘的缺点是百叶片的磨损较快，除尘效率也不高，所以应用不广。百叶窗型，挡板能提高气流急剧转折前的速度，有效地提高分离效率，但速度不宜过高，否则会引起已捕集的颗粒粉尘的二次飞扬，所以一般都选用 12～15 m/s 的气流速度。多层隔板塔形除尘装置主要用于烟雾分离，能捕集几个微米粒径的雾滴，顶部装设填料层，可提高更细小雾滴的捕集效率。通常压力损失为 1 kPa 左右，无填料层、空塔速度 1～2 m/s 时，隔板塔压力损失 0.2～0.3 kPa。

惯性沉降式除尘器与重力除尘器的区别在于增强了气流转向的惯性作用，把惯性力与重力结合在一起，则更有效地分离了气流中的烟尘。

3）钟罩式惯性除尘器

钟罩式惯性除尘器结构简单、阻力低，不需要引风机便可直接安装在排气筒或风管上，但这种除尘器的除尘效率比较低，一般仅 50% 左右。其构造见图 4 - 23，从风管排出的含尘气体，由于锥形隔烟罩的阻挡，使其急速改变方向；同时，因截面扩大而使气体流速锐减，尘粒受重力作用而沉降到沉降室的下部，并从排灰口排出。净化气

189

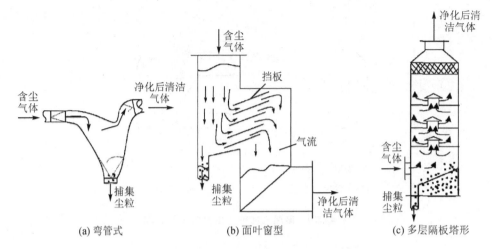

(a) 弯管式　　　　　(b) 面叶窗型　　　　　(c) 多层隔板塔形

图 4 - 22　三种回转式惯性除尘器结构示意图

体则从上部风管排入大气。

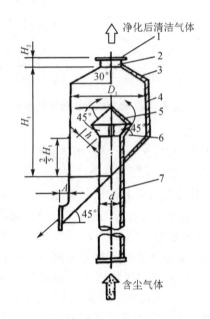

1—烟囱法兰；2—短烟管；3—沉降室锥顶；4—沉降室；5—锥形隔烟罩；6—支柱；7—长烟管

图 4 - 23　钟罩式惯性除尘器结构示意图

4）带百叶的惯性除尘器

带百叶的惯性除尘器结构特征如图 4 - 24 所示，当含尘气体从入口进入后，粉尘由于惯性力的作用冲入下部灰斗，惯性较小的微细粉尘随被净化的气体穿过百叶板间的缝隙经排气管排出。百叶的作用是把气流分成两部分，一部分是被净化的气体，占气体总量的 80％～90％；另一部分占气体总量的 10％～20％，这部分气体集中了被捕集的粉尘。为了保证除尘效率，需将这部分的含尘气体抽出送往旋风除尘器或其他高能除尘器进行二级除尘。

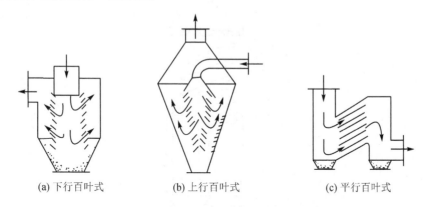

(a) 下行百叶式　　　　(b) 上行百叶式　　　　(c) 平行百叶式

图 4－24　带百叶的惯性除尘器结构特征

百叶挡板能提高气流急剧转折前的速度，可以有效地提高分离效率，但其速度过高会引起已捕集颗粒的二次飞扬，所以速度一般都选 12～15 m/s。理论分析与实践均已证明，百叶惯性除尘器的除尘效率还与粉尘颗粒的直径、密度，气流的回转角度、回转速度、回转半径，以及气体粘度等有一定的关系。例如，含尘气流进入后，不断从百叶板间隙中流出，颗粒粉尘也不断被分离出来。但是，越往下气体流量越小，气流速度也逐渐变慢，惯性效应也随之减小，分离效率就逐渐降低。若能在底部抽走 10％的气体流量，即带有下泄气流的百叶板式分离器，将有助于提高除尘效率。此外，百叶挡板还可以做成弯曲的形状，以防止已被捕集的颗粒粉尘被气流冲刷而二次飞扬。

现有的惯性除尘器一般采用冲击反转结构，其特点是气流快速冲击挡板，在挡板上改变气流方向，部分气流会沿挡板向下流入灰斗内部，导致灰斗内的落灰飞扬，进而产生扬尘，影响除尘效果。另外，含尘烟气直接快速撞击挡板，容易造成挡板磨损，降低挡板的使用寿命。针对以上除尘器的工艺缺陷，很多研究者开展了大量的研发工作，设计了一种高效环保惯性除尘器，其工艺原理为：先利用重力除尘将含尘烟气中的部分尘粒沉降，同时降低了烟气的流动速率，再利用惯性除尘进行二次除尘，去除烟气中的细小尘粒。这样不但增强了除尘的效果，而且避免了高速烟气对挡板的碰撞，延长了挡板的使用寿命。其结构构成如图 4－25 所示。

3. 旋风除尘器

(1) 旋风除尘器工作原理

含尘气体从入口导入除尘器的外壳和排气管之间，形成旋转向下的外旋流。悬浮于外旋流的粉尘在离心力的作用下移向器壁，并随外旋流转到除尘器下部，由排尘

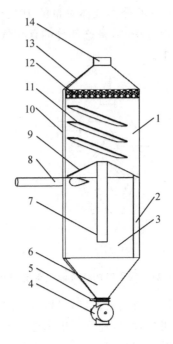

1—惯性除尘区;2—漏料管;3—重力除尘区;4—振动电机;5—卸灰阀;6—灰斗;7—中心管;
8—进气管;9—隔板;10—筒体;11—挡板;12—填料层;13—盖板;14—出气管

图 4-25　改进型高效环保惯性除尘器的结构特征

孔排出。净化后的气体形成上升的内旋流并经过排气管排出。它是依据在旋转过程中质量大的、旋转速度快的物质获得的离心力也大的原理进行工作的。

旋风除尘器始用于 1885 年,现已发展成多种形式。旋风除尘器结构简单,易于制造、安装和维护管理,设备投资和操作费用低,适用于净化大于 $5\sim10$ μm 的非粘性、非纤维的干燥粉尘。它是一种结构简单、操作方便、耐高温、设备费用和阻力较低 $(80\sim160$ mmH$_2$O$)$ 的净化设备,旋风除尘器在净化设备中应用得最为广泛。

(2) 旋风除尘器结构

旋风除尘器主要是由进气口、排气口、筒体、锥体和灰斗组成,如图 4-26 所示。工作时,含尘气流从气流进口处进入除尘器筒体后,沿筒体内壁由上向下做旋转运动,大颗粒的粉尘直接落入灰斗底部;气流到达锥体底部附近时折转向上,在中心区做旋转上升运动,最后经排气口排出。一般将旋转向下的外圈气流称为外旋流,它同时有向心的径向运动;将旋转向上的内圈气流称为内旋流,它同时有离心的径向运动。颗粒在外旋流离心力的作用下移向外壁,并在气流轴向推力和重力的共同作用下沿壁面落入灰斗。

通过对旋风除尘器内气流运动的测定发现,旋风除尘器的气流运动很复杂,无论是外旋流还是内旋流,均有切向、轴心、径向运动速度,速度大小和方向随旋转气流运动而发生相应变化,如图 4-27 所示。该类除尘器结构简单、紧凑,对密度较低的纤维性粉尘,如包装袋碎屑、石棉粉末等有较高的捕集能力。

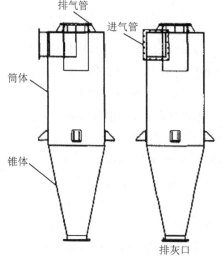

图 4-26　旋风除尘器的结构

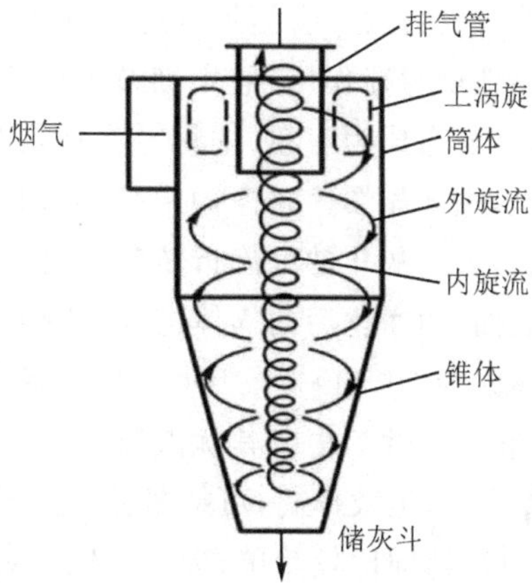

图 4-27　旋风除尘器的内部气流特征

（3）旋风除尘器选型原则

① 选择合适的除尘机理,确定除尘器的类型。收集有关设计资料进行研究与分析,包括废气特性、颗粒特征、净化要求以及其他辅助设施资料;旋风除尘器处理气量应与实际需要处理的含尘气流量一致,旋风除尘器不适宜处理粘性、腐蚀性气流。

② 合适的入口风速是旋风除尘器选型的关键,过低时除尘效率下降;过高时阻力损失及耗电量均要增加,且除尘效率提高不明显。

③ 处理含尘气体温度很高时,旋风式除尘器应设有保温设施;处理易燃易爆颗粒时,旋风除尘器应设有防爆装置。

④ 密封要好。旋风式除尘器必须设置气密性好的卸尘阀,以防除尘器本体下部漏风,保证除尘效果。

⑤ 所选择的旋风除尘器应压力损失小,动力消耗少,且结构简单、维护简便。

⑥ 选择旋风除尘器应遵循小筒体直径原则,如果处理风量较大,可多个除尘器并联。并联时,须遵循同型号、同规格原则,合理设计连接风管,确保每个除尘器处理气量相等。

4.4.3　过滤式除尘器

过滤式除尘器是使含尘气体通过一定的过滤材料来起到分离气体中固体粉尘作用的一种高效除尘设备。过滤式除尘器主要有两类。一类是利用纤维编织物作为过滤介质的袋式除尘器;另一类是采用砂、砾、焦炭等颗粒物作为过滤介质的颗粒层除尘器。

1. 袋式除尘器

袋式除尘器是将棉、毛或人造纤维等材料加工成织物作为滤料,制成滤袋对含尘气体进行过滤。含尘烟气通过过滤材料,尘粒被过滤下来,过滤材料捕集粗粒粉尘主要靠惯性碰撞作用,捕集细粒粉尘主要靠扩散和筛分作用;滤料的粉尘初层形成之后,使滤布成为对粗、细粉尘皆有效的过滤材料,过滤效率剧增。对于 1 μm 以上的尘粒,主要靠惯性碰撞,对于 1 μm 以下的尘粒,主要靠扩散;含尘气体从风口进入灰斗后,进入灰斗的气流折转向上涌入箱体,当通过内部滤袋时,粉尘被阻留在滤袋的外表面,而净化后的气体进入滤袋上部的清洁室汇集到出风管排出。袋式除尘器的工作原理如图 4 - 28 所示。袋式除尘器是一种干式除尘装置,适用于捕集细小、干燥、非纤维性粉尘。其优点如下:

① 除尘效率高,可捕集粒径大于 0.1 μm 的细小粉尘,除尘效率可达 99% 以上。

② 结构比较简单,运行比较稳定,能承受高温、酸碱等恶劣环境,并且初投资较少(与电除尘器比较而言),维护方便。

③ 处理风量可由每小时数百立方米到每小时数十万立方米,可以作为直接设于室内污染源设备附近的小型机组,也可制作成大型的除尘室,即"袋房"。

由于袋式除尘器工作高效,可以大大减少工业生产过程中的尘土污染,减轻对环境的影响。

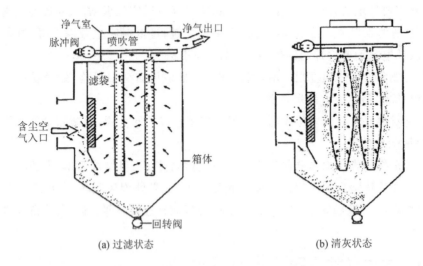

(a) 过滤状态   (b) 清灰状态

图 4 - 28   袋式除尘器的工作原理示意图

袋式除尘的除尘机理主要基于四个方面:

① 重力沉降作用。含尘气体进入袋式除尘器时,颗粒大、密度大的粉尘,在重力

作用下沉降下来,这和沉降室的作用完全相同。

② 筛滤作用。当粉尘的颗粒直径较滤料的纤维间的空隙或滤料上粉尘间的间隙大时,粉尘在气流通过时即被阻留下来,此即称为筛滤作用。当滤料上积存粉尘增多时,这种作用就比较显著。

③ 惯性力作用。气流通过滤料时,可绕纤维而过,而较大的粉尘颗粒在惯性力的作用下,仍按原方向运动,遂与滤料相撞而被捕获。

④ 热运动作用。质轻体小的粉尘(1 μm 以下)随气流运动,非常接近于气流流线,能绕过纤维。但它们在受到做热运动(即布朗运动)的气体分子的碰撞之后,便改变原来的运动方向,这就增加了粉尘与纤维的接触机会,使粉尘能够被捕获。当滤料纤维直径越细、空隙率越小时,其捕获率就越高,所以越有利于除尘。

袋式除尘器除尘效果的优劣与多种因素有关,但主要取决于滤料。袋式除尘器的滤料就是合成纤维、天然纤维或玻璃纤维织成的布或毡,根据需要再把布或毡缝成圆筒或扁平形滤袋,根据烟气性质,选择适合应用条件的滤料。通常,在烟气温度低于 120 ℃,要求滤料具有耐酸性和持久性的情况下,常选用涤纶绒布和涤纶针刺毡;在处理高温(<250 ℃)烟气时,主要选用石墨化玻璃丝布;在某些特殊情况下,选用碳素纤维滤料等。

袋式除尘器性能的好坏,除了正确选择滤料以外,清灰系统对袋式除尘器起着决定性的作用。除尘器工作时,随着过滤的不断进行,滤袋外表的积尘逐渐增多,除尘器的阻力亦逐渐增加,因此滤袋外表面粉尘的清除效率是影响除尘效率的另外一个重要因素。废气通过滤袋时粒状污染物附在滤层上,可以采取振动、气流逆洗或脉动冲洗等方式清除。清灰方法是区分袋式除尘器的特性之一,也是袋式除尘器运行中重要的一环。

除尘布袋一般按温度材料进行分类,可分为常温布袋、中温布袋和高温布袋。它们都有各自的优势及适合的场合。

① 常温布袋:主要由涤纶、丙纶、亚克力等纤维经过无纺、纺织工艺加工而成,具有透气性好、表面平整光滑、尺寸稳定性好、容易剥离粉尘等优良性能,主要用于一般工业企业有粉尘污染的行业除尘及常温烟气治理等领域。

② 中温布袋:随着国家对环保重视程度的提高,尤其是近几年袋式除尘技术行业的飞速发展,中国使用进口的合成纤维开发了可以适应较为恶劣的工况条件、超长使用寿命的高性能的过滤材料。目前较为常见的中温滤材有芳纶纤维、PPS 系列纤维,通过浸扎、防水、防油、防腐蚀工艺处理,可达到理想的效果

③ 高温布袋:主要由玻璃纤维、聚酰亚胺纤维等耐高温纤维经过纺织、无纺工艺加工而成,具有热稳定性好、过滤效率高、使用寿命长等特点,主要应用于各种高温烟气状况下的除尘。

根据国家标准《袋式除尘器分类及规格性能表示方法》，袋式除尘器分为五类。

① 机械振动类：用机械装置（含手动、电磁或气动装置）使滤袋产生振动而清灰的袋式除尘器，有适合间隙工作的非分室结构和适合连续工作的分室结构两种构造形式的袋式除尘器。

② 分室反吹类：采取分室结构，利用阀门逐室切换气流，在反向气流作用下，迫使滤袋缩瘪或鼓胀而清灰的袋式除尘器。

③ 喷嘴反吹类：以高压风机或压气机提供反吹气流，通过移动的喷嘴进行反吹，使滤袋变形抖动并穿透滤料而清灰的袋式除尘器（均为非分室结构）。

④ 振动、反吹并用类：机械振动（含电磁振动或气动振动）和反吹两种清灰方式并用的袋式除尘器（均为分室结构）。

⑤ 脉冲喷吹类：以压缩空气为清灰动力，利用脉冲喷吹机构的瞬间放出压缩空气，诱导数倍的二次空气高速射入滤袋，使滤袋急剧鼓胀，依靠冲击振动和反向气流而清灰的袋式除尘器。

其中机械清灰式和脉冲清灰式的应用最为广泛，其结构如图 4-29、图 4-30 所示。

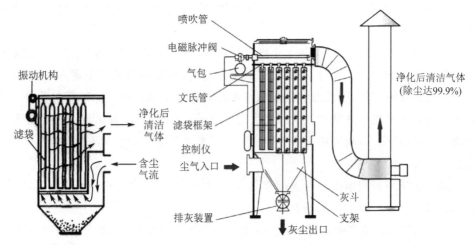

图 4-29 机械清灰式除尘器的结构   图 4-30 脉冲清灰式除尘器的结构

2. 活性炭除尘器

活性炭是应用最早、用途较广的一种优良吸附剂。它是由各种含碳物质如煤、木材、石油焦、果壳、果核等炭化后，再用水蒸气或化学药品进行活化处理，制成孔穴十分丰富的吸附剂，比表面积一般在 $700 \sim 1\,500 \ \mathrm{m^2/g}$ 范围内，具有优异的"物理吸附"和"化学吸附"作用，是一种具有非极性表面、疏水性和亲有机物的吸附剂。当废气与具有大表面积的多孔性活性炭接触时，废气中的污染物被吸附，使得其与气体混合物分离而起到净化作用。故活性炭常常被用来吸附回收空气中的有机溶剂和恶臭物质，在环境保护方面用来处理工业废水和治理某些气态污染物。

活性炭的作用及原理：

① 吸附：当空气中存在有害气体（甲醛、苯等）时，它们会与活性炭表面的微孔发生化学反应，生成二氧化碳和水蒸气。

② 分解：当空气中的有害物质被清除后，剩下的就是干净的空气了。

③ 再生：经过一段时间的使用之后，由于炭本身具有可逆性（可以还原为原来的结构），因此可以将已失去活性的物质重新利用起来。

活性炭除尘器工作原理如图 4-31 所示。首先有机物的废气在风机的推动下，负压进入吸附箱后进入活性炭吸附层；由于活性炭吸附剂表面上存在着未平衡和未饱和的分子引力或化学键力，因此当活性炭吸附剂的表面与气体接触时，就能吸引烟尘中的粉尘颗粒以及有机气体分子；利用活性炭多微孔比表面积大的吸附能力将它们吸附在活性炭微孔内，使其浓聚并保持在活性炭表面，其与气体混合物分离，净化后的气体则高空排放。经过一段时间后，当活性炭达到饱和状态时，停止吸附。此时有机物已经被浓缩在活性炭内，再利用催化燃烧可对饱和活性炭进行脱附再生，重新投入使用。活性炭除尘器是一种干式废气处理设备，由箱体和填装在箱体内的吸附单元组成，如图 4-32 所示。

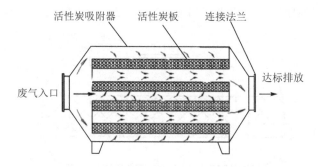

图 4-31　活性炭除尘器的工作原理

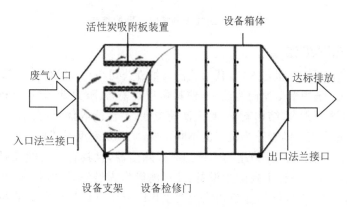

图 4-32　活性炭除尘器的结构

在废气处理过程中,使用最多的是蜂窝活性炭。活性炭原料通过特殊工艺制作成蜂窝状立方体,孔径分布一般为:活性炭 50 Å(1 Å＝10^{-10} m)以下,活性焦炭 20 Å以下,炭分子筛 10 Å 以下。孔径越大、表面积越大,吸附能力越强。目前蜂窝活性炭在废气处理中被广泛使用,它可以去除的气体包括碳氢化合物、甲醛、可挥发的硫氧化物、一氧化碳、氨气、有机酸、苯、有机化合物等成分。

活性炭吸附器是除尘器的主体结构,在废气治理中常用立式吸附器和卧式罐吸附器两种类型。其中立式吸附器具有较小的截面积和较高的堆积高度,因为截面积较小,处理的风量有限,又因为堆积高度高,导致其吸附容量和压降比较大,所以主要适用于小风量、高浓度的有机废气处理。目前使用最多的卧式活性炭箱,箱体一般不用圆柱形而是采用方形结构,这样方便安装蜂窝活性炭,同时设置有抽屉,更换滤料更加方便,并取消了脱附的功能。卧式吸附器因为其较大的截面积和较低的装填高度,适合处理大气量、低浓度的气体,其结构特征如图 4－33 所示。卧式吸附器为一水平放置的圆柱形装置,吸附剂装填高度为 0.5～1.0m,废气一般从下部进入穿过吸附剂床层,从上部排出。卧式固定床吸附器的优点是处理的气量大,压降小,缺点是床层截面积大,易造成气体分布不均匀,一般需要特别注意气流均布问题,例如尽可能地保证吸附剂床层的堆积密度和堆积高度一致,设置气流分布器等。

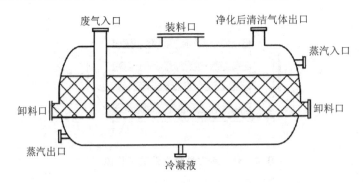

图 4－33　活性炭卧式吸附器的结构

3. 滤筒式除尘器

滤筒式除尘器是 20 世纪 80 年代由美国唐纳森公司在袋式除尘器的基础上开发的一种新型除尘器,采用新型滤筒为滤料,使其具有效率高、阻力低、维护管理简单、体积小、单位体积过滤面积大,结构紧凑、更换滤筒方便、高性能等优点,目前在国内外各个行业都有普遍的应用。随着除尘技术的不断发展,尤其是新型过滤材料的出现,滤筒除尘器的效率和经济性等都开始超越传统的袋式除尘器,且具有广阔的发展前景。

滤筒式除尘器是一种干式除尘设备,使用滤筒作为过滤元件,将微粉尘从气流中分离出来。如图 4－34 所示,滤筒式除尘器工作时含尘气体进入除尘器灰斗,由于气流断面突然扩大及气流分布板作用,气流中一部分粗大颗粒沉降在灰斗;粒度细、密度小的尘粒进入滤尘室后则沉积在滤料表面上;净化后的气体进入净气室由排气管经风机排出。滤筒式除尘器的阻力随滤料表面粉尘层厚度的增加而增大,为了防止滤筒上的微粉尘堆积过多,导致滤筒失效,一般会安装清灰装置。清灰过程为:首先提升阀关闭将过滤气流截断,然后电磁脉冲阀开启,压缩空气在极短的时间内喷入滤筒,使滤筒膨胀变形产生振动;在逆向气流冲刷的作用下,附着在滤袋外表面上的粉尘落入灰斗中,通过卸灰阀排出。清灰完毕后,电磁脉冲阀关闭,提升阀打开,又重新恢复过滤状态。

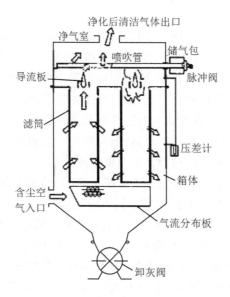

图 4 - 34　滤筒式除尘器的工作原理示意图

滤筒滤料对烟尘的过滤机理主要有拦截效应、重力效应、惯性效应、扩散效应及静电效应等。

① 拦截效应:滤料内部的排列错综复杂、相互交错,滤料的平均孔径较小,粒径大于滤料孔径的颗粒无法通过滤料层间隙而被拦截。

② 重力效应:大颗粒粉尘重力较大,可能未经过滤料而直接沉降,或者是附着滤料的颗粒由于团聚重力增大,受到振动后脱离滤料。

③ 惯性效应:粉体颗粒随气流运动,气流遇障绕行,粉尘因惯性偏离气流方向并撞到滤料层而被收集,粒子越大,惯性力越强,被过滤下来的可能性越大。

④ 扩散效应及静电效应:细小的粉尘撞到滤料层粉尘与滤料表面间的引力使其粘在滤料上而被过滤下来。粒径较小的颗粒要做布朗运动,相互碰撞,小粒径颗粒相互碰撞或与滤料摩擦荷电,颗粒被吸引而捕集。

大颗粒粉尘主要是前几种过滤机理起主导作用,粒径较小的主要是后几种。多种过滤机理同时作用,这样大部分粉尘将被过滤下来,除尘器的除尘效率也会较高。

滤筒式除尘器的除尘效率主要取决于滤筒滤料的选用、过滤风速等主要参数,以及粉尘或者烟尘的成分构成、粒度、温度、浓度等因素。目前常用的滤筒滤料有两类:

① 空气滤纸：滤筒的滤料是木浆纤维的空气滤纸，现在比较好的滤纸普遍会在木浆纤维中加入一定比例的合成纤维，以提高滤纸的性能。木浆纤维滤纸强度较低，通常使用温度≤80 ℃，用于滤筒制造时，使用寿命较短。

② PS 或 PSU 高分子涂层纤维滤料：当过滤气体为常温或低于 100 ℃时，一般采用 PS 高分子涂层纤维滤料，如果用于高温场合则应采用 PSU 高分子涂层纤维滤料。所以该滤料具有强度高、使用寿命长、抗潮性好、使用温度高（≤135 ℃）等优点，特别适用于滤筒用滤料。

随着除尘技术的发展，滤料材料的发展也是非常迅速的，如新型的抗防静电粉尘除尘滤筒、不锈钢滤筒、防水防油滤筒、聚酯纤维覆膜滤筒、覆膜聚酯滤筒、聚酯纤维滤筒、聚四氟乙烯（PTFE）覆膜滤筒、耐高温防阻燃除尘滤筒等。

随着化学纤维在除尘领域的广泛使用，其优势也逐渐体现出来，因此除尘滤料的材质、结构、过滤机理、过滤方式均引起了研究人员的重视，并开展了大量研究。特别是在滤料材质方面。目前主要有两大类：低温纤维和高温纤维。一般情况下将长期使用的温度低于 150 ℃的纤维称为常温或低温纤维，高于 15 ℃的称为高温纤维。

① 低温纤维主要有丙纶（PP）、涤纶树脂（PET）、均聚丙烯腈（DT）。PP 纤维长期使用温度为 95 ℃左右，由于其耐高温能力较差，国内对 PP 纤维用于工业烟气除尘领域的研究与应用较少。PET 和 DT 纤维的长期使用温度均达到 130 ℃左右，虽然 PET 价格较低，但其不耐水解；在易水解的工况下，需使用 DT 纤维替代 PET。

② 由于刚性需求的增加，高温纤维的研发工作成果颇丰，目前种类较多，如聚苯硫醚（PPS）纤维、聚酰亚胺（PI）纤维、间位芳纶（PMIA）、宝德纶（PODLON）纤维等。此类纤维的长期使用温度在 160~240 ℃之间。聚四氟乙烯（PTFE）纤维由于其优异的化学稳定性能和耐高温（260 ℃）性能，被广泛用于较高温度的工况，如垃圾焚烧、医废焚烧、生物质发电等领域。聚酰亚胺（P84）纤维截面呈三叶状，具有良好的过滤效果，其长期使用温度为 240 ℃左右，多与玻璃纤维进行混纺，在水泥窑、燃煤锅炉等工况中均有应用。无机纤维以其高温耐受性多用于高温袋式除尘领域。玄武岩纤维因具有耐高温、高拉伸强度而逐渐出现相关滤料产品。金属纤维、陶瓷纤维等多以滤筒、滤管的形式出现。

近年来，改性纤维被逐渐应用于过滤式除尘领域。改性纤维主要包括两个方面：一是化学性能改性，如抗氧化纤维、抗静电纤维、阻燃纤维、驻极体纤维等；二是纤维结构方面的改变，最典型的为超细纤维。

不同行业有着不同的烟气特点。除了温度差异外，烟气酸碱性、水分、氧含量等因素也影响滤料纤维的选型。燃煤电厂的烟气温度较高，且硫氧化物、氮氧化物的含量较高，滤料需选择耐温、耐酸碱、耐水解的纤维，多选用 PPS 纤维、PTFE/PPS 纤维混纺等。水泥窑头烟气风量大、含尘量大，且粉尘颗粒物粒径分布宽、腐蚀性强，多选用玻璃、PET、DT 等纤维滤料或选用氟美斯滤袋；水泥窑尾含尘量大且粉尘颗粒物粒径小，多采用氟美斯覆膜、P84 或芳纶覆膜滤料。垃圾焚烧和生物质发电行业多选用 PTFE 纤维覆膜滤料。铸造行业由于其工序繁多,包括模型材料预处理、制模、熔炼、浇注、铸件清理、热处理等一系列工序,根据每道工序的特点选用不同的纤维滤料。

滤筒式除尘器主要有箱体、滤筒、清灰系统三大部分,如图 4-35、图 4-36 所示。

① 箱体是整个除尘器的外壳,包含了气箱、灰斗等结构。气箱主要是提供所需的除尘空间,有利于流场的合理分布,灰斗则是收集过滤下来的物料。

② 滤筒由外层、内层和中间层构成。内层和外层均为金属网(或硬质塑料网),中间层为褶形的滤料。极大的过滤面积是滤筒的突出特点。

③ 清灰系统主要包括喷吹管、脉冲阀、气包等。当滤筒表面积灰达到一定的厚度,就要进行清灰。含尘气流经过滤筒过滤,然后排出。当除尘器阻力达到压差设定值或者时间设定值时,由压差控制仪或者时间控制仪控制相应的电磁阀,开启清灰装置。清灰装置可以是高压气体(脉冲)清灰、振动清灰或气动清灰。

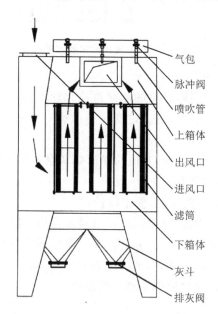

图中标注(从上到下):气包、脉冲阀、喷吹管、上箱体、出风口、进风口、滤筒、下箱体、灰斗、排灰阀

图 4-35　滤筒式除尘器立式布局

滤筒式除尘器与袋式除尘器相比有如下特点:

① 除尘效率较高。对于一般微米级的粉尘除尘效率可达 99.99%,部分处理能力较强的滤筒(如 Donaldson 系列的 Ultra-Web 滤料)对于粒径 0.5 μm 的粉尘也可达到此效率甚至更高。

② 阻力较小。对于普通粉体,滤筒式除尘器阻力小于 1 000 Pa,粘附较强粉体,一般最大阻力 1 500 Pa 左右。

③ 入口浓度范围广。普通的聚酯滤筒或褶式滤筒就可以处理入口含尘浓度较

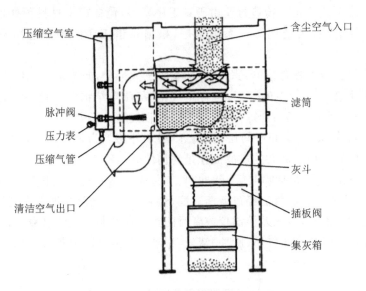

压缩空气室

含尘空气入口

脉冲阀

压力表

压缩气管

滤筒

清洁空气出口

灰斗

插板阀

集灰箱

图 4 - 36　　滤筒式除尘器水平布局

高的气流,进口含尘浓度可达 250 g/m。

④ 过滤风速范围广。不同材质的滤筒过滤风速不同。普通袋式除尘器的过滤风速在 1 m/min 左右,而纸质滤筒的过滤风速最小 0.3 m/min,褶式滤筒的过滤风速最大 2.4 m/min。

⑤ 水洗性能。除纸质滤料外,其他的滤筒如聚酯滤筒和覆膜滤筒一般都可以用水清洗,待晾干后即可重复使用。

⑥ 相对布局较紧凑,节约空间,便于维护。

滤筒式除尘虽然具有很大的优势,但是目前应用有限,还有很多技术上的难点需要改进,特别是滤料和清灰系统。随着滤筒式除尘器在各个行业的广泛应用,针对不同的物料性质就需要不同的滤料,现有的各种纤维、聚酯、覆膜等滤料已经不能满足需求,开发新型、高效的滤料就越来越迫在眉睫。

4.4.4　电除尘器

电除尘器的工艺原理如图 4 - 37 所示,烟气通过电除尘器主体结构前的烟道时,使其烟尘带正电荷,然后烟气进入设置多层阴极板的电除尘器通道。由于带正电荷烟尘与阴极板的相互吸附作用,烟气中的颗粒烟尘可以吸附在阴极上,定时打击阴极板,在自重和振动的双重作用下具有一定厚度的烟尘跌落在电除尘器结构下方的灰斗中,从而达到清除烟气中烟尘的目的。电除尘器的基本原理是利用电力捕集烟气中的粉尘,主要包括以下四个相互有关的物理过程:

① 气体的电离;

② 粉尘的荷电;

③ 荷电粉尘向电极移动；

④ 荷电粉尘的捕集。

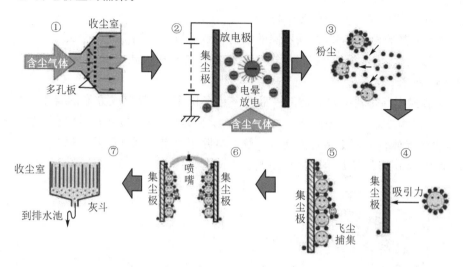

图 4 - 37　电除尘器的工艺原理

电除尘器的结构如图 4 - 38 所示，其工艺优势如下：

① 电除尘器可以通过加长电场长度、增大电场有效通流面积、改进控制器的控制质量、对烟气进行调质等手段来提高除尘效率，以满足所需要的除尘效率。对于常规电除尘器，正常运行时，其除尘效率一般都高于 99%，能够捕集 0.01 μm 以上的细粒粉尘。

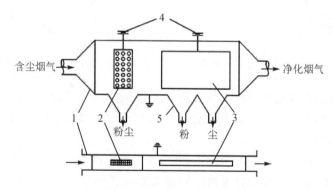

1—壳体；2—发射极板；3—集尘极板；4—高压直流电源；5—排灰装置

图 4 - 38　电除尘器的结构示意图

② 阻力损失小、设备阻力小、总能耗低。电除尘器的总能耗是由设备阻力、供电装置、加热装置、振打和附属设备（卸灰电动机、气化风机等）的能耗组成的。电除尘器的压力损失一般为 150～300 Pa，约为袋式除尘器的 1/5，除尘过程的能耗相对较低。

③ 烟气处理量大。电除尘器由于结构上易于模块化，因此可以实现装置大型化。

④ 允许操作温度高。如大部分的电除尘器最高允许操作温度 250 ℃,某些类型还有达到 350～400 ℃或者更高的。

⑤ 可以完全实现操作自动控制。

电除尘器的种类较多,根据不同的结构特点可以有不同形式的分类。

① 按除尘、集尘板的形式,可分为管式电除尘器和板式电除尘器,如图 4 - 39、图 4 - 40 所示。

a. 管式电除尘器的除尘极由一根或一组呈圆形、六角形或方形的管子组成,管子直径一般为 200～300 mm,长度 3～5 m。截面是圆形或星形的电晕线安装在管子中心,含尘气体自上而下从管内通过。管式电除尘器电场强度高且变化均匀,但清灰比较困难,常用于处理含尘气体量小或含雾滴的气体。

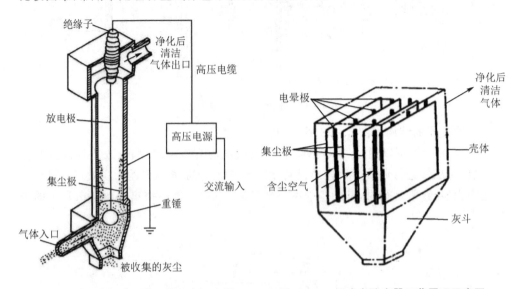

图 4 - 39　管式电除尘器工艺原理示意图　　　**图 4 - 40　板式电除尘器工艺原理示意图**

b. 板式电除尘器的集尘极板则由若干块平板组成,为了减少粉尘的二次飞扬和增强极板的刚度,极板一般要扎制成各种不同的断面形状。电晕极安装在每排集尘极板构成的通道中间。

② 按除尘板和电晕极的不同配置,可分为单区电除尘器和双区电除尘器。

a. 单区电除尘器的集尘极板和电晕极都安装在同一区域内,如图 4 - 41 所示,粉尘的荷电和捕集在同一区域内完成。单区电除尘器是被广泛采用的电除尘器装置。

b. 双区电除尘器的除尘系统和电晕系统分别装在两个不同的区域内,如图 4 - 42 所示。前区内安装电晕极和阳极板,粉尘在此区域内进行荷电,这个区为电离区;后区内安装集尘极和阴极板,粉尘在此区域内被捕集,称此区为集尘区。由于电离区和集尘区分开,所以称此为双区电除尘器。

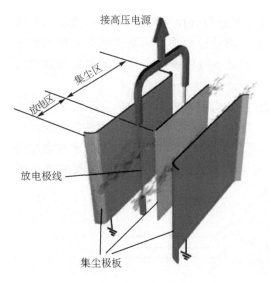

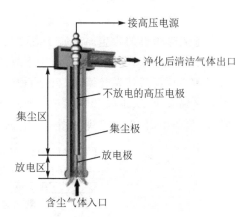

图 4-41　板式单区电除尘器的工艺原理　　图 4-42　管式双区电除尘器的工艺原理

③ 按电极清灰方式不同,可分为干式电除尘器、湿式电除尘器、雾状粒子捕集器和半湿式电除尘器等。

　a. 干式电除尘器:在干燥状态下捕集烟气中的粉尘,沉积在除尘板上的粉尘借助机械振打、电磁振动、气动等方式进行清灰。

　b. 湿式电除尘器:采用水喷淋或用适当的方法在除尘板表面形成一层水膜,使沉积在除尘器上的粉尘和水一起流到除尘器的下部而排出。

　c. 雾状粒子捕集器:采用像硫酸雾、焦油雾那样的液滴,捕集后呈液态流下并除去,其属于湿式电除尘器的范畴。

　d. 半湿式电除尘器:吸取了干式和湿式电除尘器的优点,是一种混合式电除尘器,高温烟气先经干式除尘室,再经湿式除尘室后经烟囱排出。

④ 按气体在电除尘器内的运动方向,可分为立式电除尘器和卧式电除尘器。

　a. 立式电除尘器:气体的流动是在电除尘器内自下而上运动,它适用于气体流量小、集尘效率要求不高及粉尘性质易于捕集和安装场地较狭窄的情况。

　b. 卧式电除尘器:气体的流动是在电除尘器内沿水平方向运动。

电除尘器是一种用来处理含微量粉尘和微颗粒的新除尘设备,主要用来除去含湿气体中的尘、酸雾、水滴、气溶胶、臭味、PM2.5 等有害物质,具有除尘效率高、使用寿命长、对环境无污染等优点,适用于冶金、钢铁工业、水泥生产、化学工业和工艺过程方面,以及燃料煤气的脱焦、煤烟的除尘、炭黑的回收、造纸厂、电力生产、电子工业的空气净化等。

4.4.5　湿式除尘器

湿式除尘器俗称"水除雾器",其原理是使含尘气体与液体(一般为水)密切接触,利用水滴和颗粒的惯性碰撞或者水和粉尘的充分混合作用而捕集颗粒,或使颗粒增大而沉降,是实现水和粉尘分离效果的装置。湿式除尘器将水浴和喷淋两种形式合二为一,可以有效地将直径为 $0.1～20~\mu m$ 的液态或固态粒子从气流中去除,同时,对气态污染物也有去除作用。

湿式除尘器的除尘原理属于短程机制,在除尘设备内气体中的尘粒与水接触时直接被水捕获后,尘粒在水的作用下凝聚性增加,利用水滴和颗粒的惯性碰撞及其他作用捕集颗粒或使颗粒增大。这两种作用可使粉尘从空气中分离出来。水与含尘气流的接触有水滴、水膜和气泡三种形式。使尘粒与水接触的作用机理主要有惯性碰撞、拦截和扩散,抑尘机理如图 4-43 所示。

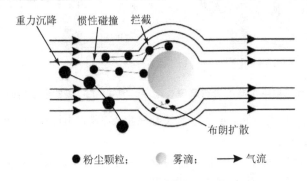

图 4-43　湿式除尘器的抑尘机理

① 惯性碰撞:如果微粒分散于流动气体中,当流动气体遇到障碍物时,惯性将使微粒突破绕障碍流动的气体流,其中一部分微粒将撞击到障碍物上。

② 拦截:如果小颗粒在流体中围绕障碍物移动,将可能因颗粒的相对大的物理尺寸与障碍物接触。这也会发生在粉尘颗粒和液滴的相对运动中。

③ 扩散:粒径小于 $0.3~\mu m$ 的小颗粒主要通过扩散捕集,当这些微粒被捕集到一个液滴里面时,液滴邻近区域的微粒浓度降低,其他微粒又一次从高浓度区域向液滴邻近区域低浓度区域移动。

④ 在一些特殊结构的湿式除尘器中,还有冷凝和静电吸附等机制。冷凝的作用机理是通过控制流动气体流的热力学性质来引起气流冷凝,微粒在冷凝过程中能起到成长核的作用,然后表面覆盖了液体的微粒更容易通过上述主要捕集机理被捕集。静电吸附的产生是当微粒和液滴之间存在不同的静电荷时,将更能有效使尘粒和液滴相结合。静电洗涤器就是应用这个机理加强了粉尘和水滴的吸引,从而提高了粉尘的收集效率。

湿式除尘器是把水浴和喷淋两种形式组合起来而形成的除尘器,其基本结构如图 4-44 所示。

湿式除尘器工艺实施过程:先利用高压离心风机的吸力,把含尘气体压到装有一定高度水的水槽中,水浴会把一部分灰尘吸附在水中,经均布分流后,气体再次被引

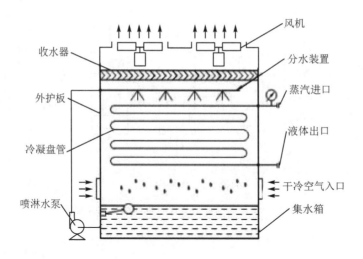

图 4 - 44　湿式除尘器结构示意图

入喷雾区域；或者含尘气体先进入喷雾区域，高压喷头则由上向下喷洒水雾，捕集剩余部分的尘粒。湿式除尘器可以有效地将直径为 $0.1 \sim 20~\mu m$ 的液态或固态粒子从气流中除去，过滤效率可达 85% 以上；同时也能脱除部分气态污染物。一般来说，水滴小且多，比表面积加大，接触尘粒的机会就多，产生碰撞、扩散、凝聚的效率也就高。尘粒的容重、粒径与水滴的相对速度越大，碰撞凝聚效率就越高；而液体的粘度、表面张力越大，水滴直径大，分散得不均匀，碰撞凝聚效率越低。亲水性粒子比疏水性粒子容易捕集，是因为亲水性粒子很容易通过水膜的缘故。当尘粒直径和密度小时，除尘效率明显降低。为了提高去除疏水性粉尘和细微粒子的效率，还可以往水中加入某些化学药剂。总体来讲，湿式除尘器具有结构简单、占地面积小、操作及维修方便和净化效率高等优点，能够处理高温、高湿的气流，将着火、爆炸的可能降至最低。采用湿式除尘器时，要特别注意设备和管道腐蚀及污水污泥的处理等问题，以利于副产品的回收；如果设备安装在室外，还必须考虑设备在冬天可能冻结的问题。

在工程上，使用的湿式除尘器形式很多，总体上可分为低阻力和高阻力两类。低阻力湿式除尘器的压力损失为 $0.2 \sim 1.5$ kPa，包括喷雾塔和旋风洗涤器等。在一般运行条件下其耗水量（液气比）为 $0.5 \sim 3.0$ L/m³，对于 $10~\mu m$ 以上的颗粒其净化效率可达到 90%～95%。高阻力湿式除尘器的压力损失为 $2.5 \sim 9.0$ kPa，净化效率可达 99.5% 以上，如文丘里洗涤器等。另外，根据湿式除尘器的净化机理，可将其大致分成七类，包括重力喷雾洗涤器、旋风洗涤器、自激喷雾洗涤器、板式洗涤器、填料洗涤器、文丘里洗涤器和机械诱导喷雾洗涤器，如图 4 - 45 所示。

目前应用较为广泛的有三类湿式除尘器，即重力喷雾洗涤器、旋风洗涤器和文丘里洗涤器，其结构原理如图 4 - 46、图 4 - 47 和图 4 - 48 所示。

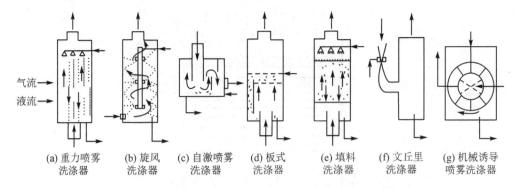

气流
液流

(a) 重力喷雾
洗涤器

(b) 旋风
洗涤器

(c) 自激喷雾
洗涤器

(d) 板式
洗涤器

(e) 填料
洗涤器

(f) 文丘里
洗涤器

(g) 机械诱导
喷雾洗涤器

图 4-45　常见七种类型湿式除尘器的工艺原理简图

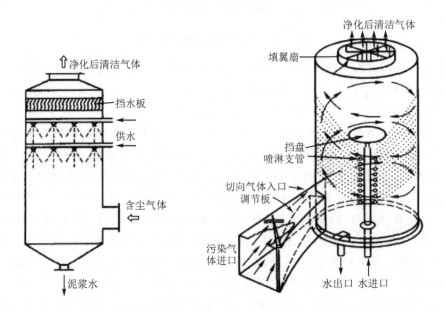

图 4-46　重力喷雾洗涤器结构原理图　　**图 4-47　中心喷雾旋风洗涤器结构原理图**

　　重力喷雾除尘器是湿式除尘器里最简单的一种,又称喷雾塔或洗涤塔,含尘气体通过喷淋液的液滴空间时,尘粒和液滴之间发生碰撞、拦截和凝聚等作用,较大尘粒因重力沉降下来,与洗涤液一起从塔底排走。重力喷雾洗涤器压力损失小,常用于去除粒径大于 50 μm 的尘粒,其内多装有多孔分布板或填料床,用来促使塔内气流均匀。若端面气流速度较高,则需在塔顶设置除雾器。重力喷雾洗涤具有结构简单、压力损失小、操作稳定等特点,经常与高效洗涤器联用捕集粒径较大的颗粒。

　　旋风洗涤器由洗涤器筒体上部的喷嘴沿切线方向将水雾吹向器壁,使壁上形成一层薄的流动水膜,含尘气体由筒体下部以 15~22 m/s 的流速切向进入,旋转上升;

尘粒靠离心力作用甩向器壁,粘附于水膜上,随水流排出。其除尘效率可达 90%～95%,能捕集粒径小于 5 μm 的尘粒,适用于气体量大、含尘浓度高的场合,常安装在文丘里洗涤器之后用来脱水。

　　文丘里洗涤器的除尘原理主要是依靠惯性碰撞。如图 4-48 所示,含尘气流由风管进入渐缩管,气流速度逐渐增加,静压降低。在喉管中,气流速度达到最高。由于高速气流的冲击,使喷嘴喷出的水滴进一步雾化。在喉管中气液两相充分混合,尘粒与水滴不断碰撞凝并,成为更大的颗粒。在渐扩管气流速度逐渐降低,静压增高,最后含尘气流经风管进入脱水器。由于细颗粒凝并增大,在一般的脱水器中就可以将粒尘和水滴一起除去。

　　文丘里洗涤器主要由喷嘴、文丘里管、脱水装置、沉淀池和风机等组成,如图 4-49 所示,是一种高效除尘器,对于小于 1 μm 的粉尘仍有很高的除尘效率。它适用于高温、高湿和有爆炸危险的气体。它的最大缺点是气体流动阻力很大,目前主要用于冶金、化工等行业高温烟气净化,如冶炼工序的烟尘处理。

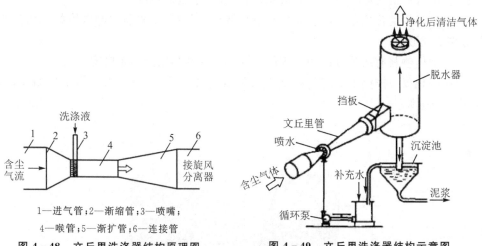

1—进气管;2—渐缩管;3—喷嘴;
4—喉管;5—渐扩管;6—连接管

图 4-48　文丘里洗涤器结构原理图　　　　图 4-49　文丘里洗涤器结构示意图

　　湿式除尘器的优点是,在工作的过程中既具有除尘作用,又具有烟气降温和吸收有害气体的作用;运行时其净化效率比较高,能用来吸收雾尘集聚之粉尘、气体;设备体积比较小,结构简单,占用空间小,投资比较少,后期运行安全,操作简单,维修更是简单方便。主要问题是:从湿式除尘器中排出的泥浆要进行处理,否则会造成二次污染;当净化有侵蚀性气体时,化学侵蚀性转移到水中,因此污水系统要用防腐材料保护;不适用于疏水性烟尘;对于粘性烟尘,很容易使管道、叶片等发生堵塞;与干式除尘器相比,需要消耗水,并且处理难,在严寒地区需要采取防冻措施。

4.4.6　生物降解法除尘器

生物法处理 VOCs 是指利用微生物的生理过程把有机废气中的有害物质转化为简单、无害的无机物,比如 CO_2、H_2O 及其他简单无机物等,从而达到净化废气的目的。最先提出采用微生物处理废气构想的是德国人 Bach. H,被誉为生物膜法废气和异味处理的构建者,他曾于 1923 年利用土壤过滤床处理污水处理厂散发的含 H_2S 恶臭气体。该技术在德国和荷兰被大规模应用并取得成功,空气污染物中的挥发性有机化合物的控制效率达到 90% 以上。

自然界存在着各种微生物,能转化大多数的无机物和有机物,针对废气中的有机物种类,选择合适的微生物,在一个有利于微生物生长的环境中,促使微生物有效地吸收废气中的有机物,通过微生物自身的新陈代谢,把有害的物质转化为无害或低毒的物质。生物法处理废气需要在液相中进行(也可以在固体表面的液膜中进行),按照普遍采用的处理流程,一般有四个步骤:

① 废气中的污染物首先进入液相(由气膜扩散进入液膜);

② 液膜中的污染物在浓度差推动下扩散到生物膜,生物膜内的微生物开始吸收并分解有机物;

③ 微生物将有机物分解为无害的 CO_2、H_2O 及其他简单无机物;

④ 生化反应产生的无害气体从生物膜表面脱附进入气相,水保留于生物膜内,如图 4-50 所示。

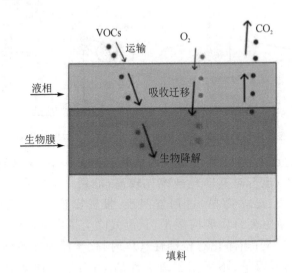

图 4-50　生物法处理 VOCs 的原理图

整个过程的速率取决于:

① 气相向固相的传质速率(与污染物性质及反应器结构有关);

② 用于降解的活性生物的质量;

③ 活性生物的降解速率(取决于污染物种类、微生物生长环境等因素)。

利用生物法处理VOCs的工艺流程如图4-51所示。生物法废气处理的优点:

① 生物法处理废气设备简单,安装方便;

② 运行成本低,维护费用低,可以有效节省不必要的开支;

③ 全自动控制,只需定期投放生物菌种营养剂;

④ 恶臭物质分解快速,分解效率高达93%;

⑤ 无二次污染,不会产生其他对人体有害的气体;

⑥ 设备使用年限长,微生物对废气更适应,处理效果越好、越稳定,易良性循环。

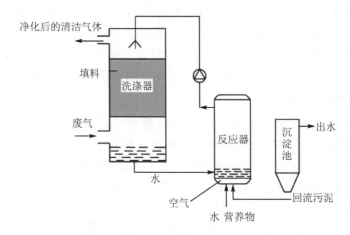

图4-51　生物法处理VOCs的工艺流程图

影响生物降解VOCs的因素主要包括:

① 生物菌过滤器结构中,生物膜生长在填料的表面,气态有机物流通于填料之间的空隙。填料比表面积的大小在一定程度上反映了微生物的多少,孔隙率则影响气体、液体的流速,而填料层的高度对有机物是否处理完全有着重要意义。

② 温度。适宜的温度是微生物生存繁殖的必要条件,要保证大量的菌群存在,必须根据微生物的适宜温度维持相应的环境。通常,有利于有机物和无机物降解的微生物以中、高温菌群为主;温度还会对污染物造成某些影响,如温度过高会降低有机物在液相和填料上的吸附。

③ 生物滴滤塔中的营养物质、微量元素和缓冲液均匀喷洒在填料上,以提供生物膜中生物菌群生长和繁殖所需的营养物质。挥发性有机物的去除率一定程度上受营养液的流量、氮和磷的含量等的影响。

④ 湿度。湿度对降解的过程非常重要:

a. 决定供氧水平,如果填料的微孔中80%～90%充满水,则可能是无氧条件。

b. 为微生物活动提供水分,足够的水量能保证污染物完全进入液相,提高污染物降解率。

c. 填料湿度过低,会导致微生物失活,填料收缩、破裂会导致气流断流;湿度过高,会使气流通过滤床压降增大,停留时间降低,还会引起供氧不足,形成厌氧区,产生臭味。

4.4.7 复合式除尘器

烟尘的净化是通过除尘器来完成的,因此除尘器设计的优劣,将直接决定除尘系统的总体效果。现有除尘器形式较多,各有利弊。一台除尘效果良好的除尘器,也仅仅是针对某一扬尘工艺点而言的,必须针对具体扬尘状况来综合考虑与设计才能达到好的除尘效果。

复合式除尘器是指含有两种或两种以上除尘机理的除尘器。多种除尘机理共用,使不同除尘机理都发挥其效能,可以有效提高除尘效果,如静电旋风除尘器、静电滤袋除尘器、电磁分离除尘器、旋风滤筒除尘器等。复合式除尘器虽然性能很好,但是结构较复杂、能耗较高、维护价格较高。目前应用较多的是电袋复合式除尘技术。

1. 电袋复合式除尘器

电袋复合式除尘器由两个单元组成,即电除尘单元和布袋除尘单元,大部分是前电后袋的结构形式,即前级为纯电除尘电场,后级为布袋除尘结构,如图 4 - 52 所示。一般情况下,电除尘单元布置一个或两个电场。在电袋复合式除尘器中,静电除尘区因高压放电产生电晕场,使进入静电除尘区烟气中的颗粒物带上荷电,荷电颗粒在电场力的驱动作用下向集尘板运动并被集尘板捕获,荷电颗粒释放电荷变成中性颗粒,在重力场的作用下落入下方的灰斗中。烟气中粒径较大的颗粒一般都会在静电除尘区被除去,剩余粒径较小的颗粒随着气流进入布袋除尘区,通过布袋的过滤作用而被除去。由于颗粒带有荷电,与滤料纤维之间发生静电作用,因此提高了布袋的过滤效果,同时也改善了布袋的通透性和清灰能力,延长了布袋的使用寿命。电袋复合式除尘器是有机结合了静电除尘和布袋除尘的特点,充分发挥电除尘和布袋除尘各自的优势,以及两者相结合产生的新的性能优点,弥补了电除尘器和袋式除尘器的除尘缺点。

电袋复合式除尘器效率高的原因主要有以下三个方面:

① 集尘板捕获的大颗粒灰尘可以被布袋过滤装置除去;

② 离开静电除尘区的荷电颗粒有利于在布袋表面形成多孔树枝状结构,提高了过滤效率;

③ 先前沉积在布袋表面的带电粒子会产生电场,后续入射的荷电颗粒会受到库仑力的作用降低表观速度。

到目前为止,国内外市场上的电袋复合式除尘器主要有"前电后袋"式除尘器、"静电增强"型除尘器和"紧凑"型除尘器三种。

(1)"前电后袋"式除尘器

"前电后袋"式除尘器(Compact Hybrid-Pariculate Collector,简称 COHPAC 型除尘器),是将静电除尘器和袋式除尘器相结合,并把静电除尘器作为第一级除尘系

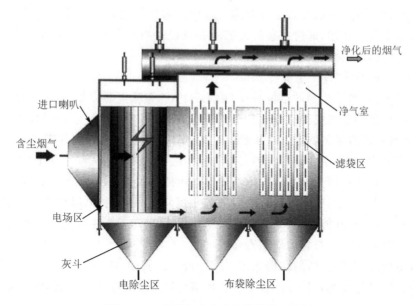

图 4 - 52　电袋复合式除尘器结构示意图

统,袋式除尘器作为第二级除尘系统,当处理不同性质的烟气时,可以分别调节静电除尘器、袋式除尘器的负荷来达到最高效的除尘效率。其结构如图 4 - 53 所示。1970 年该技术在国外首次应用成功,排放浓度稳定控制在 30 mg/m³。

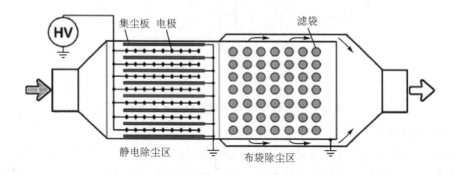

图 4 - 53　"前电后袋"式除尘器工艺原理图

COHPAC 型除尘器通常含有 3～4 个静电场,当烟气经过静电除尘区时,烟气中的颗粒在静电场的作用下会带上荷电,带有电荷的颗粒受到电场力的作用向集尘板运动,到达集尘板后释放自身的负电荷并被集尘板捕集。静电除尘区主要除去烟气中粒径较大的颗粒物,粒径较小的颗粒在经过静电除尘区后到达袋式除尘区,通过布袋的过滤作用而被除去。静电除尘区与布袋除尘区之间安装有挡板,当烟气经过静电除尘区时,烟气中 80%～90% 的颗粒物会在该区域被集尘板所捕集,烟气中的颗粒物含量将大幅降低;经过第一级除尘作用的烟气通过挡板的底部到达布袋除尘区,烟气自下而上运动,通过布袋的过滤除去粒径较小的颗粒,从而使除尘器出口的烟气浓度达到环保排放要求。

(2)"静电增强"型除尘器

"静电增强"型除尘器的结构特征与 COHPAC 型除尘器类似,但区别在于"静电增强"型除尘器的前端安装有静电粒子预充电装置,用来对烟气中的颗粒进行荷电,后端安装有一定数量的布袋,利用布袋的过滤作用除去烟气中的颗粒。在"静电增强"型除尘器中,烟气中的颗粒仅通过布袋除尘区的滤袋作用去除。静电粒子预充电装置仅用来对颗粒进行荷电作用,通过静电作用使颗粒带上荷电,带有相同电性的荷电颗粒之间相互排斥,穿过滤料纤维时被捕集沉降,并在布袋上形成疏松的粉尘层,提高了布袋的透气性能,增强了布袋的过滤效果,同时疏松粉尘层的形成也减小了喷吹清灰的频率,延长了布袋的使用寿命。

"静电增强"型除尘器的结构如图 4-54 所示。其中,第一级是静电粒子预充电装置,第二级是传统的布袋过滤装置。这种结构的除尘器存在布袋负荷重、易破损等问题。

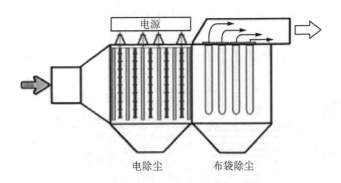

图 4-54 "静电增强"型除尘器工艺原理图

(3)"紧凑"型除尘器

"紧凑"型除尘器(Advanced Hybrid Particulate Collector,AHPC)的结构特点是,将颗粒荷电装置和布袋过滤装置组合在一起,烟气通过时静电与过滤同时发挥作用,其工艺原理如图 4-55 所示。

AHPC 型除尘器运行过程中,烟气通过开孔的集尘板,烟气中大部分的颗粒被集尘板捕获,剩余的颗粒随着气流进入放置在相邻平行集尘板之间的布袋除尘装置,通过布袋的过滤作用而被除去。在布袋除尘装置中,气体从每个布袋的外部进入到内部,并从布袋的上部出口排出。放电极、集尘板、布袋采用相互间隔的排布方式,一方面可以保护布袋免受静电冲击,因为开孔的集尘板可以除去烟气中的颗粒物,降低静电除尘区高电压产生的电晕场对布袋造成破坏;另一方面,开孔的集尘板可以使烟气均匀地到达布袋除尘区,减小了气流对布袋的冲刷,提高了布袋的过滤效率,延长

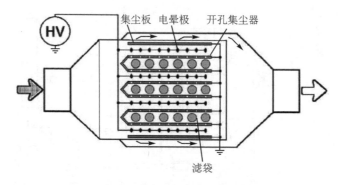

集尘板　电晕极　　开孔集尘器

HV

滤袋

图 4 - 55 "紧凑"型除尘器工艺原理图

了布袋的使用寿命。

AHPC 型除尘器在国外某电厂成功投入使用,其除尘效率可达到 99% 以上;但清灰周期短、布袋更换难等问题也使得这一技术的发展受到了制约。

2. 旋风滤筒复合式除尘器

旋风分离器结构简单,不能有效分离较小粒径的呼吸性粉尘。筒式过滤器分离效率高,但随着粉尘的加载其压降增加较快,寿命较短。两种装置串联使用,可规避各自的缺点,提高除尘效率;一级布置为旋风除尘,在大量粉尘被一级除尘器捕集后,二级采用拦截式的高效袋式除尘器,此时滤袋的粉尘负荷已大大降低,袋式除尘器的缺点被弥补,而布袋除尘的高效率、对粉尘特性要求低等一系列优点得到了发挥。串联式旋风滤筒复合式除尘器结构如图 4 - 56 所示。为减小除尘器的体积,在除尘器筒体的下段设置了一定长度的外筒体进行旋风除尘,含尘气体首先由进风口进入,并在筒体内产生向下运动的旋转气流,粉尘颗粒在旋转过程中产生离心力,并在气流的作用下甩向器壁,尘粒在失去惯性力以及重力作用下沿壁面下落,进入灰斗,完成一级除尘;未分离的粉尘颗粒在内旋气流的带动下进入滤筒除尘部分进行二级除尘。图 4 - 57 所示为一体式旋风滤筒复合式除尘器结构。

由于在除尘器运行过程中内筒壁的阻挡作用,避免了高速气流对滤筒的直接冲击,同时也将夹杂在气流中的油烟进行了阻挡,降低了滤筒的负荷,延长了滤筒的使用寿命。

复合式除尘器相比于普通单一除尘器过滤效率要高很多,但是压降也会相应增加,能耗增加。故不能盲目地采用复合式除尘器,要根据现场实际情况进行综合分析。打磨粉尘,粒径分布较广,如果采用单一旋风除尘器,不能很好地去除小粒径粉尘,如果采用单一的滤筒除尘器,寿命较短。相比于静电袋式除尘器,旋风滤筒除尘器不会产生二次污染物。所以针对打磨车间打磨粉尘,采用旋风滤筒复合式除尘器进行除尘是更好的选择。

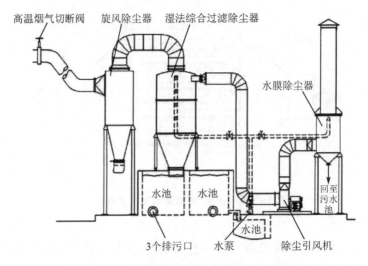

图 4-56　串联式旋风滤筒复合式除尘器结构

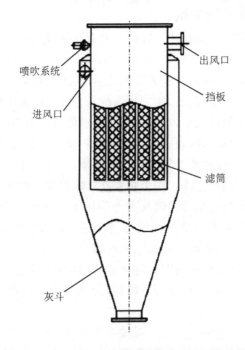

图 4-57　一体式旋风滤筒复合式除尘器结构

4.5　铸造生产烟尘污染的除尘工艺选择

铸造车间在生产加工过程中会产生废气和烟尘,特别在一些设备比较陈旧的铸造厂,由于设备陈旧和工艺落后,产生的废气和粉尘等对周边环境造成较大影响。常用于铸造车间的烟尘与粉尘处理方法有三种:部分除尘净化、全体除尘净化和通风除尘。

① 部分除尘净化:主要针对烟尘、粉尘进行点对点捕获、收集、净化,其投资少、净化效果好。为避免各工部之间相互污染,有必要对产生粉尘、废气的各生产工序进行分散管理;为防止各工部之间相互污染,对产生粉尘、废气的各生产工序必须有实施治理的方案。

比较容易产生大量粉尘的混砂工序、熔炼工序、浇注与开箱工序、机械振动落砂工序、人工清砂工序、旧砂回收与再生工序以及对原料及废砂的运输过程等,可以结合烟尘的产生机理及其成分特征等采取相应的防尘与除尘措施,实施单独治理方案。

② 全体除尘净化:这是较为理想的烟尘治理方案,可以根据不同工位或工序的污染源特征分别采取不同的工艺先进行烟尘治理,再进行综合处理。一般选用分层送风技术实现不同烟尘治理方案的互补,整个厂房环境都能够得到改善。

③ 通风除尘:铸造车间的通风设计以局部通风为主,但是还必须设置天窗、屋顶通风器或屋顶通风机进行全面通风换气以达到除尘的目的。厂房的整体通风,可以补充新鲜空气,夏季可以降低车间内的温度,增加环境的舒适度,有效改善车间的工作环境。通风换气主要采用下送上回法和吹吸式两种。其中,下送上回法是从车间两侧送风,顶部排风;吹吸式是一侧送风、一侧抽风,在持续送风和抽风的状态下,被污染的空气被直接排出室外。

在铸造作业中,除了一些能在局部范围内加以控制的烟尘、有害气体发生源外,还存在不少突发性不固定的和难以控制的污染源,如熔炼过程中溢漏的烟尘、颗粒造型材料输送时发生的散落砂等,所以铸造车间采取局部除尘的同时,以全面通风作为辅助手段是非常必要的。同时,结合铸造工序所产生的污染物特征,选择合适的除尘方法。表 4-3 推荐了各工序上的烟尘治理工艺设备。

表 4-3　烟尘治理设备在铸造各工序上的适用情况

污染源名称	污染源设备	主要污染物	环保措施及处理效果
熔炼工序	冲天炉、电炉、反射炉	烟尘	上方可设置移动集气罩,集气效率可达 80%～90%;连接袋式除尘器进行除尘,除尘效率可达 99% 以上,排放浓度接近 30 mg/m³
混砂工序	混砂机	粉尘	采用密闭罩,连接袋式除尘器进行除尘,除尘效率可达 99% 以上,排放浓度为 20～30 mg/m³
浇注工序		粉尘、VOCs	污染物排放点分散,属于无组织排放。在浇注工位上方设置移动集气罩,集气效率可达 80%～90%;连接袋式除尘器进行除尘,除尘效率可达 99% 以上,排放浓度接近 30 mg/m³

污染源名称	污染源设备	主要污染物	环保措施及处理效果
落砂工序	振动落砂机	粉尘、VOCs	采用效率 80% 左右的集气罩,连接袋式除尘器进行除尘,除尘效率可达 99% 以上,排放浓度为 20~30 mg/m³
旧砂再生	筛砂机	粉尘	采用密闭罩,连接袋式除尘器进行除尘,除尘效率可达 99% 以上,排放浓度为 20~30 mg/m³
铸件清理工序	抛丸处理等	粉尘	采用袋式除尘器进行除尘,除尘效率可达 99% 以上,排放浓度为 20~30 mg/m³
打磨工序	砂轮机等	粉尘	采用效率 80% 左右的集气罩,袋式除尘器处理后排放,除尘效率可达 99% 以上,排放浓度为 20~30 mg/m³

4.5.1 铸造各工序烟气的产生及特征

随着科技的进步与铸造业的蓬勃发展,铸造工艺方法及相关技术都取得了快速的发展,但铸造过程的基本工序仍由造型、熔炼、浇注、凝固以及铸件后处理等组成,如图 4 - 58 所示。

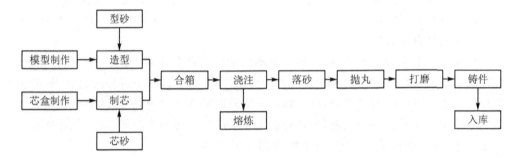

图 4 - 58　铸造生产的基本工序组成

铸造厂在生产运营过程中,主要的环境污染为造型、制芯、混砂、砂处理、熔化、浇铸、振动落砂、抛丸清理等过程产生的工业粉尘和铸造烟尘,此外,在树脂砂的造型、涂料的涂覆、铸件的浸漆保护等过程中也产生了一定的有机废气。而在特种铸造生产中,如熔模铸造、消失模铸造等会采用一定数量的有机物作为造型原料,因此也会产生较高浓度的有机废气,而且产气量大、不连续。因此,铸造生产过程的污染源分布较为分散,而且各污染源的污染物特征也有所不同。

1. 准备阶段

准备阶段即铸造原材料、铸型材料的准备,包括铸造原材料如铁锭、废钢、工艺辅料、中间合金的存储与运输,中间合金的破碎等。造型材料包括铸造原材料、涂料等的处理,如砂型铸造中型砂和芯砂的制备、熔模铸造中蜡基模料或树脂基模料的配制等。

铸造企业在原料的放置与管理方面往往都不太严格。特别是以砂型铸造为主的铸铁与铸钢件生产企业,其原料如铁锭、废钢、中间合金、砂原料等的放置场地;原料的运输工具往往采用拖拉机等低成本运输工具,对地面的损伤也比较严重,容易产生一定的灰尘;铁锭、废钢等原材料常暴露于空气中发生表面氧化,这些氧化物从原材料表面脱落,形成微小颗粒,刮风时就会出现尘土飞扬的情况。砂型铸造中原砂料、无机粘结剂(如膨润土等)的储存与型(芯)砂的混制过程同样容易形成粉灰,原砂中的灰分与如膨润土等的粘结剂,其颗粒较细,大都呈细粉状态,因此在其装运与混砂过程中容易挥发至空气中,形成较为严重的烟尘。

采用以树脂等有机物作为粘结剂的树脂砂为主的铸造生产线,其混砂与造型过程所产生的粉尘有所减少,但由于树脂与固化剂在制造过程中反应不完全,在储存、运输、混砂等过程中会释放甲醛、糠醇等有害物质,会产生甲醛、酚类物质的污染。

熔模铸造中的模料一般用蜡料、天然树脂和塑料(合成树脂)配制。大部分铸造企业用蜡基模料,其熔点为 60～70 ℃,也有企业选用树脂基模料制模,其熔点为 70～120 ℃。但无论选用哪一种模料,均需要采用加热的方法使各种原材料熔化混合成一体,而后在冷却情况下将模料剧烈搅拌,使模料成为糊膏状态供压制熔模用。有时也有将模料熔化直接浇注熔模的情况。在较高的温度条件下将模料熔化进行混制,会造成模料中有机物的挥发而产生一定的 VOCs 排放。

消失模铸造是用泡沫塑料(EPS、STMMA 或 EPMMA)等高分子材料制作成为与铸件结构、尺寸完全一样的实型模具,经过浸涂耐火涂料(起强化、光洁、透气作用)并烘干后,埋在干石英砂中经三维振动造型;泡沫塑料等有机物在较低温度烘干加热操作时仍有部分发生反应,而产生一定数量的具有异味的有机污染物。

整体来讲,准备阶段的烟尘主要是原料表面的灰分、氧化物或者有机物的挥发造成的,由于其操作温度相对较低,未发生原料成分间的化学反应而形成有害的污染物,因此烟尘的有害成分较少,控制与清除工艺也相对容易。

2. 造型阶段

造型阶段包括了造型(用型砂形成铸件的形腔)、制芯(形成铸件的内部形状)、配模(把芯模放入型腔里面,把上下砂箱合好)等环节。按照铸型使用材料的不同,国内的黑色铸造主要以砂型、熔模、消失模、离心铸造为主,有色铸造主要以金属型(含压铸及低压铸造)为主。

① 木质模型在制作过程中,需要对木材进行切割、表面修磨、钻孔等过程,会产生大量的木屑颗粒。木屑粉尘是危险的易燃物品,其最容易引发木模加工制造车间的火灾。粉尘粒径分布广,既有大粒子屑、碎片等不规则大粒子,也有细粒子粉尘。其中小颗粒木质粉尘表面积大,混入大气中可能形成可燃混合气体,如遇火星会轰然燃烧,并迅速蔓延。

② 在常规砂型铸造中,主要采用造型机或捣固机来制备砂型,操作时型砂中的灰分有挥发现象而产生一定的扬尘。对于以树脂等有机物作为粘结剂的树脂砂,树

脂与固化剂在型砂硬化过程中发生聚合反应,会挥发出游离糠醇、甲醛、酚和其他衍生物等。

③ 在熔模铸造的铸型制备过程中,会产生粉尘、恶臭气体(如氨气等)以及 VOCs。其铸型制备首先是使用易熔材料(石蜡、树脂等)制成和铸件形状相同的模样(即熔模),大多采用压力把糊状模料压入压型的方法制造熔模。压制熔模之前,需先在压型表面涂一薄层分型剂,以方便从压型中取出熔模。压制蜡基模料时,分型剂可为机油、松节油等;压制树脂基模料时,常用麻油和酒精的混合液或硅油作为分型剂。分型剂层越薄越好,这样熔模能更好地复制压型的表面,提高熔模的表面光洁度。然后把形成铸件的熔模和形成浇冒口系统的熔模组合在一起,主要采用焊接法,即用薄片状的烙铁将熔模的连接部位熔化,将熔模焊在一起。模型制备完成后,在熔模表面涂挂涂料(硅砂、硅溶胶或水玻璃等)和石英砂,经过硬化(氨气、氨水或气流等)、干燥后将模样置于 80~90 ℃的热水中脱蜡,即可得到一个中空的型壳,再经干燥和高温焙烧,浇注铸造合金而获得铸件。熔模在蜡料融化成模、在 80~90 ℃的热水中脱蜡及在型壳焙烧时都会产生 VOCs 污染。

④ 消失模铸造的造型过程是将与铸件尺寸形状相似的聚苯乙烯或共聚物泡沫模型粘结组合成模型簇,刷涂耐火材料并烘干后埋在干石英砂中振动造型。在用线切割方法制造泡沫模型时,高温金属丝切割泡沫会产生一些粉尘污染及 VOCs 的排放。

⑤ 包括离心铸造、压铸、低压铸造等的金属型制备过程中产生的污染,主要为喷脱模剂时产生的大量烟雾(硅氧化合物),以及模具预热时脱模剂中有机成分的挥发,因此存在粉尘、VOCs 污染。

⑥ 制芯过程。制芯的方法按固化方式有两种,分别是热芯盒法和冷芯盒法。

a. 热芯盒法是用液态热固性树脂粘结剂和催化剂配制成的芯砂,吹射入加热到一定温度的芯盒内,贴近芯盒表面的砂芯受热,其粘结剂在很短时间即可缩聚而硬化。热芯盒用的树脂有呋喃树脂和酚醛树脂,大多是以脲醛、酚醛和糠醇改性为基础的一些化合物,当加热到 180~250 ℃时容易挥发出 VOCs。热芯盒制芯工艺产生的 VOCs 具有风量大、浓度低、含少量粉尘、空气温度较高的特点。此外,吹射砂过程中会产生粉尘污染。

b. 冷芯盒法是在室温下,将原砂与液态催化剂(或粘结剂酚醛树脂及聚异氰酸酯)混合填充到芯盒中硬化制成砂芯。吹气冷芯盒制芯法还需要吹入三乙胺作为催化剂。有时需根据工艺进行烘干砂芯,而烘干过程中有机粘结剂受热挥发可产生 VOCs。根据烘干炉使用的热源,还可能会有 SO_2、NO_x 等排放。

总体来看,造型与制芯工序会因为铸造方法、原料应用等的不同而产生差距较大的烟尘污染源,因此,需要因地制宜,在不同生产条件下采取不同的烟尘治理技术方案。

3. 金属熔炼过程中

金属熔炼过程中产生的烟气、粉尘等排放是铸造生产的重点污染源。

铸铁多用冲天炉、感应电炉,铸钢多用电弧炉、感应电炉,高性能铸钢还必须加配精炼炉。有色金属一般使用燃气炉、感应电炉或电阻炉熔炼,但每一种金属在熔炼过程中,都会有大量的废气(主要成分是 C、S、P、N 的不稳定氧化物)、粉尘(石灰粉、焦油和未完全燃烧的煤渣小颗粒)和大量热烟气(黑色和灰黄颜色烟气)的释放扩散。

熔炼过程中产生的废气,尤以冲天炉燃烧废气排放较为严重。冲天炉主要用于熔炼铸铁,炉中加入的原料有焦炭、金属炉料、石灰石等,在高温燃烧的过程中,会产生粉尘(金属氧化物、焦炭的灰分以及熔剂分解产生的颗粒等)、SO_2、NO_x 等气体污染物,焦炭以及废铁料表面油漆等的燃烧还会排放有机物。其烟气温度高,烟尘成分复杂、浓度高,不同熔炼时段排尘排烟波动极大,是排污量较大、较难处理的烟气之一。烟气中气体的主要成分是 SO_2、CO_2、CO、NO_x 等,烟气中粉尘的主要组成是冶金烟尘、碳素烟尘和灰尘。

冲天炉烟尘粒径分布以大颗粒和微细粉尘居多。就其成分而言,$100 \sim 500\ \mu m$ 颗粒为原料中的粘砂、锈片、焦灰,石灰石以及耐火材料颗粒占 20%～35%;$20 \sim 50\ \mu m$ 颗粒主要为燃料灰末,形成于温度较低的料层;$5\ \mu m$ 以下的颗粒主要为大量的金属氧化物,如 FeO、Fe_2O_3、MnO_2、SiO_2、CaO、ZnO、Al_2O_3 等以及少量的有机物,占 5%～10%。

电炉主要用于铸钢的熔炼,其熔炼过程产生的烟尘量同样是非常大的。首先,炉料中的碳氧反应、硫的氧化以及表面的水气分解等反应会产生大量的 CO、SO_2、H_2S 等气体。这些气体可以在金属熔池中缓慢上浮,并吸附金属和炉渣的极细微粒并散发至炉外。电弧区的温度高达 $3\,000 \sim 3\,500\ ℃$,吹氧区的温度可达 $3\,790\ ℃$,这就使在 $2\,450\ ℃$ 就会蒸发的铁大量蒸发并氧化成褐色烟雾并排放至炉外。另外,废钢中杂质的蒸发,特别是废钢质量差时,杂质的蒸发量随之增加,每生产 1 t 钢排放出的烟尘量一般大于 10 kg。

铝合金等低熔点合金的熔炼过程同样产生严重的烟尘污染。常用的反射炉等熔炼设备中采用的燃料主要有重油、柴油、煤气、天然气等,燃料本身的燃烧即会产生一定数量的 CO、SO_2 等气体,加上原料的熔化,其中有元素与燃料中的元素发生反应,形成大量的烟尘,包括烟气、二氧化硫、氮氧化物、含铝化合物、生产性粉尘(Al_2O_3)、HCl 及少量 Cl_2 等。特别在废铝再生过程的熔炼工序,废料自身携带的油污、塑料等夹杂可燃物等会燃烧,也会产生大量含硫、碳和氮的氧化物,以及苯、甲醛等有机化合物。铝合金的熔炼过程中往往要加入一定数量的覆盖剂、精炼剂和除气剂,这些添加剂与铝溶液中的各种杂质进行反应,产生大量的 HCl、Cl_2、HF 等气体,同时产生大量含有各种金属氧化物和非金属氧化物的废气和烟尘,这些都会对环境造成严重的烟尘污染。

4. 浇注冷却过程中

浇注时,由于温度较高,一方面产生高温粉尘,另一方面铸型中的某些物质会分解产生有机物污染物。不同铸型会有不同的污染物。

对于以膨润土、水玻璃等无机物作为粘结剂的砂型浇注过程,主要是以灰分或涂料等小颗粒粉末体在热作用下被烟气(包括 CO 和 CO_2 气体)带入空气中,形成较为严重的高温粉尘。而以树脂等有机粘结剂制备铸型时,生产原料中主要有酚醛树脂、硬脂酸钙、乌洛托品、淀粉、膨润土以及煤粉等。这些原料在高温条件下会分解各种气体,产生的恶臭气体成分很复杂。经检测分析,主要成分有氨气、二氧化硫、硫化氢、油脂类、醛类、酚类以及烃类,产生较为严重的 VOCs 污染。

浇注过程中产生的 VOCs,与砂型和砂芯中使用的原材料密切相关,例如酚醛树脂热解的主要污染物为酚、苯、甲基萘与苯胺,呋喃树脂热解的主要产物为苯、酚、乙醛与甲苯等,如表 4-4 所列。

表 4-4 煤粉、酚醛树脂、呋喃树脂热解的危险空气污染物构成

危险空气污染物构成	原材料		
	煤 粉	酚醛树脂	呋喃树脂
苯	42.15	27.26	47.95
甲苯	21.63	5.51	9.28
二甲苯	14.71	2.35	4.07
己烷	3.72	0.24	0
萘	3.69	4.71	1.95
甲苯酚	4.02	6.26	0
乙苯	2.43	0.27	0
酚	2.09	30.19	18.15
苯乙烯	1.08	0.20	0
甲基萘	1.74	8.48	0
乙醛	1.03	1.42	14.01
甲醛	0.81	0.31	1.14
丁酮	0.40	0.08	2.45
苯胺	0	7.72	0
其他	0.50	4.12	0.95

而在特种铸造工艺过程中,由于熔模在浇注前要经过高温焙烧,因此熔模铸造产生的 VOCs 排放量相对较少;而消失模铸造虽被誉为 21 世纪的铸造,但其排放的烟气存在比较严重的环境污染问题。聚苯乙烯或共聚物泡沫塑料在浇注过程中受热会

分解产生大量的有机废气,主要有害成分是苯、甲苯、乙苯、苯乙烯等,排放点为浇冒口处。对于金属型(含压铸、低压铸造及离心浇注等),其模腔中的脱模剂中含有硅氧化合物、蜂蜡、机油、石墨、高压聚乙烯、煤油等涂料,这些物质在高温条件下会产生少量的 CO、$VOCs$ 等污染。

5. 开箱与落砂处理

经浇注的铸件在冷却至一定温度或一定时间后开箱取出,经常采用人工手段去除合箱用的压箱块、紧固卡子,甚至于捆绑用的铁丝。落砂过程大都采用机械手段,如振动式落砂机等,将铸件表面的型砂除去。开箱与落砂的工艺过程有烟尘产生,源头是与高温铸件临近的砂型经高温作用后发生粉化现象,在振动造成砂型破碎时产生浓度较大的粉尘,其中颗粒细小的粉末类则挥发到空气中,造成空气污浊。此工序产生的污染包括清砂过程产生的少量粉尘,铁锤击打过程产生的噪声及废砂。

6. 铸件后处理

将铸件从砂型中取出并落砂处理后,主要开展的铸件清理操作包括:

① 将开模后铸件上的浇冒口进行人工铁锤敲击,去除或用切割机割掉;

② 清理铸件表面的飞边、毛刺以及表面粘砂等表面缺陷的清理;

③ 对部分铸件进行热处理;

④ 对铸件表面进行防锈处理。

在铸造生产中,铸件浇冒口和飞边毛刺等的去除是一种劳动量大、机械化程度比较低的工序。小型铸铁件的浇冒口可以在落砂时直接用铁锤敲击而去除,但大多数铸件是在落砂以后才通过机械切割、火焰切割等方法去除。人工敲击去除浇冒口的优点是使用的工具简单且适用性广,缺点是手工操作,劳动强度大,操作过程中会产生一定程度的噪声但污染较小。铸钢、铝、铜合金铸件常采用锯割法去除,常用的切割工具有弓锯、带锯、圆盘锯、砂轮片等,会产生较为严重的噪声;铸钢件和球墨铸铁件可采用氧炔焰操作切割,先用氧炔焰将切割处预热到高温,然后在该处吹氧管吹氧,使金属氧化燃烧,将浇冒口或厚大飞边毛刺切割下来。此过程的操作会产生一定程度的烟尘。

铸件的热处理过程主要体现在铸钢、铸铁件,依热处理加热炉的热源不同而产生不同的污染物。例如天然气可产生粉尘、NO_x、CO,煤气(含高炉煤气、转炉煤气、焦炉煤气)可产生粉尘、SO_2、NO_x、CO,电则产生粉尘。

部分铸件需要表面粉刷或喷涂防锈漆,漆的成分主要是环氧丙烯酸,在喷涂漆和烘干过程中产生的含有机物废气,主要污染物为苯、甲苯和二甲苯,属于有组织连续排放源。

7. 渣处理及旧砂再生

铸造旧砂再生目前主要采用热法再生工艺,其工艺流程是旧砂经破碎、筛分、磁选后预热,然后焙烧,旧砂表面的有机树脂在高温焙烧下被焦化、燃烧;焙烧后的旧砂经过冷却后就可再次用于造型。在焙烧过程中铸造旧砂表面的有机粘结剂燃烧产生了大量的氮氧化物和其他挥发性有机废气。这些废气的来源主要包括：

① 预热单元，主要产生一些低挥发性的气体污染物。

② 焙烧冷却单元，主要为粘结剂在高温状态燃烧与空气中的氧气反应产生二氧化碳、氮氧化合物、氯化氢等有害气体，氰化物、醛类、酚类等挥发性有机污染物以及未燃尽的残碳、氧化铁等构成的粉尘。随着烟尘温度下降，烟尘中的残碳和氯化物在氧化铁的催化作用下、在 $200\sim400\ ^{\circ}\mathrm{C}$ 的温度区间内会合成二噁英、呋喃类有机毒物。

这些废气成分有些具有刺激性气味，有些对人体具有毒害作用，有的是构成酸雨的主要污染物。

湿法再生对于粘结剂膜能溶于水的旧砂比较有效，一般用于水玻璃砂。采用这种方法时设备庞大复杂，而且再生后的砂子需要干燥冷却，耗能多、效率低，废水排放量大。干法再生适用于粘结剂膜比较脆的旧砂，多用于再生树脂砂旧砂，应用很少。

渣处理同样是烟气污染形成的来源之一。从熔炼炉内扒出的热的金属渣，遇到空气中的氧气会继续燃烧，产生大量的污染物和强烈的金属氧化反应，形成烟气、粉尘；铝渣处理会产生比较严重的烟尘污染，气态物质的主要成分是残余造渣剂与热态铝渣反应时生成的氟化物和硫化物等，而固态物质主要是精炼时残余的硝酸盐、石墨粉、氧化铝粉末和杂质粉尘等。这些渣处理形成的烟气，恶化劳动生产条件，如四氟化硅（$\mathrm{SiF_4}$）是无色、有毒、有刺激性臭味的气体，在潮湿的空气中因水解而产生烟雾，不仅会对工人的身体产生不利影响，产生的烟雾也会影响操作者的视线，对安全生产产生隐患。

总之，如图 4-59 所示，铸造生产过程中产生烟气最为严重的工序为熔炼与浇

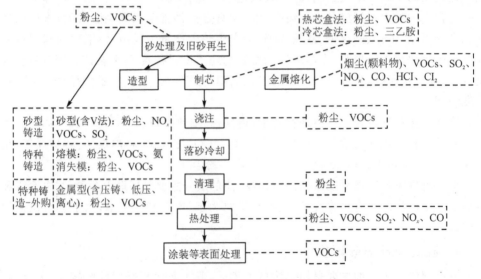

图 4-59　铸造生产主要工序的大气污染物产生源

注,同时铸型准备、清砂工序、渣处理、旧砂处理以及铸件热处理同样产生比较严重的烟气污染,特别是有机粘结剂砂型铸造过程以及熔模铸造等工艺,铸造厂排放的废气中除含有人们熟知的 CO、CO_2 等气体外,还含有大量对环境和人体健康有危害的多种挥发性有机物和危险性空气污染物。因此,铸造生产的烟气污染控制与去除在实现清洁生产中意义重大。

4.5.2　铸造生产的烟气处理方案

铸造车间是实施铸件制造的主要生产场地,也是粉尘污染的主要来源。铸造车间粉尘处理的方案设计要点包括:

① 在设计前应对除尘的对象进行了解,对含尘气体的性质、浓度、湿度、温度、粒度分配等进行全面的了解,确认是采取局部治理还是整体治理。局部治理是直接针对铸造烟尘、粉尘产生点进行捕获、收集、净化,净化效果好。如对于易产生粉尘的混砂工艺、冲天炉熔炼工艺、机械振动落砂工艺及人工清砂工艺等皆应采取严格的防尘、除尘措施。对生产过程的旧砂回收、再生输送工艺和设备,对开箱、除砂、喷抛丸铸件清理工艺和设备,对原料及废砂的运输、收集过程和设备等,都应配置相适应的防尘、除尘措施。整体治理是采用分层送风技术,整体厂房环境能够得到有效改善。在树脂砂制作芯车间及树脂砂芯库房,可以采用整体治理法进行控温、控湿、除尘、除异味处理。

② 对于一些含有爆炸性粉尘的气体除尘处理,在设计时须考虑可靠防爆措施,在袋式除尘器前设置重力式或板式卸爆门,在袋式除尘器前设置金属网或者砾石阻火器,阻止火焰进入管道,同时选用防爆风机。

③ 在设计可燃性气体管道时,要使该气体流量流速大于该气体燃烧时的火焰传播速度,并做好隔热保护与防泄漏措施。

④ 为了防止爆炸性气体内的爆炸物质浓度出现在爆炸范围内,须考虑设备的密闭性和车间的通风系统。

⑤ 对有爆炸危险和可燃性的气体处理系统,为防止出现危险状态,预防达到爆炸浓度,设计时可考虑配置连续检测仪器,监测系统的工作状态,并能自动报警,采用控制措施。

对于除尘设备的选择,必须充分考虑除尘器的性能、适用范围、一次投资和维护管理;然后选择经济有效的除尘设备。选择除尘设备时,应注意以下几个方面:

① 注意标准中规定的排放浓度。所选除尘器必须满足排放标准中规定的排放浓度。

② 合适的粉尘性质和粒径分布。粉尘的性质对除尘器的性能影响很大。密度小的粉尘难以收集,容易发生二次飞扬;粘性灰尘容易附着在除尘器表面,所以干式除尘不合适;比电阻过大或过小的粉尘不宜采用静电除尘器;湿式除尘不适用于纤维状或疏水性粉尘。不同的除尘设备对不同的粒径有不同的除尘效率。在选择除尘器

的时候,一定要了解粉尘的粒径和分布,以及除尘器对于不同粒径的除尘效率。

③ 当气体的含尘浓度较高时,应在静电除尘器或袋式除尘器前设置低阻力的初步净化装置,去除粗尘粒,以利于发挥这类除尘器的作用。大多数除尘器只有在含尘气体保持正常流量时才能取得良好的效果。有些除尘器在流量低于正常流量时效率较低,如惯性除尘器、离心除尘器、文丘里洗涤器等;有些除尘器在流量高于正常流量时效率较低,如重力沉降室、振动除尘用袋式除尘器、填料洗涤塔、静电除尘器等。

④ 袋式过滤器不适用于高温高湿气体。如果气体中含有有害气体,可以考虑湿式过滤器,但必须注意腐蚀和排放废水的进一步处理。

1. 以无机粉尘为主的烟尘处理

产生这类烟尘的工序主要包括铸型准备(包括原料存储、型砂与涂料的混制、模型的加工、铸型的制造等)、后续的铸件清理以及砂处理等,其烟尘产生的特点是常温状态下形成,灰尘浓度较高,扬尘点多,有机成分较少等,大都采用以干式过滤除尘为主的技术方案。通常采用的措施是对落砂机加装除尘罩,经袋式除尘器过滤后排放。

除尘罩依据结构形式可分为密闭罩(包括固定式和移动式)、半密闭罩、侧吸罩等几种。根据铸造车间生产方式的不同,可以选择不同形式的除尘罩。从减少排风量,降低噪声,提高捕集粉尘效果方面考虑,采用密闭罩是最佳选择。密闭罩是将尘源或整个工艺设备密闭起来,气体扩散被限制在一个很小的密闭空间内。密闭罩有移动式密闭罩和固定式密闭罩两种形式。移动式密闭罩普遍适用于单件小批生产的大型铸件,落砂时间长、粉尘起始浓度大的场合,尤其适用于干膜砂铸型的落砂;固定式密闭罩由于限制了铸件、砂箱的吊运,不适用于单件小批生产,通常仅适用于大批量流水线造型的铸型落砂。另外,半密闭罩上开有较大的孔,以方便工艺操作,它通过孔口处的吸入气流来控制粉尘的排出能力。外部罩是在受到工艺条件限制,无法对含尘气体发生源设备进行密闭时采用的,它设置在发生源附近,依靠罩外吸气流运动,将物料全部吸入罩内。当采用外部罩受条件限制,或者距离污染源较远时,可以采用吹吸罩,它是利用吹气流将烟尘物吹向吸气口,从而控制物料向室内扩散。

在进行除尘方案设计时,集气罩尽量包围或接近污染源,尽量减少污染物的扩散,防止或减少横向气流的干扰,在获得足够的集气量的情况下降低集气能力。集气罩的吸力方向应尽可能与受污染气流的运动方向一致,充分利用受污染气流的动能。在保证污染控制的条件下,使集气罩的开启面积最小,集气罩的结构不应妨碍工人的操作和设备的维护。在不影响工作的情况下,尽量封闭四周,这样更能改善工作环境;集气罩吸点的位置不应位于物料浓度和溅射区,以避免将大量物料吸入净化系统。

袋式除尘器是一种干式高效除尘器,它利用有机纤维或无机纤维编织物制作的袋式过滤元件将含尘气体中的固体颗粒物滤出,非常适合常温条件下以无机粉尘为主的烟尘处理。在进行袋式除尘器选用时,需要确定或求出以下参数:

① 袋式除尘器的处理风量,处理风量的单位一般用 m^3/min 或 m^3/h 表示。工况条件下的气体量,即实际通过袋式除尘设备的气体数据,应根据已有工厂的实际运行经验或检测资料来确定。

② 过滤风速的大小,取决于含尘气体的性状、织物的类别以及粉尘的性质。多数反吹风袋式除尘器的捕捉风速在 0.6～13 m/s 之间,脉冲袋式除尘器的过滤风速在 1.2～2 m/min 之间,玻璃纤维袋式除尘器的过滤风速为 0.5～0.8 m/s。

③ 过滤面积,总过滤面积计算公式:

$$A_d = Q/V$$

式中:A_d 为过滤面积,m^2;Q 为处置气体量,m^3/min;V 为过滤风速,m/min。

④ 通过总过滤面积和单条除尘布袋的面积算出滤袋条数量。

袋式除尘器在过滤过程中,灰颗粒会慢慢积聚在滤料表面形成一层粉尘灰层,需要进行清灰。清灰是保证本设备正常工作的重要环节和影响因素,常见的清灰方式有脉冲喷吹式清灰、气体清灰、机械振动式清灰和人工敲打清灰等几种:

① 脉冲喷吹式清灰,利用高速喷射气流通过滤袋顶端时吹向滤袋内部,形成空气波,使滤袋由上向下产生急剧的膨胀和冲击振动,产生很强的清落粉尘的作用。其主要有顺喷式、逆喷式和对喷式三种方式,脉冲清灰作用较强、清灰效果较好,可提高过滤风速,是目前清灰效果比较好的清灰方式。

② 气体清灰,利用高压气体或外部大气反吹滤袋,以振落和清除滤袋上的积灰,主要有反吹风清灰、脉冲喷吹清灰和反吸风清灰三种方式。其中最常用的是反吹风清灰,它是利用气压或者风机排出管道吸入气体而形成反向气流,利用反向风速和振动使得沉积的尘灰脱落。这种清灰方式常用编织布滤料或过滤粘类滤料,容易清除粉尘。反吹风清灰作用比较弱,但对滤布的损伤比振动清灰方式要小,所以一些柔软的滤料如玻璃纤维滤布,多采用这种清灰方式。

③ 机械振动式清灰,利用机械装置周期性地轮流振打各排滤袋,或摇动悬吊滤袋的框架,使滤袋产生振动而清落灰尘,清除滤袋上的积灰。针对不同的滤袋材料,有顶部振打清灰和中部振打清灰两种方式。这种清灰方式的机械构造简单、运转可靠,但清灰作用较弱,适用于纺织布滤袋。

④ 人工敲打清灰,顾名思义,利用人工拍打袋式除尘器的每个滤袋振落粉尘,清除滤袋上的积灰。这种清灰方式浪费人力和时间成本,已经被慢慢淘汰了。

除了采用袋式除尘工艺以外,也可以结合烟尘的成分、颗粒物的粒度分布特征与含量等采用旋风除尘、滤筒式除尘、喷雾塔、旋风洗涤塔等工艺方法。

2. 以常温 VOCs 挥发和粉尘为主的烟尘治理

在以树脂等有机粘结剂的砂型铸造、特种铸造的熔模铸造等工艺中,由于原料中的有机物在原料存放、模型制备等过程中会存在一定的挥发,造成在烟尘中含有一定浓度的有机成分。如在树脂砂的混制过程中,自硬性呋喃树脂中或多或少含有一些未与尿素反应完全的游离甲醛(一般含量在 0.2%～1.5%之间)在混砂造型过程中挥发出来,尤其是砂温高时混砂机出口呛人得厉害。其烟尘产生的特点是常温状态下形成,灰尘浓度较高,扬尘点多,含有一定浓度的有机成分等。针对其烟尘的成分构成,可以采用以干式过滤除尘为主,同时辅之以有机物分解或吸附处理的技术方案。

目前,对挥发性有机污染物治理的方法有破坏性、非破坏性的工艺方法,及这两种方法的组合。所谓破坏性的方法,包括燃烧、生物氧化、热氧化、光催化氧化、低温等离子体及其集成的技术,主要是由化学或生化反应,用光、热、微生物和催化剂将 VOCs 转化成 CO_2 和 H_2O 等无毒无机小分子化合物。非破坏性的方法即回收法,主要是碳吸附、吸收、冷凝和膜分离技术,通过物理方法控制温度、压力,或用选择性渗透膜和选择性吸附剂等来富集和分离挥发性有机化合物。传统的挥发性废气处理常用吸收吸附法去除、燃烧去除等,最近几年,半导体光催化剂技术、低温等离子技术正迅速发展。

通常采用的措施是对烟尘产生工位加装除尘罩,经过滤除尘与活性炭吸附或降解有机废气等处理后排放。对烟尘的处理过程,首先由安置于烟尘产生工位上部的集气罩完成废气的收集,然后通过旋风除尘器、袋式除尘器或滤筒除尘器等将大部分颗粒物过滤或沉降而排出;再经过活性炭吸附或化学降解处理等将有机废气转化为无毒无害的产物,其工艺流程如图 4-60 所示。

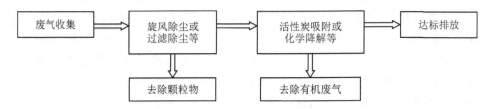

图 4-60 含有机废气的烟尘处理工艺流程

由于该类烟尘含有对人体危害较大的有机废气,因此集尘罩的安装与设置以生产工位布置的特征来安排,应保持罩内负压均匀,能有效地控制含尘气流不致从罩内逸出,并避免吸出粉料。首先选用旋风除尘器或袋式除尘器,其主要作用是去除烟尘中的颗粒物,其中袋式除尘是最为常用的除尘工艺。在袋式除尘工艺中,选择合适的滤料对除尘效果是很关键的。可以对滤料进行工艺改进,如采用覆膜滤料,且在除尘器前端增设喷粉装置,在除尘器吸入烟尘前首先把一定数量的滑石粉粘在滤袋上,形成一层保护膜,增加了滤袋的润滑性,使烟尘不易粘在滤袋上。石灰石粉可以与烟尘混合并吸附树脂挥发物,在除尘器内沉降下来,不易粘结滤袋。

活性炭吸附法适用于大风量、低浓度、温度不高的有机废气治理。该方法工艺成熟、效果可靠,易于回收有机溶剂,因此被广泛应用。活性炭是使用最为广泛的一种吸附剂,但它不耐高温,在湿润的环境下不能保持很好的吸附能力,容易达到饱和吸附而失去效用,吸附剂需定期更换。

3. 高温并具有较高浓度挥发性有机物为主的烟尘治理

在整个铸造生产过程中,熔炼工序、浇注工序等会产生高温粉尘,烟尘主要包括固体颗粒物、气态污染物和有机物等。其中,固体颗粒物是熔炼、精炼与变质处理等过程中产生的金属氧化物、金属粉尘等物质以及浇注时铸型表面材料的高温挥发;气态污染物主要包括二氧化硫、氮氧化物等,是燃烧过程中产生的气体;有机物则是熔炼原料中含有的有机化合物,如石油焦、煤焦等,以及铸型中的有机粘结剂的挥发与其在高温状态下的分解。因此,该类烟尘的成分复杂、烟气量大、温度高,而且相对浓度都比较高,产生的烟尘细且比电阻高。同时,该类烟尘也是铸造生产烟尘控制的主要技术难点,必须使用高效率的除尘技术方案才能达到高效除尘的目的。

对于熔炼工序、浇注工序等产生的高温粉尘,在烟尘治理方案设计方面应包括:烟尘的收集;烟尘的降温,包括余热的利用;烟尘的过滤与回收;对有害气体的治理。该处理技术如下:

(1) 烟尘的收集

铸造生产中熔炼工序、浇注工序等所产生的高温粉尘具有成分复杂、浓度较高和温度较高的特点,所以烟尘收集的要求就相对比较高。集尘罩的作用是将生产过程中产生的烟尘吸入集尘罩中,经过简单处理后引入除尘设备中。集尘罩的结构形式有封闭式吸尘罩、棚式吸尘罩、捕吸式集尘罩、顺流式集尘罩等,每个类型的集尘罩都有其不同的工作适应性,如封闭式和棚式两种吸尘罩可以完全包围粉尘的发散源,对烟尘的收集比较完全,但封闭后对操作运转来说又是不方便的。因此,这两种集尘罩适合烟尘产生点相对集中的情况,如浇注生产线;但对设备较多、操作过程较为复杂的熔炼工序则存在一定的难度。捕吸式和顺流式两种集尘罩为非封闭式结构,跟尘源有一定的距离。捕吸式集尘罩需要通过风机的作用将烟尘吸入集尘罩中,其优点是不影响工人的操作,可以作为熔炼工序的集尘器结构形式;而顺流式集尘罩则不需要风机作用,而是依靠烟尘气流的作用进入集尘罩,因此其收集烟尘的能力有限,应用非常有限。为防止高温烟尘中的颗粒物以及有机气体成分燃烧与爆炸等,在集尘罩结构中也可以设置一些促使烟尘降温的装置,以减少高温烟尘对后续除尘过程的冲击,提高其除尘能力。如在进风主管道中设置阻火器,将废气中的火星熄灭。

(2) 烟尘的降温

传统的烟尘处理设备基本都选用金属材料来制造,但高温烟气的温度可达500 ℃以上,在如此高温下,除尘设备本身所采用的金属材料会出现强度下降、软化等,导致设备结构变形,影响设备的正常功能,同时,过滤器等核心部件也会在高温作用下不能正常工作而失效。因此,为了降低治理成本,在实施过滤与净化处理的工艺过程之前,需要通过不同的方式进行冷却预处理,以达到设备可承受的范围,提高烟尘处理的效率。

对高温烟尘进行降温处理的主要手段有两种,即直接冷却和间接冷却,如图 4-61、图 4-62 所示。

① 直接冷却即采取对应的工艺措施使高温烟气和冷却介质直接接触,并进行热量交换。目前应用较多的工艺方法是喷雾直接冷却,将水或泡沫通过喷嘴形成细雾喷到高温烟气中,水雾蒸发吸收大量的热使烟气得以冷却,同时捕集煤气中粗颗粒的粉尘,达到粗除尘的目的。目前应用于生产实际的方法有,在过滤或静电处理除尘核心部件前端设置喷淋塔、泡沫喷洒器等装置;也可以前置旋风机以及多管道的冷却系统,使烟尘温度降至后续除尘器的工艺要求范围内。最为简单的工艺方法是引入冷空气,从周围环境吸入一定量的空气与高温烟气混合以降低温度,但该工艺增加了过滤气体的体积。

② 通过辅助设置换热装置并利用冷却介质对烟尘进行处理的方式即为间接冷却,其特点是烟气与冷区介质之间不接触。具体工艺措施包括增设换热器装置、加长运送气体的管道长度等。

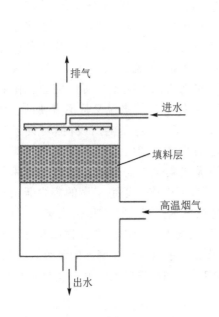

图 4-61 高温烟气的直接冷却示意图

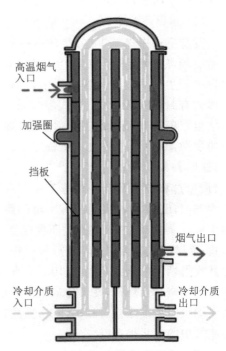

图 4-62 高温烟气的间接冷却示意图

(3) 烟尘的过滤与回收

高温烟尘经集气罩收集并经过降温处理后进入除尘系统。鉴于该类烟尘中的颗粒物、有机物气体等均有较高的浓度,在除尘工艺设计方面除了选用高效除尘设备外,还需要考虑多种除尘方法的组合,使不同的除尘工艺各自发挥其优势,提高烟尘处理的效率。

旋风集尘器是一种结构比较简单、经济适用的集尘设备,投资较低,在许多企业中被采用。当气体进入集尘器时,气流会沿一定的方向在集尘器内高速连续旋转,气体中的颗粒在高速旋转过程中产生离心力,当碰撞到集尘器壁时,因其自身的重力下降到集尘室中,达到收尘的效果。旋风集尘器的效果明显,能捕集粒径大于 10 μm 的尘粒,但除尘能力有限,还需在后续消除挥发性有机物的工艺实施中继续完成颗粒物的清除过程。

另外,电除尘器的除尘效率虽然比较高,但不适用于钢铁、铜合金等的铸造过程。原因在于其灰尘颗粒物中含有较高比电阻的成分,必须使烟气的湿度达到较高水平并将比电阻值降下来才能达到良好的除尘效果,但增加烟气湿度还会带来酸腐蚀和水处理的问题,因此投资费用很高。电除尘由于投资费用高,在铝合金铸造或再生铝行业偶有使用。很多铸造生产企业常采取旋风除尘器与袋式除尘器组合的方式进行除尘处理。旋风集尘器可以除掉大颗粒粉尘,也可以除掉带火星颗粒物,降低烟尘的温度,有利于提高袋式过滤的效果。袋式集尘器有外滤式和内滤式两种,烟气从滤袋里面向外流出的称为内滤式,反之为外滤式。滤袋应选用耐温、耐蚀的材料,常用的有耐温约 250 ℃ 的玻璃纤维布(素布,经硅油或石墨、聚四氟乙烯处理的素布等)。袋式集尘器是高效集尘设备,能捕集粒径 0.1 μm 的尘粒,如参数选择适当,集尘效率一般可达 98%～99%。为了保护滤袋并延长其使用寿命,进入除尘器的烟气温度不得超过 200 ℃,因此在吸风口附近和除尘器前的烟气通道上各设置了一测温点,测温点之间装有野风阀,用热电偶测量烟气温度。当温度超过 240 ℃ 时,野风阀自动开启,管道内混入冷风;当温度在 180 ℃ 以下时,野风阀自动关闭。

(4) 铸造过程中对有害气体的治理

铸造熔炼与铸造工序中会产生大量的无机物气体和有机气体污染物。有机气体如甲硫氢、甲硫醇、甲硫醚、二甲二硫、二硫化碳和苯乙烯,无机气体包括氨、硫化物(H_2S、SO_2 等)、CO、HCl 等。不同的合金类型、工艺模式等原因造成了气体化学成分的差异也非常大,因此污染物的治理工艺方法以及所采用的除尘器类型也有很大的不同,应结合具体的烟气成分、浓度变化等特征,合理选择治理工艺与相应的除尘设备。

对有机废气的处理一般有活性炭吸附法、水/碱/酸/氧化剂等吸收剂吸收法、生物净化法、低温等离子法、光催化氧化法等工艺处理。铸造厂主要的污染物为苯酚、甲醛及醇类等。苯酚是一种弱酸,可混溶于醚、氯仿、甘油、二硫化碳、凡士林、挥发油、强碱水溶液,室温时稍溶于水,65 ℃ 以上能与水混溶。根据苯酚混溶于强碱水溶性的性质,苯酚废气采用碱吸收法处理。甲醛常温下是一种无色有强烈刺激性和窒息性气味的气体,易溶于水和乙醚,水溶液浓度最高可达 55%,能与水、乙醇、丙酮任意混溶。甲醛也是强还原剂,在空气中能逐渐被氧化为甲酸。根据甲醛水溶性和还原性,甲醛废气采用次氯酸钠水溶液吸收法处理。糠醇与水可以混溶,根据糠醇水的混溶性,废气采用水吸收法处理。通过以上苯酚、甲醛和糠醇等污染物的理化性质分析,可以采用"一级水吸收或碱溶液吸收＋活性炭吸附"的分级工艺处理。

① 水吸收,可选用喷淋或泡沫除尘的工艺来实施,喷淋常用水作为介质,利用水能溶解糠醇等有机物气体而得到回收;为了提高效果,可添加浓度相对较低的碱性物质,如次氯酸钠和碱液共存的混合溶液,可以吸收苯酚和甲醛等物质。

② 活性炭净化有机废气,利用活性炭的微孔结构产生的引力作用,将分布在气相中的有机物分子或分子团进行吸附。由于已经实施了水或弱碱液处理,苯酚、甲醛等有机气体的浓度已经大大降低,再采用活性炭进行吸附处理,可以达到良好的过滤效果,同时也减轻了活性炭再生或更换的频率,延长了活性炭的使用寿命。

对无机物气体成分的治理,同样是结合其物理化学特性,选择合适的工艺方法。在无机气体成分中,如氨、硫化物(H_2S、SO_2 等)、CO、HCl 等大都是酸性,因此,无机气体的处理同样可以采取湿法碱性水喷淋与活性炭吸附过滤的复合除尘方法。

① 可采用碱性溶液,同烟气中和反应,形成具有中性的盐类,再通过对喷淋液的处理进行回收利用以减少危害。例如采用氢氧化钠($NaOH$)碱性溶液,吸收二氧化硫(SO_2)形成亚硫酸钠(Na_2SO_3);氮氧化物大部分是一氧化氮(NO)、二氧化氮(NO_2),通过水溶液直接作用水解,可获得亚硝酸(HNO_2),然后在碱性溶液作用下产生亚硝酸盐。

② 活性炭可吸附硫、氮、碳氧化物等,可以实现对低浓度无机气体的净化,获得良好的治理效果。

图 4-63 所示工艺流程是某企业在冲天炉熔炼工序设计的以脱硫处理为主的烟尘治理技术方案。

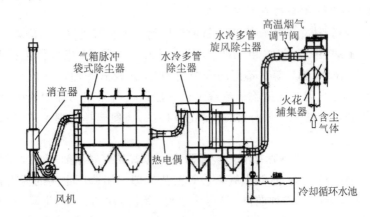

图 4-63 一种双碱烟气脱硫的技术方案

针对铸造生产过程的复杂性与差异性,铸造烟尘的产生机理、成分构成、浓度变化等差异也是非常明显的,因此烟尘治理的工艺方法也都有所不同。总体来讲,铸造企业结合自己的生产工艺特征、产品结构等特点,可以从以下四个层面来考虑治理工艺:

① 对于木质模型制作工序,由于会产生大量容易引起燃烧的木屑颗粒粉尘,其操作地点应远离熔炼、浇注等区域。粉尘治理也应单独实施,最好采用滤筒过滤或者袋式除尘等方法,将木屑颗粒收集而加以再生利用。木质模型制作过程会因为表面刷油漆等产生一定含量的有机挥发物,可将木屑、过滤后的烟气引入造型等易形成有机污染物的除尘设备中进行综合处理。

② 对于熔炼、浇注、热处理、烘干等工序的高温烟尘,可以采取湿法除尘或者湿法与过滤相结合的复合除尘过程。首先将烟尘降温、初步过滤,达到低温、颗粒污染物浓度降低的状态,滤出的粉尘颗粒收集后再进行处理;过滤的烟气进行初步的化学处理,以降低其 SO_2、H_2S、CO 等无机成分气体的有害成分;最后并入后续的综合烟尘治理工序。

③ 在造型、清砂、铸件清理等工序产生的无机成分颗粒物浓度较高,可以选用重力除尘、袋式或滤筒过滤除尘等方法将大颗粒、浓度较高的粉尘分离出去,经收集后再作回收利用处理;初级过滤后的废气并入最终综合处理程序。

④ 将以上各工序结果过滤与降温处理后的烟气并入综合烟尘治理程序,主要包括:

a. 精细过滤,将颗粒物含量降低到排放标准;

b. 化学分解,将有机污染物分解处理为无害气体等;

c. 吸附处理,进一步降低无机与有机污染物的含量,使最终气体的排放达到预期目标。

参考文献

[1] 朱莹. 某铸造厂砂型铸造废气净化系统改造设计与应用研究[D]. 北京:中国矿业大学,2021.

[2] 王睿. 砂型铸造过程的空气污染物及其检测分析[J]. 山西冶金,2021,44(03):277-279.

[3] 王婷婷,张一心,周长波,等. 我国铸造业大气污染治理现状与对策研究[J]. 环境保护科学,2021,47(06):81-86.

[4] 胡满银,赵毅,刘忠.除尘技术[M].北京:化学工业出版社,2006.

[5] 李俊华,姚群,朱廷钰. 工业烟气多污染物深度治理技术及工程应用[M].北京:科学出版社,2019.

[6] 邵振华. 大气污染控制工程[M].北京:化学工业出版社,2016.

[7] 刘树生,乔世杰,曹林锋,等. 我国铸造行业大气污染治理存在的问题及建议[J]. 铸造工程,2019,43(06):10-13.

[8] 孙清洲,许荣福,张普庆. 铸造粘土旧砂完全再生技术[M].北京:机械工业出版社,2016.

[9] 吴剑. 铸造砂处理技术装备与应用[M].北京:化学工业出版社,2014.

[10] 陈隆枢,陶晖.袋式除尘技术手册[M].北京:机械工业出版社,2010.

[11] 上官炬,常丽萍,苗茂谦.气体净化分离技术[M].北京:化学工业出版社,2012.

[12] 陈海群,陈群,王新颖.安全检测与监控技术[M].北京:中国石化出版社,2013.

[13] 王纯,张殿印.工业烟尘减排与回收利用[M].北京:化学工业出版社,2014.

[14] 杨晓丽.以熔模精密铸造工艺为例分析铸造企业大气污染防治对策[J].新型工业化,2021,11(07):196-197.

[15] 尤丙夫,姜南,吕宁.冲天炉消烟除尘及脱S设备工作原理[J].现代铸铁,2020,40(01):58-62.

[16] 阴爱平.铸造车间清砂工位的烟尘治理[J].当代化工研究,2020(01):106-107.

[17] 田学智,万晓慧.铸造车间烟尘和粉尘的收集及除尘方案设计[J].铸造设备与工艺,2019(05):1-5.

[18] 陈志明,张红梅.消失模铸造项目环评要点分析[J].资源节约与环保,2019(04):174-175.

[19] 杨岳兴,杨玉祥.树脂砂铸造现场的烟气除尘方案[J].金属加工(热加工),2011(19):43-44.

[20] 王俊杰.论在绿色铸造发展的趋势下袋式除尘器滤袋的故障分析及处理[J].机械工业标准化与质量,2016(11):28-33.

[21] 卓志勤.铸造生产中消烟除尘技术探讨[J].技术与市场,2015,22(10):44-45.

[22] 阮彩群,李芳艳,裴清清.铸造烟尘治理技术[J].工业安全与环保,2009,35(06):13-14,32.

[23] 尤丙夫,杨杨.冲天炉除尘技术及实例[J].现代铸铁,2009,29(06):28-32.

[24] 鲁春芳,段晓雨,胡华清.基于铸造业工程实例的工业废气治理技术分析[J].中国环保产业,2022(08):33-35.

[25] 张研,秦旭升,苏柏林.铸造行业VOCs治理及应用[J].铸造工程,2022,46(01):12-17.

[26] 曹林锋,刘树生,乔世杰,等.消失模铸造的污染物排放及治理[J].铸造工程,2020,44(05):53-56.

[27] 郭江龙.铸造工厂多功能气体除尘、净化及粉尘智能输送系统的研制与应用[J].铸造设备与工艺,2018(02):9-13.

[28] 黄溢凡.消失模铸造烟气及污水处理的研究[D].武汉:华中科技大学,2014.

[29] 高学治,朱亚宁.铸造业冲天炉废气除尘治理的有关经验交流[J].环境科技,2009,22(S1):14-16.

[30] 张殿印,王纯.除尘设备手册[M].2版.北京:化学工业出版社,2015.

[31] 冯丹.大气污染控制技术[M].北京:冶金工业出版社,2019.

第 5 章

铸造生产过程中的
水污染及其治理技术

自党的十八大以来,党中央以前所未有的力度抓生态文明建设,国家越来越重视节能环保产业的发展。建设美丽家园需要各个行业一起努力,铸造业也不例外。铸造企业在生产过程中排放大量的废水,其成分复杂,COD、油类、悬浮物以及金属浓度较高,有些还有毒性;废水的排放导致企业周围的水变质,严重影响植物的生长,对企业周围居民的生活与工作也造成了很大的影响。因此,铸造生产的废水处理也是至关重要的。

5.1　水污染对社会发展的危害

水是生命之源,是构成人体组织的重要部分,是地球表面生命存在的必要条件,也是我们人类生产生活离不开的宝贵资源。但随着当前工业的进步和社会的发展,水污染情况也日趋严重,具有量大、面广、成分复杂、毒性大、不易净化、难处理等特点,成为世界性的头号环境治理难题。工业废水、生活污水处理不当,或者没经过处理直接排放,会造成水体污染。当污染源(物)进入水体并且其含量超过了水体的自然净化能力,这时水体的实质和水体底质的物理、化学性质或生物群落组成发生变化,从而降低了水体的使用价值和使用功能,这种现象被称为水体污染。水体污染的来源与特点如表 5-1 所列。大量的无机、有机污染物进入水体,不仅破坏水生态系统,而且危害人体健康,造成水质性缺水,影响工农业生产和人们的生活。

表 5-1　水污染的来源与特点

序　号	污染物名称	特　点
1	工业污染源	工业废水是水域的重要污染源,具有量大、面积广、成分复杂、毒性大、不易净化、难处理等特点

序 号	污染物名称	特 点
2	农业污染源	农业污染源包括牲畜粪便、农药、化肥等。中国是世界上水土流失较为严重的国家之一,每年地表水土流失约50亿吨,2/3的湖泊受到不同程度的富营养化污染的危害,导致藻类以及其他生物异常繁殖,水体透明度和溶解氧发生变化,水质恶化
3	生活污染源	生活污染物主要是人们生活中使用的各种洗涤剂和污水、垃圾、粪便等,多为无毒的无机盐类;生活污水中含氮、磷、硫较多,致病细菌多

1. 水污染将会严重危害人的健康

水污染后,通过饮水或食物链,污染物进入人体,就会出现急性或慢性中毒。据统计,世界上80%左右的疾病都与水污染有关。水体受到生物性污染后,可通过饮用、接触等途径引起人群中以水体为媒介的传染病的流行,常见的介水传染病有痢疾杆菌、伤寒杆菌、致病性大肠杆菌、甲型肝炎病毒等。某些化学物质(如砷、铬、铵类、苯并(a)芘类多环芳烃、卤代烃等)污染的水被饮用后可诱发癌症,如砷可使许多酶受到抑制或失去活性,造成机体代谢障碍,皮肤角质化,引发皮肤癌。有机磷农药会造成神经中毒,有机氯农药会在脂肪中蓄积,对人和动物的内分泌、免疫功能、生殖机能均造成危害;氰化物进入血液后,与细胞的色素氧化酶结合,使呼吸中断,造成呼吸衰竭窒息死亡;被寄生虫、病毒或其他致病菌污染的水,会引起多种传染病和寄生虫病。重金属元素污染的水,对人的健康危害较大,如饮食被镉污染的水、食物后,会造成肾、骨骼病变,摄入硫酸镉20 mg,就会造成死亡;铅造成的中毒,引起贫血,神经错乱。

2. 水污染对工农业生产的危害

工业过程中水质污染后,工业用水必须投入更多的处理费用以保证用水治理,造成了资源、能源的浪费。食品等工业用水要求更为严格,水质不合格,会使生产停顿,这也是企业效益不高、质量不好的因素之一。水体污染会影响工业生产、增加设备腐蚀速度,影响产品质量,甚至影响生产过程正常开展。

水资源在农业生产中具有重要的作用。相对严重的污染水不仅会导致农作物减产,还会引发土壤及周边环境恶化,对周围人畜的生存与健康造成危害。首先是污染水中的氮元素及盐分产生的危害,虽然农作物生长需要吸收大量氮元素,但若农田灌溉水中的氮元素过量,则会导致农作物营养失衡,遭受病害威胁。使用污染的天然水体或直接使用污染水来灌溉农田,会破坏土壤,影响农作物的生长,造成减产,严重时则颗粒无收。污染水中含有很多易分解的有机物,使用有机物超标的污染水灌溉农田,还会降低粮食品质,危害我国食品安全。水也是水生生物生存的介质,水污染会危及水生生物的生长和繁衍,破坏水体生物的生存环境,造成渔业大幅度减产,成为渔业发展的主要桎梏因素。

3. 水污染对环境的危害

水污染会导致生物的减少或灭绝,造成各类环境资源的价值降低,破坏生态平衡。

当污染物进入河流、湖泊或地下水等水体并且其含量超过了水体的自然净化能力后,水体的水质和水体底质的物理、化学性质或生物群落组成发生变化,从而降低水体的使用价值和影响水体的使用功能。

水污染会导致水体的富营养化。如水中磷等过量会引起水中的藻类疯长,藻类越长越厚,最后压在水面之下的藻类因难见阳光而死亡。湖底的细菌以死亡藻类作为营养,迅速增殖,大量消耗水中的氧气,使湖水变得缺氧,依赖氧气生存的鱼类死亡,随后细菌也会因缺氧而死亡,最终湖泊老化、死亡。

污染的水中含有过量的重金属则会毒害水中植物,引起鱼类和其他水中生物死亡,严重破坏溪流、池塘和湖泊的生态系统。

以上种种都会导致生态破坏,不仅使工厂停产、农业减产甚至绝收,而且会产生不良的社会影响和较大的经济损失,严重阻碍社会的可持续发展,威胁人类的生存。

5.2　水污染治理的工艺原理与工艺方法

在经济快速增长和人口快速增加的背景下国家对水资源的需求日益增大,而对环境造成的污染也越来越严重,经济快速增长对水资源的需求与水资源的短缺矛盾日益突出,环境污染和水污染事件频发,给人民群众的生活安全造成了严重威胁,同时制约了我国经济发展。水污染的治理现已成为改善民生的必要手段。2008 年 2 月 28 日全国人民代表大会常务委员会修订通过的《中华人民共和国水污染防治法》规定,水污染防治应当坚持预防为主、防治结合、综合治理的原则,优先保护饮用水水源,严格控制工业污染、城镇生活污染,防治农业面源污染,积极推进生态治理工程建设,预防、控制和减少水环境污染和生态破坏。

5.2.1　工业废水污染的基础知识

工业废水是指工业生产过程中产生的废水、污水和废液,其中含有随水流失的工业生产用料、中间产物和产品以及生产过程中产生的污染物。随着工业的迅速发展,废水的种类和数量迅猛增加,对水体的污染也日趋广泛和严重,威胁人类的健康和安全。

1. 工业废水的类型

工业废水通常可分为以下三类:

① 按工业废水中所含主要污染物的化学性质分类,含无机污染物为主的为无机

废水,含有机污染物为主的为有机废水。例如电镀废水和矿物加工过程的废水是无机废水,食品或石油加工过程的废水是有机废水,印染行业生产过程中的废水是混合废水,不同的行业排出的废水含有的成分不一样。

② 按工业企业的产品和加工对象分类,有冶金废水、造纸废水、炼焦煤气废水、金属酸洗废水、化学肥料废水、纺织印染废水、染料废水、制革废水、农药废水及电站废水等。

③ 按工业废水中所含污染物的主要成分分类,有酸性废水、碱性废水、含氰废水、含铬废水、含镉废水、含汞废水、含酚废水、含醛废水、含油废水、含硫废水、含有机磷废水和放射性废水等。

2. 工业废水的特点

工业废水具有三个明显的特点:

① 水质和水量因生产工艺和生产方式的不同而差别很大。如电力、矿山等部门的废水主要含无机污染物,而造纸和食品等工业部门的废水,有机物含量很高,BOD5(五日生化需氧量)常超过 2 000 mg/L,有的达 30 000 mg/L。即使同一生产工序,生产过程中水质也会有很大变化,如氧气顶吹转炉炼钢,同一炉钢的不同冶炼阶段,废水的 pH 值可在 4~13 之间、悬浮物可在 250~25 000 mg/L 之间变化。

② 除了某些设备的间接冷却水外,工业用水中都含有多种与原材料有关联的物质,而且在废水中的存在形态往往各不相同。如氟在玻璃工业废水和电镀废水中一般呈氟化氢(HF)或氟离子(F^-)形态,而在磷肥厂废水中是以四氟化硅(SiF_4)的形态存在;镍在废水中可呈离子态或络合态。这些特点增加了废水净化的困难。

③ 工业废水的水量一般都比较大。如冶金、造纸、石油化工、电力等工业用水量大,废水量也大,有的企业熔炼 1 t 钢可以产生废水 200~250 t。实际上,各工厂的外排废水量还同水的循环使用率有关,如循环率高的钢铁厂,其冶炼 1 t 钢的外排废水量只有 2 t 左右。

3. 工业废水污染的治理目标

工业废水污染控制的含义包括两个方面:一是研究工业废水对自然水体的污染规律,以便采取措施,维护水体自然净化能力;二是控制废水水质,使它不至于对环境造成污染。因此工业废水在排放前应根据具体情况给予适当的处理。工业废水污染控制的基本原则:完善生产制度和管理,防止跑冒滴漏,杜绝生产上的浪费;利用清洁生产,节约资源能源;综合利用,减少污染负荷;加强治理,达标排放;合理规划,提高接纳水体的自净力。

控制工业废水污染的主要任务是降低废水的污染程度。其基本途径可从减少污染因子量的产生和减少污染因子量的排放两个方面进行控制。

① 减少污染因子量的产生。工业废水污染的控制问题首先要从利用先进的环保生产工艺和合理组织生产过程做起,提高原料的转化率,尽量减少污染因子的产

生。这方面的措施有:加强生产管理,改变生产程序,变更生产原料、工作介质或产品类型。如实现水的循环,以污染少的酶法代替化学法,降低化学品的用量等。

② 减少污染因子量的排放。一方面,可通过综合利用减少污染因子量的排放。虽然在原料转化为产品时,可通过提高生产工艺减少污水量及其中的污染物含量,但必然会有一定量的污水排出。因此,应该进行综合利用,将工业废水中的污染物质变废为宝,通过回收再生处理,使之成为生产过程中的原材料、工作介质等。另一方面,采用经济合理、工艺先进的水处理技术。选择废水处理技术,应根据具体污水的水质水量、排放和回收要求以及各厂的地形地势、自然气候条件、可能使用的面积、基建投资条件全面分析研究,选择最佳方案。

5.2.2　工业废水污染处理技术及其基本原理

废水处理的目的是将废水中所含的污染物分离出来,或将其转化为无害和稳定的物质或可分离的物质,从而使废水得到净化。废水处理技术按其作用原理,可分为物理方法、化学方法、物理化学方法和生物方法四类。

1. 物理方法

物理方法即通过物理或机械作用分离或回收废水中不溶解的悬浮污染物的处理方法,其处理过程不改变污染物质的化学性质。物理方法废水处理技术通常有调节、沉淀、筛滤、过滤、上浮、机械分离等。其优点是工艺简单、费用低,但处理效果较差,一般作为废水的预处理和初级处理。

① 调节是指工业废水的水量和水质随生产过程而变化,为使废水处理系统在最佳工艺条件下运行,需进行水质、水量调节。

② 沉淀(重力)分离是指利用废水中的悬浮物和水密度不同的原理,借助重力沉降作用,使悬浮物从水中分离出来。

③ 筛滤、过滤是指通过格栅、滤网、滤布或滤料的拦截作用和凝聚作用去除废水中的悬浮物质和油类。

④ 上浮法是借助于水的浮力及污染物与水的密度差,使水中不溶态污染物浮出水面,然后加以分离的水处理方法,统称为浮力浮上法。根据分散相物质的亲水性强弱和密度大小,浮力浮上法可分为自然浮上法、气泡浮上法和药剂浮选法。

⑤ 机械分离的方法是利用离心力、电磁力等机械力的作用将污染物与废水分离,截留废水中的不溶性污染物质。对于磁性较弱的污染物,可先投加磁种(如铁粉、磁铁矿、赤铁矿微粒等)和混凝剂,使磁种与污染物结合,然后采用高梯度磁分离技术除去。一般用于去除废水中的悬浮物及沉淀法难以分离的细小悬浮物和胶体。

2. 化学方法

化学方法即通过加入化学物质,使其与废水中的污染物质发生化学反应来分离、去除、回收废水中呈溶解、胶体状态的污染物,或将其转化为无害物质的废水处理方法。化学法废水处理技术通常有混凝法、中和法、氧化还原法、化学沉淀法等。

① 混凝法就是在混凝剂的离解和水解作用下,使水中的胶体污染物和细微悬浮物脱稳并聚集为具有可分离性的絮凝体的过程。目前常用的混凝剂有无机金属盐类和有机高分子聚合物两大类。无机混凝剂主要有铁系和铝系金属盐,可分为普通铁、铝盐和碱化聚合盐;有机高分子混凝剂应用最多的是聚丙烯酰胺类。

② 中和法是利用酸、碱中和原理处理酸性或碱性废水。化工厂、金属酸洗车间、电镀车间等排出酸性废水,有的含有无机酸,如硫酸、盐酸等,有的含有有机酸,如醋酸等。酸性废水可直接放入碱性废水进行中和,也可以采用石灰石、电石渣等中和剂;碱性废水是向废水中吹入二氧化碳或用烟道气中的 SO_2 来中和。

③ 氧化还原法是利用氧化还原反应将溶解于废水中的有毒物质转化为无毒或微毒物质。废水中呈溶解状态的有机或无机污染物,在投加氧化剂或还原剂后,发生氧化或还原作用,使其转变为无害的物质。包括:

a. 化学氧化法,在常温常压下利用如过氧化氢、二氧化氯、次氯酸盐、臭氧、高锰酸钾、高铁酸钾等氧化剂,将废水中的有机物氧化成二氧化碳和水。针对高浓度难生物降解有机废水的处理,发展了催化氧化法、湿式氧化法、电化学氧化法、复合催化氧化法、超临界水氧化法、光氧化法和超声波法和高能辐射等高级氧化技术。

b. 化学还原法,主要针对废水中的某些金属离子在高价态时毒性很大,可用化学还原法将其还原为低价态后分离除去。

c. 电解法,工业废水中的溶解性污染物,可通过电解中的氧化还原反应形成沉淀或形成气体溢出,主要用于处理含铬及含氰废水。

④ 化学沉淀法是向废水中投加可溶性化学药剂(即沉淀剂),与水中呈离子状态的无机污染物起化学反应,生成不溶于水或难溶于水的化合物而析出沉淀,使废水得到净化。多用于去除废水中的重金属离子,如汞、铬、铅、锌等。

另外,消毒杀菌技术主要用于水的深度处理。消毒杀菌主要是采用氯、次氯酸盐、二氧化氯、臭氧、臭氧—紫外线等。二氧化氯用于给水处理消毒,近年来受到广泛的注意,主要是因为它不会与水中的腐殖质反应产生卤代烃。臭氧消毒被认为是在水处理过程中替代加氯的一种行之有效的消毒方法,因为臭氧首先是具有很强的杀菌力,其次是氧化分解有机物的速度快,使消毒后水的致突变性降为最低。

3. 物理化学方法

物理化学方法是利用传质原理处理或回收利用废水的技术方法。常见方法包括吸附法、离子交换法、萃取法、吹脱法、汽提法、蒸发法、结晶法及膜分离法等。

① 吸附法是指将废水通过多孔性固体吸附剂,使废水中溶解性有机或无机污染物吸附到吸附剂上的废水处理技术。常用的吸附剂有活性炭、活性氧化铝、沸石、硅藻土、硅胶及分子筛等,其中以活性炭使用最为广泛。对于低浓度有机废水的处理,多采用活性炭吸附;对于高浓度有机废水的处理,宜选用大孔吸附树脂,从废水中吸附有机溶质,实现有机溶质的富集与分离。

②　离子交换法是一种借助于离子交换剂上的离子和水中的离子进行交换反应而除去水中有害离子的方法。主要用于回收贵重金属离子,也可用于放射性废水和有机废水的处理。

③　萃取法是利用溶质在水中和溶剂中溶解度的不同,使废水中的溶质转溶入另一与水不互溶的溶剂中,然后使溶剂与废水分层分离,即可使废水得到净化。

④　吹脱法和汽提法都属于气-液相转移分离法。即将气体(载气)通入废水中,使之相互充分接触,使废水中的溶解气体和易挥发性溶质穿过气-液界面向气相转移,从而达到脱除污染物的目的。

⑤　蒸发法处理废水的实质是加热废水,使水分子大量气化,得到浓缩的废液以便进一步回收利用;水蒸气冷凝后又可获得纯水。多用于酸碱废液的浓缩回收及放射性废水的处理。

⑥　结晶法用以分离废水中具有结晶性能的固体物质,其实质是通过蒸发浓缩或降温冷却,使溶液达到饱和,让多余的溶质结晶析出而加以回收利用。

⑦　膜分离技术是20世纪50年代发展起来的一门新兴高技术边缘科学,它是利用特殊的薄膜对液体中的某些成分进行选择性透过。常用的膜分离法有扩散渗析、电渗析、反渗透、超滤、纳滤、微滤和液膜等。

4．微生物处理方法

就是利用微生物的新陈代谢功能,通过微生物的吸附、降解废水中的有机污染物,将废水中呈溶解、胶体以及微细悬浮状态的有机物、有毒物等污染物质,转化为稳定、无害的物质的废水处理方法。生物处理方法通常又分为好氧生物处理(如活性污泥法、生物膜法、生物稳定塘和土地处理法等)和厌氧生物处理(如厌氧活性污泥法和厌氧生物膜法)两种方法。好氧生物处理是在有溶解氧的条件下,依靠好氧菌及兼性厌氧菌分解氧化废水中的有机物,以降低其含量。厌氧生物处理则是在无溶解氧的条件下,依靠兼性厌氧菌和专性厌氧菌转化和稳定有机物,主要用于处理高浓度有机工业废水和城市污水中的污泥,且可以回收甲烷作为燃料。一般来说,中、低浓度有机废水多采用好氧生物处理,高浓度(如 COD 浓度超过 3 000 mg/L)的有机废水趋向于厌氧生物处理＋好氧生物处理。

5．新兴的废水处理技术

为了适应不断提高的废水处理要求,污水处理技术近些年取得了长足的发展,主要包括:

①　高级氧化技术。通过使用氧化剂、催化剂、声、光、电等,在反应中产生活性极强的自由基(主要是·OH^-),再通过自由基氧化、分解有机物,使废水中难降解的大分子有机物降解、转化为低毒或无毒的小分子有机物,甚至直接分解为 CO_2、H_2O 等无机物,达到无害化。主要包括光化学催化法、超声氧化法、电催化氧化法、超临界氧化法、Fenton 试剂法等,具有处理效率高、对有毒污染物破坏彻底等优点,有毒难降

解工业废水,如制药、精细化工、印染等有机废水的处理中开始逐渐获得应用。

② 基因工程。针对某些特定的有毒废水或成分单一的高浓度有机废水,为了提高污水净化效率,通过转基因、质粒育种、固定化微生物等基因工程方法选育出具有较高降解活性的菌种,进行培养后用于废水处理,可大大提高处理效率和效果。日本将嗜油酸单孢杆菌的耐汞基因转入腐臭单孢杆菌,该菌株能把汞化物吸到细胞内,用它处理污水既能解决汞污染问题,又可以回收汞。美国利用 DNA 重组技术把降解芳烃、萜烃、多环芳烃、脂肪烃的 4 种菌体基因链接,转移到某一菌体中构建出可同时降解 4 种有机物的"超级细菌",用它清除石油污染,在数小时内可将水上浮油中的 2/3 烃类降解完。

③ 膜分离技术。利用天然或人工膜,以外界能量或化学位差作推动力,对水溶液中杂质进行分离、提纯的方法。依据膜孔孔径,可分为微滤(MF)、超滤(UF)、纳滤(NF)和反渗透(RO)等。膜分离技术对水中杂质拦截效率高,出水水质好,随着膜制造成本的逐渐降低和膜污染问题的改善,该技术在污水深度处理和中水回用方面必将得到广泛应用。

④ 生态处理与生态修复。运用生态学原理,采用生态工程与环境工程相结合的手段对污水进行治理与水资源利用,主要包括土地处理系统、稳定塘处理系统、人工湿地、活机器、蚯蚓生态滤池等。与传统环境工程相比,生态工程是一项低能耗、多效益、无二次污染、可持续的工程体系,尤其适用于面源污染治理和受污染水体的生态修复。

⑤ 各种单元技术的优化组合。各种处理技术自身的优势、不足和污水的水质特点,决定了不可能通过单一技术实现对污水的有效治理,由多个处理单元组成的工艺流程是必然选择。在保证出水水质的前提下,尽可能地缩短和简化工艺流程,克服传统污水处理工艺流程复杂的弊端,通过对多种单元技术的优化组合,实现连续稳定工作的集成技术和一体化装置。

污水处理技术已经过了 100 多年的发展,工业废水中的污染物种类、污水量是随着社会经济发展而不断增加的,污水处理技术也发生了日新月异的变化。一般说来,废水中所含的污染物质是多种多样的,不能期望只用一种处理方法就能把所有的污染物质去除殆尽,往往需要由几种方法组成一个处理系统,才能完成所要求的处理功能。因此,研究开发高效、经济的污水处理新技术成为了环保工作者关心的热点。

5.2.3 工业废水治理的工艺设计

工业废水治理是指将工业生产过程用过的水经过适当处理回用于生产或妥善地排放出厂,包括生产用水的管理和为便于治理废水而采取的措施。

1. 工业废水治理的原则

工业废水的有效治理应遵循如下原则:

① 最根本的是改革生产工艺,尽可能在生产过程中杜绝有毒有害废水的产生。

如以无毒用料或产品取代有毒用料或产品。

②　在使用有毒原料以及产生有毒的中间产物和产品的生产过程中,采用合理的工艺流程和设备,并实行严格的操作和监督,消除漏逸,尽量减少流失量。

③　含有剧毒物质废水,如含有一些重金属、放射性物质、高浓度酚、氰等的废水,应与其他废水分流,以便于处理和回收有用物质。

④　一些流量大而污染轻的废水,如冷却废水,不宜排入下水道,以免增加城市下水道和污水处理厂的负荷。这类废水应在厂内经适当处理后循环使用。

⑤　成分和性质类似于城市污水的有机废水,如造纸废水、制糖废水、食品加工废水等,可以排入城市污水系统。应建造大型污水处理厂,包括因地制宜修建的生物氧化塘、污水库、土地处理系统等简易可行的处理设施。与小型污水处理厂相比,大型污水处理厂既能显著降低基本建设和运行费用,又因水量和水质稳定,易于保持良好的运行状况和处理效果。

⑥　一些可以生物降解的有毒废水,如含酚、氰废水,经厂内处理后,可按容许排放标准排入城市下水道,由污水处理厂进一步进行生物氧化降解处理。

⑦　含有难以生物降解的有毒污染物废水,不应排入城市下水道和输往污水处理厂,而应单独进行处理。

在水和其他资源日渐短缺以及环境污染治理日益迫切的情况下,工业废水处理的发展趋势是把水和污染物作为有用资源回收利用和实行闭循环。

2. 工业废水处理中存在的问题

当前,工业废水污染防治的主要措施:首先,应改革生产工艺和设备,减少污染物,防止废水外排,进行综合利用和回收;其次,必须外排的废水,其处理程度应根据水质和要求选择。

但从当前我国对工业废水处理技术的实际应用来看,工业废水污染的形势还是相当严峻的,各种工业污水的排放量仍在不断地增长,工业废水仍是河流主要的污染来源。由于大量高污染企业仍然存在,且某些企业不愿或无能力开展工业废水的治理,企业违法排污的现象依然存在。

目前,造成工业废水处理效果不理想的主要因素包括:

①　工业废水处理技术落后。由于受到企业技术实力、资金能力等方面的限制,我国污水处理厂的技术更新比较慢,污水处理的自动化水平低、维修率高、能耗高、效率低,而且还有很多中小城市没有建立污水处理厂,致使大部分的工业废水被直接排放,加重了我国水资源污染。如当前工业废水治理主要采用化学沉淀法来实现,因为在工业废水中含有大量的重金属,直接以碱进行沉淀处理则需要较大的量才能起到酸中和的作用,实现重金属被其沉淀。而实际上,许多企业在整个工业废水处理过程中大多都是人工操作,对于药剂添加量的准确控制存在一定难度。

②　污水处理厂过于集中,再生水的回收利用难度很大。许多老城区的排水系统大部分是合流制系统,即用同一个管渠系统收集和输送各种不同性质的污染废水,故

导致废水的处理难度非常大。为了治理工业废水,需要将这些排水系统改造为分流制系统,或者建立一个污水截流系统,将工业废水进行分类治理,但城市管道与道路布置再生水管线难度很大。

③ 资金投入力度不够。我国工业废水处理在资金管理方面还存在较多的问题:工业废水处理费用很高,为了达到工业废水的排放标准,需要投入较大量的人力及资金;当前的处理工艺工作效率偏低,其处理成效受到一定的限制。实际情况是,投入远高于收益,许多企业逐渐失去了工业废水处理的动力。

④ 管理水平低下。我国污水治理厂的管理机制还不完善,大部分工作人员的能力与水平不能与工业污水处理技术的复杂性相适应,大多不能依据废水中工业物质含量的差异针对性地予以处理,导致很多污水处理厂废水处理不合格,甚至可能导致污水处理厂不能正常运行。

⑤ 设备磨损老化。我国的污水处理设施普遍存在设计水平低、质量不高、稳定性也较差等问题,对废水的处理不能全面达标,而对产生的污泥缺乏处理的手段,对环境造成二次污染。污水收集管网不配套,致使工业废水不能排到污水处理管道内等。

3. 工业废水处理的工艺措施

废水处理是指用物理、化学或生物方法,或几种方法配合来去除废水中的有害物质。按照工业废水的处理程度,一般可分为一级处理、二级处理和三级处理。

① 一级处理采用物理处理方法,即用格栅、筛网、沉沙池、沉淀池、隔油池等构筑物,去除废水中的固体悬浮物、浮油,初步调整 pH 值,减轻废水的腐化程度。废水经一级处理后,一般达不到排放标准(BOD 去除率仅 $25\% \sim 40\%$),故通常为预处理阶段。

② 二级处理采用生物处理方法及某些化学方法来去除废水中的可降解有机污染物和部分胶体污染物。经过二级处理后,废水中 BOD 的去除率可达 $80\% \sim 90\%$,即 BOD 含量可低于 30 mg/L。经过二级处理后的水,一般可达到农灌标准和废水排放标准,故二级处理是废水处理的主体。但经过二级处理的水中还存留一定量的悬浮物、生物不能分解的溶解性有机物、溶解性无机物和氮磷等藻类增殖营养物,并含有病毒和细菌。因此二级处理的水不能满足要求较高的排放标准,如处理后排入流量较小、稀释能力较差的河流就可能引起污染,也不能直接用作自来水、工业用水和地下水的补给水源。

③ 三级处理是进一步去除二级处理未能去除的污染物,如磷、氮及生物难以降解的有机污染物、无机污染物、病原体等。废水的三级处理是在二级处理的基础上,进一步采用化学方法(化学氧化、化学沉淀等)、物理化学方法(吸附、离子交换、膜分离技术等)以去除某些特定污染物的一种"深度处理"方法,其工艺流程如图 5-1 所示。显然,废水的三级处理耗资巨大,但能充分利用水资源。

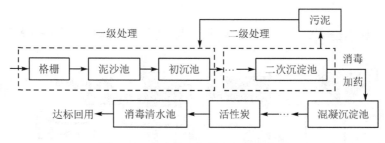

图 5-1　废水的三级处理工艺流程图

4. 工业废水处理工艺设计的方法

工业废水处理流程的选择,直接关系到建设费用和运行费用的多少、处理效果的好坏、占地面积的大小、管理上方便与否等关键问题。因此,在进行污水处理厂设计时,必须做好工艺流程的比较,以确定最佳方案。工艺流程选择应考虑的技术因素主要包括:工业废水的容量与处理设备的能力;废水的水质特性,重点考虑有机物负荷,氮、磷的含量等;废水处理后的水质要求,重点考虑对氮、磷的要求以及回用要求;各种污染物的去除率;气候等自然条件的影响,如在北方地区应考虑如何在低温条件下稳定运行;污泥的特性和用途等。在执行工艺流程时应实现以下目标:保证出水水质达到要求;处理效果稳定,技术成熟可靠、先进适用;基建投资和运行费用较低,能够实现低能耗运营;减少占地面积;运行管理方便,运转灵活;产生的污泥量与性质比较稳定,便于后续的处理与回用;适应当地的具体情况,可积极稳妥地接纳废水处理新技术,以提升废水治理效率。

目前由于工业废水的差异性,污水处理技术的应用也有所差异,但应用较为广泛的有物理方法处理、化学方法处理、物化结合的工艺模式和生物方法处理四种方式。

① 物理方法处理是当下工业废水处理中十分常见的方法。图 5-2 所示为某单位工业废水物理方法处理工艺流程。工业废水中存在着各种各样的悬浮物,而这些悬浮物中也可能存在着有毒物质。在废水的物理方法处理过程中,要求达到的效果是,将废水悬浮物及有毒物质分离出去,以保证废水的无毒性。其中最为常见且应用较多的分离方法,包括重力分离、浮力分离和体积分离三种。重力分离方法主要针对的是杂质种类单一且密度较大的污水。浮力分离方法主要针对的是杂质较亲水性的污水,根据亲水性的不同将杂质进行分层。体积分离方法主要针对的是杂质颗粒较大的污水。物理方法处理可以实现水质的调节,其工艺实施不仅简便、易操作,而且处理成本低,但去除工业废水中的杂质能力非常有限。

② 化学方法较物理方法而言,不仅能够改变废水在形态上的表现,同时也可以对废水的化学性质进行调整。利用两种或多种物质之间的化学反应,吸附或中和废水有毒物质的毒性,可以将悬浮物与废水进行分离。常用的污水化学处理方法是将化学药剂投放入工业废水中,通过与污染物的化学反应,最终形成不溶于水的化合物

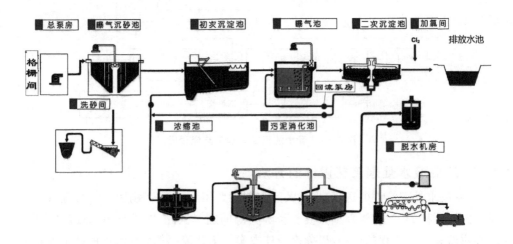

图 5-2　某单位工业废水物理方法处理工艺流程

质,通过沉淀、分离等方法将化合物质分离出来,以此保证水质的无毒性,达到净化水质的效果。目前主要的途径大致可以分为离子的分解和毒性的降解两个部分。离子的分解主要针对的是废水内的重金属物质,以电解法为核心途径。毒性的降解主要针对的是水内的有毒物质,以氧化还原法为核心途径。

③ 物化结合是将物理方法和化学方法综合使用,如经常提到的离子交换法,可使两种方法发挥出各自的特性和优势,提高污水处理的效率和质量。但值得注意的是,物化结合往往需要耗费较高的资金,并且在技术和设备上也有很高要求。当下工业废水处理的发展,仍处于摸索阶段,还需要进一步深入探究。

④ 生物方法主要依靠的是微生物,通过微生物的活动来实现废水中所含污染物的转化,对废水中的生物成分进行利用。图 5-3 所示为某工业废水生物法处理工艺流程。目前主要有厌氧生物处理和好氧生物处理两种工艺模式。

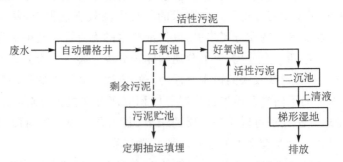

图 5-3　某工业废水生物方法处理工艺流程

a. 厌氧生物处理是在没有分子氧参与的情况下,多种微生物协同,将有机物分解成为二氧化碳和甲烷。

b. 好氧生物处理是在有分子氧的情况下,好氧微生物对有机物进行降解,实现无害、稳定的处理。微生物将废水中的有机污染物作为营养源实现好氧代谢。采用生物方法,可以使得污水处理更高效,能耗减少,出水水质比较好,减少二次污染,成本支出并不多,但是这种生物技术要求水质比较高,运行起来比较复杂,而且还会受到区域限制。

5.3　铸造废水的产生与治理技术

铸造生产中,在冷却、净化烟气、造型制芯、清砂及砂处理等过程中,要消耗大量的水,除部分循环使用外,其他大部分都作为废水排出。废水处理技术方面,多数企业还停留在使用静置、简单沉淀等处理废水的阶段,甚至将部分废水直接排放。将含有多种有害污染物的废水直接排放,不仅对环境危害极大,处理不彻底的废水循环回用也终将影响铸件的产品质量。

5.3.1　铸造工序的废水来源及其特征

对于铸造企业而言,主要的废水来源主要包括:

① 在砂清理工部使用水力清砂、水爆清砂或电液压清砂等工艺时将会产生并排出部分废水。

② 使用冲天炉的生产过程中,水淬炉渣产生部分废水。

③ 少数铸造企业少量使用水煤气炉时将会产生相对量的废水。

④ 采用旧砂湿法再生工艺时,将会使用大量水资源并排出大量废水。例如一家每天生产 5 t 废砂的企业,按照 1:2 的砂水比例进行湿法砂再生,每天可产生 10 t 的砂再生废水。

⑤ 部分企业生产车间内的除尘系统采用了湿法除尘设备,这些设备捕集粉尘和有害气体将会存在于废水中排出。

⑥ 热处理淬火过程中消耗大量水资源,淬火后的水中含有金属氧化皮等杂质;部分企业在热处理用水中添加药剂或使用油类进行热处理,污水问题则更为严重。

⑦ 设备(如熔炼设备、除尘设备等)冷却循环水,虽然这部分用水的水质较好且循环使用,但长期循环水质必然变差,甚至有微生物滋生等问题;部分循环水中加入防冻液等药剂,外排都会造成水污染。

⑧ 其他设备或工段的少量用水,如酸洗废水,电镀废水,压铸机、空压机等机械流出来的含有机械油的废水,非破坏性检查用的荧光浸透探伤所排出的废水,等等。

⑨ 在失蜡精密铸造中,硬化工艺时需要加入氯化铵和氯化钙等硬化剂,而在脱蜡过程中,也需要加入一定浓度的氯化铵溶液,这部分液体中含有较高浓度的氨氮和总氮,若排放则是严重的污染源。

⑩ 厂区地表及屋面的雨水。部分铸造企业存在部分露天作业区域,其地面和屋

面常年有较多灰尘、垃圾未能及时清理,遇降水冲刷则有含较高污染物的地表及屋面雨水流出。加之部分厂区建设缺乏完善合理有效的排水设计,导致污水横流,不但厂区内受到污染,厂区周边其他企业和居民的日常生产生活也受到影响。

总体来讲,铸造生产会产生一定量的废水,但总量不大,主要集中在水力清砂、熔炼、热处理、旧砂回收以及湿法除尘等工序。由于铸造生产的工艺过程相对较为复杂,不同的铸造工艺方法产生废水的机理也有所不同,而且所采用的铸造原材料差异也比较大,因此在废水处理工艺方面也有所不同。

5.3.2 含有较高浓度有机废水的治理方法

在铸造行业的生产流程中,主要产生和排放废水的工部包括熔炼、清理、热处理、砂再生等。其中含有较高浓度有机废水的主要来源为水力清砂工部、熔炼与浇注工部的湿法除尘循环水以及消失模的铸造废水等。

① 水力清砂工艺是利用高压水产生的强烈射流将铸件表面残存的型砂冲洗干净。通常情况下,其废水中含有大量的制造砂型所使用的各种原料。其中,SS 表示混合液中活性污泥的浓度,其最高可达几千 mg/L;pH 值显示偏高;COD 表示废水中的化学需氧量,COD 值越大说明水中受有机物的污染越严重,一般在 40～50 mg/L 之间。表 5-2 给出了某铸造企业水力清砂废水中的有机物含量。

表 5-2 某铸造企业水力清砂废水中的有机物含量

项目 砂型	SS/(mg·L⁻¹)		浊度/度		COD/(mg·L⁻¹)		pH 值	
	范围	平均值	范围	平均值	范围	平均值	范围	平均值
水玻璃砂	875～195	465	1 100～165	480	50.1～39.8	44.5	13.2～12.6	12.8
树脂砂	256～84	179	236～62	153	53.2～41.7	46.1	5.5～3.7	4.6
混合砂	532～104	310	570～74	280	52.4～40.8	45.6	12.8～12.5	12.6

② 使用树脂等有机粘结剂的砂型铸造,虽然在浇注时受高温作用而出现部分挥发的情况,但仍有部分受到高热作用而分解出的苯、苯乙烯残留于铸型中,在水力清砂时溶于水中,致使废水中的苯、苯乙烯含量严重超标。其检测结果如表 5-3 所列。

③ 失蜡精密铸造工艺中,硬化工艺时需要加入氯化铵和氯化钙等硬化剂,而在脱蜡过程中也需要加入一定浓度的氯化铵溶液,因此其废水中氨氮和总氮浓度非常高。

④ 各企业水玻璃旧砂湿法再生废水由于铸造工艺不同,废水水质情况也不尽相同。一般情况下,水玻璃砂湿法再生废水的 pH 值较高,为 10.39～11.80,平均 pH 值达到了 11.01;SS 浓度偏高,为 550～1 350 mg/L,平均 SS 浓度达到了 984 mg/L;TP 为水中各种形态无机和有机氮的总量,其浓度为 0.63～5.24 mg/L,平均 TP 浓

度达到了 3.26 mg/L。

⑤ 熔炼与浇注工部的湿法除尘处理中,同样因为铸型中粘结剂的挥发以及熔炼原料中的灰分挥发、硫的氧化等,造成其产生的废水中含有大量的 COD 等有机污染物。

表 5-3　树脂砂消失模铸造过程的废水检测结果

检测项目	检测结果	国　标
pH 值	3.4	6~9
苯/(mg·L⁻¹)	6.257	<0.5
甲苯/(mg·L⁻¹)	1.12	<0.5
乙苯/(mg·L⁻¹)	0.05	<1.0
苯乙烯/(mg·L⁻¹)	7.154	<1.0

废水排放标准有很多分类,不同行业、不同地区,其标准不尽相同,但目前主要以《城镇污水处理厂污染物排放标准》(GB 18918—2002)作为评判的依据,见表 5-4。

表 5-4　《城镇污水处理厂污染物排放标准》(GB 18918—2002)

mg/L

序　号	基本控制项目		一级标准		二级标准	三级标准
			A 标准	B 标准		
1	化学需氧量(COD)		50	60	100	120①
2	生化需氧量(BODs)		10	20	30	60①
3	悬浮物(SS)		10	20	30	50
4	动植物油		1	3	5	20
5	石油类		1	3	5	15
6	阴离子表面活性剂		0.5	1	2	5
7	总氮(以 N 计)		15	20	—	—
8	氨氮(以 N 计)②		5(8)	8(15)	25(30)	—
9	总磷 (以 P 计)	2005 年 12 月 31 日前建设的	1	1.5	3	5
		2006 年 1 月 1 日起建设的	0.5	1	3	5
10	pH 值		6~9			
11	粪大肠菌群数/(个·L⁻¹)		10³	10⁴	10⁴	—

注:① 下列情况按去除率指标执行:当进水 COD>350 mg/L 时,去除率应大于 60%;当 BOD>160 mg/L 时,去除率应大于 50%。

② 其括号外数值为水温>12 ℃时的指导性内控指标,其括号内数值为水温≤12 ℃时的指导性内控指标。

通过以上的分析,铸造生产过程可能产生有机污染物的工艺环节在水力清砂工部、熔炉与浇注工部的湿法除尘循环水以及消失模的铸造废水等,主要产生如油、胺、酚等有机化合物。由于铸造废水水质具有 pH 值大都偏低、COD 高、油类浓度高、悬浮物浓度高等特点,因此废水处理难度较大。针对铸造废水有机物成分及含量高的特征,目前主要采用化学处理法、吸附过滤法等工艺技术。

1. 铸造生产的有机废水的化学处理技术原理

化学处理法是利用化学反应作用来处理或回收废水的溶解物质或胶体物质的方法,主要包括化学絮凝和化学氧化两种方法。

(1) 化学絮凝法

化学絮凝法是在废水中加入一定量的絮凝剂,与有机废水中的有机物质产生絮凝作用生成沉淀或产生悬浮,达到分离的目的。其工艺过程分为混凝和澄清两个阶段:

① 混凝就是在废水中预先投加化学药剂(混凝剂)以破坏胶体的稳定性,使废水中的胶体和细小悬浮物聚集成具有可分离性的絮凝体。图 5-4 所示为混凝与沉淀组合法治理废水的常用工艺流程。

② 澄清则是对絮凝体进行沉降分离,加以去除的过程。该方法一般用于预处理和一级处理。

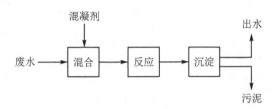

图 5-4 混凝与沉淀组合法治理废水的常用工艺流程

废水处理用的混凝剂非常多,按化学组成特点主要有无机金属盐类和有机高分子聚合物两大类。前者主要有铁系和铝系等高价金属盐,可分为普通铁、铝盐和碱化聚合盐;后者则分为人工合成的和天然的两类,如图 5-5 所示。混凝澄清法的主要设备有完成混凝剂与原水混合反应过程的混合槽和反应池,以及完成水与絮凝体分离的沉降池等。

1) 混凝剂的作用原理

化学混凝的机理至今仍未完全清楚,原因在于它涉及的因素很多,如水中杂质的成分和浓度、水温、水的 pH 值、碱度,以及混凝剂的性质和混凝条件等。但归结起来,可以认为主要有以下三个方面的作用:

① 压缩双电层作用。该过程的实质是新增的反离子与扩散层内原有反离子之间的静电斥力把原有反离子程度不同地挤压到吸附层中,从而使扩散层减薄。污水中溶解的胶粒能维持稳定的分散悬浮状态,主要是由于胶粒的 ζ 电位。如能消除或

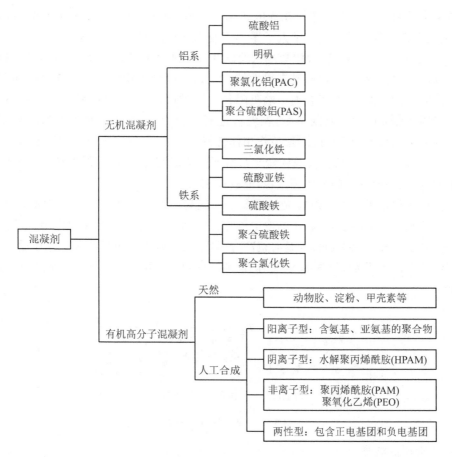

图 5-5　常用混凝剂的分类

降低胶粒的 ζ 电位,就有可能使微粒碰撞聚结,失去稳定性。在水中投加混凝剂,絮凝剂水解生成的高价正离子通过静电引力、范德华引力、共价键、氢键等物理化学吸附作用,中和胶体所带电荷,压缩扩散层,降低 ζ 电位,使胶体脱稳后借水力作用彼此集聚成絮体。例如天然水中带负电荷的粘土胶粒,在投入铁盐或铝盐等混凝剂后,混凝剂提供的大量正离子会涌入胶体扩散层甚至吸附层。

因为胶核表面的总电位不变,所以增加扩散层及吸附层中的正离子浓度,就能使扩散层减薄。当大量正离子涌入吸附层使得扩散层完全消失时,ζ 电位为零,称之为等电状态。在等电状态下,胶粒间静电斥力消失,胶粒最易发生聚结。实际上,ζ 电位只要降至某一程度而使得胶粒间排斥的能量小于胶粒布朗运动的动能,胶粒就开始产生明显的聚结,此状态称为混凝。

压缩双电层作用是阐明胶体凝聚的一个重要理论。它特别适用于无机盐混凝剂所提供的简单离子的情况。但是,如果仅用双电层作用原理来解释水中的混凝现象,则会产生一些矛盾。例如,三价铝盐或铁盐混凝剂投量过多时效果反而下降,水中的胶粒又会重新获得稳定。又如在等电状态下,混凝效果似应最好,但生产实践却表明,混凝效果最佳时的 ζ 电位常大于零。于是,又提出了第二种作用。

② 吸附架桥作用。三价铝盐或铁盐以及其他高分子混凝剂溶于水后,经水解和缩聚反应形成高分子聚合物,具有线性结构。这类高分子物质可被胶体微粒强烈吸附。因其线性长度较大,当它的一端吸附某一胶粒后,另一端又吸附另一胶粒,在相距较远的两胶粒间进行吸附架桥,颗粒将逐渐结合变大,形成肉眼可见的粗大絮凝体。这种由高分子物质因吸附架桥作用而使得微粒相互粘结的过程,称为絮凝。

③ 网捕作用。三价铝盐或铁盐等水解而生成沉淀物,这些沉淀物在自身沉降过程中能集卷、网捕水中的胶体等微粒,使胶体粘结。

上述三种作用产生的微粒凝结理象——凝聚和絮凝总称为混凝,如图 5-6 所示。对于不同类型的混凝剂,压缩双电层作用和吸附架桥作用所起的作用程度并不相同。对于高分子混凝剂特别是有机高分子混凝剂,吸附架桥可能起主要作用;对于硫酸铝等无机混凝剂,压缩双电层作用、吸附架桥作用以及网捕作用都具有重要作用。

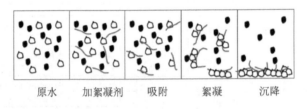

| 原水 | 加絮凝剂 | 吸附 | 絮凝 | 沉降 |

图 5-6 絮凝原理示意图

2) 常用的混凝剂

用于水处理中的混凝剂应符合如下要求:混凝效果良好,对人体健康无害,价廉易得,使用方便。混凝剂的种类较多,主要有以下两大类:

① 常用的无机盐类混凝剂见表 5-5。目前应用最广的是铝盐和铁盐。铝盐中主要有硫酸铝、明矾等。硫酸铝 $Al_2(SO_4)_3 \cdot 18H_2O$ 的产品有精制和粗制两种。精制硫酸铝是白色结晶体,粗制硫酸铝则含有不少于 $14.5\% \sim 16.5\%$ 的 Al_2O_3,不溶杂质含量较高,增加了药液配制和排除废渣等方面的困难。

a. 明矾是含有结晶水的硫酸钾和硫酸铝的复盐,化学式为 $KAl(SO_4)_2 \cdot 12H_2O$,是天然矿物。硫酸铝混凝效果较好,使用方便,对处理后的水质没有任何不良影响。但水温低时,硫酸铝水解困难,形成的絮凝体较松散,效果不及铁盐。

b. 铁盐中主要有三氯化铁、硫酸亚铁和硫酸铁等。三氯化铁是褐色结晶体,极易溶解,形成的絮凝体较紧密,易沉淀;但三氧化铁腐蚀性强,易吸水潮解,不易保管。硫酸亚铁 $FeSO_4 \cdot 7H_2O$ 是半透明绿色结晶体,离解出的二价铁离子 Fe^{2+} 不具有三价铁盐的良好混凝作用,使用时应将二价铁氧化成三价铁。同时,残留在水中的 Fe^{2+} 会使处理后的水带色,Fe^{2+} 与水中某些有色物质作用后,会生成颜色更深的溶解物。

表 5-5　常用的无机盐类混凝剂

名　称	分子式	特　性
精制硫酸铝	$Al_2(SO_4)_3 \cdot 18H_2O$	① 含无水硫酸铝 50%～52%。② 适用于水温 20～40 ℃。③ 当 pH 值在 4～7 范围内时,主要去除污水中的有机物;当 pH 值在 5.7～7.8 范围内时,主要去除污水中的悬浮物;pH 值在 6.4～7.8 范围内的,主要用于处理浊度高、色度低(<30 ℃)的水。④ 湿式投加时一般要先溶解成 10%～20% 的溶液
工业硫酸铝	$Al_2(SO_4)_3 \cdot 18H_2O$	① 制造工艺比较简单;② 无水硫酸铝含量差异较大,设计时一般采用 20%～25%;③ 价格比精制硫酸铝便宜;④ 用于废水处理时,投加量一般为 50～200 mg/L;⑤ 其他类同精制硫酸铝
明矾	$KAl(SO_4)_2 \cdot 12H_2O$	① 同精制硫酸铝;② 现已大部分被硫酸铝替代
硫酸亚铁(绿矾)	$FeSO_4 \cdot 7H_2O$	① 腐蚀性较高。② 矾花形成较快、较稳定,沉淀时间短。③ 适合碱度高、浊度高、pH=8.1～9.6 的水,不论在冬季或夏季使用都很稳定,混凝作用良好,当 pH 值较低时(<8.0)时,常使用氯来氧化,使二价铁转化为三价铁,也可以采用同时投加石灰的形式解决
三氯化铁	$FeCl_3 \cdot 6H_2O$	① 对金属(尤其是铁器)腐蚀性大,对混凝土亦腐蚀,对塑料管也会因发热而引起变形。② 不受温度影响,矾花结得比较大,沉淀速度快,效果较好。③ 易溶解,易混合,渣滓少。④ 适用最佳 pH 值范围为 6.0～8.4

　　② 高分子混凝剂有无机的和有机的两种,见表 5-6。聚合氯化铝和聚合氧化铁是目前国内外研制和使用比较广泛的无机高分子混凝剂。聚合氯化铝(Poly Aluminum Chloride,PAC)是一种无机高分子混凝剂,可以理解为氯化铝在一定条件下的水解和聚合产物,其主要的混凝机理是吸附电中和与吸附架桥的协同作用。PAC 作为水处理剂具有以下优点:

　　a. 对各种水质适应性较强,适用范围广,对污染严重或低浊度、高浊度、高色度的污水均可达到良好的混凝效果;

　　b. 适宜的 pH 值范围较宽,在 5～9 之间;

　　c. 投药量小,效果优于硫酸铝;

　　d. 水温低时,仍可保持稳定的混凝效果。

　　有机高分子混凝剂有天然和人工两类,其中人工合成的有机高分子混凝剂日渐增多并占据了主要地位。有机高分子混凝剂都具有巨大的线状分子,每个大分子由许多链节组成,链节间以共价键结合。我国当前使用较多的有机高分子混凝剂是人工合成的聚丙烯酰胺,分子式为 $(C_3H_5NO)_n$,其聚合度可高达 $2 \times 10^4 \sim 9 \times 10^4$,相应的相对分子质量高达 $1.5 \times 10^6 \sim 6 \times 10^6$。凡有机高分子混凝剂链节上含有的可离解基团离解后带正电的则称为阳离子型,带负电的称为阴离子型;链节上不含可离解基团的称非离子型。聚丙烯酰胺为非离子型高聚物,但它可以通过水解构成阴离子型,对胶体表面有强烈的吸附作用。为了使高分子混凝剂的链条在水中充分地伸展开,更好地发挥吸附架桥作用,通常需要把 PAM 在碱性条件下进行部分水解,使部分酰胺基转化为羧酸基,形成带负电荷的阴离子型水解聚丙烯酰胺,简称 HPAM。其水解过程如图 5-7 所示。

表 5-6　常用的高分子混凝剂

名　称	分子式	特　性
聚合氯化铝	$[Fe_n(OH)_m$ $Cl_{3n-m}]$（通式），简称 PAC	① 净化效率高,耗药量少,过滤性好,对各种工业废水适应性较广;② 温度适应性好,pH 值适用范围宽(可在 pH=5~9 范围内),因此可不投加碱剂;③ 使用时操作方便,腐蚀性小,劳动条件好;④ 设备简单,操作方便,成本较三氯化铁低;⑤ 无机高分子化合物
聚丙烯酰胺	代号 PAM	① 被认为是最有效的高分子助凝剂之一,与铝盐或铁盐配合使用。② 与常用混凝剂配合使用时,应按一定的顺序先后投加,以发挥两种药剂的最大效果。③ 聚丙烯酰胺固体产品不易溶解,宜在有机搅拌的溶解槽内配制成 0.1%~0.2% 的溶液再进行投加,稀释后的溶液保存期不宜超过 1~2 周。④ 聚丙烯酰胺有微弱的毒性,用于生活用水净化时,应注意控制投加量。⑤ 为合成高分子絮凝剂,非离子型。通过水解成阴离子型,也可通过引入基团制成阳离子型。目前市场上已有阳离子型聚丙烯酰胺产品
天然植物改性高分子絮凝剂		① 取材于野生植物,制备方便,成本较低;② 宜溶于水,适用水质范围广,沉降速度快,处理后的水澄清度好;③ 性能稳定,不易降解变质;④ 安全无毒
天然絮凝剂	F691	刨花木、白胶粉
	F703	绒稿(灌木类、皮、根叶也可)

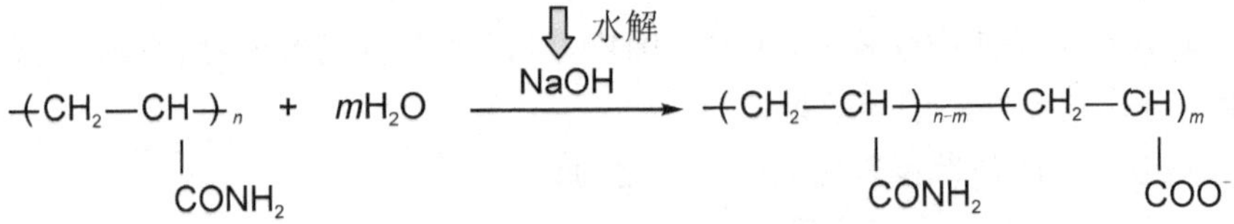

$$\begin{array}{c}\text{水解}\\ \downarrow\end{array}$$

$$+\!(CH_2\!-\!CH)\!\!\frac{}{}_n + mH_2O \xrightarrow{\ NaOH\ } +\!(CH_2\!-\!CH)\!\!\frac{}{}_{n-m}\!(CH_2\!-\!CH)_m$$
$$\qquad\quad\ |\qquad\qquad\qquad\qquad\qquad\qquad\qquad |\qquad\qquad\ |$$
$$\qquad\quad CONH_2\qquad\qquad\qquad\qquad\qquad\qquad CONH_2\qquad COO^-$$

注:水解度(酰胺基转化成羧酸基的比例)为 30%~40%。

图 5-7　聚丙烯酰胺的水解过程

在水处理中,通常将聚丙烯酰胺作为助凝剂配合铝盐和铁盐使用,可以提高水的混凝效果。有机高分子混凝剂虽然效果优异,但制造过程复杂,价格较贵。另外,由于聚丙烯酰胺的单体即丙烯酰胺有一定的毒性,因此其毒性问题引起了人们的注意和研究。

③ 当单用混凝剂不能取得良好效果时,可投加某些辅助药剂以提高混凝效果,

这种辅助药剂称为助凝剂。助凝剂可用来调节或改善混凝的条件,例如当原水的碱度不足时可投加石灰或碳酸氢钠等;当采用硫酸亚铁作混凝剂时可加氧气将亚铁离子 Fe^{2+} 氧化成三价铁离子 Fe^{3+} 等。助凝剂也可用于改善絮凝体的结构。利用高分子助凝剂的强烈吸附架桥作用,可以使细小松散的絮凝体变得粗大而紧密。常用的助凝剂有聚丙烯酰胺、活化硅酸、骨胶、海藻酸钠、红花树等。

（2）化学处理方法

化学处理,即通过化学反应改变污水中污染物的化学性质或物理性质,使它从溶解、胶体或悬浮状态转变为沉淀或漂浮状态,或从固态转变为气态,进而从水中除去的污水处理方法。污水化学处理方法可分为中和处理法、混凝处理法、化学沉淀处理法、氧化处理法及萃取处理法等。

近年来,新型无机化学混凝剂如聚合铝、聚合铁和复合型无机混凝剂的开发成功以及新型有机高分子絮凝剂的开发,如各种离子型的相对分子质量高达 2 000 万的聚丙烯酰胺的开发应用,凸显化学处理方法可以用较少的药剂就能达到较高的处理效果,并且产生的污泥较少。

1）化学氧化技术的发展与应用

化学氧化,是指用化学氧化剂将液态或气态的无机物或有机物转化成微毒物、无毒物,或将其转化成易分离形态。水处理领域中常用的氧化剂可以分为两类:

a. 氯类,如气态氯、液态氯、次氯酸钠、次氯酸钙及二氧化氯等;

b. 氧类,如空气中的氧、臭氧、过氧化氢及高锰酸钾等。

选择氧化剂时,应考虑:

a. 对废水中特定的污染物有良好的氧化作用;

b. 反应后的生成物应是无害的或易于从废水中分离的;

c. 价格便宜,来源方便;

d. 在常温下反应速度较快;

e. 反应时不需要大幅度调节 pH 值等。

氧化处理方法几乎可处理一切工业废水,特别适用于处理废水中难以被生物降解的有机物,如绝大部分的农药和杀虫剂,酚、氰化物,以及引起色度、臭味的物质等。

① 氯类氧化剂

氯类氧化处理方法简称氯化法,已有 100 多年的应用历史。起初用漂白粉（次氯酸钙）去臭味,后来直接用氯消毒。1909 年前后,液氯成为商品,用氯处理废水得到了迅速发展。1942 年开始用氯氧化破坏废水中的氰化物,并发展成为处理电镀工业废水最通用的方法。含酚废水的氯化处理法于 1950 年开始用于生产。氯类氧化处理的工艺原理:液氯或气态氯加入水中,迅速发生水解反应而生成次氯酸（HClO）,次氯酸在水中电离为次氯酸根离子（ClO^-）,次氯酸、次氯酸根离子都是较强的氧化剂;次氯酸的电离度随 pH 值的增加而增加,当 pH<2 时,水中的氯以分子态存在;pH＝3~6 时,以次氯酸为主;当 pH>7.5 时,以次氯酸根离子为主;当 pH>9.5 时,全部为次氯酸根离子。因此,在理论上,氯化法在 pH 值为中性偏低的水溶液中最有效。

氯在许多工业废水处理中不仅是氧化剂,而且能影响胶体微粒的电荷,促进絮凝作用,提高颗粒沉淀和油类漂浮的效率。如羊毛漂洗废水用氯化法处理可以破坏废水中的乳化剂,使悬浮固体和乳化的脂肪酸沉淀。经氯化预处理后,羊毛油脂乳化液被迅速分离,可去除 80%～90% 的 BOD、95% 的悬浮固体和油脂。这种方法投氯量大,费用较高,但可回收 70% 的油脂。工业废水中如含有大量的氨或蛋白质、氨基酸等有机氮化合物,用氯化法处理会形成氯胺或相应的有机衍生物,使氯的消耗量很大。

② 氧类氧化剂

空气中的氧(O_2)是最廉价的氧化剂,但只能氧化易于氧化的污染物,如硫化物。利用空气氧化法脱硫已得到广泛应用,如炼油厂含硫废水中的含硫量在 1 000～2 000 mg/L 以下、无回收价值时,利用空气氧化,可使硫化物氧化为无毒的硫代硫酸盐或硫酸盐。

过氧化氢(H_2O_2)是一种稳定的且具有强氧化能力的氧化剂,特别是在碱性溶液中其氧化反应很快,不会给反应溶液带来杂质离子,因此被广泛应用于多种有机或无机污染物的处理。过氧化氢用于去除工业废水中的 COD 已经有很长时间,适于处理多种含有毒和有气味化合物的废水,以及含硫化物、氰化物、苯酚等的废水。过氧化氢又可用来增加溶解氧浓度,从而避免废水中的硫酸盐还原为硫化物。过氧化氢的轻微灭菌性能还可以有选择性地杀灭某些引起活性污泥膨胀的微生物,而对活性污泥中正常的生物不产生有害影响。为提高过氧化氢降解高浓度的稳定型难降解化合物的能力,可采用可溶性亚铁盐和过氧化氢按一定的比例混合组成芬顿试剂,其能氧化许多有机分子,而且系统无需高温高压。试剂中的 Fe^{2+} 能引发并促进过氧化氢的分解,从而产生羟基自由基。一些有毒有害物质如苯酚、氯酚、氯苯和硝基酚等也能被芬顿试剂和类芬顿试剂所氧化。另外,过氧化氢性能稳定,通常可放置数年,有些国家已经将这种氧化剂列为处理多种废水的可供选择的方案之一。

臭氧(O_3)是一种强氧化剂,对各种有机基团都有较强的氧化能力。它的氧化反应迅速,因此在水处理中得到广泛的应用,在对污水的消毒、除色、除臭、去除 COD 方面均有很好的效果,常用的工艺流程如图 5-8 所示。单独采用臭氧进行氧化处理存在臭氧利用率低、降解效果差等问题。为提高臭氧利用率及其氧化能力,将多种催化手段与臭氧进行有机结合,促进臭氧分解生成具有更强氧化能力的 OH^-,由此便形成了臭氧联合氧化法。O_3 在水中生成 OH^- 主要有三种途径:在碱性条件下、在紫外光(O_3/UV)作用下以及在金属催化下。这三种氧化技术可使臭氧在水处理过程中发挥更大的作用,将水中有机物尽可能地氧化降解。臭氧催化氧化法的研究与应用还处于起步阶段,相关的工艺和配套设备还不够完善,仍存在需要进一步深入研究解决的问题。首先,O_3 的在水中溶解度较低,如何有效地使 O_3 溶于水,提高 O_3 的利用效率,有待进一步研究解决;其次,由于 O_3 产生效率较低,能耗大,研究高效低能耗的臭氧发生装置也是需要解决的关键问题之一;再次,O_3 与其他技术的联合使用,需要研制出催化效果好、寿命长、重复利用率高的催化剂。

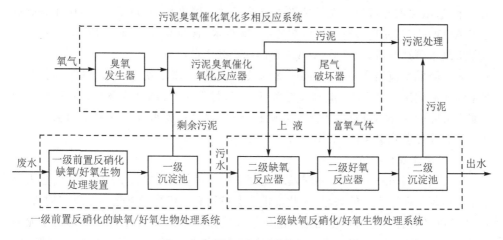

图 5 - 8　利用臭氧治理污水的工艺流程

高锰酸钾($KMnO_4$)也是一种强氧化剂。它在氧化反应的过程中,本身被还原为二氧化锰(MnO_2)或水合氧化锰($MnO(OH)_2$)沉淀下来。如果废水中含有二价锰也会被氧化成二氧化锰或水合氧化锰沉淀下来;沉淀物构成凝絮,引起胶体物质的沉淀。通过氧化、沉淀以及形成水合氧化锰的离子交换等多种作用,能有效地去除铁、锰和某些有机污染物以及放射性废水中的镭、锶等多种放射性离子。在处理含锰废水时,水合氧化锰又进一步通过离子交换作用使二价锰形成三氧化二锰,可用高锰酸钾稀溶液再生,将它重新氧化成水合氧化锰。高锰酸钾易于溶解,性能稳定,可以干式或湿式投加,其所用设备简单且费用较低,溶解时无气味,不形成有毒气体,对钢铁无腐蚀性,因而在污水处理中的应用相当广泛,但其价格较高。

2)化学氧化法治理污水的新技术

随着工业的迅猛发展,工业废水的排放量逐年增加,且大都具有有机物浓度高、生物降解性差甚至有生物毒性等特点,国内外技术人员对此类高浓度、难降解有机废水的综合治理给予了高度重视。目前部分成分简单、生物降解性略好、浓度较低的废水都可以通过组合传统工艺得到处理,而浓度高、难生物降解的废水治理工作在技术和经济上都存在很大困难,为此,开发研究了一些水处理高级氧化技术。

① 湿式氧化技术

针对一些工业废水浓度高、难生物降解等难题,开发了湿式氧化法。湿式氧化法(Wet Air Oxidation,WAO)是指在高温高压下利用氧化剂将废水中的有机物氧化成二氧化碳和水,从而达到去除污染物的目的。该法具有适用范围广、处理效率高、氧化速率快,极少有二次污染,可回收能量及有用物料等特点。进入 20 世纪 70 年代后,湿式氧化法工艺得到迅速发展,应用范围从回收有用化学品和能量进一步扩展到有毒有害废弃物的处理,尤其是在处理含酚、磷、氰等有毒有害物质方面已有大量文献报道。在国外,WAO 技术已实现工业化,主要应用于活性炭再生,含氰废水、煤气化废水、造纸黑液和城市污泥及垃圾渗出液处理。国内从 20 世纪 80 年代才开始进行 WAO 的研究,先后进行了造纸黑液、含硫废水、含酚废水、煤制气废水、农药废水和印染废水等试验研究,目前,WAO 在国内仍处于试验阶段。

为了降低反应温度和压力,同时提高处理效果,出现了使用高效、稳定催化剂的催化湿式氧化法(CWAO)和加入更强氧化剂(过氧化物)的湿式氧化法(WPO);为了彻底去除一些 WAO 难以去除的有机物,还出现了将废水温度升至水的临界温度以上的超临界湿式氧化法(SCWO)。

② 光化学氧化技术

1972 年 Fujishima 和 Honda 发现光照下的 TiO_2 单品电极能分解水,引起人们对光诱导氧化还原反应的兴趣,由此推进了有机物和无机物光氧化还原反应的研究。20 世纪 80 年代初,开始研究光化学应用于环境保护,其中光化学降解治理污染尤受重视。光催化降解在环境污染治理中的应用研究更为活跃。目前有关光催化降解的研究报道中,以应用人工光源的紫外辐射为主,对分解有机物效果显著,但费用较高且需要消耗电能,因此国内外研究者均提出应开发利用自然光源或自然、人工光源相结合的技术,充分利用清洁的可再生能源,使太阳能利用和环境保护相结合,发挥光化学降解在环境污染治理中的优势。

③ 超声化学氧化技术

超声化学氧化主要是利用频率 15 kHz～1 MHz 的声波在微小的区域内瞬间高温高压下产生的氧化剂(如 HO^-)去除难降解有机物。另外一种是超声波吹脱,主要用于废水中高浓度的难降解有机物的处理。

以一定频率和压强的超声波照射溶液时,在声波负压作用下溶液中产生了空化泡,在随后的声波正压作用下空化泡又迅速崩溃,整个过程发生在纳秒至微秒的时间内,气泡快速崩溃伴随着气泡内蒸汽相的绝热压缩,产生瞬时的高温高压,形成所谓的“热点”,同时产生有强烈冲击力的高速微射流。进入空化泡中的水蒸气在高温高压下发生分裂及链式反应,产生 HO^-、HOO^-、$H\cdot$ 等自由基以及 H_2O_2、H_2 等物质。声化学反应的途径主要包括高温高压热解反应和自由基氧化反应两种。超声氧化法可以把有毒有机物降解为毒性较小甚至无毒的小分子,降解速度快,不会造成二次污染等问题。例如,对于卤代烃、卤代脂肪烃等,采用光催化氧化、臭氧氧化、生物处理方法均难以降解,而超声降解却可以取得很好的效果。但超声波技术降解废水大多处于实验室实验阶段,并且声化学反应过程的降解机理、反应动力学以及反应器的设计放大等方面的研究开展得很不充分,目前还难以实现工程化。

④ 新型高效催化氧化技术

新型高效催化氧化的原理:在表面催化剂存在的条件下,利用强氧化剂二氧化氯在常温常压下催化氧化废水中的有机物,或直接氧化有机污染物,或将大分子有机污染物氧化成小分子有机物,提高废水的可生化性,更好地去除有机污染物。除二氧化氯外,还有臭氧类氧化法。采用臭氧氧化法处理有机废水,反应速度快,无二次污染,在废水处理中应用较为广泛。近年来又广泛开展了提高臭氧化处理效率的研究,其中,紫外/臭氧法、臭氧/双氧水法、草酸/Mn^{2+}/臭氧法三种组合方式被证明最为有效。

与生物处理法相比,化学处理法能迅速、有效地去除更多种类的污染物,特别是生物处理法不能处理的一些污染物,同时也可以作为生物处理单元的预处理,提高可生化性。在水和其他资源日渐短缺的现状下,污水化学处理法将获得更大的发展。

2. 铸造生产的有机废水的吸附过滤技术原理

在当前的废水处理技术中,吸附技术是目前利用率较高的一种水污染处理技术。它是利用多孔性固体(称为吸附剂)吸附废水中某种或几种污染物(称为吸附质),以回收或去除某些污染物,从而使废水得到净化的方法。运用吸附过滤技术处理废水的工艺过程非常简单,废水经处理后水质可以达到预期的排放标准,并且整个工作过程中所投入的成本并不是那么高,对于大多数的废水处理来说可以广泛地实施。但任何技术都不是完美的,吸附过滤技术在实施的过程中还存在一些缺陷,比如吸附剂在吸附能力方面存在较大的局限性。如果在实际中废水处理量比较多,那么基础吸附材料很容易达到饱和状态,无法有效提高废水处理效果。因此在实际工作过程中,需要工作人员加强对这一问题的了解和认识,保证实际废水处理工作有序进行。

(1) 常用的吸附剂

活性炭是一种市场上常见的吸附剂。在污水处理厂中,活性炭吸附工艺是将污水通过活性炭床层过滤,去除其中的有机物和色度等污染物。活性炭具有巨大的比表面积和特别发达的微孔。通常活性炭的比表面积高达 $500\sim1\,700\ m^2/g$,这是活性炭吸附能力强、吸附容量大的主要原因。当然,比表面积相同的炭,对同一物质的吸附容量有时也不同,这与活性炭的内孔结构和分布以及表面化学性质有关。活性炭的吸附以物理吸附为主,但由于表面氧化物的存在,也进行一些化学选择性吸附。如果在活性炭中渗入一些具有催化作用的金属离子,则可以改善处理效果。

活性炭通过吸附将污水中的有害物质吸附到自身的表面上,从而实现净化的效果。活性炭对某些重金属化合物也有较强的吸附能力,如汞、镍、铬、铅、铁、锌、钴等,因此活性炭用于电镀废水、冶炼废水处理也有很好的效果。活性炭对苯酚的吸附性能好,但温度升高不利于吸附,吸附容量会减小;升高温度可以达到让吸附平衡的时间缩短。活性炭的用量和吸附时间之间存在理想值。在酸性和中性条件下,去除率变化不大;在强碱性条件下,苯酚去除率急剧下降,碱性越强,吸附效果越差。

活性炭吸附工艺的优点主要体现在:

① 具有良好的吸附性能,可以有效去除有机物和色度等污染物;

② 不会对污水中的矿物盐等重要成分造成影响,从而可以保留有用物质而达到净化的目的。

图 5-9 所示为一种活性炭吸附处理含重金属废水的工艺流程。

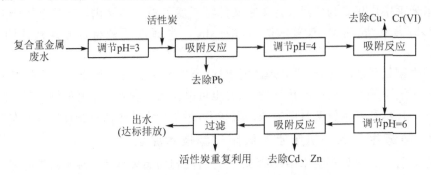

图 5-9　活性炭吸附处理含重金属废水的工艺流程

除了广泛应用的活性炭以外,合成的大孔吸附树脂也能有效地去除废水中难以分解的有机物,尤其是去除酚类化合物、表面活性物质和色度。失效的大孔吸附树脂可用稀碱液或有机溶剂再生,同时还可以从再生废液中回收有用的物质,如酚、木质素等。目前这种吸附剂尚处于研究和发展阶段。

在废水处理中还可以使用炉渣、焦炭、硅藻土、褐煤、泥煤、粘土等廉价的吸附剂,不过它们的吸附容量小,去除污染物的效率不高。

(2) 吸附沉淀净化污水的工艺原理

吸附沉淀净化污水的基本原理:将一定数量的吸附剂投入反应池里的废水中,使吸附剂和废水充分接触,经过一定时间达到吸附平衡后,利用沉淀法或再辅以过滤将吸附剂从废水中分离出来。

吸附过程是溶剂、溶质和固体吸附剂综合体系中的界面现象。吸附现象的第一种推动力是溶剂对溶质的排斥作用,决定这种排斥作用能力的重要因素是溶质的溶解度;溶质同溶剂的化学特性越相近,溶解度就越大,被多孔性固体吸附的趋势就越小;反之,溶质同溶剂的化学特性相差越大,溶解度越小,被吸附的趋势就越大。在水溶液中,溶剂水具有强极性,一些非极性的有机物就容易受到水的排斥,而被吸附在非极性的吸附剂表面上。吸附现象的第二种推动力是多孔性固体对溶质的亲和吸引作用,包括范德瓦耳斯力、静电引力以及化学键或氢键作用力。在范德瓦耳斯力或静电吸引力作用下进行的吸附称为物理吸附。这两种力是没有选择性的,因而物理吸附可以发生在固体吸附剂与任何溶质之间,但吸附强度则因吸附对象的不同而有很大差别。范德瓦耳斯力的作用强度较小,作用范围也小,因而吸附不牢固,具有可逆性,并可以形成多分子层的吸附。物理吸附过程是放热过程,温度降低有利于吸附,温度升高有利于解吸。而化学吸附是在化学键力或氢键力作用下进行的吸附行为,化学键力只存在于特定的各原子之间,所以化学吸附是有选择性的。化学键力的强度较大,其作用力范围不超过分子大小,因而化学吸附可逆性较差,只形成单分子层吸附。化学吸附是吸热过程,温度升高有利于吸附。物理吸附和化学吸附往往并存在吸附过程中。

吸附的过程通常包括三个步骤:

① 使废水和固体吸附剂接触,废水中的污染物被吸附剂吸附;

② 将吸附有污染物的吸附剂与废水分离;

③ 进行吸附剂的再生或更新。

按接触、分离的方式,吸附可分为静态吸附和动态吸附两种。静态吸附是指在污水不流动的比较静态的状态下,将吸附剂投入预处理废水中,不断搅拌,达到吸附平衡后,用沉淀或过滤的方法分离废水和吸附剂。这种方法通常需要多次静态吸附,操作麻烦,在实际操作中很少使用。动态吸附是指污水在流动条件下的吸附操作,相当于连续多次进行吸附,即在废水连续通过吸附剂填料层时,吸附去除其中的污染物。目前应用较为广泛的是固定床吸附系统。

(3) 活性炭吸附技术在污水处理中的应用

实践证明,活性炭是用于水和废水处理较为理想的一种吸附剂。近 20 年来,由于活性炭的再生问题得到了较为满意的解决,活性炭的制造成本也有了降低,因此活性炭吸附技术在国内外逐渐被推广使用。

活性炭有不同的形态,目前在水处理上仍以粒状和粉状两种为主。粉状炭用于间歇吸附,即按一定的比例,把粉状炭加到被处理的水中,混合均匀,借沉淀或过滤将炭、水分离,这种方法也称为静态吸附。粒状炭用于连续吸附,被处理的水通过炭吸附床,使水得到净化,这种方法在形式上与固定床完全一样,也称为动态吸附。能被活性炭吸附的物质很多,包括有机的或无机的,离子型的或非离子型的,此外,活性炭的表面还能起催化作用,可用于许多不同的场合。

活性炭对水中溶解性的有机物有很强的吸附能力,对去除水中绝大部分有机污染物质都有效果,如酚和苯类化合物、石油以及其他许多的人工合成的有机物。水中有些有机污染物质难以用生化或氧化方法去除,但易被活性炭吸附。

由于活性炭吸附处理的成本比其他一般处理方法要高,所以当水中有机物的浓度较高时,应采用其他较为经济的方法先将有机物的含量降低到一定程度再进行处理。在废水处理中,通常是将活性炭吸附工艺放在沉淀过滤与生物转化处理的后面,称为活性炭三级废水处理,进一步减少废水中有机物的含量,去除那些微生物不易分解的污染物,使经过活性炭处理后的水能达到排放标准的要求,或使处理后的水能回到生产工艺中重复使用,达到生产用水封闭循环的目的。

活性炭吸附有机物的能力是十分大的,在三级废水处理中,每克活性炭吸附的 COD 可达到本身质量的百分之几十。在废水处理厂中增加了三级废水处理能使 BOD 的去除效果达到 95%。活性炭以物理吸附的形式去除水中的有机物,吸附前后被吸附的性质并未变化,如果能采用适当的解吸方法,还能回收水中有价值的物质。如果把粉状活性炭投入爆气设备中,炭粉与微生物形成一种凝聚体,可使处理效果超过一般的二级生物处理法,出水水质接近于三级处理。

图5-10给出了一种工业有机废水的活性炭吸附处理系统,其依次由串联的搅拌吸附罐、浸没式吸附过滤罐、压滤机等构成,首先采用超滤技术将水体中的吸附剂浓度提高,以提高后端压滤效率,之后再经过压滤技术进行固、液分离,可以大幅提高吸附剂压滤时的固、液分离效率,并实现吸附剂的连续稳定分离。该机构可使COD降低到50 mg/L以下,色度降到30以下,实现良好的处理效果,处理后的水可直接排放。

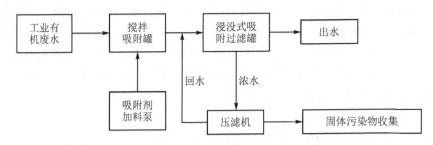

图5-10 工业有机废水的活性炭吸附处理系统工艺流程图

3. 化学氧化法治理废水的技术方案示例

化学氧化法是通过氧化剂的氧化作用,使难降解的有机物转化为易降解有机物,或将有机物彻底氧化为CO和H_2O的方法,是工业废水治理常用的工艺方法。

图5-11所示为一种混凝反应与吸附过滤技术相结合的铸造废水处理系统工艺流程,主要针对的是含有较高含量有机物成分的铸造废水。其中pH值调节池的作用在于为凝絮剂反应创造良好的反应条件。原水的pH值直接影响混凝剂的水解反应,即当原水的pH值处于一定范围时,才能保证混凝效果。因此需要对原水的pH值进行测试,并通过添加酸或碱将pH值调整到合理的范围。当水中投加混凝剂后,因混凝剂发生水解并将水中的颗粒物凝聚成大颗粒而在斜板沉淀池中过滤出去。

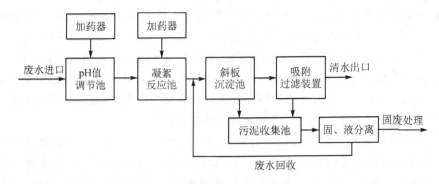

图5-11 铸造废水处理系统工艺流程

经过过滤后的污水再次经过活性炭吸附过滤装置,水中的颗粒物及有机物含量均可降低到较低水平,根据检测结果可以直接用于绿化浇灌,或作为循环用水。过滤处理后的含污泥较多的水经压饼处理等方式实现固、液分离,固体饼单独回收利用,而分离处理的水再次回到过滤池中循环处理。

5.3.3　以无机物为主的铸造废水治理方法

砂型铸造所用的造型材料价廉易得,铸型制造简便,对铸件的单件生产、成批生产和大量生产均能适应,长期以来一直是铸造生产中的基本工艺。特别是以粘土作为粘结剂的砂型铸造仍然应用最为广泛,其主要特点如下:

① 粘土湿型砂有较高的湿强度,其适应各种造型方式的能力很好,如手工紧实、春实、震实、压实、抛砂、射砂、气冲、静压等造型工艺都能适应。

② 粘土湿型砂主要用于生产各种铸铁件,实际上,对铸钢件、铜合金铸件和铝合金铸件也都是适用的。一些工业国家,100 kg 以下的铸钢件大都用粘土湿型砂工艺制造。

③ 粘土湿型砂在混砂、输送、造型的过程中,都不释放有害的气体,排放的废弃砂大多数工业国家都视为无害垃圾,与当前常用的各种化学粘结相比,可以说是最接近绿色、环保要求的。

对于以粘土砂为主要工艺的铸造生产,其所造成的污染相对也是比较少,特别是水污染方面。产生的水污染主要体现在:

① 熔炼和热处理工序时的湿法除尘中,其喷淋水中会溶解 SO_2、H_2S 等气体,使水中呈现一定的酸性;而型砂中经常添加的煤粉等以及表面涂料中含有的石墨粉等,这些物质在高温作用下会发生氧化等反应,会产生包括水蒸气、CO_2、CO、H_2、甲烷、乙炔和氨等,它们溶于水中会形成一定程度的污染。

② 水力清砂和废砂再生两个工序中产生的含有大量无机物颗粒的废水。

③ 造型工序产生的废水,同样是含有大量的无机物粉尘。

④ 这类铸造企业的废水成分主要是无机酸、碱盐、SiO_2 颗粒等,同时含有少量的有机污染物。

1. 以无机物为主的铸造废水治理工艺简述

结合这类废水的成分构成以及水质结构特点,对其治理的主要技术方法包括:

① 通过物理作用,以分离、回收污水中不溶解的呈悬浮状的污染物质(包括油膜和油珠),在处理过程中不改变其化学性质,主要有重力分离法、过滤法、气浮法、离心分离法等。

a. 重力分离(即沉淀)法,即利用污水中呈悬浮状的污染物和水密度不同的原理,借重力沉降(或上浮)作用,将水中悬浮物分离出来。沉淀(或上浮)处理设备有沉砂池、沉淀池和隔油池。

b. 过滤法,即利用过滤介质截流污水中的悬浮物。过滤介质有钢条、筛网、砂布、塑料、微孔管等,常用的过滤设备有格栅、栅网、微滤机、砂滤机、真空滤机、压滤机等(后两种滤机多用于污泥脱水)。

c. 气浮(浮选)法,将空气通入污水中,并以微小气泡形式从水中析出成为载体,污水中相对密度接近于水的微小颗粒状的污染物质(如乳化油)粘附在气泡上,并随气泡上升至水面,从而使污水中的污染物质得以从污水中分离出来。为了提高气浮效果,有时需向污水中投加混凝剂。

d. 离心分离法,含有悬浮污染物质的污水在高速旋转时,由于悬浮颗粒(如乳化油)和污水受到的离心力大小不同而被分离的方法。常用的离心设备按离心力产生的方式可分为两种:由水流本身旋转产生离心力的为旋流分离器,由设备旋转同时也带动液体旋转产生离心力的为离心分离机。

② 向污水中投加某种化学物质,利用化学反应来分离、回收污水中的某些污染物质,或使其转化为无害的物质。常用的方法有化学沉淀法、混凝法、中和法、氧化还原(包括电解)法等。

a. 化学沉淀法。向污水中投加某种化学物质,使它与污水中的溶解性物质发生互换反应,生成难溶于水的沉淀物,以降低污水中溶解物质的方法,包括石灰法(又称氢氧化物沉淀法)、硫化物法和钡盐法等。这种处理法常用于含重金属、氰化物等工业生产污水的处理。

b. 混凝法。向水中投加混凝剂,可使污水中的胶体颗粒失去稳定性,凝聚成大颗粒而下沉。使用混凝法可去除污水中细分散固体颗粒、乳状油及胶体物质等。该法可用于降低污水的浊度和色度,去除多种高分子物质、有机物、某种重金属毒物(汞、镉、铅)和放射性物质等,也可以去除能够导致富营养化物质(如磷等可溶性无机物),此外还能够改善污泥的脱水性能。目前常采用的混凝剂有硫酸铝、碱式氯化铝、铁盐(主要指硫酸亚铁、三氯化铁及硫酸铁)等。

c. 中和法。用于处理酸性废水和碱性废水。向酸性废水中投加碱性物质,如石灰、氢氧化钠、石灰石等,使废水变为中性。对碱性废水可吹入含有 CO_2 的烟道气进行中和,也可用其他的酸性物质进行中和。

d. 氧化还原法。利用液氯、臭氧、高锰酸钾等强氧化剂或利用电解时的阳极反应,将废水中的有害物氧化分解为无害物质;利用还原剂或电解时的阴极反应,将废水中的有害物还原为无害物质。以上方法统称为氧化还原法。在污水处理中,应用实例有:空气氧化法处理含硫污水;碱性氯化法处理含氰污水;臭氧氧化法在进行污水的除臭、脱色、杀菌,除酚、氰、铁、锰,降低污水的 BOD 与 COD 等,均有显著效果。还原法目前主要用于含铬污水的处理。

③ 吸附法。利用吸附剂吸附废水中的污染物,使之达到排放标准,该法操作简便、设备简单,吸附剂可再生利用;缺点是吸附能力有限,容易造成二次污染。

④ 臭氧处理法。臭氧是一种强氧化剂,在常温常压下,具有很高的氧化能力而且不易分解。可以氧化废水中的有机物等物质,对废水中含有的重金属离子有较好

的去除效果,可以有效地降低废水中的重金属离子含量。

2. 以无机物为主的铸造废水治理工艺方案示例

在大多数铸造厂中,熔炼(感应炉、电弧炉或冲天炉)工序以及浇注冷却系统的烟尘处理大都采用湿型除尘技术,这会增加产生的污水量,且废水中含有悬浮物和溶解固体,pH值较低;在制芯过程中,来自冷芯盒和热芯盒的洗涤液会产生含有可生物降解的胺和酚等有机物成分的污水;高压压铸会产生废水流,该废水流含有一定数量的有机(如酚、油)化合物;模具冷却用水可能产生含有重金属和悬浮物的废水,某些加工工序,如淬火和修边等,也可能产生废水,且产生废水的油和悬浮固体含量可能较高。因此铸造生产的生产工艺条件的差异也决定了铸造企业废水处理工艺设计方面也有所不同。

一般情况下,铸造厂废水治理大都采用废水→沉砂池→搅拌混合池→凝聚池→沉淀池→排水的流程,如图5-12所示。废水处理系统大都包含几个构成:接收铸造废水的废水调节池、进行混凝反应使得污泥沉淀废水溢流的斜板沉淀设备、对废水中的油类进行补集处理的混凝气浮设备、砂过滤和活性炭过滤处理悬浮物和化学需氧量的混合过滤器、污泥的收集与压滤装置等,以实现无机物颗粒的回收利用以及有机物成分的吸附过滤等。不同的铸造企业结合生产工艺的特点,对废水进行测试与分析,在废水治理工艺实施方面也会有所侧重,使铸造废水的处理实现预期的排放标准,或作为生产过程的循环用水、绿化用水等,达到水的循环利用以及清洁生产的技术要求。

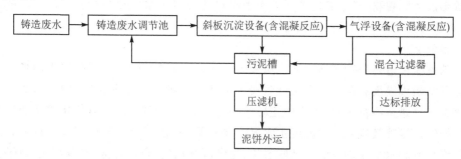

图5-12　常用的铸造废水处理系统工艺结构示意图

目前,废水治理已引起铸造行业内各企业的高度重视,很多企业也结合自身的工艺特性与生产状况采取了不同的污水治理方法,并取得了良好的效果。以下介绍两种应用较为广泛的铸造工艺过程产生废水的治理技术方案设计。

示例1

水玻璃砂在铸造生产中的应用已成为一种趋势,它无色、无味、无毒,在混砂、造型浇注和落砂过程中没有刺激性气体和有毒气体产生,对人体没有危害,最大的不足就是很难再生,造成较大污染,所以如果能解决旧砂的循环利用问题,水玻璃砂将率先进入绿色铸造行列。水玻璃砂污水的特点:污水中一般含有较多的碳酸钠、硅酸胶体和粘土胶体等。这两种胶体颗粒均带负电荷,由于静电斥力的作用,它们稳定地呈悬浮状态存在于水中,可以投加能使胶体发生电荷中和而脱稳凝聚的凝聚剂,促使污水通过自然凝聚、沉淀等达到澄清的目的。图 5-13 所示为某铸造企业针对水玻璃旧砂湿法再生过程的废水处理工艺流程,主要包括消除碳酸钠的无机碱处理以及清除硅酸胶体和粘土胶体等所采取的凝聚处理两种工艺。

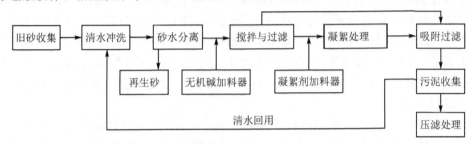

图 5-13　水玻璃旧砂湿法再生过程的废水处理工艺流程

在该工艺处理流程中,使用添加氧化钙等无机碱性粉体去除湿法再生废水中的碳酸盐、硅酸盐等有害成分,CaO 处理再生废水的反应方程式如下:

$$CaO+CO_3^{2-}+H_2O=CaCO_3\downarrow+2OH^-$$
$$CaO+SiO_3^{2-}+H_2O=CaSiO_3\downarrow+2OH^-$$

完成碳酸盐、硅酸盐等有害成分的清理后,将 pH 值调整至合理的范围内,添加混凝剂及助凝剂以清除污水中的硅酸胶体和粘土胶体等;聚合的硅酸胶体和粘土胶体等形成大颗粒物,通过滤网或活性炭吸附过滤等将污水转化为符合排放标准的清水,重新应用于水玻璃砂的再生过程。

示例 2

消失模铸造是特种铸造工艺应用较为广泛的一种铸造方法,其在模壳制备过程中需要将蜡模表面粘附一层石英砂后浸入氯化铵溶液中。在此生产过程中,制蜡模工序会产生蜡型冷却废水,废水中主要污染物为 COD、氨氮等,含有氯化铵及盐酸特征污染物。尽管其氨氮和总氮废水含量不是特别高,但其处理难度较大。目前处理高浓度氨氮废水常用的方法包括吹脱法、化学沉淀法、折点加氯法、膜分离法、离子交换法、电化学法和生物化学法等几种。针对消失模铸造废水的成分特征与浓度特点,可先将废水用物理、化学方法大幅降低氨氮浓度,然后考虑采用吸附过滤法除去其中的有机物成分,使废水排放符合要求。

一种消失模废水治理的工艺流程如图 5-14 所示。主要工艺包括:

① 初步过滤,用于去除废水中的粗大固体颗粒物,如砂粒等;

② 采用加氯法脱氮,将氯气或次氯酸钠投入废水中,通过与水中的氨氮发生反应将氨氮转化为硝酸盐;

③ 废水进入吸附塔,吸附塔中填充的活性炭等吸附材料能将废水中的硝酸盐以及有机物成分吸附在活性炭材料表面;

④ 吸附饱和后,再利用特定的脱附剂对活性炭进行脱附处理,使活性炭得以再生,如此不断循环进行。

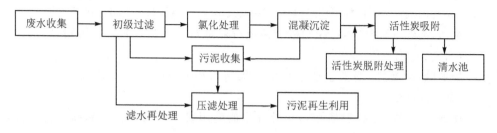

图 5-14　消失模铸造过程的污水处理工艺流程

铸造厂是工业生产中产生大量废水的行业之一,其污水对环境造成的污染极大。为了保护环境,铸造厂必须采取相应的污水处理措施,降低其对环境的影响。铸造企业的污水治理应结合行业特点,从源头控制污染物的产生及排放,开展清洁生产工作,减少污染物的排放,降低后续环保投入,方可保证铸造企业健康可持续发展。

参考文献

[1] 夏邦天,邹斌,赵罡,等. 中国科技信息. 污水处理技术的方法原理、问题与发展趋势[J]. 2010(05):22-23.

[2] 张勇,万金泉. 工业废水污染控制方法的新进展[J]. 工业水处理,2001(01):9-12.

[3] 唐受印,等. 废水处理工程[M]. 2版. 北京:化学工业出版社,2004.

[4] 杨健,等. 有机工业废水处理理论与技术[M]. 北京:化学工业出版社,2005.

[5] 钟琼. 废水处理技术及设施运行[M]. 北京:中国环境科学出版社,2008.

[6] 郭正,张宝军. 水污染控制与设备运行[M]. 北京:高等教育出版社,2007.

[7] 吕宏德. 水处理工程技术[M]. 北京:中国建筑工业出版社,2005.

[8] 王国华,任鹤云. 工业废水处理工程设计与实例[M]. 北京:化学工业出版社,2005.

[9] 冯艳. 分析现有污水处理工艺的应用和改进[J]. 科技资讯,2014,12(7):144-146.

[10] 汪华方,樊自田,刘富初,等. 水玻璃旧砂湿法再生污水生物处理研究[J]. 华中科技大学学报(自然科学版),2018,39(12):107-110.

[11] 曹雯雯. 电化学法在水处理中的应用现状[J]. 科技与生活,2010(15):130-132.

[12] WANG S B,PENG Y L. Natural zeolites as effective adsorbents in water and wastewater treatment[J]. Chemical Engineering Journal,2009,156(1):11-24.

[13] GOGATE P R,PANDIT A B. A review of imperative technologies for wastewater treatment I:Oxidation technologies at ambient conditions [J].

Advances in Environmental Research,2017,8(3-4):501-551.

[14] QU X L,ALVAREZ P J,LI Q L. Applications of nanotechnology in water and wastewater treatment[J]. Water Research,2013,47(12):3931-3946.

[15] 庞涛,陶红,阮剑波,等.我国砂型铸造行业水污染现状调查[J].铸造,2016,65(01):40-44.

[16] 金亚飚,肖尚忠.钢铁企业水环境污染防治措施探讨[J].给水排水,2019,39(09):60-62.

[17] 徐新阳,马铮铮.膜过滤在污水处理中的应用研究进展[J].气象与环境学报,2017,23(04):52-56.

[18] 何富强. 水玻璃旧砂湿法再生污水处理系统研究[D]. 武汉:华中科技大学,2008.

[19] 庞涛,陶红,阮剑波,等. 我国砂型铸造行业水污染现状调查[J].铸造,2016,65(01):40-44.

[20] 尹士君. 铸造废水回用技术研究[J]. 沈阳建筑工程学院学报(自然科学版),2000,16(02):122-124.

[21] 国家环境保护总局《水和废水监测分析方法》编委会. 水和废水监测分析方法[M]. 4版. 北京:中国环境科学出版社,2002.

[22] 熊星之. 实现铸造生产高质高效低成本、废砂废水零排放的便易铸造技术及相关材料与工装设备[C]. 2008中国铸造活动周论文集,2008.

[23] 黄溢凡. 消失模铸造烟气及污水处理的研究[D]. 武汉:华中科技大学,2014.

[24] 朱鹏,叶升平. 探究消失模烟气和废水的污染与防治[J]. 铸造设备与工艺,2014(06):34-37.

[25] 胡晓东. 铸造水爆清砂废水的处理和回用[J]. 环境污染与防治,1992(05):14-16

第6章

铸造生产过程中废弃物的再生利用

当前我国经济高速增长,资源短缺、环境保护等问题日益突出,发展循环经济已成为我国经济的必然选择。铸造行业是能源消耗与污染物排放较高的行业,绿色铸造是未来铸造行业的发展趋势,基于循环经济模式的绿色、环保、节能型铸造企业将是今后的发展方向。铸造生产越来越注重节约资源和能源,有效治理污染及减少废弃物排放,改善作业环境,提高资源的综合循环再利用,实现铸造全过程节能减排。

铸造生产过程中产生的主要固体废弃物包括废砂、废渣、粉尘等。其中废砂是铸造行业所产生废弃物的大头。我国是铸件生产大国,铸件产量高居世界第一位,其中砂型铸造占铸造业中的绝大部分(80%~90%)。砂型铸造需要大量型砂才能进行生产,尽管大部分的型砂经破碎过滤后可以再次利用,但仍然有超过10%的型砂由于无法再生利用而废弃,因此每年产生的废弃旧砂的数量巨大。这些废弃的旧砂如果全部变成垃圾处理掉,既浪费资源又严重污染环境;而且随着各种有机、无机粘结剂的广泛应用,使得废砂中的有害成分越来越多,例如甲醛、硫化物、异氰、苯、酚、酸类、水玻璃、碱类等。含有这类成分的废砂经过雨水浸蚀,其有害成分会污染江河湖泊,甚至生活水源;废砂中的粉尘随风飘扬,会污染空气;尤其是水玻璃砂的强碱性和树脂砂中的异氰、酚类等成分,其危害更为严重。废渣是金属熔化过程中的必然产物,据统计每生产1 t合格铸件,就要排出约300 kg废渣,而全国铸造业每年共计产出的废渣可达1 500万吨以上。粉尘主要包括冲天炉熔炼过程中排出的烟气粉尘,砂处理系统、铸件落砂及铸件清理过程中产生的铁砂粉尘。根据统计,我国铸造业每年排放总粉尘量巨大(200万吨以上)。

铸造行业产生如此巨量的固体废弃物,如果不进行妥善处理和利用,将对资源造成极大浪费、对环境造成严重污染、对社会造成恶劣影响。如业内专家所言,固体废物是放错位置的资源,资源的循环利用水平,是社会进步程度的重要标志之一。固体废物的资源化不仅减少了污染物向环境中的排放,保护了自然环境不被污染,而且资源化后的废物得到利用就意味着减少了其他不可再生资源的使用,在保护环境的同时,还节约了资源,有利于社会可持续发展。固体废弃物资源化处理技术的应用及产业化将具有广阔的前景,其意义就在于,在发展经济的过程中最大限度地减少资源与能源的消耗,使资源与能源得到充分、有效的利用,同时最大限度地减少废物的产量,使废物中有用资源得到最大限度的回收与综合利用,从而取得最大的经济效益。

环境与资源是当今世界的两大课题,如何保护生态环境和最大限度地节约资源已成为目前各国铸造工作者迫切追求的目标,为此我国的铸造企业在新建或进行技术改造时,也应该同时统筹废弃物的综合再利用工作。应从以下几个方面着手:

① 在设计改造方案时,要首先考虑增加对环境保护的投入;

② 采用机械化、自动化、封闭化的先进铸造设备来实现环境保护的目标;

③ 采用清洁的生产工艺改善作业环境;

④ 开发铸造废弃物的资源化处理新技术,坚持循环经济的减量化原则、再利用原则、再循环原则,即 3R 行为准则。

表 6-1 给出了国外铸造企业固体废弃物的一些处理方法,可以为我国铸造企业提供一些参考。

表 6-1 国外铸造企业固体废弃物的部分处理方法

固体废弃物的名称	处理方法
废砂	再生、建筑材料、复合材料、深埋
熔铁炉渣	筑路材料、惰性物可进行地埋
熔炼炉及浇包中废弃的炉衬	作为水泥厂、制砖厂的二次原料
熔炼炉收集的粉尘	具有高浓度的重金属,与水泥浆固结后深埋
振动落砂工段及浇注流水线上收集的粉尘	作为水泥厂、制砖厂的二次原料
呋喃砂造型工序收集的粉尘	作为水泥厂、制砂厂的二次原料,也可以热回收、惰性物地埋处理
从热回收装置中收集的粉尘	作为水泥厂、制砂厂的二次原料
铸件清理时收集的粉尘	细化处理后在熔化炉中再循环使用,或用作水泥填充剂、混凝土材料等

6.1 铸造废砂再生利用技术

据统计,我国砂型铸造生产中每生产 1 t 铸件,大概可产生 1.12~1.58 t 废砂。以 2021 年全国铸件产量 5 400 万吨来推算,其中砂型铸造为生产工艺的铸件产量约占到 80％,即 4 300 万吨以上。如果以每吨铸件产 1.12 t 废砂计算,则会产生 4 800 万吨以上的废砂,而且铸造企业也需要补充同样数量的新矿产资源。显然,这不仅消耗大量的矿产资源,产生如此巨量的旧砂废弃物,也给环境带来了巨大的压力。我国是一个人均占有资源很少的国家,又是一个资源、能源利用率低、浪费严重的资源能耗大国,因此,发展循环经济,严格控制生产过程中资源、能源的浪费和严重的环境污染,减少铸造废砂排放是我国铸造业面临的紧迫而艰巨的任务。

一般铸造废砂的处置思路有两种:一是陆地填埋,这是材料和产品生命周期的终点;二是进行处理后资源化利用,转化成其他形式的材料或产品,继续留存在人类社会物质循环中,进入新的生命周期。铸造用砂主要成分是无机物二氧化硅,耐高温耐腐蚀,因此填埋处置是可行的。但填埋不仅占用土地资源、存在卫生和污染隐患,而且对固体废物所含有的价值也是极大的浪费。目前,各行各业已有越来越多的大型制造业企业提出了“零填埋”的口号,追求固体废物的全部资源化利用。

6.1.1　铸造废砂再生利用的技术原理

我国铸造废砂大部分以丢弃和垃圾填埋为主,每年需要占地 2.5 万亩用于堆积废砂,同时又要开采 3 500 万立方米以上的自然资源石英矿用于制造铸造用新砂,数量非常庞大,这对自然资源而言是极大的浪费。由于铸造废砂中含有有毒有害物质,对环境将会造成严重污染,给人民生活带来极大的危害,因此,必须重视铸造废砂再生利用技术的研发,提高其工艺实施效率,为实现生态文明的发展目标贡献力量。

废砂再生的总体目标就是将废砂通过物理、化学或加热处理的方法去除砂粒表面上包裹的粘结剂惰性薄膜及有害微粒、粉尘等杂质,使其恢复到与原砂相近,可代替新砂使用,达到循环利用的要求,从而彻底解决废砂环保处理的问题。在国外,对废砂再生技术的探索早在 100 年前就已经开始。英国、德国、日本和美国等发达国家针对粘土砂以及水玻璃砂和树脂砂等自硬砂的专业旧砂处理设备已经大量投入使用,目前先后发展出湿法、干法、热法及各种联合再生等较全面的各种再生方法用于铸造生产。美国、日本、德国等工业发达国家应用废砂再生工艺技术的企业比例已达 40％～60％,并且获得了较好的经济效益和社会效益。我国废砂再生利用工作开展得较晚,但随着原砂价格和废砂排放费用的增加,越来越多的铸造厂家重视废砂的再生利用问题。由于废砂再生的设备和方法不断进步,废砂再生后质量得到很大的提高,已经可以部分或全部代替新砂造型。铸造废砂经过再生后可以作为新的铸造用砂来使用,而铸造产生的废砂可以继续再生回收。这一过程既可以实现资源的回收利用,又可以实现零污染物排放,对环境保护事业是一个利好。废砂再生利用的循环过程图如图 6-1 所示。随着人们对资源意识、环保意识的增强,废砂再生在未来的铸造行业将占据越来越重要的地位,是实现“绿色铸造”的一个重要环节。

目前铸造生产常用的型砂材料,主要有粘土砂、树脂砂和水玻璃砂三种。根据混砂时添加的成分不同,其废砂可能含有的主要成分及各类废砂的性质见表 6-2。铸

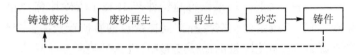

图 6-1 废砂再生利用的循环过程

造废砂的成分和性质直接决定了所需的后续处理、可能的处置手段和资源化利用的可能性。粘土砂废砂成分相对简单,较新砂的主要区别是颗粒细且粒径分布不均匀,且灰分含量高。因此,在对粒径分布和灰分含量要求不高时,使用部分粘土砂废砂替代天然砂是可行的。水玻璃砂和树脂砂由于添加了化学粘结剂(水玻璃或树脂),其废砂成分较为复杂,并且落砂后多数仍呈结块状,具有较高的机械强度,一般仅机械破碎处理很难恢复使用性能(水玻璃砂水洗、树脂砂高温焙烧后,能获得较好再生效果),因此与天然砂差别较大,更难资源化利用。

表 6-2 不同铸造废砂可能含有的成分及性质

种　类	成　分	性　质
粘土砂废砂	硅砂(破碎或形状改变);未反应的粘土和各类添加剂(膨润土、煤粉等);烧结的死粘土、经浇注(高温反应)后形成微粉的粘土和添加剂	颗粒细且不均匀;物理化学性质较为稳定;基本不溶于水;耐高温
水玻璃砂废砂	硅砂(破碎或形状改变);已固化的水玻璃粘结剂(与砂紧密结合或成微粉);树脂硬化水玻璃砂中含有一定数量的有机酯及其经浇注(高温反应)后的产物	颗粒细且不均匀;多为硬块状;机械强度大;水玻璃溶于水,废砂浸出液有强碱性;耐高温
树脂砂及覆膜砂废砂	硅砂(破碎或形状改变);未反应或反应到不同阶段的树脂及各类有机添加物;经浇注(高温反应)后的产物	颗粒细且不均匀;多为硬块状;有一定的机械强度;有机成分一般不溶于水,且在高温焙烧中可分解或氧化

　　铸造厂对废砂进行再生处理,采用的技术措施主要包括机械摩擦方法、加热方法、水力方法等物理化学手段,去除旧砂颗粒表面附着的失效或未失效的粘结剂包覆膜,使旧砂的各种工艺性能恢复到原有工艺性能,能够再次投入生产过程中。其最终目的就是力求减少铸造生产中的新砂用量,节约经济投入,提高铸件质量,从而保护自然环境。我国旧砂再生利用工作开展得较晚,但是有较快的推进,尤其是在水玻璃砂的再生上,有新的较大的突破。例如"干法回用、湿法再生"的方案已经被大多数学者所接受。"干法回用"是指对旧砂破碎、去磁、筛分后,通过机械手段使砂粒之间、砂粒与设备之间进行低强度的碰撞、摩擦,除尘、冷却等处理后,再生砂可作背砂使用;"湿法再生"利用了水玻璃易溶于水的特性,在水的冲洗、机械的搅拌作用下,粘附在砂粒表面的粘结剂膜脱落,得到的再生砂物理、化学性能接近新砂,可以完全替代新砂作为单一砂或面砂使用。

由于很多铸造企业都形成了系列产品的生产能力,不同材料的铸件或者不同质量要求的铸件所采取的铸造工艺或生产方式有所不同,因此通常大多数铸造厂的废弃废砂种类并不是单一的。常见的混合型废砂有粘土-树脂混合废砂、粘土-水玻璃混合废砂和水玻璃-树脂混合废砂。对于这种混合型的废砂,其再生利用的工艺实施存在一定的难度,目前应用较多的工艺过程:

① 将混合废砂分类,得到粘土(水玻璃)废砂和树脂废砂,然后对二者分别进行再生;

② 树脂废砂在 800 ℃左右高温焙烧 30 min,或对废砂采用多缸串联连续柔性擦洗,擦洗停留时间达 45～50 min;

③ 对粘土(水玻璃)废砂采用砂水质量比为 1:1.5 的湿法再生工艺,并且在搅拌、擦洗过程中加入酸将再生砂 pH 值调至 7.0～8.0;

④ 将热法、湿法再生砂以 1:2.5 的质量比混合到一起,再生砂各项性能均达到铸造生产使用标准。

无论采取干法处理还是湿法处理,均会产生新的污染。其中,高温焙烧法会因为树脂的分解而形成 CO_2 或 CO 等,对空气造成一定的污染;而湿法再生产生的污水中含有较多的 NaOH、硅酸胶体和粘土胶体,能长时间稳定地以悬浮状态存于水中。因此,废砂再生工艺需要与废气、废水的处理工艺相结合,如图 6-2 所示。

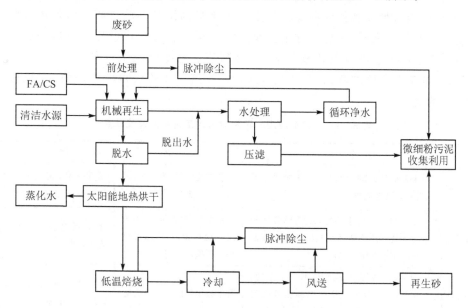

图 6-2　环保型铸造废砂再生利用的工艺简图

废砂再生工艺采用湿法作业,主要设备和设施包括破碎机、筛分机、磁选机、除尘器净化、再生擦洗线、回用水处理系统、太阳能地热烘干线、焙烧线、冷却装置、余热回收系统、气力输送系统、皮带输送系统及贮罐等。

废砂再生工艺实施过程中建议采用的能源类型为电能或者天然气,这样在生产流程中不产生有毒有害气体,从而实现了节能、低碳和低排放。

未来废砂再生将会在铸造行业中占据越来越重要的地位,是实现"绿色铸造"的一个重要环节。其未来可能的发展趋势如下:

① 废砂再生与砂处理系统结合将成为不可缺少的部分,并成为一体。

② 废砂再生设备开发的同时,将材料(砂粒、粘结剂等)构成、再生工艺(包括破碎、筛分、热分解等)结合起来进行系统研究,从治理旧砂向防止或减少废砂等废弃物产生的方向发展。

③ 废砂再生设备已从单工序处理向多功能一体化综合多工序处理及多样化发展。

④ 废砂再生已从工艺设备的开发使用进入技术基础理论的研究探讨,以寻找更好的工艺设备发展方向。

⑤ 废砂再生已与高新技术发展联系、结合在一起,向适应现代化的要求方向发展。

6.1.2　铸造废砂再生利用的工艺方法

废砂化学性质方面的差别也使废砂的再生方法不尽相同,再生效果也各不一样,其中以混合型废砂再生和湿型粘土砂再生最为困难。从目前国内外铸造废砂再生工艺及设备来看,常规的方法主要有湿法再生、干法再生和热法再生三种,三种再生方法的工艺特点及比较如表 6-3 所列。有些情况下也采用联合再生法。此外,新的工艺方法如蒸汽再生、冷冻再生、等离子体热法再生等的研发,也取得了成功的尝试。

表 6-3　三种常规废砂再生方法的工艺特点及优缺点

名　称	工艺特征	优　点	缺　点
干法再生	利用砂粒之间、砂粒与设备之间相互碰撞、摩擦完成再生	设备结构简单、投资少,没有二次污染	脱膜率高,相应冲击力和摩擦力大
湿法再生	采用粘结剂的水溶性,在机械搅拌和水擦洗作用下使残留在旧砂颗粒表面的粘结剂溶解、脱落	去除率高,耗水量少,系统组成简单紧凑,污水经处理后可循环利用	耗水;易造成二次污染,需再处理;占地大
热法再生	通过焙烧炉将旧砂加热到一定温度,实现脆化、分解或烧掉旧砂颗粒残留的粘结剂	再生砂比新砂性能更优良	产生废气,能源消耗大,铸件成本增加

1. 干法再生

干法再生的工艺原理:利用砂粒之间、砂粒与设备之间相互碰撞、摩擦,从而完成再生。干法再生通常用于脆性粘结剂膜的再生,主要有离心式、气流式、逆流式和振动式等工艺方法。干法再生,设备、结构简单,投资少,没有"二次污染"等问题,但是废砂的脱膜率越高,所需的冲击力和摩擦力就越大。

各种各样的干法再生设备,就其再生机理看,都是"碰撞摩擦"过程。只是有的以碰撞为主,有的以摩擦为主,而更多的是碰撞摩擦并存。当碰撞产生的撞击力大于废砂粒表面上的残留粘结剂膜的屈服力时,碰撞使得该残留膜产生破坏甚至脱落;当摩擦产生的摩擦力(或剪力)大于砂粒与其残留膜的粘结力时,摩擦使残留膜剥离。碰撞摩擦的次数越多、强度越大,残留膜去除得越干净。再生就是在这种"碰撞摩擦"的过程中实现的。从力学的角度看,任何废砂上的残留膜都可用碰撞摩擦的方法去除,只是要有足够的撞击力和摩擦力,但是过大的撞击力和摩擦力不仅会使机构复杂、对构件的要求高且磨损增加,而且砂粒本身破碎也会加剧。因此,为了提高废砂再生效果,不能无限地采取提高撞击力或摩擦力的方法,撞击力或摩擦力应有个极限值,那就是砂粒本身的强度。

而在生产实际中,因废砂的种类、性质及受热影响的程度不同,使得各类废砂再生的难易程度相差很大,如水玻璃废砂比树脂废砂更难用干法再生。一般认为,对大多数水玻璃废砂和受热影响较小的树脂废砂等来讲,难用干法再生彻底除去废砂粒上的残留膜,而各类废砂再生的目标是减少废砂粒上的残留膜,并使废砂粒表面"圆整化""光滑化",以达到新砂的形状要求。对于有机粘结剂废砂再生,需要进行一定的加热,受热温度越高,残留膜的烧损破坏越大,再生也越容易。

2. 湿法再生

湿法再生的工艺原理:以水为介质,利用粘结剂的水溶性对废砂进行多级柔性擦洗,在机械的搅拌和水的擦洗作用下,残留在废砂颗粒表面的粘结剂溶解、脱落,有效去除砂粒表面的杂质,并且不磨损或极少程度地磨损砂子,使其恢复到原砂形貌。经烘干后可代替新砂单独用于树脂砂制芯,从而达到多次循环使用的要求,因此这种方法适用于水溶性粘结剂废砂的再生。

图 6-3 所示为湿法再生工艺流程简图。

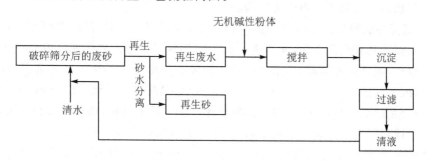

图 6-3　湿法再生工艺流程简图

湿法再生工艺主要包括以下几个步骤:

① 前处理:首先对废砂进行破碎、筛分、磁选、风选,得到预处理废砂。

② 湿法再生：预处理废砂经过柔性机械擦洗工艺去除表面杂质，然后进行砂-液分离脱水；然后对再生砂进行初步脱水，并进行干燥；经烘干的再生砂进入冷却系统冷却，经冷却的合格再生砂输送至成品罐贮存、回用。

③ 再生处理系统产生的废水经絮凝、沉降、分离污泥后过滤循环使用；而处理过程中产生的污泥经絮凝沉降后，收集并输送至烘干炉进行干化处理后得到复合粉，可用于粘土砂、煤球、水泥等材料的外掺料使用。

3. 热法再生

热法再生是指在高温作用下有机物氧化燃烧，通过焙烧炉将废砂加热到一定温度，以脆化、分解或烧掉废砂颗粒表面残留的粘结剂。热法再生适用于可燃的有机粘结剂，其工艺流程如图 6-4 所示。根据再生过程中加热温度的不同，可以分为低温热法再生（320～450 ℃）和高温热法再生（700～900 ℃）。

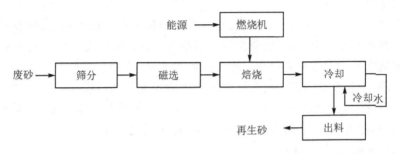

图 6-4　热法再生工艺流程图

① 低温热法再生通常和干法再生组合使用，低温加热的目的是使粘结剂膜由韧性变为脆性，然后对废砂进行干法再生将脆性膜去除。这种工艺设计的技术思路为：粘土废砂焙烧温度高于 700 ℃时，由于砂粒表面粘土烧结，冷法再生就非常困难。所以焙烧温度要设定在既能使鱼卵石粘土膜与硅砂的结合力松散开裂，又要避免温度太高使粘土膜烧结成陶瓷块。废砂焙烧以后附着在硅砂表面的少量非活性粘土可通过后续的机械摩擦或研摩再生工艺清除。

② 高温热法再生是将废砂加热到粘结剂膜的燃点以上，使其完全燃烧。热法再生工艺对砂子具有改性作用，使再生砂具有比新砂更加优良的性能。但是热法再生会产生废气，而且能源消耗大，增加了铸件的成本。其工作流程为：废砂先经破碎、筛分、磁选成为松散的砂粒；再经预热、在 700～800 ℃高温下焙烧，烧去砂粒上的粘结剂膜，或使粘结剂膜烧焦失去粘结力，并使小砂团变成单砂粒；然后冷却和去灰，再清除废砂中残存的失去粘结力的树脂膜，使其成为达到要求的再生砂。

两种热法再生工艺的优劣比较如表 6-4 所列。从比较高温焙烧再生和低温焙烧再生的结果很容易得出结论：低温焙烧热法再生是铸造废砂再生的最好选择。

表 6 - 4　不同焙烧温度条件下的旧砂回收工艺特点

项　目	高温焙烧	低温焙烧
焙烧温度/℃	约 850	＜600
对焙烧炉及炉内装置的损害	强	弱
再生砂品质	一般	优
能耗/(J·t^{-1})	8.5×10^7	$< 4.5 \times 10^7$
温室效应系数	1.96	1.00
国内应用	多	少

4. 组合式再生

将两种或两种以上的废砂再生方法组合在一起,即组合式再生,这种工艺在国外已经广泛得到应用。组合式再生是根据废砂再生过程的特点,综合各单项再生工艺方法的优点并对不同类型的再生工艺方法进行组合而形成的新型方法,它使得在一机内可完成多个工艺过程,再生系统更简单紧凑,效率更高。一般认为,废砂再生有三个工序:

① 预处理,包括旧砂块的破碎等;

② 再生处理,即去残留膜;

③ 后处理,除尘等。

如逆流搅拌式热法再生工艺,其再生原理属于低温热法再生,并有机械搓磨的作用,工艺流程如图 6 - 5 所示。废砂先通过破碎、筛分、磁选等预处理后,加入焙烧炉,对废砂进行均匀加热焙烧脱膜,砂子然后进入二次焙烧区,使砂粒表面的结碳全部烧尽,冷却后经机械擦洗、研磨、切削、整形等后处理去掉砂粒表面覆盖层,使铸造废砂得以完全再生。研究表明,该再生工艺方法及装置对再生水玻璃废砂较有效,比单纯干法再生脱膜率提高了一倍多。

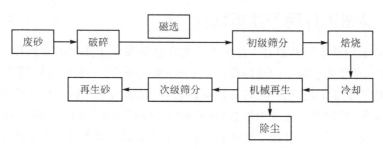

图 6 - 5　逆流搅拌式热法再生工艺流程图

再如,粘土废砂目前主要采用多级湿法实现再生,图 6 - 6 所示为二级湿法再生废砂工艺流程图。

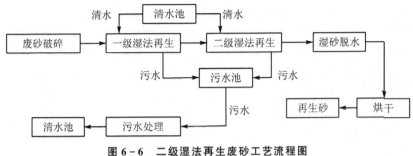

图6-6 二级湿法再生废砂工艺流程图

6.2 国内外铸造废砂的资源化技术

以国内现有的设备和技术,将铸造废砂百分之百地回用到铸造中去是达不到的。不管是哪一种再生工艺,都不能达到百分百的再生利用,对于大多数铸造企业而言,有超过10%的废砂将作为废弃物排放;这些固体废弃物的主要成分是粉煤灰、失去结晶水的粘土、粒度较小的沙粒,不含有害物质,如果堆放的话也不会对土壤造成严重的污染。但由于都是很小的粉尘,会对空气环境造成污染,所以可将废弃旧砂与其他材料加工成复合材料,实现旧砂资源化,也是一种废砂再生利用的工艺方法。

铸造废砂本身的物化性质是决定其资源化开发方案的前提条件。归纳起来,铸造废砂有如下主要性质:

① SiO_2 含量高,一般在90%以上,同时夹杂有少量的氧化铁。

② 颗粒均匀,部分砂粒表面有玻璃化的熔融物。

③ 水玻璃砂中含有5%左右的氧化钠,粘土砂中含有10%左右的失效粘土质混合物和煤粉成分,有机粘结剂砂含有较高比例的残余碳和有机物。

④ 同一种废砂的化学成分和物理性质较为稳定。

根据这些性质和其他综合因素,铸造废砂可以多方面的资源化综合再利用。

6.2.1 铸造废砂用于建筑辅料

由于铸造用砂本质是掺有少量杂质且物理性质发生了变化的天然砂,铸造废砂的粒度很细,可作为混凝土的细填充料,用于混凝土铺路、下水管道铺路砖等。因此取代天然砂用于基础建设,是最常见的资源化利用思路,也是国内外主要研究方向。例如混制水泥、控制性低强度回填材料(或称"流填料"),替代沥青中的部分添加物用于生产预制建筑砌块等,这些工艺在粘土砂和树脂砂的废砂利用中均有相关的报道。

首先,利用铸造废砂制备高强轻集料的方法已经获得了工程应用。轻集料也称轻骨料,一般指松散容重小于 1 100 kg/m^3 的多孔集料,主要用以配制轻集料混凝土、保温砂浆和耐火混凝土等,还可用作保温松散填充料。其主要特点是重量轻、隔热能力强、适应性广。其中高强轻集料的密度一般在 600~900 kg/m^3 之间,强度可达25～20 MPa,吸水率也较低,因此大多应用于工程的承重结构。利用铸造废砂制备高强轻集料的主要生产工艺流程如图 6-7 所示。

① 过筛处理:先将建筑废渣灰和铸造旧砂进行破碎、球磨处理成粉末状,同时进行过筛处理以保障轻集料的质地均匀。

② 压制成型:按照一定的配比将过筛后的建筑废渣灰、铸造废砂和水混合,将按配比混合好的混合料进行充分搅拌,然后在预定模型内压制成型。

③ 干燥:将成型好的坯体自然风干,去除坯体多余的水分,干燥的主要目的是减少焙烧坯体变形和焙烧时的开裂。

④ 预热:将生坯预烧温度为 600～700 ℃,预烧一定时间,保证坯料能够干透。

⑤ 焙烧:焙烧温度范围为 1 000～1 300 ℃,焙烧温度和焙烧时间的控制需根据轻集料原材料的组成等因素确定。

⑥ 自然冷却至室温。

该工艺方法具有工艺流程简单、价格低廉并可减少环境污染等特点,生产出的轻集料制品具有高强度、低密度的特性,适合用于隔热保温等领域。

图 6-7　轻集料生产工艺流程简图

目前熔模铸造型壳多应用于建筑行业,作为混凝土、建筑切块、填料等低附加值产品的主体材料,或者用于制备耐火材料,如轻质骨料、粘土砖等,以及作为制备陶瓷基复合材料的原材料。

另外,砂子不是一种正规建筑粘土陶瓷品材料,德国一些公司已使用铸造废砂混制生产高质量砖及耐火砖,而我国第一汽车制造厂的铸造旧砂也已用于制砖。利用废弃石英砂按照一定的比例取代混凝土细集料中的细砂部分,制成新的混凝土材料,制成的新的混凝土材料有很强的抗压强度和抗折强度。

6.2.2　用铸造废砂制造不同基体的复合材料

很多研究机构开展了利用铸造废砂制备高性能复合材料的开发工作,他们利用铸造废砂、尾矿、废旧玻璃等废弃物之间的不同特性,通过不同废弃物间复合机理和复合工艺技术研究,把多种不同类的固体废弃物制成各种各样的固体废弃物复合材料,则可使材料在性能上扬长避短,可以最大程度地实现固体废弃物的使用价值。这种材料包括废弃聚合物基复合材料、硅酸盐基复合材料和金属基复合材料等系列产品。在废弃物的综合再生过程中,既解决了固体废弃物带来的环境污染问题,又节约了各种宝贵的一次资源,具有明显的环境、社会和经济效益。

1. 利用铸造废砂制备颗粒增强复合材料

以铸造废砂为颗粒增强材料、以热塑性废塑料为基体,通过砂粒表面活化、共混复合、成型等工序所制造的废弃物复合材料,既具有砂的刚度和硬度,又具有聚合物材料的韧性和可加工性,可在很多领域内替代钢材、木材、塑料、水泥、橡胶等常规材料。几乎所有的铸造废砂均可作为这种材料的原料,而且有机粘结剂砂比无机粘结剂砂的增强效果更好。

复合材料的制备工艺流程如下:

① 废弃物的预处理。首先将铸造废砂高温加热处理,将其中的粘结剂氧化而失去效用;然后筛分处理,将大颗粒砂粒清理出去,留下细小颗粒的铸造废砂备用。

② 将回收的废旧地膜经晒干和振抖后,粉碎成细小颗粒状;并存留粘附在地膜上的泥土颗粒,并经粉碎筛分后保留细小颗粒的泥土备用。

③ 将以上原料按照一定比例混合均匀,经塑炼、模压以及冷却处理后,可以获得具有一定强度、价格低廉的聚合物基复合材料。

利用铸造废砂制备复合材料的工艺流程如图 6-8 所示。

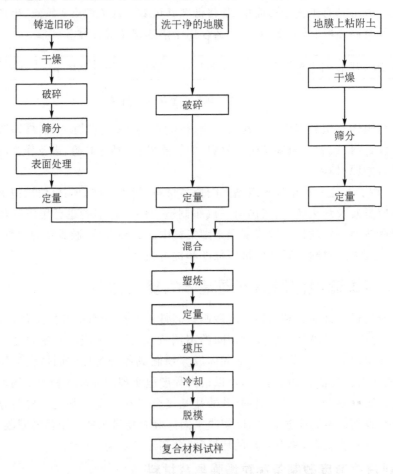

图 6-8 利用铸造废砂制备复合材料的工艺流程图

目前,国内利用该技术已成功实现了产业化,建造了具有较大生产规模的生产线,如已开发出阴沟井盖、建筑用模板等产品,在建筑、市政、园林建设等领域获得应用。

2. 利用铸造废砂与废弃玻璃制备玻璃基复合材料

实现该技术实施选用的原材料为回收的废平板玻璃、废瓶罐玻璃和废器皿玻璃,主要为钠钙硅玻璃系,铸造废砂主要为水玻璃废砂。利用铸造废砂与废弃玻璃制备复合材料的工艺流程如图 6-9 所示。这个工艺技术的实施过程以废弃玻璃和铸造废砂为主要原料,添加适量发泡剂、助熔剂、稳泡剂为辅助原料,用粉末烧结法也可以制备轻质玻璃基复合材料,可形成以核心颗粒为骨架,结晶玻璃为基体的复合结构,表现出耐磨、高硬度、高强度、装饰性等性能。获得的轻质玻璃基复合材料不仅导热系数小,耐久性好,吸水率小,抗冻性、耐酸碱性能好,而且具有较高的机械强度,易于切割成型,粘贴力也较好,可广泛应用于建筑物的外层保温。另外,利用铸造废砂特别是水玻璃石英砂和粘土砂的主要成分 SiO_2,本身具有耐高温和含有与磷酸反应致孔的组分特征,可以用来制备具有轻质、高强、耐腐蚀、耐高温性等良好特性的磷酸盐泡沫陶瓷材料,可以在建筑、冶金行业广泛应用。另外,在工艺实施中也可以通过添加染色剂等直接制成各种颜色且不变色的制品,也可在安装后整体喷色,达到一定的装饰效果。

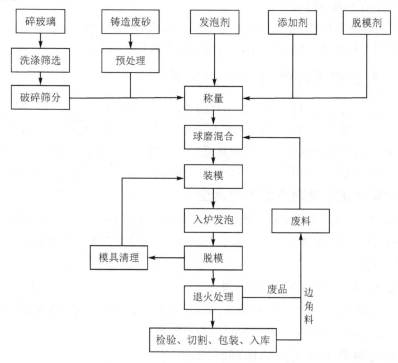

图 6-9　利用铸造废砂与废弃玻璃制备复合材料的工艺流程图

281

3. 利用铸造废砂制备其他类型的复合材料

① 利用废砂加入炉渣、尾矿、粉尘等主要原料,添加适量的活性激发剂,经混料、压制养护而成的具有较好性能的建筑材料,也可制成建筑承重砖和空心砖,是大量解决工业废料的一条有效途径。我国已制造出密度低(<2 g/cm³),具有较高抗压强度、抗折强度以及良好吸水率的空心砖和承重砖制品,并获得了工程应用。

② 用铸造废砂制造轻型发泡材料。利用铸造废砂中含有高温发气的物质,如 CO_2 硬化水玻璃砂中含有碳酸钠、粘土砂中含有 3% 左右的煤粉、树脂砂和其他有机粘结剂砂、有残余碳和碳氢化合物等。这些物质在高温条件下可以被分解而最终形成 CO_2。这是铸造废砂制造烧结发泡材料的一个基本条件。

采用的工艺方法如下:

a. 对铸造废砂和废玻璃进行粉碎、研磨处理,粒度越小,泡壁越薄,密度就越小。

b. 在混合料中加入一定量的助熔剂、稳泡剂和玻璃晶核剂。

c. 充分混合均匀的物料压制成型,放入烧结模具中进行发泡,或者将散料入模发泡,均可取得好的效果,然后进行毛坯的烧结、退火、晶化、冷却,最后切割成一定尺寸的轻质多孔的发泡材料。该材料可广泛用于保温隔热、墙体砌筑、吸音降噪等。

另一种方法是将水玻璃自硬废砂,加上冲天炉炉渣、天然矿物、石粉,按一定比例配合后焙烧制成。这种发泡块加工性能好,可切割,且发泡中其发泡状态是独立气泡,故在水中有不渗透的特点。

③ 制造隔音隔板材料。将废砂、发泡苯乙烯废料、旧轮胎、石粉、水泥以及添加剂,用砌块成型机械制成隔板材料,具有好的隔音性能。

6.2.3 难处理废砂的再生利用技术

对于采用水玻璃、有机树脂等作为粘结剂的砂型铸造工艺过程,由于铸造废砂中含有苯、甲苯、二甲苯、苯酚、苯胺、吡啶等芳香烃,还含有机树脂类有害物质(如酚醛树脂,呋喃树脂,冷芯盒树脂等),因此其再生处理的难度较大。针对这样一些成分复杂的难再生废旧砂,多采用组合式再生方法,如化学法再生与湿法再生相结合等。

1. CO_2 硬化水玻璃废旧砂的再生

针对难再生 CO_2 硬化水玻璃废旧砂,采用常温水浸泡再生→超声再生→滚筒摩擦再生→超声/滚筒/碱煮＋酸浸的复合再生过程,获得的再生砂粘结强度高,能直接代替新砂使用。

2. 粘土-树脂混合废旧砂的再生

针对难再生粘土-树脂混合废旧砂,采用"热废碱液浸泡＋水/酸擦洗"再生方法对其进行完全再生,其再生砂的性能可以与新砂相媲美。

3. 精密铸造废型壳分离回用技术

熔模精密铸造的型壳主要由耐火材料(主要为锆英砂和莫来砂)和粘结剂(水玻

璃和硅溶胶等)组成,其中耐火材料占型壳重量的 90％左右。当前,大部分废型壳被作为垃圾丢弃,这不仅给环境带来巨大污染,而且浪费了有限的锆英砂和莫来砂资源。

因废型壳中含有大量的 Al‐Si 系物相材料(莫来砂),相关研究将废型壳作为建筑材料的原材料进行回收利用,如制备水泥、耐火砖或建筑用砖等。当前,废型壳中的锆英砂资源被忽视,而中国锆英砂矿物资源较少,每年需要大量进口锆英砂,现有的废型壳回收利用技术不能充分发挥其所含锆英砂的价值。有研究采取了利用选矿工艺(重选或浮选等方法)使废型壳中的锆英砂和莫来砂分离各自回收利用的工艺措施,能最大程度地发挥废型壳的价值。其工艺过程为:精密铸造废型壳破碎筛分后经过摇床重选可获得精矿(锆英砂),中间矿(锆英砂和莫来砂)与尾矿(莫来砂)。再通过浮选工艺,可以从废型壳中浮选出锆英砂含量高达 90.18％的锆英砂精矿。图 6‐10 为从精密铸造废型壳分级再生回用莫来砂和锆英砂的工艺流程。

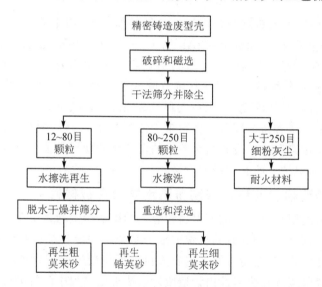

图 6‐10　精密铸造废型壳分级再生回用莫来砂和锆英砂的工艺流程图

6.3　铸造粉尘的再生利用技术

铸造生产过程排放的颗粒污染物经过过滤除尘、吸附除尘等处理后,大部分颗粒物得以收集;这些颗粒物中含有大量除尘灰、金属氧化物等,一般都有很好的利用价值。目前,除尘灰的回收利用主要集中在如何利用粉尘灰的有效成分,通过合成反应制成不同的制品,用于建筑行业。由于铸造企业的生产规模大都有限,其单一企业的粉尘数量少,收集后的储运成本高,因此利用铸造粉尘获得高附加值产品的工艺技术还局限于实验室研究阶段,目前还无法有效利用。

1. 利用铸造废砂再生工序的回收粉尘制备 Al_2O_3 颗粒增强 Al 基材料

有研究发现,在废旧易拉罐中加入铸造废砂再生粉尘(主要成分为 SiO_2),可以通过原位反应在材料内部生成 Al_2O_3,可以作为材料的增强相而获得 Al_2O_3 颗粒增强 Al 基材料。为实现 Al_2O_3 颗粒增强 Al 基材料的获得,选用了粉末冶金的工艺方法,其工艺步骤主要包括:原料预处理→配料→混合→压坯→烧结。

工艺实施过程:

① 将废旧易拉罐除漆除杂,之后熔炼除渣在熔融状态下采用超声雾化技术制成粉末。

② 铸造废砂再生粉尘做酸洗处理烘干之后筛分处理,要求粉末颗粒在 400 目以内。

③ 制得的两种粉末在惰性气体保护下球磨处理并混合均匀,之后放入模具中加压成坯。

④ 在氩气保护下加热烧结。在高温烧结的作用下,烧结原料中的主要成分 Al 和 SiO_2 会完全按照 $4Al+3SiO_2=2Al_2O_3+3Si$ 的反应方程式进行反应,通过 XRD 图谱分析表明,经烧结反应后,该复合材料新生成物相主要为 Al_2O_3,成功制备了 $Al_2O_3/Al-Si$ 基复合材料。该材料在铸造废砂再生粉尘的含量控制在 $20\%\sim30\%$ 之间时,所得复合材料的硬度、抗压强度和耐磨性能明显高于 Al 基体。

利用废旧易拉罐和铸造废砂再生粉尘为原料制备 Al_2O_3 颗粒增强 $Al-Si$ 基复合材料为废旧易拉罐和铸造废砂再生粉尘的资源化处理提供了一条废弃物综合利用的途径,并在环境保护方面有积极的意义。

2. 利用铸造粉尘与粉煤灰制备基地质聚合物材料

该技术方法的研究所选用的原材料粉煤灰和铸造粉尘均为工业生产过程中产生的粉状固体废弃物,各自均具有其特殊的成分组成与性能特征。粉煤灰是燃煤电厂排出的主要固体废物,铸造粉尘原料主要来自砂型铸造生产过程中由砂处理工部产生的经除尘系统收集的粉尘以及由铸造废砂热法再生过程中产生的经除尘系统收集的粉尘。其颗粒粒径细小,表面能较高,具有一定的活性。利用砂处理粉尘与粉煤灰制备基地质聚合物材料的工艺流程如图 6-11 所示,主要工艺参数为:砂处理粉尘用量 $30\%\sim40\%$,粉煤灰用量 $60\%\sim70\%$,水玻璃碱激发液,自然养护,室温下自然湿度蒸养,制备的铸造粉尘与粉煤灰基地质聚合物材料中,其物相主要由非晶体相和晶体相两大部分组成;材料结构中具有铝硅酸盐三维网络结构生成,且具有较致密的内部结构,因此具有良好的力学性能。

3. 利用铸造粉尘灰提取煤粉和尾矿

该实验研究开展采用的原材料来自某铸造企业在粘土砂铸造过程中收集的粉尘灰,主要由煤粉和粘土矿物组成,其中煤粉的含量在 38.4% 左右。煤粉颗粒被粘土矿物包裹着,表现形式为煤粉颗粒被粘土矿物部分或全部包裹。

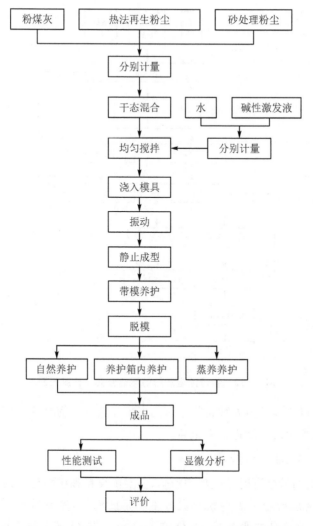

图 6-11 利用砂处理粉尘与粉煤灰制备基地质聚合物材料的工艺流程图

利用铸造除尘灰中煤粉含量高达 38.4% 的特点,研究了利用浮选分离工艺处理铸造除尘灰获取精选煤粉的技术方法,工艺实施步骤如下:

① 将铸造除尘灰、水、浮选药剂放入处理池中混合得到混合物,并对该混合物进行预处理(超声、高速搅拌等处理);

② 将预处理后的混合物进行一级浮选得到初级煤粉和初级尾矿;

③ 将初级尾矿进行过滤得到一次滤液和一次滤渣,对该一次滤液和初级煤粉进行二级浮选得到次级煤粉和精选尾矿;

④ 将次级煤粉进行过滤得到二次滤液和二次滤渣,该二次滤渣即为精选煤粉,从而得到较高纯度的精选尾矿和精选煤粉。

图 6-12 所示为铸造除尘灰粉的浮选分离工艺流程图。

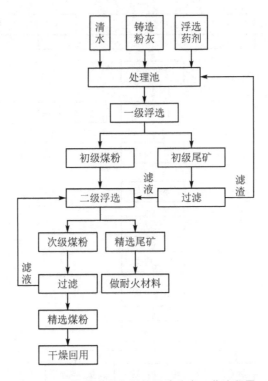

图 6 - 12 铸造除尘灰粉的浮选分离工艺流程图

另外,也可以通过超声处理将除尘灰的煤粉与粘土矿物分离,但超声处理后煤粉的回收率一般,煤粉的纯度也不是很高。

4. 铸造粉灰的其他应用

大部分铸造旧砂处理时所收集的粉尘,主要由煤粉和矿物粉尘构成,另外还会有少量的有机粘结剂粉尘。矿物粉尘成分主要是膨润土,其有效成分中含有较多的 SiO_2 和 Al_2O_3,另外还有少量的 MgO、CaO、Na_2O、K_2O 等。冲天炉烟尘中焦炭粉约占 60%,其余主要是 CaO 和 SiO_2。源于冲天炉附加煤粉强化熔炼技术和送风喷吹粉料脱硫技术的原理,将以上的铸造粉尘加入冲天炉送风中,吹入底焦,其中的可燃成分参与炉内的燃烧,矿物成分参与造渣,铸造粉尘变为炉渣,为其产品化完成预处理。大量实验表明,铸造粉尘随送风进入冲天炉底焦后,对冲天炉熔炼的影响与附加煤粉及脱硫剂类似,对冲天炉熔炼效率有明显的提升,这方面国内外都有成功应用的实例报道。

其工艺原理为:将粉尘按一定流量加入冲天炉送风中,使其呈悬浮状态,经风口随风吹入冲天炉底焦。在底焦中,粉尘中的可燃物发生燃烧,产生热量;颗粒细小粉尘具有高的表面能,为炉气中 CO 的燃烧提供了充分的热力学和动力性条件,加快 CO 的燃烧速度,提高了炉气的燃烧比,对提高炉温、提高熔化强度、减少焦炭消耗等有明显效果;高度分散的粉尘质点,可以与铁液、焦炭表面广泛接触,其中的碱金属和碱土金属氧化物可与 S 反应生产稳定的硫化物,发挥脱硫作用;进入铁液的矿物质点还可以增加自生晶核数量,既有利于生产合格的铁液,又达到最大限度地综合利用资源的目的。

6.4　铸造废渣的再生利用技术

由于自然资源的广泛开采而变得日益匮乏,把铸造废渣(主要是熔炼过程中产生的精炼渣)当作资源应用到工程中,不仅带来巨大的社会效应,同时也能产生不菲的经济收益。尽管我国已经意识到利用铸造废渣的重要性,并取得了不错的成绩,但在使用过程中仍然有许多障碍制约了铸造废渣的综合利用。以冶金钢渣为例,其用于制备水泥会出现因活性低造成前期强度较弱的情况,所制备的混凝土更偏向于脆性破坏;由于对钢渣粉的掺量也并没有统一的规范,用于道路施工时会由于体积膨胀的不均匀性造成路面的损坏;此外,钢渣的处理工艺以及对钢渣的粉磨设备仍需要不断提升。如何解决这些问题是我国能否提高对铸造废渣综合利用的关键因素,也是我国未来很长时间研究的主要方向。

6.4.1　钢铁熔炼废渣的再生利用

钢铁熔炼废渣是由熔炼原料,如生铁、废钢、中间合金等中的硅、锰、磷、硫等元素,在熔炼过程中氧化而成的各种氧化物以及这些氧化物与溶剂反应生成的盐类所组成。其中包含多种有用成分,如铁、氧化钙、氧化镁、氧化锰、硅酸三钙等,故可具有良好的再生利用价值。钢铁熔炼废渣的处理和利用流程如图 6-13 所示。

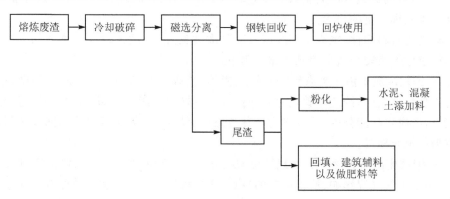

图 6-13　钢铁熔炼废渣的处理和利用流程图

1. 从钢铁熔炼废渣中回收废钢铁

钢铁熔炼废渣中的金属资源以金属铁为主,其中存在的形式主要有两种:

① 以铁单质的形式存在;

② 以铁的氧化物(Fe_2O_3、FeO)的形式存在。

将钢铁熔炼废渣中的铁资源回收再利用具有十分重要的意义。

很多企业将钢铁熔炼废渣粉碎后再经过磁选回收其中的金属元素,采用"粉碎—筛分—磁选—磁选后废钢回收"的处理工艺,废钢铁的回收率可达到 85% 以上。通常再进行进一步的筛选提纯,便可作为冶炼钢铁的原料。含镁、铬较高的废渣可以作为助熔剂,提高熔炼效率,从而减少出渣量。

2. 利用钢铁熔炼废渣制备建筑材料

在通过磁选等手段提取部分金属元素后,剩余尾渣可以用于水泥、道路工程、混凝土骨料和土建材料等方面。

钢铁废渣中含有大量钙、铁、铝等化合物,包括硅酸二钙、硅酸三钙等能够促使水泥胶结的重要物质,这些物质是现代水泥生产的基本原料构成原料,而且具有良好的性能,因此,钢铁废渣可以作为生产水泥的辅助配料使用,应用于生产熟料水泥。常用做法是将钢铁废渣磨成细粉代替部分水泥中的石灰石原料来制备硅酸盐水泥,与普通硅酸盐水泥相比,掺入钢渣后的水泥约节省 50% 的成本,同时增强水泥的抗压、耐腐、防冻及刚度等性能。

将钢铁废渣代替砂石用于制备混凝土,与普通混凝土相比,掺入钢铁废渣后的混凝土抗压性能与抵抗变形能力都有所提高,但破坏形态更接近于脆性破坏。加入钢铁废渣后的混凝土,后期具有更高的强度并且随着钢渣掺量增加,混凝土流动性更好;特别是钢铁废渣在形成过程时经历高温、急冷及粒化破碎过程中,将渣内的部分热能转变为物理化学能存储在晶粒内部,使钢渣粉具有凝胶活性。以其代替天然骨料,所制备的透水混凝土强度和透水性较好,其多孔式结构可在一定程度上抑制其体积膨胀性,得到的透水混凝土具有良好的力学性能和物理性能,可以在我国海绵城市的建设中发挥一定的作用。

与传统材料相比,钢铁熔炼废渣具有耐磨性良好、硬度大以及渗透性好等特点,许多国家已经将转炉渣应用到道路工程中。

① 钢铁废渣中由于含有钢铁及钙硅铝等,具有良好的导电性,强度、硬度、稳定性等物理特性良好,因此较普通碎石而言具有更好的性能。比如可以耐高低温、粘合性能好,渗排水性能强等,可以作为各种道路(如铁路、公路、机场等)的铺设填料,以及坑塘的填充物等。

② 钢铁废渣与天然碎石物理性能较为接近,具有强度高、耐寒、级配良好、渗水性好、不受天气气温影响、造价便宜的特点,通常将处理后的钢铁废渣暂存半年左右,其各类性能相对稳定后再作为建设施工材料使用,被加工成骨料作为路基的重要组成原料。这种道路具有建设成本低、工程性能好、维护保养成本低等优点。国内外已有许多成功的案例,取得了较好的成绩。

③ 有研究发现,钢铁废渣对于沥青性能具有较好的改善作用。掺入 60% 钢渣制备的沥青,其高温稳定性是普通沥青的 1.45 倍,可较大程度上提高沥青抵抗高温变

形的能力;钢渣由于自身是多孔的结构,所以与沥青有着更好的结合能力,制备出的沥青具有更好的动稳定性,对路面抵抗永久变形的能力有所提高。

④ 钢铁废渣的潜在水硬胶凝性较高,掺入适量的粉煤灰和激发剂,经一系列的生产操作流程后,能够制成质量较高的砖和砌块,能够用于工程行业建筑生产。以钢铁废渣为原料并掺入黄沙、水泥、石屑、碎石等基础材料,通过布料、压制成型等工艺技术,再经过一定的养护周期即可制成钢渣透水砖。钢渣透水砖可用于城市广场、人行道、园林步行道等大型公共场所的高档地面用砖,其具有透水性强、抗压性好、强度高等特点,是美化路面、防止积水的理想建材。

钢铁废渣中含有大量的硅酸盐成分,加以处理后可以满足制备微晶玻璃、透明玻璃和彩色玻璃陶瓷的需求。微晶玻璃具有良好的物理化学性能,应用广泛;透明玻璃和彩色玻璃陶瓷,可用于建筑装饰。

3. 应用于环境修复

① 海域环境领域。日本在海洋环境应用领域开发了利用钢铁废渣修复海域环境的新工艺。渣中含有大量的海藻生长所需的 FeO 和 SiO_2,可将其作为在营养贫化海域制造海藻场的基质材料和肥料。同时,废渣中含有 CaO 将导致封闭性海域营养富化的磷元素变成磷灰石进行固化;钢铁废渣呈碱性并含有铁,具有抑制沉积在疏浚凹地和海底的硫化物还原为硫化氢的功能。

② 钢铁废渣表面呈多孔式结构,具有良好的吸附能力,对废渣改性处理后可与其他物料形成复合颗粒,可应用于水污染治理领域。钢铁渣料具有的熟料性和多孔结构,可对水中金属离子有很强的吸附能力,并且密度偏大的钢渣易发生沉淀,很容易从水中分离出来。钢渣已经在处理氮磷废水、金属离子废水、染料废水、焦化废水、有机废水等领域取得了较好的效果,实现了"以废治废,变废为宝"的绿色理念。渣中的金属离子如 Ca^{2+} 等溶解在水中,可以和水中的 P 发生反应生成磷酸钙而沉淀,再经吸附与过滤处理,可以使含 P 废水的浓度大大降低,去除率最高可达 99%;渣中的 CaO 在水中可以部分溶解,使水质呈碱性,Ni^{2+}/Cr^{2+} 离子可部分形成氢氧化镍/铬沉淀被去除,从而达到治理含 Ni/Cr 废水的目的。

③ 钢渣作为固体废弃物,也通常被用作平整土地的重要原料,被用于填海造地。日本利用钢铁渣料中含有的 CaO 和 SiO_2 的特性,通过脱盐处理和二氧化硅施肥的方法洗去过量的 Na,用于恢复日本东北部海岸附近因海啸而受到破坏的稻田。渣中的 Ca、Mg 元素含量较高,多以碱性化合物的形式存在,所以可部分代替传统石灰用于改良酸性土壤,通常含磷量为 $4\% \sim 7\%$ 的钢铁渣料可用作土壤改良剂;钢铁渣料可以增加土壤的 pH 值,有益于活化土壤中的硒元素,使得硒的有效性可提高 $1.4 \sim 2.0$ 倍。

由于钢铁渣料中富含多种农作物生长所需的营养成分及微量元素,同时钢渣具有较大的比表面积和孔隙度,是优良的硅钙肥原料和酸性土壤改良剂。

① 钢渣中的化学组成 CaO、SiO_2 和 MgO 与无机肥料原料在成分组成上相同，同时还包含诸如 FeO、MnO 和 P_2O_5 等有效成分，因此钢渣被作为化肥生产原料广泛用于农业领域。在发达国家，如德国、美国、法国、日本等国家已经实现了采用钢铁渣料生产硅肥、磷肥料与微量营养素肥料。

② 钢铁渣料中的磷含量一般较高，经过相应的破碎、磁选、再破碎等流程处理后，应用于酸性以及含磷量较低的种植土壤中，能够改善土壤的种植条件，从而提高农作物的产量。对于硅元素含量较低的稻田，活性硅含量较高的钢铁废渣用作肥料，可以提高水稻叶片内的含硅量并促进水稻的生长、生产和对病虫的防治。

6.4.2　铝渣的再生利用

铝合金熔炼过程中需要添加净化剂、覆盖剂、变质剂等以改善熔体质量，因此熔炼过程会产生一定的铝渣；而废铝再生过程中则由于原料中掺杂有大量的异质材料，如粉灰、废钢铁等，其熔炼过程更为复杂，可以产生原废铝熔炼量 15% 的浮渣，甚至更多。

熔炼过程中产生的浮渣，大部分漂浮于熔融铝液上面，主要由金属铝和铝的氧化物及氮化物所组成；在铝加工制造业的熔炼制程中也会产生大量的集尘灰，集尘灰的产量约为原废铝再生冶炼量的 1%，其主要成分除铝金属以外，还包括氧化铝（Al_2O_3）、氧化硅（SiO_2）、氧化镁（MgO）、氧化钠（Na_2O）、氧化钙（CaO）、氧化铁（Fe_2O_3）和氟化铝（AlF）等，其中氧化铝含量一般在 43%～75% 之间。铝灰渣因含有金属铝和铝的氮化物、碳化物，当其曝露在空气中遇潮或吸湿则会水解产生氨气、氢气和甲烷，对环境造成不了的影响。

1. 铝渣中金属铝的回收工艺

从目前铝熔炼工艺水平来看，对于常规铝合金的熔炼过程，热铝渣产量一般为原铝产量的 6% 左右。我国每年产生的热铝渣规模高达 2 000 万吨，如果不能对其进行妥善处理，不仅会产生大量的铝资源浪费，还会严重增加环境负担。在铝加工生产过程中对热铝渣进行处理是一个不可或缺的环节。由于铝渣的金属含量较高，回收金属铝是铝渣处理的重要措施，此外还可以对剩余铝灰进行利用，生产铝粉、碱式氯化铝、硫酸铝等产品。

回转炒渣工艺是采用扒渣车或人工方式，将炉子中的热铝渣扒出，先装入渣箱，再采用旋转叉车将其送入回转炉。通过回转炉中的回转以及耙子搅拌，发生铝热剂反应。当静置一段时间后，密度较大的金属铝会沉淀在炉子底部，而密度较小的其余铝渣成分则会悬浮在炉子上部，实现铝液分离。在此过程中，需要控制好处理工艺的温度，一般可将小块生铝或冷渣作为温度控制剂。在处理完毕后，采用液压油缸将回转炉尾部顶起，使铝液倒出形成铝锭。倒出后可以通过旋转炉身将热铝渣导出装入渣箱，经过筛网式冷灰桶进行喷水冷却，使热铝渣温度下降到 50 ℃ 以下，然后对其进行筛分，得到铝颗粒和铝灰。

通常使用破碎筛分法等冷处理工艺进一步回收残余的金属铝。破碎常使用颚式破碎机,在机械力作用下将铝渣分成大小不同的粒度。铝含量较高的容易形成大粒度的渣体,而盐类、氧化物、氮化物等成分则颗粒较小。因此筛分出的高铝颗粒可以返回热法处理,低铝颗粒可以用作炼钢脱氧熔剂或者铝电解原料,也可以进一步处理以回收有价成分。

由于该方法工艺技术相对简单,所以一次能处理的热铝渣量也是相对比较庞大的,一般一次可以处理 1~2 t,但是金属铝的回收率相对不是特别高,可以达到 80%左右。可是,在实际的热铝渣处理中,使用回转炒渣工艺,可以有效降低设备成本,并且具有简单实用的价值,是一种符合热铝渣回收需求的工艺。在实际的回收过程中,可能会产生大量的灰尘,需要设置除尘收尘设施。

目前对翻炒法的技术改造主要包括生产设备、工艺流程的改进,以减少盐类使用量、有害废物排放和金属烧损,提高铝的收得率。

① 增加外加热源。丹麦 AGA 公司开发的 ALUREC 法增加燃气喷嘴燃烧天然气,加拿大 Hydro‐Quebec 开发的 DROSCAR 法采用石墨电极产生高温电弧,加拿大 Alcan 处理厂采用的 Alcan 法则使用等离子体焰炬为外加高温热源等,均有效减少了铝的烧损。

② 控制炉内气氛,能大大降低熔盐的使用量。DROSCAR 法和 PyroGenesis 公司开发的 DROSRITE 法在炉内通入氩气作为保护气来防止铝的烧损,达到了无盐的效果,但使用氩气保护会增大设备成本。

③ 压榨法是一种无盐的处理方法,如美国 Altek 公司开发的 The Press 工艺。该工艺将 800 ℃ 的铝渣加入机器,并施加 15 MPa 压力使夹杂的金属铝被迅速挤压和汇集,铝液流向下层容器被收集,铝的回收率达 62.5%。压榨法具有装备简单、操作与维护费用低、工作周期短、无需集尘系统等优点。

④ 日本企业开发了 MRM 搅拌法回收铝渣,其特点是将热铝渣加入带有搅拌装置的特殊设备中,一方面通过机械搅拌使铝液汇集并沉积于容器底部,另一方面持续供热保持渣的温度使铝液回收彻底。改良后的 MRM 法使用氩气保护,铝烧损只有 4%,铝回收率达 91%。

⑤ 对热铝渣通过离心处理来回收其中的金属,由澳大利亚 FOCON 公司开发,主要特点是在无盐的环境下,将热铝渣加入到转炉中调整铝渣的温度和粘度,调整合适后即将热铝灰迅速倒入离心机中,热铝渣在离心机内被甩干从而实现铝液和残渣分离。

2. 利用铝渣制备高性能的相关制品

(1) 制备无机絮凝剂

无机絮凝剂主要有聚合硫酸铝(PAS)、聚合氯化铝(PAC)和聚合氯化铝铁(PAFC)等,可用于净水和造纸行业,能净水除杂,在生活污水治理上有很大应用前景。

① 用工业废盐酸浸出铝灰,然后再经过冷却熟化、抽滤,将会生成聚合体 $[Al_2(OH)_nCl_{6-n}\cdot xH_2O]_m$,与外配体 Cl^- 相结合从而制得了 PAC,其工艺流程如图 6-14 所示。

② 取一定量的工业废渣,加入适量水,用搅拌机将废铝渣搅拌成糊状;加入适量的浓硫酸溶解,加热促使提高反应速度和反应完全,$Al_2O_3+3H_2SO_4+15H_2O\rightarrow Al_2(SO_4)_3\cdot 18H_2O$;过滤去除不溶性杂质,冷却后凝结,制得适当浓度液体硫酸铝;预热到一定温度后连续缓慢地加入氢氧化钙等添加剂进行聚合反应;反应完毕后真空过滤,向滤液中加入少量柠檬酸作为稳定剂并熟化一定时间后进行液渣分离,得到液体聚合硫酸铝产品。其工艺流程如图 6-15 所示。

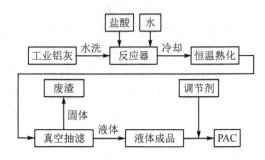

图 6-14　铝灰制备 PAC 的工艺流程图

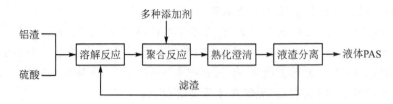

图 6-15　废铝渣制备 PAS 的工艺流程

(2) 制备纯氧化铝

高纯氧化铝具有化学稳定性好、熔点高、机械强度高、硬度高、导热性好、绝缘性高等性能,可用作催化剂、吸附剂、生物材料等。

利用铝灰制备氧化铝的工艺原理:

① 铝灰制取铝酸钠溶液。铝灰中所含 Al 的全部和 Al_2O_3 的大部分可以溶解于苛性碱,用 NaOH 溶液溶解铝灰,再经液、固分离获得铝酸钠溶液:

$$2Al+2NaOH+H_2O=2NaAlO_2+2H_2$$
$$Al_2O_3+2NaOH=2NaAlO_2+H_2O$$

② 铝酸钠溶液加晶种分解或碳酸化分解,获得氢氧化铝。控制分解条件,可获得不同粒度、纯度的产品:

$$NaAlO_2+2H_2O=Al(OH)_3+NaOH$$
$$2NaAlO_2+CO_2+3H_2O=2Al(OH)_3+Na_2CO_3$$

分解浆液经液、固分离,液相返回铝酸钠溶液制备,固相为氢氧化铝。

③ 氢氧化铝经过煅烧脱水获得氧化铝。选择不同的煅烧条件,或采用适当的添加剂,可获得不同品质的氧化铝,如活性氧化铝、冶金级氧化铝、低钠或超细氧化铝及 α-氧化铝等,可分别用于催化剂或催化剂载体、炼铝、陶瓷、磨料及耐火材料等。

(3)制备透水砖等无机材料

铝渣的成分构成决定了其可以作为合成无机物制品的基础原料,目前国内外已可以利用铝渣制备耐火材料、建筑材料、陶瓷、肥料等无机材料。

1)制备耐火材料

采用铝渣为原料来制备高铝质耐火材料的研究开展得比较多,例如:

① 以铝渣在浇注料和耐火粘土中取代煅烧氧化铝,在此过程中铝渣无需煅烧便可直接应用于耐火材料的制备;

② 用铝渣、高铝矾土和电熔镁砂为原材料,将铁屑作为沉淀剂,焦炭粉作为还原剂,通过高温电熔法制备富铝镁铝尖晶石,所合成的镁铝尖晶石的物理化学性能较矾土基镁铝尖晶石高。

③ 将铝渣研磨成细小粉末,通过与碱性溶液(KOH、$NaOH$)发生水解反应,反应产物是羟基氧化铝($AlOOH$),该产物可以被用来制作优质耐火材料或氯酸钙水泥。

2)利用铝渣制备免烧砖体

利用铝渣制备免烧砖体的工艺流程如图 6-16 所示。首先对铝渣进行筛分,去除铝渣中的大颗粒物;然后加水进行水解除氮处理,去除铝渣中大部分 AlN;之后将石灰、石膏、水泥、铝渣及其他添加剂等原料按照配比混合均匀,在一定压力条件下模制成型,洒水自然养护。这时免烧砖体内部发生明显的水化反应,生成了水化硅酸钙(CSH)、水化铝酸钙(CAH)和钙矾石等大量的水化产物。这些水化产物搭接紧密,使免烧砖体内部结构更加致密,其抗压强度和抗折强度均达到相关产品的质量标准。

利用铝渣也可以用来制备烧结砖。其工艺步骤如下:

① 将铝渣粉碎至 2 mm 以下的粒度;

② 将粘土、硅渣和铝渣按一定比例进行混合,并再次进行粉磨,使混合料的粒度进一步下降;

③ 将混合料注入模具并压制成型,获得预定形状的砖坯;

④ 将砖坯进行干燥处理,使水分完全蒸发,然后进入烧成工序,在一定温度条件下进行烧结并维持一定时间;

⑤ 烧结砖出炉,冷却。

3)制备水泥等建筑材料。

通过铝渣合成的铝酸钙水泥可以快速硬化,同时能够承受 2 000 ℃的高温,因此可用于工厂基地建设。

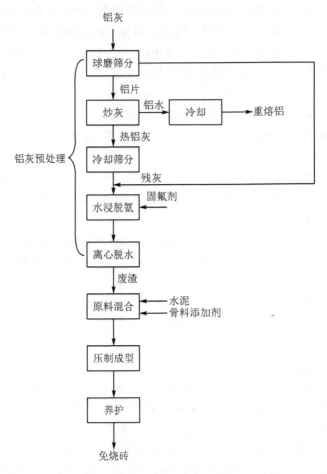

图 6-16　利用铝渣制备免烧砖体的工艺流程

（4）铝渣再生在新型环境材料中的应用

研究表明，以酸法和碱法处理铝灰可以制备 Mg - Al、Ca - Al 和 Zn - Al 型双氢氧化物（LDH）。它们作为阴极离子吸附剂有很好的吸附性能，且杂质金属不影响材料性能。以铝灰和磷酸为原料，三乙胺为结构导向剂，在高温高压下可以合成 Al-PO_{4-n}，具有良好的气体吸附性和催化性能。

6.4.3　其他铸造废渣的再生利用

铸造铜渣，以氧化物、硫化物和硅酸盐为主，同时普遍含有 Cu、Fe 等金属元素的黑色玻璃状废渣，呈致密状，硬而脆，具有良好的坚固性、稳定性和耐磨性等机械性能。尽管不同的熔炼方法产出的铜渣成分有所差异，但基本都含有 Cu、Fe、SiO_2、Al_2O_3、Fe_3O_4、CaO，矿物相主要为铁橄榄石、磁铁矿、硫化物、方镁石、黄铜矿和方石英等。特别地，铜渣的有价金属元素含量较高，具有显著的回收价值。

首先,对铜渣采用磨矿、粗选、精选等闭路浮选工艺,可获得铜品位 15.10% 的铜精矿;采用低酸度氧压浸出工艺处理铜渣,可以实现铜的浸出率为 97%;利用"浮选→高温还原焙烧→磁选"工艺对铜渣进行处理,铜和银的回收率分别为 35% 和 30%;采用 Prtrugic 一步法,以铜渣为原料,可以制得性能良好的微晶玻璃;采用铜渣、粉煤灰和粘土等为主要原料,也可以制备砖类产品,如利用铜渣磁选尾渣可以制备透水砖,其工艺流程如图 6-17 所示。

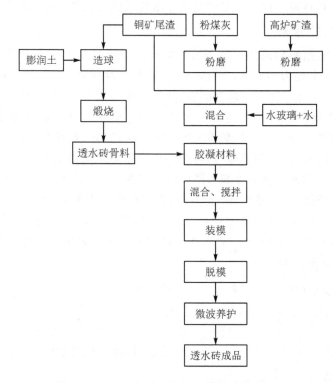

图 6-17 利用铜渣制备透水砖的工艺流程图

利用具备胶凝特性的铸造废渣可以替代高成本充填料进行矿山回填,制得具有一定强度的充填体,满足矿山安全开采对充填体的强度要求,以防因采矿过程挖空山体而造成地面坍塌或下沉。需要注意的是,在利用铸造废渣进行矿山回填的同时,要综合考察回填技术的无害化标准和要求,避免可能带来的环境危害和地下水污染问题。

6.5 铸造余热的回收利用技术

铸造生产过程中,需要消耗大量的能量,而这些能量更多的是以余热、余能的形式被浪费。如熔炼、浇注、热处理工序中排放的烟气温度较高,具有很大的利用价值。

余热的回收利用可以更好地解决我国资源利用率低、经济效益差等各种问题,因此,全面提升资源利用率,尤其是还能避免造成污染,这对可持续发展具有很好的促进作用。

6.5.1 铸造生产中余热的来源

低温余热、废热的开发利用已经成为绿色能源发展的趋势。铸造行业作为能耗大户,其在生产铸件时会产生大量的余热。余热形成的主要来源有以下几个方面。

1. 熔炼炉的余热

铸造生产中,熔炼的能耗占整个铸件生产总能耗的 50% 左右。目前,我国生产铸件的熔炼方式主要为冲天炉、感应电炉、电弧炉以及反射炉等。冲天炉熔炼时排出的烟气中含有可燃性气体和可燃性碳粒,其中未充分燃烧的可燃性气体仍含有较多化学热能,这部分能量占比可达 20%～25%,高温烟气携带的物理热量占 7%～16%,固体颗粒物不完全燃烧热量占 3%～5%,这几部分热量总共占到了总能耗的 30%～45%。采用感应电炉熔炼时,电炉工作产生的余热由电炉冷却水来接收和输送,并通过电炉冷却水系统的冷却塔排放到大气中。电炉冷却水的出水温度为 55～60 ℃,属于低品质余热。另外,铝合金在熔炼过程中产生大量的余热,熔铝炉的排烟温度通常为 600～1 000 ℃,属于中高品质余热资源。对于我国使用的大多数熔铝炉,炉子的热效率都十分低,排放烟气带走的热能占熔铝炉总耗能的 40%～60%。

2. 加热炉的余热

加热炉的余热包括烘干炉和热处理炉的余热。

造型、制芯工序完成后通常需要在其表面刷涂料,涂料具有一定湿度,刷涂料后需要烘干使用。另外,为了减少铸件产生气孔等,往往需要对铸型或型芯进行表面烘干。这些烘干炉工作时会在炉内产生大量的热量,部分热量随烟气被排出,其排烟管道上的温度可达 150 ℃ 以上。

为了改善铸件的原始组织,降低和消除内应力,提高铸件性能,很多情况下还要对铸件进行热处理。铸件生产采用的热处理炉大多以天然气作为热源,所产生的烟气温度接近 1 000 ℃。

3. 焙烧炉与脱蜡釜的余热

在精密铸造工艺实施过程中,在脱蜡和型壳焙烧等工序中也会产生大量的热量。由于油炉具有升温快、炉温高的特点,因而精密铸造厂常常使用油炉来焙烧型壳。油炉工作过程中从烟道排出的烟气携带大量热量,经过测定,烟囱的炉气平均温度不低于 600 ℃。精密铸造脱蜡时,每脱一次蜡就需要排空整个脱蜡釜的高压蒸气,这些排放的蒸气余热也是非常可观的。

4. 砂型与铸件的余热

铁水浇注于砂型后在很短的时间内凝固形成固态铸件,铸件的初始温度往往比较高,如铸钢件高达1 500 ℃以上,铸铁件高达1 400 ℃以上。铸件在冷却过程中,铸件的余热通过铸型散发出来。大部分铸件在铸型中冷却到500 ℃以上时便进行开箱清理,铸件需要在空气中继续冷却而散发出大量的余热。

5. 空压机的余热

空压机是铸造生产中不可或缺的辅助设备,尤其是砂型铸造车间,熔化、造型、制芯、砂处理、清理、辅助各工位均需要使用压缩空气。据统计,空压机所耗电能的80%～85%转化为热能,而其中只有15%～20%用于增加空气的势能。因此大量的热量都释放到大气环境中,浪费了大量的能量。

6.5.2　余热利用的工艺方法

目前国内已经有很多铸造企业对铸造过程中产生的余热采取了措施进行收集和利用,但总体来说,余热利用的效率还不是太高,在技术实施与新技术应用等方面还存在一些问题。欲改变这样一种现状,首先铸造企业必须强化资源循环利用的意识,认清余热回收利用对国家的重要意义以及对企业自身发展的促进作用;对铸件生产过程的余热源进行全面分析,根据余热的温度、状态等特点对余热进行分级,有针对性地对不同级别的余热采取最佳的措施进行回收利用;探索余热回收利用的新技术、新工艺,通过技术与装备的创新,提高铸造余热的利用率,提高余热的应用范围。

1. 分级回收技术是提高高温余热利用效率的重要手段

铸造的熔炼过程以及热处理等会产生大量的高温余热,其回收利用的价值也是非常大的。对于高温余热,采用分级回收技术可以提高余热回收效率,使余热得到有效的利用。第一个技术案例是对铝合金熔炼炉的烟气余热进行多级回收利用,其三级余热回收利用系统由空气预热器、蒸汽余热锅炉和烟气余热回收器组成。首先,高温烟气通过烟气预热器装置提高助燃空气的温度,使炉膛内的加热速度提高,从而使熔铝炉的燃烧效率提高;其次,从空气预热器排出的烟气温度仍可以达到300 ℃,流经余热锅炉进行第二次回收,余热锅炉产生的蒸汽可用于生产或生活;最后,从余热锅炉换热后出来的烟气可被降低到150 ℃左右,再次送进烟气余热回收器中,可用于加热车间内部生产活动或生活所需用的热水,通过三次回收利用,熔炼炉的烟气余热利用率达到70%以上。第二个技术案例是高温余热二次回收再利用系统,将高温热处理炉的高温烟气引入低温热处理(如回火炉)的余热利用方案,从低温热处理炉内排出的烟气再通过气-水换热器对生活用水进行加热,从而实现烟气的两次利用,烟气余热还可用于预热炉料,余热利用率被大幅提高。

2. 铸造余热直接用于生产过程,提高生产效率

铸造余热直接用于生产过程,可以有两种方式。一是直接用作热源,例如将冲天炉的废气引入铸型干燥炉、高温退火炉的废气引入低温退火炉等;二是用于预热空气,冲天炉或热处理的废气可通过空气预热器用于加热从鼓风机中带来的冷空气,从

而使废气热量有一部分回入炉内。

例如冲天炉熔炼过程中,在加料口处的烟气温度约 300 ℃,炉气中含有一定数量的 CO,可将炉气中的 CO 进行二次燃烧,可产生 600～800 ℃ 的高温,将此热能用于加热鼓风,可加速底焦的燃烧速度,有利于获得高温优质铁液,同时节能降耗;在热处理炉排烟口加装空气预热器,利用炉内排出的高温烟气加热炉子本身需用的助燃空气,使余热得到利用,提高炉子的热效率。空气预热器不需要掺冷风,换热效率高,可将助燃空气预热到 300 ℃ 以上。

将浇注后铸件的凝固、冷却过程与后面的热处理相结合,则可跳过重新加热铸件的环节,实现铸造余热的最大化利用。如果利用铸造余热对铸件进行半固溶淬火处理,则生产效率提高,时效温度提高,时效保温时间缩短,与原工艺相比,处理 1 t 铸件能耗降低 75% 以上,并且避免了多次加热产生的烧损问题。将铸件以较高的温度出模,然后迅速转入恒温炉中保温,利用铸造余热直接进行等温淬火,同样可以获得所需的下贝氏体组织,铸件的综合性能得到较为明显的提高。对于砂型余热和铸件余热,设计了用于砂型余热回收的对流冷却室,将砂型放入对流冷却室,通过风机使空气与砂型对流换热,热空气被直接用于热风干燥炉,余热利用率高达 85%。另外,也可以利用辐射冷却室,将铸件余热通过辐射的方式传递到冷却室壁,室壁的热量再通过循环水套带出,在夏季,热水用于热水型吸收式冷水机进行制冷,冬季将热水输入供暖系统进行供热,春秋两季热水用于生活用水。

3. 利用余热加热冷水,用于生活或供暖

通过分级回收余热技术的实施,高温余热用于生产过程后产生温度较低的余热,还有温度较低的烘干炉烟气等,可以通过气-水换热器将其回收,烟气温度可降低到几十摄氏度,而冷却水则变为热水,可直接用于生活或者供暖使用。

如热处理炉烟气余热回用系统,利用热管技术将高温烟气中的热量进行回收,通过烟气与水之间的热交换,用来制取高温热水;这些高温热水经过换热系统,通过对冷水之间进行热交换,用余热来加热冷水,可获取更多的热水供企业员工洗浴和生活使用。烟气余热回收利用系统原理详见图 6 - 18。

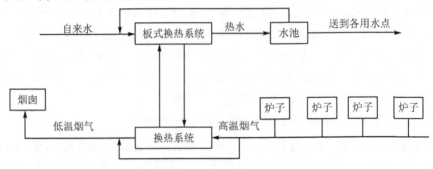

图 6 - 18　烟气余热回收利用系统原理图

电炉熔炼中的循环冷却水可通过板式换热器进行利用,工作流体在两块板片间形成的窄小而曲折的通道中流过,通过冷热流体的热交换,将冷流体加热。有研究表明,利用该技术可将熔炼电炉冷却水余热收集后用于制备冬季空调热媒和全年淋浴热水制备,如果对 3 套熔炼电炉(6 个炉体)冷却水的余热进行利用,那么每年可以节约折合标煤约 34 tce。

特种铸造工艺中,也可以采用气-水换热器有效回收利用焙烧炉的烟气余热和脱蜡的高压蒸汽余热,气-水换热器安装在焙烧炉烟道中,高温烟气经过后将换热器钢管和管内的冷却水加热,热水主要用于淋浴和采暖,而烟气自身被冷却。

空压机是铸造企业常用的设备。通过对空压机进行改造,增加余热回收与利用装置系统,余热通过换热器传递给循环水,余热得到有效利用,空压机产生的废热90%以上可被回收利用。

4. 其他余热利用方式

铸件生产各环节的余热除用于热水、采暖和生产过程中的二次利用之外,还可以将收集的余热用于发电,发电方式可采用传统的蒸汽锅炉+蒸汽轮机发电机组发电、有机朗肯循环发电和温差发电等。有机朗肯循环发电技术作为一种将低品位热能高效转化为电能的动力循环,更加适合于铸件生产环节中低品位余热的利用,而温差发电的优点是设备结构简单,运行过程中不会产生噪声,根源上符合节能减排的原则。对于低品位的余热,还可以通过热泵技术将其转化为高品位的热量,然后再把高品位的余热进行充分利用。

6.5.3　余热利用系统的结构组成

铸造生产过程的烟气余热回收利用设备主要由余热回收和利用系统、生活热水供应系统、电气控制系统等组成。

以某铸造企业的热处理炉余热回收为例。该铸造车间有 4 台台车式燃气热处理炉,炉体有效加热区尺寸分别为:1♯、2♯热处理炉 5 m×1.5 m×1.5 m;3♯、4♯热处理炉 2 m×1.3 m×1.5 m,最高工作温度 1 050 ℃,采用下供热上排烟炉型。炉子的总燃气管路从车间供气管道引接,在炉前的总燃气管路上装有燃气专用手动截止阀、过滤器、减压阀、燃气快速切断阀、流量计、安全释放阀、压力表和压力开关等。在保证热处理炉正常运行的情况下,车间 4 台燃气热处理炉通过一个集中烟道连在一起。当其中任一热处理炉工作时,其炉内燃烧生成的烟气在该系统中引风机的作用下通过各自分烟道到集中烟道,而汇集至余热收集系统。其余热回用系统主要包括排烟及烟气余热收集系统、主循环系统、软化水系统、生活热水制取系统等,设备布置如图 6-19 所示。

1. 烟气余热收集系统

其主要功能是将炉群烟气通过集中烟道收集,具有排出炉群烟气和收集炉群烟

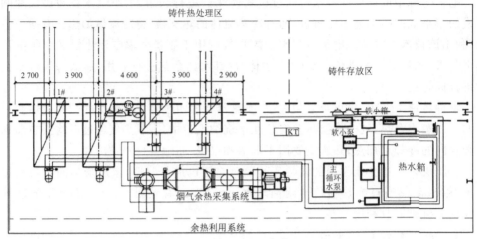

注：1#~4#为热处理炉。

图 6 - 19 热处理炉及余热利用设备布置图

气余热的功能；设计选用两台排烟风机（一用一备）为炉群排烟提供动力，保证各炉排烟口处烟道压力为负压并保持恒定，确保炉群烟气能够及时、顺利排出。烟气余热收集器不仅用作排烟的通道，也是收集烟气热量的装置，是整个余热回收利用系统的关键重要部件之一。

2. 主循环系统

主循环系统的功能是把烟气余热收集系统收集的热量送到热水制取系统，在循环泵的作用下，热水不断经过电动阀、电动调节阀、逆止阀、板式换热器、烟气余热采集器等，热水循环往复不断被加热。

3. 软化水系统

软化水系统包括全自动软水器、软水箱、软水供应泵、膨胀罐、安全阀、手动阀门、逆止阀、压力表及管路等，向主循环系统提供软化用水。该系统可减少水中的钙、镁离子量，避免或减少热水结垢现象产生，确保余热回收系统安全、长期、可靠运行。

4. 生活热水制取系统

生活热水制取系统的功能是利用收集到的余热来制取 60～80 ℃的生活热水，系统包括电动阀、电动调节阀、手动阀、过滤器、辅助循环水泵及热水换热器等。

5. 电控系统及辅助加热装置

电气控制系统包括电控柜、压力传感器、温度传感器、电线、电缆及桥架等，控制内容包括动力控制、烟道抽力控制、压力控制、温度控制及连锁控制等。电控柜内装有空气开关、交流接触器、变频器及 PLC 等各种控制元件，电控柜面板装有按钮、开关、指示灯及触摸屏等元件。显示监控装置采用触摸屏，可以方便查看系统运行情况，并检查系统的故障状态。

辅助应急加热装置作为余热热源的补充,在一般情况下不工作,只有在无烟气余热或余热量不足时,应急制取洗浴热水等。此装置采用天然气加热,由燃烧筒、烧嘴、电磁阀、气动双位蝶阀、助燃风机及电气控制等组成。

由于炉子是间歇运行,在停炉时间段内不能即时产生热水。为了保证热水的供应,在此系统内增设了热水蓄水池,可以方便用水之时保证热水的供应。另外,当水池内的水温低于要求时,可启动循环水泵,将水池内的水再次经过换热器进行二次加热,直至满足使用要求。与此同时,在余热回收利用系统中装有旁通烟道,即使余热回收系统在维护期间,也能保证热处理炉的正常排烟,从而保证生产的正常进行。

铸造生产过程的余热回收利用是一个系统工程,应根据铸造车间高温烟气的排放特点以及所含的烟气成分,设计合理的工艺路线,采用催化燃烧、脱硫处理、烟气余热回收以及过滤吸附等组合技术,实现废气排放达标、热源回收再利用的目标。其中高温烟气必须符合排放标准,然后考虑增加烟气余热回收设备即可对烟气进行二次利用,减少能源消耗,帮助企业减轻负担。

参考文献

[1] 马永杰. 铸造生产的节能技术与节能措施[J]. 热加工工艺,2008,37(11):107-110.

[2] 胡永吉. 铸造行业节能技术发展战略[J]. 铸造,1999(s1):77-81.

[3] 邸高雷,刘联胜. 铸件余热回收利用方案设计和数值模拟[J]. 工业炉,2017,39(5):62-65.

[4] 刘汉周,官文洪. 熔铝炉烟气余热梯级利用系统设计及应用案例[C]. 第 25 届重庆市铸造年会论文集,2015:304-310.

[5] 何雁,邸爱杰. 熔炼电炉冷却水余热利用的工程实践[J]. 中国铸造装备与技术,2017(4):82-85.

[6] 郑绍碧. 铝合金熔炼炉高温废气的余热利用[C]. 第 21 届重庆市铸造年会论文集,2011:309-311.

[7] 纪创新,任玉玲,陈娜. 铸造天然气表干炉余热回收实践应用[J]. 节能,2017(12):67-68.

[8] 王明法,郑黎明. 精密铸造厂余热利用[J]. 特种铸造及有色合金,1999(6):30-32.

[9] 刘玲玲,王东霞,李保强,等. 锻铸车间热处理炉烟气余热二次回收利用系统[J]. 铸造技术,2017,38(7):1749-1752.

[10] 莫孝均. 铸造车间空气压缩机的节能和余热利用[J]. 铸造工程,2016,40(4):34-36.

[11] 任树勇,郑喜龙,张小为. 冲天炉新技术特点及炉气余热利用[J]. 铸造工程,2009(1):27-29.

[12] 王守忠.冲天炉的全面环境治理及余热利用[J].铸造设备与工艺,1995(5):48-52.

[13] 黄顶强,朱其智,王铭.中频炉余热再利用技术节约成本[J].广西节能,2012(3):35-35.

[14] 李力,杜海平.焙烧炉烟气余热高效利用[J].铸造设备与工艺,2017(3):57-58.

[15] 支英辉.保护气氛辊底式热处理炉余热回收利用探讨[J].工业炉,2014,36(2):40-43.

[16] 马世久,陈秀和,刘贤,等.铸造行业节能减排现状及余热利用实例分析[J].汽车工艺与材料,2014,(1):23-27.

[17] 安延淳,蒋远栋,王树朝.利用活塞铸造余热半固溶-时效热处理工艺[J].内燃机与配件,1991(2):1-8.

[18] 尹志新,贺琳丹,李端芳,等.汽缸套铸造余热等温淬火工艺与性能的研究[J].铸造,2010,59(10):1073-1075.

[19] 张宏斌,赵华,蔡玉丽,等.余热淬火低合金马氏体球墨铸铁磨球的生产应用[J].铸造技术,2014,35(7):1581-1584.

[20] 陈静,黄光亮.环境综合治理之余热利用方案探讨[J].中国西部科技,2015(1):40-44.

[21] 黄浩,张世程,杜振兴,等.有机朗肯循环发电技术应用及发展趋势[J].能源与节能,2016(11):2-4.

[22] 赵建云,朱冬生,周泽广,等.温差发电技术的研究进展及现状[J].电源技术,2010,34(3):310-313.

[23] 高秀洁,张军,郑黎明,等.利用热泵技术对精密铸造生产中的余热采暖和制冷[J].特种铸造及有色合金,2011,31(12):1131-1133.

[24] 鲜广,范洪远,王均,等.铸件生产余热利用现状分析[J].热加工工艺,2020,49(09):1-5.

[25] 苏见波,李晓宾,郝礼.铸造车间热处理炉烟气余热回用系统设计[J].铸造技术,2019,40(04):410-412.

[26] 刘玲玲,王东霞,李保强,等.锻铸车间热处理炉烟气余热二次回收利用系统[J].铸造技术,2017,38(07):1749-1752.

[27] 马永杰.铸造生产的节能技术与节能措施[J].热加工工艺,2008,37(11):107-110.

[28] 邸高雷,刘联胜.铸件余热回收利用方案设计和数值模拟[J].工业炉,2017,39(5):62-65.

[29] 孙清洲,许荣福,张普庆.铸造粘土旧砂完全再生技术[M].北京:机械工业出版社,2016.

[30] 吴剑.铸造砂处理装备应用图册[M].北京:化学工业出版社,2015.

［31］李如燕. 废弃物资源化：铸造废砂/废地膜复合材料的研制和应用研究［D］.上海：上海交通大学，2007.

［32］刘璇,李如燕,孙可伟,等. 铸造旧砂再生粉尘和废旧易拉罐原位反应制取 Al_2O_3 颗粒增强 Al－Si 基复合材料的研究［J］.铸造,2014,63(01):81-84.

［33］王敏. 铸造粉尘-粉煤灰基地质聚合物材料的试验研究［D］.昆明:昆明理工大学,2013.

［34］许泽胜,王森彪,舒元锋,等.铸造除尘灰的特性及回收煤炭资源的研究［J］.铸造,2021,70(12):1440-1446.

［35］周连碧,祝怡斌,邵立南,等. 有色金属工业废物综合利用［M］.北京:化学工业出版社,2018

第 7 章
铸造生产过程中的
噪声污染及其控制技术

　　工业的快速发展在一定程度上改善了人们的生活,但生产中产生的噪声对人们生活所造成的负面影响逐步体现出来,成为影响人们正常生活的公害。人们生活、工作以及学习等都需要良好的环境作为基础,安静的环境能使人保持宁静的心理状态,帮助注意力集中,从而达到提升工作以及学习效率的目的。而噪声的存在对人们的生活、工作、学习和休息都产生不同程度的影响,直接危害到人们的身体健康,其危害主要表现在:

　　① 影响人们的身体健康,如诱发疾病,损伤听力、甚至导致耳聋;

　　② 影响人们的休息,引起人们的生理和心理状态发生改变,降低工作效率。

　　实验表明,人体处于噪声环绕的环境时会产生紧张反应,肾上腺素增加,从而引起心率改变和血压升高。在噪声声压级小于 40 dB 的环境中,人可以进入深度睡眠状态,机体功能特别是脑功能可以得到较快的恢复;当声压级超过 50 dB 时,噪声就会影响人的睡眠和休息,人处在浅睡眠状态,睡眠的质量和数量下降。睡眠不足,疲劳不能消除,正常生理功能和工作效率受到影响,易出现心烦,注意力不集中,听力下降,反应迟缓等症状。出于对人们健康、工作以及生活等各个方面的考虑,噪声污染必须得到有效控制,满足人们对于生存环境的需求。

7.1　铸造生产过程中噪声的形成与危害

　　一般来说,铸造厂车间的噪声源在每一道工序都会产生,其噪声的特点是声级高、频率广、时间长。噪声源主要分为两大类:一是机械噪声,如震动落砂机、造型机、射芯机、铸件清理滚筒及除尘机等机械设备在工作时发生摩擦、碰撞产生的噪声;二是空气动力噪声,如通风机、鼓风机和风动砂轮等设备的进排气动作也会产生大量噪声能量,最高达到 70～90 dB。

铸造车间的噪声源很多,几乎遍及车间的每一工序,其噪声特点是声级高(大都超过国家规定的噪声标准)、频率范围广、持续时间长。车间噪声的种类主要有两大类:一类为空气动力噪声,如通风除尘系统使用的通风机、冲天炉熔炼配用的鼓风机等设备进排气产生的噪声;另一类为机械噪声,如震动落砂机、铸件清理滚筒等设备工作时与铸件发生摩擦、撞击产生的噪声。铸造车间主要噪声源及其噪声级和频谱特性如表 7-1 所列。

表 7-1　铸造车间主要噪声源及其噪声级和频谱特性

噪声源	噪声级/dB(A)	测点距离/m	频谱特性
造型机	100～105	1	低中频
射芯机	100～120	1	高频
混砂机	82～93	1	低中频
电弧炉	80～115	3	宽频
清理滚筒	99～112	1～1.5	低中频
鼓风机	95～128	1	低中频
风动砂轮	96～109	1	低中频
风锤	90～95	1	低中频
喷丸室	90～103	1	低中频
气动起重机	100～105	1	高频

铸造工艺噪声主要为机械噪声、气流噪声和电磁噪声,其工艺特性主要如下:

① 铸造工艺声源多、声级高、频率范围广、持续时间长,多机理噪声组合而成,尤其在造型、落砂、清理等岗位噪声强度大、超标率居高不下。

② 噪声强度与生产设备密切相关。铸造车间机械设备运行过程中,伴随有大量的高强机械噪声辐射出来,它是由机械或物料的传动、摩擦、撞击等产生的。

③ 铸造噪声具有以中低频噪声为主的特点,研究表明,铸造工艺中除制芯作业、清理作业以中高频为主外,其余的都以中低频为主。

④ 铸造行业噪声作业人员存在较高的健康风险。大部分砂铸造企业现场机械设备的操作产生的噪声危害并未采取有效的措施进行控制。调查发现,企业对职业病危害因素的防护主要是采用工艺优化、设备更新等方式控制粉尘危害,而对噪声的工程防护较少。

随着铸造车间生产机械化程度的不断提高,由此产生的噪声问题越来越引起铸造工作者的深切关注,由于大功率空气压缩机、熔炼电炉、混砂机、抛丸机、砂轮机和研磨机等设备的使用,使得噪声的主要来源大部分都集中在压缩空气供应单元以及熔炼、混砂、喷丸和研磨等加工工序。一般铸造车间的噪声都要求控制在 85 dB(A)以下,如果噪声过大,会让员工产生胸闷、烦躁症状,严重的可能导致身体机能失调,最终对听觉器官造成极大的伤害。长时间在高噪声强度的环境中工作可导致操作性耳聋，即职业性耳聋，严重的可能导致心血管系统疾病、身体机能失调、耳聋。另外，工业噪声能引起长期接触人员的血压升高，且有随工龄增长而增高的趋势；对工人心电的影响主要表现在窦性心律不齐、窦性心动过缓、心动过速等。因此，对铸造车间噪声的控制应引起足够的重视。

型砂铸造企业噪声难以得到控制主要有以下几点：

① 单一治理某一个工艺（工位）对于整体降噪的效果不显著。

② 铸造的中低频噪声治理起来更为困难，采取常规的治理手段获得的治理效果不佳。同时中低频噪声对健康的直接影响没有高频噪声那么明显，且中国针对低频噪声没有技术标准，也导致对中低频噪声的关注不够。

③ 缺乏科学管理规划和管理。我国铸造业以型砂铸造生产工艺为主，其中乡镇企业占大多数，出于技术能力的限制而没有能力采取有效的降噪设施；而且大部分企业主的职业卫生法制观念欠缺，基本没有防护意识。

以某型砂铸造企业作为研究对象，该企业铸件年生产能力达5万余吨，包含4个铸造车间和1个清理车间，由熔化、配砂、制芯、造型、下芯、落砂及清理等工序构成。在设备能力方面，选用了相对噪声强度小、自动化程度高的造型线等生产设备，从源头上减少噪声的产生；按照工艺特点，合理布置生产设备，将高噪声、低噪声作业区相对分开；配砂、熔化、造型、浇注等岗位设置有控制间，减少现场作业人员的噪声暴露强度。通过对该企业2010—2019年现场作业岗位噪声强度的调查与检测结果进行整理与分析，发现该企业尽管采取了一定的工艺措施与设备改进，但对噪声控制的效率还是很有限的，也从另外一个角度说明，铸造行业的噪声控制任重道远。表7-2给出了该企业不同工序或岗位的噪声检测数据。

表7-2 2010—2019年某汽车型砂铸造企业噪声检测结果统计分析

年 份	检测点数/个	检测结果分布范围/dB(A)	中位数/dB(A)	均数/dB(A)	标准差	超标点数/个	超标率/%
2010	35	72.4～96.8	85.8	84.9	6.4	25	71.4
2011	104	53.5～102.8	84.1	83.1	9.8	48	46.2
2012	92	61.1～108.5	84.3	83.6	8.9	46	50.0
2013	73	63.6～106.0	84.5	84.7	8.7	36	49.3
2014	77	59.3～104.6	85.5	85.2	9.2	43	55.8
2015	80	69.2～108.4	85.7	85.0	8.0	44	55.0
2016	80	63.3～106.3	85.4	85.3	8.1	43	53.8
2017	81	58.7～103.8	84.5	84.3	10.1	40	49.4
2018	79	59.7～103.8	83.5	83.6	10.0	36	45.7
2019	101	61.3～107.2	86.8	85.8	10.0	61	60.4

注：车间控制室噪声的判定标准为小于75 dB(A)符合要求。

7.2　铸造生产噪声控制的工艺原理

环境噪声污染一般是由声源、传播途径和接受体三个基本环节组成的,其结构关系如图 7-1 所示。所以为了达到控制噪声和降噪的目的,我们应该具体分析噪声的形成、传播等特点,结合铸造生产环境的整体布局,针对噪声污染的三个技术环节,采取相应的措施和方法加以控制。

图 7-1　噪声形成的三个基本环节

1. 控制和消除噪声源

从源头控制是防止噪声危害的根本措施,应根据源头的具体情况采取不同的解决方式。降低声源噪声,铸造企业可以选用低噪声的生产设备和改进生产工艺,或者改变噪声源的运动方式,如用阻尼、隔振等措施降低固体发声体的振动,得以从根源上减少噪声。

① 改革工艺过程的生产设备,控制它们的噪声有两条途径:一是改进结构,提高其中部件的加工精度和装配质量,尽量减少机器部件的撞击、摩擦和振动;二是利用声的吸收、反射、干涉等特性,采用吸声、隔声、减振、隔振等技术,以及安装消声器等,以控制声源的噪声辐射。

② 以低声或无声设备或工艺代替产生强噪声的设备和工艺,如用液压代替高噪声的锻压,以焊接代替铆接,用无梭代替有梭织布等,均可收到较好的效果。

③ 将噪声源远离工人作业区和居民区均是噪声控制的有效手段。对于生产允许远置的噪声源如风机、电动机等,应移至车间外或采取隔离措施。此外在进行厂房设计时,应合理地配置声源,把产生强烈噪声的工厂与居民区分开,把高噪声的车间与低噪声的车间分开,也可减少噪声的危害。

2. 传播途径的控制

将噪声在传播的过程中拦截下来,也是一种控制噪声的有效方法。

① 声在传播中的能量是随着距离的增加而衰减的,因此使噪声源远离需要安静的地方,可以达到降噪的目的。

② 声的辐射一般有指向性,处在与声源距离相同而方向不同的地方,接收到的声强度也就不同。不过多数声源以低频辐射噪声时,指向性很差;随着频率的增加,指向性就增强。因此,控制噪声的传播方向(包括改变声源的发射方向)是降低噪声尤其是高频噪声的有效措施。

③ 建立隔声屏障,或利用天然屏障(土坡、山丘),以及利用其他隔声材料和隔声结构来阻挡噪声的传播。

④ 应用吸声材料和吸声结构,将传播中的噪声声能转变为热能等。

⑤ 在城市建设中,采用合理的城市防噪声规划。此外,对于固体振动产生的噪声采取隔振措施,以减弱噪声的传播。

(1) 吸声处理可以降低噪声的强度和减少噪声危害

当声波在某介质中传播时会出现声能衰减的现象,这种现象称为吸声现象。空气吸声是常见的吸声现象之一,它主要是由于声波在空气中传播时,声能与空气中的质点相互摩擦而使声能转化成热能,使声能量衰减,这样就造成了随着传播距离增加,声波就会有衰减的现象。

材料吸声是当声波撞击到材料表面时,出现一部分声能量被表面吸收而引起的声能降低的现象。通过吸声材料来吸收噪声的能量,从而降低环境中的噪声污染,将会是未来噪声控制领域不可取代的重要手段。目前,吸声材料、吸声技术被视为最主要的噪声控制技术。其中共振吸声技术经过不断的发展研究,已经成为穿孔板共振吸声等众多的吸声结构的基础,其原理主要是根据亥姆霍兹共振吸声器的原理。吸声材料吸声隔音的工艺原理如图 7-2 所示。

吸声材料的研究与应用已取得了良好的进展,目前主要的吸声材料类型包括:多孔性吸声材料、共振性吸声材料及多层复合材料。

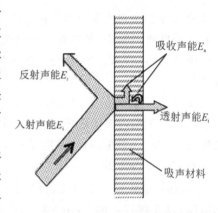

图 7-2 吸声材料原理模型

1) 多孔性吸声材料

多孔性吸声材料是吸声材料中最为常用的材料之一。多孔性吸声材料的工作原理是利用材料表面与外界相通,而材料内部存在无数相互连通且均匀分布的微小孔隙,当声波撞击到材料表面时,孔隙内的空气由于存在粘滞性而产生振动,进而使空气和孔壁不断地产生摩擦生热,使得声能不断地将能量转化为振动空气的动能,而空气的动能又不断转化为摩擦热能。这种由于热传导和空气的粘滞性导致声能转化为热能的二次衰减。由此可知,多孔性吸声材料应该具备以下条件:

① 材料内部应存在无数相互连通且均匀分布的微小孔隙;

② 材料中的孔隙应该与外界空气相连,这样声波才能够进入到材料内部,从而被其吸收;

③ 材料中的孔隙必须是相互连通的,不能是封闭的。

一般用于吸收中、高频的声音时多采用多孔性吸声材料,不常被用于吸收低频的声音。常见的多孔性吸声材料如表 7-3 所列。

表 7 - 3　常见的多孔性吸声材料

材料种类	常用材料
无机纤维材料	超细玻璃棉、矿棉、岩棉、化纤织物及其衍生产品等
有机纤维材料	棉麻植物纤维及木质纤维制品等
泡沫材料	聚氨酯泡沫、脲醛泡沫、三聚氰胺泡沫、泡沫玻璃、泡沫陶瓷等
颗粒材料	膨胀珍珠岩、微孔吸声板、泡沫混凝土

2）共振性吸声材料

它是利用声波与材料内部的空气产生共振现象进而降低声能的。当声波撞击到共振性吸声材料表面时，材料与内部的壁面构成了一个"空间"，随声波一起振动的空气会在这个"空间"内来回振动，而这个"空间"的壁面会阻止空气向外扩张，从而起到了阻止声压变化，以及吸声声能的作用。共振吸声材料的吸声效果与撞击到材料表面的声波频率有直接关系。若撞击材料表面的声波频率与材料本身的系统频率接近，则材料内空气振动得越强烈，消耗声能就会越多，吸声效果就会越好；反过来，当撞击材料表面的声波与材料本身的系统频率相差较大，则材料内部空气的振动就会越弱，吸声效果自然不好。所以如果选用共振吸声材料作为吸噪声原材料，需要首先了解噪声声波的频率范围；其次，共振吸声材料的效果还与材料本身的吸声系数有关，吸声系数与吸声效果成正比。常用的共振吸声材料结构有微穿孔板结构、穿孔板结构以及薄板结构等。

3）多层复合材料

将吸声材料、隔声材料与阻尼材料结合在一起构成多层复合材料，充分发挥三种材料的降噪作用，使三者的优势都能发挥出来，通过三者的相互结合来实现降噪的最佳效果。吸声材料通常选用木丝、玻璃棉、毛毡、矿棉吸声板等多孔材料；隔声材料通常采用钢、玻璃、铝等硬质材料，既可以作为本身结构骨架又可以有较好的隔声效果；而橡胶型材料通常被选为阻尼材料来使用。后来随着科技的不断进步，新材料如碳纤维、高分子泡沫、玻璃纤维布、聚氨酯海绵等的不断发展，多层复合材料的声学性能得到了巨大的提高。

受音者或受音器官的噪声防护，在声源和传播途径上无法采取措施，或采取的声学措施仍不能达到预期效果时，就需要对受音者或受音器官采取防护措施，如长期职业性噪声暴露的工人可以戴耳塞、耳罩或头盔等护耳器。

（2）隔声处理是防止噪声传播的主要措施

在某些情况下，可以利用一定的材料和装置，把声源封闭，使其与周围环境隔开，如隔声罩、隔声间。隔声结构应该严密，以免产生共振影响隔声结果。隔声降噪技术是目前在声波传播路径过程中解决噪声污染的重要技术之一。隔声降噪的工作原理是将噪声在传播途中，设立某些材料或将其做成特殊的结构，使得噪声声波在传播途中遇到这些材料或结构而不能顺利地继续传播，或是在传播途中损耗很多的声能，从而使噪声能量衰减达到降低噪声污染的目的。一般在隔声降噪中常采用隔声材料，这些材料隔声的效果与透射系数有关，且是反比关系。

另外，隔振处理也是降低噪声传播强度的关键技术，为了防止通过地板和墙壁等固体材料传播的振动噪声，可在机器的基座和地板、墙壁联结处设减振装置，如胶垫、沥青等。

3. 对噪声接受体采取合理的防护措施

加强个人防护，对于生产场所的噪声暂时不能控制，或需要在特殊高噪声条件下工作时，佩戴个人防护用品是保护听觉器官的有效措施。

① 合理使用耳塞。防声耳塞、耳罩具有一定的防声效果。根据耳道大小选择合适的耳塞，隔声效果可达 30~40 dB，对高频噪声的阻隔效果更好。

② 合理制定劳动制度。工作过程中适当安排轮流休息，休息时间离开噪声环境，限制噪声作业的工作时间，可减轻噪声对人体的危害。

7.3 铸造生产噪声控制的工艺方法

一般来说铸造厂车间的噪声源，在每一道工序都会产生，其噪声的特点是声级高、频率广、时间长。每个铸造工序的工作内容不同，使用的设备条件差异也比较大，相互间具有一定的独立性，因此可结合工序的设置实施噪声降噪措施。

1. 熔化工部噪声降噪处理措施

熔化工部产生噪声的主要是感应电炉和冲天炉，感应电炉在熔炼的时候产生的噪声一般比较小，可以不用治理，有条件的车间应合理采用；而冲天炉，其噪声主要来自配用的鼓风机。降低鼓风机产生的噪声通常可采用如下措施：

① 减振隔振法。噪声除了在空气中传播以外，还可以通过机座把振动传给地板、墙壁，再把声音辐射出去，振动较大的设备其机械噪声也大。应保持好风机的动平衡，风机不宜布置在轻薄的楼板上，应直接坐落在地面上，在机器底座与基础间可附加弹簧减震器、橡胶减震器、软木、沥青毛毡、橡胶等隔振方法来减弱固体声的传播。

② 消声法。消声器是阻止或减弱声音传播而允许气流通过的一种装置，在风机排气口装设消声器，给风机、电机、压缩机装隔声罩，在鼓风机房、空压机房内墙壁做吸声处理，采用在隔声门、送风管道涂阻尼材料等措施，可降低其产生的空气动力噪声。

③ 隔声法。使用多台风机时可把风机集中布置在一起，建立隔声鼓风机房来控制噪声。鼓风机房应采用土建围护结构，也可放在半地下的坑中，采用隔声门和双层玻璃窗，四周用油灰或橡胶嵌条密封。

2. 落砂清理工部噪声降噪处理措施

落砂清理工部是铸造车间噪声最大的工作场所,生产时产生的噪声远远超过国家规定标准。在进行车间设计时应考虑将其与其他工部分开布置,并尽量远离办公室、设计室、休息室等要求安静的房间。落砂机是高强噪声设备,降低其噪声应将防尘用的密封排气罩与隔声罩结合起来,罩内层涂吸声材料,尽量减少其缝隙及开口面积,做到既防尘又隔声。落砂机使用较小的振幅和较高的频率,可有效地降低撞击噪声而又不影响落砂效果。

铸件清理滚筒一般设置在隔声罩内,在滚筒筒体的内壁衬以耐磨橡胶板,能降低对环境的噪声辐射并提高清理效率。在筒体的外壁充填阻尼性材料,可抑制筒体受激发而产生的振动,然后再包以薄钢板进行隔声,从而降低噪声。目前,对于清铲和磨削铸件产生的噪声控制手段还很少,有的车间将铸件放在木板或木质夹具上进行打磨清铲,并利用吸声隔声屏来减少噪声向附近工序的传播。

固定砂轮磨削过程产生的噪声与很多因素有关,其中共振的因素不可忽视。手提悬挂式砂轮所产生的噪声,可采用夹紧或固定以减少相对振动的办法。由于技术上和经济上的原因,目前落砂清理工部还难以做到将噪声控制在国家规定的标准范围内,因此加强个人防护措施是十分必要的,经常采用的个人防护用品有耳塞、耳罩及防噪声头盔等。采用合适的防护用品,完全可以达到保护听力的目的。

3. 砂处理工部噪声降噪处理措施

砂处理工部噪声主要来自两处:一是通风除尘系统中用的中低压离心风机,二是以新旧砂的空气作为动力的输送装置的高压离心风机。与鼓风机的治理方法类似,风机应布置和安放在隔声的风机房内,再采用隔声、消声、减振的方法来控制噪声。

4. 造型制芯工部噪声降噪处理措施

震击造型机的工作原理是靠震击工作台在震击过程中产生的撞击加速度来实现型砂紧实的,震击力越大,型砂紧实效果越好,但伴随产生的噪声也越大。这类机器不能靠降低震击力来降低噪声,一般常规的隔声、消声等降噪方法对震击机构不能取得太大效果,而且常受到结构、工艺和操作上的限制。研究改进设备结构,提高构件动刚度,降低它的振动响应,控制它的自鸣噪声,是从根本上降低其噪声的有力措施。如过去造型机工作台都设计成大平面平板形式,这样的表面积与体积比很大的工作台,其自振频率较低,动刚度较差,因此振动响应较大。有目标地将原平板状结构改为肋板框架式结构工作台,震击式造型机震击面移入缸内,噪声屏蔽,采用阻尼材料,噪声可大幅降低。应大力加强对低噪声、低振动造型机的开发研究工作,尽量采用噪声较低的高压造型设备、射压造型设备、静压造型设备等;淘汰震击机构,采用无箱造型和射压造型。

射芯机的排气噪声可采用阻流式或吸收式消声器来降低噪声。由于射砂机构排出的气流中常带有易粘结的砂粒粉末,近来研制出的多孔陶瓷消声器使用效果更好。

造型制芯工部在运输物品时也会产生一些噪声。砂箱在滚道上运行时的撞击声,可在滚道上镶橡胶或其他减振吸声材料来解决。振动输送机上铸件与槽体的碰撞声,也可通过在槽体上铺一层硬橡胶板之类的材料来解决。

5. 铸造车间的合理布局

为将铸造生产中所产生的噪声对人体影响性降至最低,需要对工程整体布局进行完善,做到生产场地与工作人员办公场所能够完全分开。此外,工作人员办公场所应当以小空间为主,并注重对门窗的隔声质量进行有效控制。尽量采用多空吸声材料,主要为石棉板、木屑板等,可起到降低噪声的作用。研究表明,该类门窗至少可降低 30 dB 的噪声。同时,应当做到将车间设备安放进行优化,将大型设备与小型设备完全分开。

合理规划厂区、厂房,将运转频率相近的设备分开放置,以免出现设备共振。在产生强烈噪声的作业场所周围,应设置良好的绿化防护带,车间墙壁、顶面、地面等应设吸声材料。增加生产厂房区域绿化面积也可以减少噪声的产生与传播,在降低噪声危害的同时,可起到净化空气的作用,有助于提升人体健康。

6. 做好个人防护工作

从事工业生产人员较多,且需要长时间处于高分贝的环境中。为降低噪声对人体的损伤,在日常工作中需要指导工作人员佩戴专用隔声设备,比如耳塞、头盔等,起到隔声的效果。

总之,铸造生产的噪声控制有着非常重要的意义,是清洁生产的关键技术之一。其噪声控制一般遵循以下三个原则:

① 科学性:首先要正确分析出声源的发声原理和特点,对不同类型的噪声要加以区别,然后再确定相应的控制措施。

② 先进性:这是设计的关键,但应建立在可行性的基础上,有的先进技术会影响原来设备的工艺性能或要求,则不应采用。

③ 经济性:噪声控制必须考虑成本的经济型。噪声污染属于物理污染,控制目标为达到标准允许的范围,但也必须考虑当时成本上的承受能力。总体来讲,对铸造厂车间各个部门或工序实施合理的治理手段,可以有效地降低机械设备的噪声,保护工人的听力和身体健康,提高劳动生产效率,也就提高了企业的效益。

参考文献

[1] 谢贝贝. 某汽车铸造企业噪声作业工人听力损失分析及风险评估[D]. 武汉:武汉科技大学,2022.

[2] 任现伟. 铸造车间环境治理的研究与实例应用[J]. 铸造技术,2020,41(06):579-583.

[3] 杨少华,吴家兵,郑建如,等. 汽车型砂铸造行业噪声危害特点分析[J]. 公共卫

生与预防医学，2022，33(01)：80-84.
[4] 马郛. 铸造噪声分析及噪声处理新技术研究[D]. 大连：大连交通大学，2015.
[5] 唐文娟，柯宗枝，商群，等. 某铸造企业职业病危害因素检测分析[J]. 海峡预防医学杂志，2012，18(05)：52-54.
[6] 李晖，赫丽莉. 铸造生产噪声对工人健康影响的调查[J]. 齐齐哈尔医学院学报，2006(09)：1097-1098.
[7] 赖华清. 铸造车间噪声源及噪声控制方法[J]. 噪声与振动控制，2002(01)：18-19.
[8] 朋根发. 铸造厂的环境保护和治理[J]. 环境污染治理技术与设备，2003(01)：66-68.
[9] 胡小容. 噪声污染治理问题与控制技术的探讨[J]. 城市建设理论研究，2020(07)：1.
[10] 闵庆霞. 噪声污染的危害及防治措施分析[J]. 中国医药指南，2017，15(07)：297-298.
[11] 潘仲麟，翟国庆. 噪声控制技术[M]. 北京：化学工业出版社，2006.
[12] 毛东兴，洪宗辉. 环境噪声控制工程[M]. 北京：高等教育出版社，2010.
[13] 贺启环. 环境噪声控制工程[M]. 北京：清华大学出版社，2019.
[14] 靳辉. 铸造车间设备管理探析[J]. 中国设备工程，2019(03)：31-32.
[15] 全国铸造机械标准化技术委员会. 铸造机械　噪声声功率级测量方法：GB/T 34388—2017[S]. 2018.
[16] 刘吉昌，林燕群，王富发，等. 噪声对工人健康危害的调查研究[J]. 广西医学，1985(01)：23-26.

第8章

铸造清洁生产的工程案例

清洁生产是一种创新性的工业生产模式,从本质上来说就是对生产过程与产品采取整体预防的环境策略,减少或者消除它们对人类及环境的可能危害,同时充分满足人类需要,使社会效益、经济效益最大化的一种生产模式。具体措施包括:不断改进设计;使用清洁的能源和原料;采用先进的工艺技术与设备;改善管理;综合利用;从源头削减污染,提高资源利用效率;减少或者避免生产、服务和产品使用过程中污染物的产生和排放。根据经济可持续发展对资源和环境的要求,清洁生产是为了达到两个目标:

① 通过资源的综合利用,短缺资源的代用,二次能源的利用,以及节能、降耗、节水,合理利用自然资源,减缓资源的耗竭。

② 减少废物和污染物的排放,促进工业产品的生产、消耗过程与环境相融,降低工业活动对人类和环境造成的风险。

铸造企业实施清洁生产是企业可持续发展的重要途径,即通过产品设计、原料选择、工艺改革、生产过程管理和物料内部循环利用等环节的科学化与合理化,使工业生产最终产生的污染物降低到最少。其核心问题是资源、能源的利用水平要提高,污染物的产生量与排放量要减少,很多铸造企业即是从节能降耗,不断降低铸造车间内部的污染物排放量,提高废弃物和污染物的处理效率和质量等方面开展技术改造与创新发展,实现清洁生产的目标。下面介绍几个铸造企业开展清洁生产的案例。

8.1 某砂型铸造企业清洁生产的案例分析

由于砂型铸造所用的造型材料价廉易得,铸型制造简便,对铸件的单件生产、成批生产和大量生产均能适应,因此钢、铁和大多数有色合金铸件都可用砂型铸造方法获得,该方法长期以来一直是铸造生产中的基本工艺。但砂型铸造对环境的污染也是非常严重的,铸造厂产生的粉尘、废气、废渣、噪声等,对人们的生活环境造成了比较严重的危害。因此,砂型铸造工艺过程实施清洁生产也是当前铸造行业的奋斗目标。

8.1.1　企业的工艺现状

某公司砂型铸造线于 2002 年建成并投入使用,主要生产灰口铸铁、球墨铸铁等,采用粘土砂造型、冲天炉+电路双联熔炼、覆膜砂壳芯、抛丸清理等工序组成生产体系,拥有较为先进的生产设备与辅助装备。年产量约 1.6 万吨,主要生产设备有 DISA 造型线、震压造型机、各种抛丸清理设备、冲天炉及中频感应电炉等。铸件生产的工艺流程如图 8-1 所示。

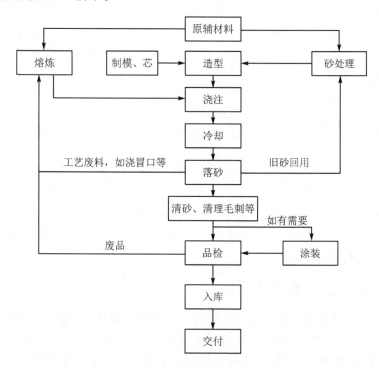

图 8-1　某公司铸件生产工艺流程图

砂型铸造过程中都会产生包含水污染、大气污染、固体废弃物等污染物,其次还有噪声、余热、能耗、温室气体排放等环境问题。不同的工序过程,其污染物也会有所不同。

下面结合重点铸造工序的特点,定性描述说明各主要工序的生产原料投入与产品输出情况,以及工艺实施中产生的环境问题,如表 8-1 所列。

表 8-1 铸造工序(输入/输出)表

工序	输入					输出					备注
	原材料	辅助材料	危险材料	水	能源	产品	副产品	固体废物	排放物	危险废物	
熔炼	生铁、废钢、硅铁等	焦炭、石灰石		循环使用	焦炭、电能	铁水		炉渣	烟气、热、粉尘		
砂处理	石英砂	膨润土、煤粉等			电能	型砂			噪声、粉尘		旧砂回收利用
造型	型砂				压缩空气、电能	铸型			噪声、粉尘		制成铸型
浇注	铁水	除渣剂			电、压缩空气	铸件	浇冒口	废渣	热量、粉尘		
落砂	铸型	芯子			电能	铸件	可回用旧砂	废砂	噪声、粉尘		
清理	铸件	钢丸			电、压缩空气	铸件	浇冒口	废砂	噪声、粉尘		粉尘严重
喷漆	铸件	稀料			电能	铸件成品			气体、废水	油漆漂浮物	危害健康

据统计,该公司每年产生废渣约 1 500 t;产生废砂约 4 000 t。另外,还会产生比较严重的废气排放。

8.1.2 清洁生产技术方案

通过对企业生产过程的工艺技术实施与污染源点分析,发现该公司的主要问题在于焦铁比高,产品废品率高,浇冒口系统设计不合理,以及缺乏严格的能源控制管理。通过能源、物质流平衡分析以及清洁生产的目标,制定了清洁生产方案,如表 8-2 所列。

表 8-2 清洁生产技术方案

序 号	目 标	改进方案	内 容
1	提高铸件成品率	熔炼工序改进	采用富氧与利用余热高温送风等提高熔炼温度,优化层铁焦比,提高熔炼效率;采取长效变质剂等对铁水变质处理,提高铸件质量等;提高熔炼炉的除尘效率,改善操作环境

序　号	目　标	改进方案	内　容
2	提高铸件成品率	铸造工艺优化	采用数值模拟技术优化浇注系统;严格控制浇注温度、浇注速度等参数;控制铸件开箱时间,严控高温开箱,减少铸件内应力,防止铸件变形甚至开裂等
3	提高能源利用率	车间节能	使用节能灯;淘汰高能耗设备,建立系统的能源消耗计量和统计数据库,为铸件生产过程的节能降耗计划实施提供可靠数据;提升产品的合格率,提高能源的转化效率
4	提高能源利用率	余热利用	充分利用余热,改造洗浴系统
5	减少铸造副产品	回收铁屑	铁屑压块,减少其熔炼过程的烧损率
6	减少铸造副产品	粉尘与废砂的回收利用	优化除尘工艺,如高温烟尘的降温处理、粉尘的高效收集等;废砂的收集;将粉尘、废砂等出售给制砖工厂等
7	提高设备利用率	加强铸造设备的日常维护与保养	加强使用环境恶劣的设备的检修,如冲天炉炉衬的及时更换、浇包的维护、炉体表面的防尘防锈等;加强设备中螺栓等连接装置的可靠性以及传动机构的稳定性等的日常检测与维护,保证设备运行正常
8	提高环保效率	烟尘、噪声等污染控制	优化除尘工艺,提高除尘装备的利用率;砂处理等粉尘严重的工序采取封闭处理;对设备采取避震处理,减小噪声的产生;建立废水沉淀池,提高废水的循环利用率

　　在管理方面,成立清洁生产管理小组,以"推崇清洁生产、合理利用资源、预防污染发生、守法善待环境、改进持续不断、废物再生利用"为目标,建立完善的 EMS 环境管理系统,严格按照环境管理系统 PDCA 系统化管理模式,即计划、实施与运行、检查、处理等,制定环境方针、环境因素、法律法规、目标与指标、环境管理方案、结构与职责、培训、信息交流、环境管理体系文件编制、文件管理、运行与控制、紧急情况准备、监测、纠正与预防、记录、环境管理体系审核、环境管理评审等程序,将持续的清洁生产活动融入日常的质量生产管理中。

8.1.3　清洁生产绩效评估

　　该公司以"节能、降耗、减污、增效"为目标,从企业原辅料和能源、技术改进、设备结构优化、工艺过程控制、控制污染与废弃物的综合利用、提高管理水平和员工素质等方面入手,通过对生产全过程的清洁生产方案的实施,达到降低污染物排放量、提高经济效益的目的。

　　经济绩效方面的成果包括:

① 冲天炉改造:提高了熔炼效率,铁水出炉温度达到 1 450 ℃以上,铁水质量良好,为制造优质铸件打下了坚实的基础;铁水的流动性良好,保证了铸件的成品率,铸件合格率提高了 3% 左右。

② 铁屑压块:投资 80 万元人民币,购置铁屑压块机,每年回收铁屑 320 t,一年回收成本。

③ 车间节电与余热利用:通过车间电炉设备管理、余热利用两项措施,共节电 97.5 万 kW·h。

④ 铸造模拟:优化浇铸技术,浇冒口系统比例由 30% 降低到 25%,减少金属的二次重熔量,实现节能降耗。

环境保护方面也取得了良好的绩效。企业的环境得到了长足的改善,分别表现为冲天炉烟气、炉渣减少,车间噪声指标达标,车间粉尘明显减少,基本杜绝固体废弃物二次污染。

8.2　某精密铸造企业清洁生产方案的实施与效果

精密铸造,指的是获得精准尺寸铸件工艺的总称。相对于传统砂型铸造工艺,精密铸造获得的铸件尺寸更加精准,表面光洁度更好。本案例中,该企业以消失模精密铸造工艺为主,为有效推进清洁生产,企业在节能环保工艺技术、装备技术研究及清洁能源应用、废水处理循环利用、烟气排放控制等方面制订了合理的计划,并开展了广泛的工作,实现了清洁生产的总体目标。

1. 废水处理循环水利用

企业生产废水主要来自蜡模工序制模工序的冷却和清洗废水、脱蜡回收工序的废水、制壳工序的洗涤和工件带出的硬化液,以及清洗地面产生的废水等;熔化工序主要是中频电炉的冷却水,由于中频电炉的液压系统时有泄漏,故废水中含有石油类污染物;热处理工序废水中主要含有部分有机盐、油等;空压站主要含有油类污染物;机械加工工序主要是乳化液废液等。针对废水的来源点分布以及废水的成分构成等,对已有的废水处理系统进行了改进与补充,改造后的废水处理工艺流程如图 8-2 所示。

改造前企业年产精铸件 2 万吨。年需用水量为 110 万吨,年废水排放量为 66 万吨。项目实施后,生产废水经处理达标后循环使用,工业废水基本不外排,90% 废水可再循环使用,相当于年减少补充新水用量 59.4 万吨。

2. 免焙烧型壳精铸工艺的改造

壳型(覆膜砂)精铸主要生产大型复杂极端件,改造前采用水玻璃作为粘结剂,由于其 Na_2O 含量高,型壳高温强度、抗蠕变能力不足,加之面层耐火材料采用价低质次、粒度级配不良的石英砂(粉),因此无法获得高质量的精铸件。同时,型壳生产条

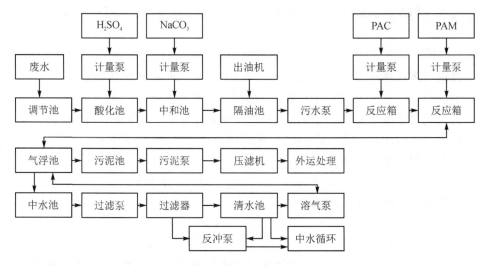

图 8 - 2　改造后的废水处理工艺流程

件差,缺乏严格的生产过程及参数的控制。影响型壳和铸件质量的涂料配制、硬化、风干、脱蜡等工序,极少按行业规定的操作规范严格控制。型壳风干处的温度、湿度、风速等更是不加控制,故常在高、低温或梅雨季节发生批量报废的质量事故;焙烧型壳使用煤气发生炉煤气作为焙烧燃料,年消耗煤 2 000 多吨,而且造成的污染也比较严重。

在工艺方面,通过技术改造后采用了复合型壳,即将第一、二层改用锆英粉及莫来石粉,硅溶胶型壳;背层仍要用原有水玻璃型壳工艺。它是结合硅溶胶型壳的优良表面质量和水玻璃低成本、短周期的优点的一种改进方案。与水玻璃型壳相比,其铸件表面质量有了很大提高,铸件成品率提高了 3%～5%,而且铸件表面粗糙度降低、表面缺陷减少、返修率下降;复合型壳由于采用价高的锆英粉作面层,但背层采用莫来石砂粉,其型壳成本与硅溶胶型壳成本相差无几,生产周期也与水玻璃型壳相近。

3. 煤清洁能源应用

企业原有两台 6 t/h(一用一备)、一台 4 t/h 链排炉燃煤蒸汽锅炉,从 20 世纪 80 年代运营至今。

(1) 天然气锅炉应用

改造后新增两台燃气锅炉,取代了现有的燃煤锅炉。

生产过程中总的消耗蒸汽热量等于铸件产量乘以每吨铸件所需热量,即

$$30\ 240\ t \times 661 \times 10^3\ kcal/t = 1.70 \times 10^{10}\ kcal$$

燃煤蒸汽锅炉热效率按 68% 计,锅炉所需燃煤热量:

$$1.70 \times 10^{10}\ kcal \div 68\% = 2.49 \times 10^{10}\ kcal$$

燃煤热值 5 000 kcal/kg,所需燃煤量:

$$2.49 \times 10^{10}\ kcal \div 5\ 000\ kcal/kg \div 1\ 000 = 4\ 990\ t$$

改造前燃煤锅炉煤的消耗量折合成标煤当量(tce,ton of standard coal equivalent):

$$4\ 990\ t \times 0.714\ 3 = 3\ 564\ tce$$

改造后蒸汽热量不变,燃气锅炉热效率按88%计,所需天然气热量:

$$1.70 \times 10^{10}\ kcal \div 88\% = 1.93 \times 10^{10}\ kcal$$

天然气热量按8 500 kcal/Nm³(Nm³为标准立方米)计,改造后所需天然气量:

$$1.93 \times 10^{10}\ kcal \div 8\ 500\ kcal/Nm^3 = 226.80 \times 10^4\ Nm^3$$

天然气用量折合标煤:

$$226.80 \times 10^4\ Nm^3 \times 1.214 \div 1\ 000 = 2\ 753\ tce$$

燃气锅炉替代燃煤,节能量折合标煤:

$$3\ 564\ tce - 2\ 753\ tce = 811\ tce$$

(2) 焙烧系统改造

改造前公司的模壳焙烧系统使用发生炉煤气作为焙烧燃料,贯通式焙烧炉消耗煤气发生炉用煤2 080 t。煤气发生炉用煤折合标煤:

$$2\ 080\ t \times 0.9 = 1\ 872\ tce$$

改造后使用天然气作为焙烧燃料,需要天然气量:

$$9.36 \times 10^9\ kcal \div 8\ 500\ kcal/Nm^3 = 110.12 \times 10^4\ Nm^3$$

天然气用量折合标煤:

$$110.12 \times 10^4\ Nm^3 \times 1.214 \div 1\ 000 = 1\ 337\ tce$$

模壳焙烧系统改造后,节能量折合标煤:

$$1\ 872\ tce - 1\ 337\ tce = 535\ tce$$

4. 改善烟气处理系统

公司采用了复合型壳结构,在铸型以及壳型结构制造过程中会加入有机蜡、有机粘结剂、乌洛托品等原料。这些原料在高温条件下会分解成各种气体,主要成分有氨气、二氧化硫、硫化氢、油脂类、醛类、酚类以及烃类,产生了恶臭气体,对环境造成了不良影响,给周围居民的生活带来了诸多的不便。

利用紫外线(简称UV)照射到恶臭气体分子时,光子的能量大于恶臭分子的化学键能时,可引起光解反应,其化学键被打断,分子被分解的原理,设计了利用UV法处理烟气的除尘系统,其工艺流程如图8-3所示。

图8-3 UV法处理烟气工艺流程

烟气处理工艺装备布局如图8-4所示。

整个系统的控制采用PLC编程,与生产现场除尘风机操作连锁,实现自动启动和关闭,自动喷淋和补水,异常报警等全过程自动化,液晶实时显示系统运行状态。

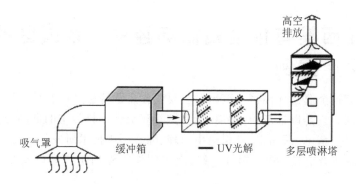

图 8 - 4　烟气处理工艺装备布局示意图

该套装置已在公司的新工厂铸造三线得到推广,经过这套组合式净化系统处理后,有组织臭气浓度的试验数量化指标最高可从 3 090 下降至 416,去除效率为 81.7% ～ 89.7%,臭气浓度排放值远远低于《恶臭污染物排放标准》(GB 14554—2018)中的排放标准值 2 000(无量纲),环境效益显著。周边空气得到改善,较大程度上降低了对周边居民、单位的影响。

5. 项目实施后节能效果

清洁生产方案实施后,节能降耗效果较为明显,每年综合节能量 3 033 tce,如表 8 - 3 所列。

表 8 - 3　清洁生产实施后的节能量

序　号	节能项目	节能措施	节能量/tce
1	循环水利用	企业原污水排放量大约 66 万吨,生产废水经处理达标后循环使用,90% 废水可再循环使用,相当于年减少补充新水用量 59.4 万吨	51
2	免焙烧壳型精铸工艺改进	壳型精铸工艺在改造前使用焙烧型壳工艺,使用煤气发生炉煤气作为焙烧燃料,每年用煤 2 064 吨;改造后可减少该部分用煤	1 858
3	燃煤锅炉改造为天然气锅炉	采用两台燃气锅炉,代替原有两台 6 t/h(一用一备)及一台 6 t/h 燃煤蒸汽锅炉	811
4	模壳焙烧系统改造	使用天然气代替煤作为焙烧燃料	535
5	节电	采用节能设备,每年节电 15 634 kW·h	48
合　计			3 303

通过开展节能环保工艺技术、装备技术研究及清洁能源应用等,减少了铸造原辅材料、水资源及能源的消耗,降低了碳、氮氧化物的排放,达到了节能、降耗、减排的目的,为传统精密铸造企业开展节能减排工作提供参考,对实现全社会节能减排具有良好的经济效益和社会效益。

8.3 江西某有色金属循环经济示范园区的清洁生产案例

江西某有色金属循环经济示范园区主要业务运营特色是以有色金属循环再生为主的深加工区。它是以铝灰渣、铝屑、废易拉罐和铝废碎料为主的低品位难处理废铝的预处理、熔炼、精炼、深加工、环保集中治理、综合利用技术研发的重点功能区域,产品主要是铸造铝合金锭、3004铝合金锭、汽车配件等深加工产品以及综合利用产品净水剂等。

1. 主要生产工艺与设备

园区内低品位难处理废铝熔炼及加工工艺包括了以铝灰渣、铝屑、废易拉罐、铝废碎料为原料,通过熔炼、精炼等工序,生产好的最终产品是符合相关国家标准的铝合金锭,以及固体废物的综合利用产品等。工艺流程包括:资源回收、市场聚集、原料预处理、熔炼、精炼铸锭、终端产品铝合金锭。其典型工艺有以下两种。

(1)废铝屑的熔炼与铸造

其主要的工艺步骤如下:

① 预处理。铝屑在熔炼之前要进行破碎,并进行严格的磁选除铁;铝屑在熔炼之前要取样进行成分分析,相同成分的铝屑单独存放在不同的料仓中,便于生产时根据成分配料,并确定生产的铝合金牌号。

② 熔炼。采用双室反射炉熔炼,其内室设有加热系统,将废铝屑原料加热,形成过热铝熔体;过热铝熔体在电磁泵的作用下引至外室,铝屑等碎铝原料直接加入铝熔体中,依靠高温铝熔体将加入的铝屑等迅速熔化,铝熔体温度下降,随之被电磁泵循环至内室继续过热,如此反复循环。

③ 精炼。将废铝熔体转移到静置炉中,加入熔剂使熔体中的杂质继续造渣,与夹杂物一起漂浮到铝熔体的表面,并扒出浮渣。

④ 调整成分,除渣之后的铝熔体要进行取样分析,根据分析结果和拟定合金牌号的成分要求,补加纯铝锭、工业硅及其他中间合金等,继续熔炼,并进行除气和细化晶粒等操作。

⑤ 扒渣及出液,然后通过铸锭机制造成合格的铝合金锭,完成整个熔炼过程。

由于铝屑原料大都含有油污,会产生大量的二恶英。为避免烟气中产生二恶英等有机污染物,在双室反射炉的下端配备了烟气二次燃烧室,熔炼炉产生的烟气迅速进入二次燃烧室,适当通入氧(空气),使烟气中的可燃成分继续燃烧,并放出大量热,二恶英等有机污染物被分解。为利用烟气的余热,本项目采用热风式换热器回收烟气余热,回收的热风接入燃烧系统,达到节能的目的。烟气温度经进一步冷却至200 ℃以下,再进入袋式集尘器。这样可以避免二恶英等有害气体的排放,同时实现了粉尘的有效控制。铝屑熔炼与环保控制工艺流程如图8-5所示。

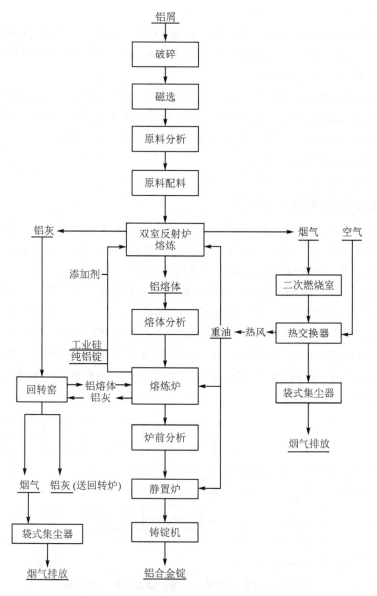

图 8 - 5 铝屑熔炼与环保控制工艺流程图

（2）废易拉罐综合利用

废易拉罐质薄而轻，表面积大，目前采用传统技术熔炼，普遍存在烧损高、回收率低等问题，并且因表面含漆，是废杂铝中产生二恶英的主要原料。因此，它也是目前国内处理难度最大的废铝资源之一。

其工艺实施与废铝屑的工艺类似，采用双室反射炉进行熔炼，并在双室反射炉的下端配备烟气二次燃烧室，使烟气中的二恶英在高温下被破坏，达到消除二恶英污染的目的。

① 废易拉罐的预处理包括了破碎和磁选,主要目标是分离出钢制饮料罐。

② 双室反射炉熔炼,熔炼过程类似,即主熔室(内室)加热形成过热铝熔体,侧熔室(外室)中循环熔炼易拉罐碎料。

③ 精炼,转至静置炉中,加入造渣剂、覆盖剂、精炼熔剂等,采用电磁搅拌,加快铝液的热传递,提高热效率;并使铝液与熔剂进行反应,形成炉渣(铝灰)并扒出;中间炉前快速分析,并根据分析结果调整成分,补加纯铝或合金成分等。

④ 在线变质处理,浇注成锭。

该生产线可年处理废易拉罐 5 万吨。

2. 污染物治理及综合利用

废铝再生利用过程排放的污染物主要有烟气、熔炼灰渣和废水。在污染物排放治理方面,园区核心企业近年来不断加大废气、废液治理及熔炼灰渣综合利用的投入。其中火法熔炼和精炼过程中采用天然气为燃料,实现了燃料的清洁化,减少了污染物的产生,在烟道的下端建设袋式除尘设备,废气实现达标排放。设立废水循环池,实行生产用水闭路循环利用,水的循环利用率达到 98%。产生的固体废物主要是熔炼灰渣,实行集中存储,统一外销给水泥厂,作为水泥的配料,实现了固体废物的综合利用。园区建立了完善的废气、废水和固体废物防治措施和余热利用、综合利用措施,对"三废"统一收集,集中处理,避免二次污染。园区废铝再生利用污染物治理工艺流程如图 8-6 所示。

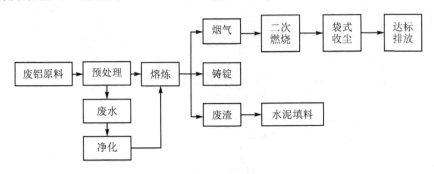

图 8-6　园区废铝再生利用污染物治理工艺流程

(1) 烟尘处理

生产体系的预处理系统和熔炼系统会产生大量的烟尘,其中颗粒含量也较高,是该生产线的主要污染点。整体烟尘处理方案为:在回转炉配备脉冲式袋式集尘器,使排放的烟气达到《工业炉窑大气污染物排放标准》;熔炼系统烟气温度较高,在熔炼炉的下端建设热水锅炉回收烟气余热,回收的热水供工人洗浴及冬季采暖之用;降温之后的烟气,通过风管自然冷却至 200℃左右,再进入袋式集尘器。烟尘处理方案实施后达到的效果如表 8-4 所列。

表 8 - 4　烟尘治理效果

序　号	污染物名称	产生量	处理后的排放量	排放标准/(mg·m⁻³)
1	烟尘	202.7 kg/h	10.1 kg/h	100
		1 012 mg/m³	50.6 mg/m³	
2	SO₂	11.67 kg/h	11.67 kg/h	850
		58.3 mg/m³	58.3 mg/m³	
3	氟化物	0.226 kg/h	0.226 kg/h	6
		1.03 mg/m³	1.03 mg/m³	
4	氯化氢	2.0 kg/h	2.0 kg/h	100
		10.0 mg/m³	10.0 mg/m³	

（2）污水处理

工业废水主要是生活污水和生产性废水,其中生产性废水主要是预处理过程产生的废水和车间冲洗水。污水集中处理的主要建设内容是污水集中管网、污水净化池、隔油处理等设备。

园区日产废水量将达到 1 000 t 左右,通过建设的园区管网,汇集到污水处理站后进行处理,保证工业废水处理率达到 100%,降低了园区环境污染风险。废水经过处理之后,达到中水回用的要求,通过园区建设的回用水管网,返回预处理车间使用,实现废水的零排放,降低新鲜水消耗量,提升水资源生产力。

① 生活污水:采用生化方法二级处理,工艺流程如图 8 - 7 所示。

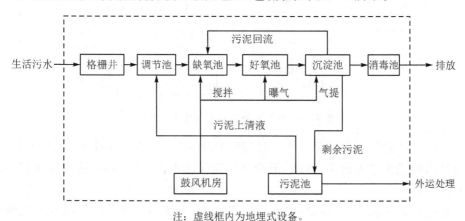

注:虚线框内为地埋式设备。

图 8 - 7　生活污水处理工艺流程图

② 生产过程中预处理、场地冲洗废水:采用沉淀池沉淀,隔油处理之后,返回预处理车间循环使用。

总体上,经处理后的污水达到《污水综合排放标准》(GB 8978—1996)一级标准,且可满足园区工业回用的要求,结合建成的中水综合回用管网,实现园区废水的循环利用和零排放。

(3) 铝灰渣资源综合回收利用

以含铝量 20%～25% 的铝灰渣为原料,采用先进的回转炉处理工艺,获得年产 10 万吨符合相关国家标准的铸造铝合金锭。其工艺过程如下:

① 铝灰渣预处理:铝灰进厂后首先要经过一次机械化筛分处理,筛选出较大的铝颗粒,筛出的铝颗粒含铝很高,一般都大于 90%,直接送熔炼炉进行熔炼。

② 为了提高铝回收率,向铝灰渣中加入适量熔剂,便于熔融的铝与铝灰渣的分离。

③ 取样分析,确定本批次铝灰渣的成分,以便确定产品牌号及配料。

④ 添加大约小于 10% 的纯铝锭、工业硅和废铜等合金成分,利用回转炉进行熔炼处理,获得符合预期成分设计的铸锭。

回转炉处理铝灰渣工艺流程如图 8-8 所示。

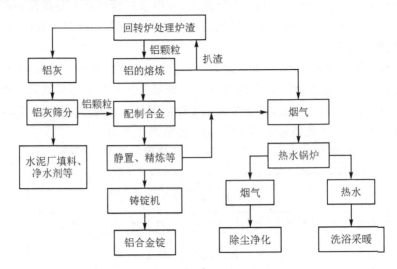

图 8-8　回转炉处理铝灰渣工艺流程图

该技术的实施,可以将园区生产过程产生的一次铝灰渣全部进行综合回收利用,不可利用的残灰渣大约 40 万吨,则全部作为附近水泥厂的填料,达到综合利用的目的。

通过国家示范园区的建设,进一步规范完善了废铝回收体系建设,形成了规划合理、分工有序、有机整合的资源回收网络体系。依托园区现代的资源经营模式和先进的熔炼技术、综合利用技术、产品深加工技术,促进废铝资源综合利用产业链模式的形成,最终形成了资源有效回收集聚、清洁熔炼加工、资源综合利用、产品高值深加工、产品市场畅销的低品位废铝回收利用产业链。建设高效的环境污染防治体系,有助于对各种污染物统一回收、集中治理并进行综合利用,最终达到国家标准排放。

8.4　铸造清洁生产的前景与展望

当前随着我国各个行业不断倡导节能减排的理念,企业方面实现清洁生产和节能降耗工作刻不容缓。通过清洁生产理念,可以为一个生产企业提供一个全新的发展方向和利润空间,不断推动企业的长远可持续发展,真正达到经济效益和环境效益双丰收的发展局面。由此可以看出,在铸造车间的生产过程中,必须要充分落实清洁生产和节能降耗的工作理念,不断推动机械制造产业朝着更高层次发展。

清洁生产是以科学管理和技术进步为手段的,铸造企业要想实现清洁生产,就应该从铸造工艺出发,淘汰老旧设备,积极采用节能环保的新技术、新工艺、新设备。

① 我国铸造行业要紧跟国际标准,制定全新的环境管理模式,建立和保持一个符合国际标准环境管理体系,把绿色经营的指导思想融入经营管理当中去。强调全体员工的参与,让企业每个部门、每个员工都切实投入到相关的计划和行动中来,是清洁生产能否实现的基本保证。为此,铸造企业应当围绕企业生态文明建设活动,宣传国家生态文明建设战略以及国家在铸造行业的发展战略、政策法规,营造节能减排、清洁生产的浓厚舆论环境和氛围,形成全员绿色的行动。

② 以技术进步作为促进企业实施清洁生产的主要手段。以铸件产品及铸造生产装备为主线,按照产品全生命周期的理念,在产品设计开发阶段,系统考虑原材料选用,生产、销售、使用、回收、处理等各个环节对资源环境造成的影响,力求产品在全生命周期内最大限度地降低资源消耗;在铸造工艺设计流程方面,集成应用 CAD、CAE、CAM 等不同专业软件系统,集成铸件铸造工艺绿色设计与仿真分析,优化设计结构,提高工艺出品率及资源利用率。

③ 做好绿色铸造产品全生命周期管理,重点推进清洁生产。铸造企业须展开绿色铸造产品的全生命周期管理,达到企业产品与消费者需求的拟合。从资源的投入到产出产品或提供服务给消费者的整个过程都以文明生态为目标,实现全过程低消耗、低污染、高附加值的发展,走内涵式发展道路。其中最重要的是做好清洁生产、节能减排以及废弃物的回收和再生利用。重点是应用新工艺、新设备、新技术、新材料,实现铸造企业低污染甚至无污染、低能耗、高回收以及环境宜人等目标。

④ 资源的循环利用。铸造企业在生产过程中要实现废弃物的利用,通过循环利用,使废弃物重新进入生产过程,多次实现其使用价值,并且严格控制污染物的排放要求,实现污染物的低排放,甚至是零排放。

⑤ 塑造绿色企业文化,树立绿色铸造形象。铸造企业实施绿色管理,应注重环境保护和社会公益,以社会可持续发展为目标,综合考虑企业的整体"绿化",树立绿色铸造企业形象、构建绿色铸造品牌。

随着全社会"节能减排"工作力度的加大,企业实施清洁生产及清洁生产审核已经刻不容缓。

① 实施清洁生产有利于提高企业的整体素质,提高企业的管理水平。清洁生产不仅可为生产控制和管理提供重要的基础资料和数据,而且要求全员参加,强调管理人员、工程技术人员和劳动生产人员业务素质和技能的提高。

② 清洁生产的开展有利于改善企业工作环境,减少对职工健康的不利影响,消除不利于安全的各种隐患,减轻末端治理负担,减少污染物的产生和排放量,改善周围自然环境质量。

③ 通过清洁生产促进企业整体素质的提高,增加企业的经济效益,提高企业的竞争力,降低生产成本,改进产品质量,增加用户等,为企业生产、发展营造环境空间,实施清洁生产达到增产不增污甚至减污的目的。

④ 通过清洁生产也能为企业提供一个新的利润空间,促进企业的可持续发展,达到经济与环境持续协调发展"双赢"的理想状态。

因此,推行清洁生产及开展清洁生产审核无论从经济、环境还是社会责任的角度,均符合绿色铸造企业可持续发展战略的要求,也要求铸造业界积极采用新技术、新工艺,通过技术改进以及生产设备、环保设备的升级改造,全面推动清洁生产,实现铸造产业的可持续发展,促进我国早日成为世界铸造强国。

参考文献

[1] 刘森. 企业颗粒物污染清洁生产的减排潜力分析:以铸造企业为例[J]. 皮革制作与环保科技,2022,3(12):111-113.

[2] 陈晓,高杰. 持续开展清洁生产审核 努力打造绿色铸造企业[C]. 第十三届21省(市、区)4市铸造会议暨第七届安徽省铸造技术大会论文集,2012.

[3] 高慧,曾进,韩敏芬,等. 探讨铸造车间实施清洁生产实现节能降耗[J]. 建材与装饰,2020(18):211-211,215.

[4] 黄柳林,王淑娜,王丽丽,等. 铸造车间实施清洁生产实现节能降耗的探讨[J]. 能源环境,2013,6(16):6911-6912.

[5] 张虹,朱筱娟. 消失模铸造行业清洁生产案例分析与对策[J]. 环境与可持续发展,2013(3):99-100.

[6] 关晓初,杨本杰. 铸造生产企业环评重点及清洁生产分析[J]. 环境保护科学,2017,33(5):68-70.

[7] 赵洪键. 铸造企业清洁生产案例分析[J]. 广东化工,2018,45(18):146-147.

[8] 李博洋. 2017年中国工业产品绿色设计进展报告[R]. 北京:北京生态设计与绿色制造促进会,2017.

[9] 乔世杰. 铸造工业污染物排放标准编制说明[M].北京:中国铸造协会,2016.

[10] 付龙,原晓雷. 绿色铸造模式的探索与实践[J].现代铸铁,2018,38(05):22-27.

[11] 刘学欣. 天津铸造业清洁生产实施方案研究[D]. 天津:天津大学,2006.

[12] 柳建国,熊亮,郑加勇. 精密铸造清洁生产研究与实践[J].金属加工(热加工),

2016(07):48-50.

[13] 杨建潇. 低品位废铝再生示范园区建设案例研究[D]. 北京:清华大学,2014.

[14] 邢雪松.绿色铸造模式的实践与探究[J]. 南方农机,2019,50(19):125.

[15] 陈水先,胡桂荣.中小型铸造企业实施清洁生产的研究[J]. 铸造技术,2014,35
(02):362-365.

[16] 陈艳珍.铸造行业清洁生产潜力分析[J]. 民营科技,2014(10):64.